Die Zukunft unserer Energieversorgung

Die Zukunft unserer Energieversorgung

Dietrich Pelte

Die Zukunft unserer Energieversorgung

Eine Analyse aus mathematisch-naturwissenschaftlicher Sicht

2. Auflage

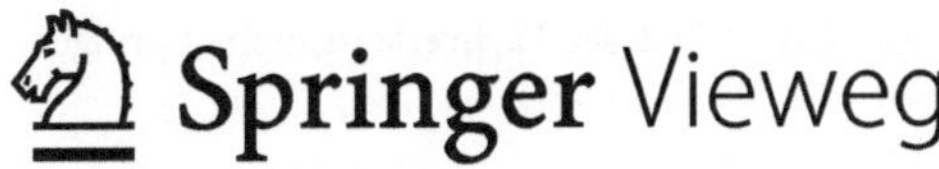

Prof. Dr. Dietrich Pelte
Physikalisches Insitut
Universität Heidelberg
Heidelberg, Deutschland

ISBN 978-3-658-05814-2   ISBN 978-3-658-05815-9 (eBook)
DOI 10.1007/978-3-658-05815-9

Die Deutsche Nationalbibliothek verzeichnet diese Publikation in der Deutschen Nationalbibliografie; detaillierte bibliografische Daten sind im Internet über http://dnb.d-nb.de abrufbar.

Springer Vieweg

Lektorat: Daniel Fröhlich, Annette Prenzer

Gedruckt auf säurefreiem und chlorfrei gebleichtem Papier.

Springer Vieweg ist eine Marke von Springer DE. Springer DE ist Teil der Fachverlagsgruppe Springer Science+Business Media
www.springer-vieweg.de

Vorwort zur 2. Auflage

„Wie sieht die Zukunft unserer Energieversorgung aus?" Eine Antwort auf diese Frage entscheidet auch die viel allgemeinere Frage: „Wie sieht unsere Zukunft aus?" In der Tat, die Energie ist eine der wichtigsten Größen, die entscheidend für unsere Zukunft sein werden. Dabei ist Energie keineswegs eine Größe, deren Bedeutung, je nach Geschmack und Laune, sich von uns verändern und deren Verwendung sich beliebig manipulieren ließe. Sondern Energie ist eine wohldefinierte physikalische Messgröße, die in vielfacher Form in physikalischen Gesetzen auftritt, und deren Eigenschaften durch eben diese Gesetze bestimmt werden. Diese Gesetze sind wiederum selbst ein Abbild der Natur, sie stellen in mathematischer Form die messbare Natur dar, wie sie sich aus der Vergangenheit in ihren gegenwärtigen Zustand entwickelt hat, und wie sie sich in Zukunft entwickeln wird.

Insofern ist die Frage nach der Zukunft unserer Energieversorgung zu allererst eine physikalische Frage, und zu ihrer Beantwortung sollten physikalische Methoden verwendet werden. Insbesonders sind die benötigten physikalischen Grundlagen so gesichert, dass kein Raum für bis heute unbekannte Energieformen oder ähnliche Spekulationen besteht. Auf der anderen Seite wäre eine Darstellung von Energieproblemen sicherlich unvollständig, wenn diese nur im Rahmen physikalischer Gesetze erfolgte. Es macht gerade die ungeheure Bedeutung der physikalischen Größe *Energie* aus, dass sie in alle Aspekte unseres Lebens eingreift, insbesondere auch in den Teil, der allgemein mit den Begriffen *Wohlstand* und *Lebensstandard* umschrieben wird. Dieses sind Begriffe der Ökonomie und oft, aber vollständig unberechtigt, wird daher auch die Energie als eine ökonomische Größe angesehen. Wenn in diesem Buch die Bedeutung der Energie möglichst umfassend behandelt werden soll, dann müssen ökonomische Fragen wenigstens ansatzweise auch behandelt werden. Der Autor dieses Buchs ist kein Ökonom, aber viele ökonomische Probleme lassen sich mit Methoden behandeln, welche auch in der Physik gebräuchlich sind. Dies ist besonders dann wichtig, wenn es um zukünftige Entwicklungen geht. Und insofern wendet sich dieses Buch nicht allein an die Leser mit naturwissenschaftlich-technischem Interesse, sondern allgemein an alle Leser, die sich mit der Frage beschäftigen, welchen Weg die Entwicklung der menschlichen Gesellschaft in Zukunft nehmen könnte.

Um allen Lesern gerecht zu werden, behandelt dieses Buch daher das Problem der Energieversorgung auf zwei Ebenen. Da ist zunächst die Ebene, welche die Tatsachen und ihre Zusammenhänge schildert und darstellt, welche Folgerungen daraus abzuleiten sind.

Diese Ebene ist für den normalen Leser die wichtigere Ebene, denn sie gibt die Antworten auf die für uns wichtigen Fragen bezüglich der Energieversorgung. Aber diese Ebene ist zunächst auch die weniger objektive Ebene, denn welche Antworten gegeben werden, scheint von persönlichen Einstellungen und Voreingenommenheiten abzuhängen. Jeder mag zu einer anderen, seiner persönlichen Antwort gelangen. Erst in der zweiten Ebene, der physikalischen Ebene (genannt P-Ebene), wird die Notwendigkeit der in diesem Buch gewählten Antwort dargelegt, und es wird gezeigt, wie sich diese Antwort aus den Gesetzmäßigkeiten der Natur ergibt. Die P-Ebene benutzt an vielen Stellen eine andere, nämlich die mathematische Sprache. Deswegen mag für viele Leser diese Ebene weniger transparent und verständlich erscheinen. Sie bildet aber das Fundament für die erste Ebene, die – so hofft der Autor dieses Buchs – für jeden Leser verständlich ist. Das bedeutet nicht, dass auf dieser Ebene die Welt der Zahlen vollständig ausgeblendet, oder auf Formulierungen mithilfe von Gleichungen verzichtet werden kann. Man kann die Größe der Weltbevölkerung nur durch eine Zahl angeben, und der Energiebedarf dieser Bevölkerung kann nur durch eine Zahl spezifiziert werden. Ebenso ist es z. B. wesentlich einfacher, die Beziehung zwischen Energie und Entropie mithilfe einer Gleichung anzugeben, als sie mit vielen Worten zu umschreiben. Bei der Diskussion, welche Abhängigkeiten zwischen Zahlenwerten sich aus diesen Gleichungen ergeben, werden grafische Darstellungen benutzt. Dem naturwissenschaftlich-technisch Interessierten genügt meistens schon die Gleichung selbst, um die entsprechenden Folgerungen zu ziehen. Dies geschieht in der zweiten, der physikalischen Ebene. Damit beide Ebenen sich auch optisch unterscheiden, ist die P-Ebene gekennzeichnet durch eine dreistellige Kapitelangabe, also zum Beispiel der Abschn. 4.5.1: „Zur Physik des Erdklimas" gehört zur P-Ebene.

Jede messbare Größe kann mithilfe einer Zahl spezifiziert werden. Dass dies allein nicht ausreicht, sondern dass auch die Maßeinheit für diese Größe mit angegeben werden muss, damit werden wir uns in Abschn. 2.1.1 beschäftigen. Darüber hinaus ist es wichtig für die Genauigkeit des Zahlenwerts, dass die Quelle zuverlässig ist, der die Zahl entnommen wurde. Wir werden in diesem Buch nicht jedesmal die Quelle für den Zahlenwert angeben. Die meisten der in diesem Buch zitierten Zahlen stammen aus statistischen Übersichten, die ohne Kosten für jedermann über das Internet zugänglich sind. Die am häufigsten benutzten Quellen (alle in Englisch) sind:

- Energy Information Administration (www.eia.doe.gov)
- British Petroleum Company (www.bp.com)
- International Energy Agency (www.iea.org)

Informationen über regenerative oder erneuerbare Energien findet man zum Beispiel bei

- Bundesministerium für Umwelt, Naturschutz und Reaktorsicherheit (www.erneuerbare-energien.de)
- World Energy Council (www.worldenergy.org (in Englisch))

Weiterhin sind Informationen aus folgenden Büchern in den Inhalt dieses Buchs eingeflossen:

- J. Fricke & W. L. Borst: Energie (R. Oldenbourg Verlag, München 1981)
- M. Kaltschmidt & A. Wiese: Erneuerbare Energien (Springer Verlag, Heidelberg 1997)
- W. Roedel: Physik unserer Umwelt (Springer Verlag, Heidelberg 1994)

Bei den thermodynamischen Aspekten der Energie war das englischsprachige Buch

- P. Richet: The Physical Basis of Thermodynamics (Kluwer Academic/Plenum Publishers, New York 2001)

sehr hilfreich.

Die 1. Auflage des vorliegenden Buchs baute auf Vorlesungen auf, die der Autor für Studenten der Physik, aber auch für Hörer anderer Fakultäten im Rahmen des Studiengangs Umweltökonomie an der Universität Heidelberg, in den Jahren 1998 bis 2001 gehalten hat. Als Referenzjahr wurde das Jahr 2000 gewählt und dies hat sich auch in der 2. Auflage dieses Buchs nicht geändert. Natürlich sind seit 2000 einige Jahre vergangen, in der sich die Gegebenheiten bezüglich der globalen Energieversorgung verändert haben und wohl auch weiter verändern werden. Dies betrifft insbesondere die Erschließung neuer Energieressourcen und die Entwicklung des globalen Energiebedarfs, der stärker zugenommen hat als erwartet. Diese Veränderungen sind in der 2. Auflage berücksichtigt: Es werden anhand der modifizierten Daten neue Prognosen errechnet, wie auch von einer weniger optimistischen Wirtschaftsentwicklung ausgegangen wird. Schließlich hat die Welt seit Beginn des 21. Jahrhunderts eine wirtschaftliche Rezession und die Finanzkrise erlebt und es wäre töricht, dies nicht zu berücksichtigen. Berücksichtigt sind aber auch die vielen Kommentare und Richtigstellungen, welche der Autor nach der 1. Auflage erhalten hat und für die er sich herzlich bedankt.

Wie auch früher schon, sollen die tatsächlichen Entwicklungen mit den Vorhersagen der 2. Auflage im Begleitmanuskript „Energie3"

(im Internet unter http://www.physi.uni-heidelberg.de/~pelte/energie/start.htm)

verglichen werden, um fundamentale Fehleinschätzungen zu erkennen. Allerdings haben sich die Schlussfolgerungen am Ende der 2. Auflage nicht wesentlich gegenüber denen der 1. Auflage verändert, was immerhin die Vermutung zulässt, dass derartige Fehleinschätzungen bisher nicht erkennbar sind.

Das vorliegende Buch wendet sich auch an alle, die verwundert sind über die widersprüchlichen Informationen zum Energiebegriff in den öffentlichen Medien. Es versucht, die notwendigen Kenntnisse zu vermitteln, um die Eigenschaften der Energie zu verstehen und zu erkennen, welche fundamentale Bedeutung die Energie für unser gesamtes Dasein besitzt. Es benutzt dafür physikalische Prinzipien, aber es ist natürlich kein Lehrbuch der

Physik. Zum Verständnis seiner Botschaften genügt der Wissensstand, den Schüler nach dem Abschluss der gymnasialen Oberstufe an deutschen Schulen besitzen sollten. Für den Fall, dass Leser sich darüber hinaus etwas eingehender mit den physikalischen Konzepten zur Beschreibung der Natur auseinandersetzen wollen, und wie diese Konzepte in eine adäquate mathematische Formulierung umgesetzt werden, denen empfehle ich mein Lehrbuch

- D. Pelte: Physik für Biologen (ISBN 3-540-21162-4 Springer Verlag, Heidelberg 2004)

Anders als der Titel vermuten lässt, enthält dieses Buch eine allgemeine Darstellung der Physik, die sich an ein breites Publikum wendet, das sich mit naturwissenschaftlichen Fragen und Problemen beschäftigt. Aber auch andere physikalische Lehrbücher können diese Aufgabe übernehmen, wobei dann unter Umständen eine andere Darstellungsweise und Nomenklatur verwendet werden, als sie dieses und das oben angegebene Lehrbuch verwenden.

Mein besonderer Dank gilt dem Physikalischen Institut der Ruprecht-Karls-Universität Heidelberg, das mir auch nach dem Ende meiner Lehrtätigkeit gestattete, die Ressourcen des Instituts weiter zu benutzen, ohne welche die Fertigstellung dieses Buchprojekts unmöglich gewesen wäre. Ich möchte auch dem Springer Verlag und seinem Lektor Daniel Fröhlich danken, der die 2. Auflage initiiert und sorgfältig betreut hat.

Heidelberg, Februar 2014 Dietrich Pelte

Inhaltsverzeichnis

Das 21. Jahrhundert wird vielleicht einmal als das Jahrhundert in Erinnerung bleiben, in dem die natürlichen Ressourcen der Menschheit (Rohstoffe, Wasser, Luft, etc) bedrohlich knapp wurden. Auch die Energie kann man zu diesen Ressourcen rechnen. Dass deren Verknappung eintritt, ist um so erstaunlicher, da für viele dieser Ressourcen ein **Erhaltungsgesetz** gilt, ihre Menge also nicht ab- oder zunehmen kann. Falls wir die Erde als ein **abgeschlossenes System** betrachten, für das kein Austausch mit seiner Umgebung möglich ist, dann gilt zum Beispiel in Bezug auf die Rohstoffe

> In einem abgeschlossenen System verändert sich die Menge eines Rohstoffs, das heißt die Zahl der Atome eines bestimmten Elements, nicht.

Bezüglich der Energie ist die Lage allerdings etwas komplizierter, denn die Erde ist in diesem Fall und glücklicherweise ein **offenes System**. Wir alle wissen, dass wir tagsüber von der **Sonne** Energie in Form der Sonnenstrahlung empfangen, und die Energiemenge würde auf der **Erde** ständig zunehmen, wenn die Erde nicht dieselbe Menge an Energie wieder in den Weltraum abstrahlen würde. Bezüglich der Energie findet also ein ständiger Austausch zwischen der Erde und ihrer Umgebung statt mit der Folge, dass die Energiemenge auf der Erde im Wesentlichen konstant bleibt. Dieses Gleichgewicht zwischen empfangener und abgegebener Energie ist zum Beispiel dafür verantwortlich, dass auf der Erde eine mittlere **Jahrestemperatur** von etwa 15 °C herrscht. Auf dieses Phänomen der Natur werden wir in Abschn. 4.5.1 noch genauer eingehen.

Obwohl die Erde bezüglich der Energie ein offenes System ist, verändert sich die Menge ihrer Gesamtenergie nur unwesentlich. Und die geringfügige Veränderung ist ein Energieverlust, der durch den **Abbau** der von der Erde gespeicherten Energievorräte in Form von **fossilen Brennstoffen** auftritt. Dabei ist es nicht richtig, von einem **Energieverbrauch** zu sprechen, denn diese Energie wird nicht verbraucht bzw. vernichtet, sondern zusätzlich mit

D. Pelte, *Die Zukunft unserer Energieversorgung*, DOI 10.1007/978-3-658-05815-9_1,
© Springer Fachmedien Wiesbaden 2014

der von der Sonne empfangenen Energie in den Weltraum abgestrahlt. Wir werden daher nicht von einem Energieverbrauch, sondern immer von einem **Energiebedarf** der Welt reden. Wenn also die Mengen der Rohstoffe oder die der Energie auf der Erde unveränderlich sind, warum haben wir dann in der Zukunft mit diesen Ressourcen ein Problem? Den Grund erkennt man vielleicht am einfachsten, wenn wir den Rohstoff Kupfer (Cu) als Beispiel betrachten. Cu wird in einem Bergwerk abgebaut, wo es in konzentrierter Form gelagert ist. Auf jeden Fall ist dort die Konzentration[1] so hoch, dass sich der Abbau lohnt, wobei als nicht geringer Kostenfaktor die für den Abbau benötigte Energie eine Rolle spielt: Je geringer die Konzentration, umso höher sind die Energiekosten. Nachdem das Kupfer verarbeitet ist, gelangt es zu den Abnehmern, das heißt es wird über die Erde verteilt. Der eigentliche und für uns wichtige Aspekt in der Historie des Rohstoffs Kupfer besteht nicht darin, was aus diesem Rohstoff erzeugt wurde, sondern darin, dass er von einem lokalen Standort aus über die gesamte Welt verteilt wurde. Auch zur Beschreibung dieses Verteilungsprozesses besitzen wir eine physikalische Größe, die **Entropie**. Durch die Verteilung des Kupfers wird die Entropie der Cu-Menge erhöht. Daraus folgt für ein abgeschlossenes System, dass die Entropie im Gegensatz zur Energie keinem Erhaltungsgesetz unterliegt, sie kann sich verändern. Und diese Veränderung besteht immer in einer Vergrößerung der Entropie in diesem System.

> Jeder technische Prozess in einem abgeschlossenen System lässt die Gesamtenergie des Systems unverändert, erhöht aber die Entropie des Systems.

Es ist daher von essentieller Bedeutung, dass die Erde bezüglich der Energie ein **offenes System** bildet. Durch den Austausch mit ihrer Umgebung kann sich die Entropie der Erde auf einem kleinen Wert halten, und dies ist eine wichtige Voraussetzung dafür, dass hier das Leben möglich ist. Dieser kleine Entropiewert macht es auch möglich, dass im Prinzip die Verteilung der Cu-Menge in unserem Beispiel wieder rückgängig gemacht werden könnte: Wir könnten das verteilte Kupfer wieder einsammeln und an seinen Abbauort zurückbringen. Durch diesen Prozess verringert sich die Entropie der Cu-Menge, während sich die Entropie der Umgebung stärker erhöht. Aber wir alle haben das Gefühl, dass diese Rückverbringung an den Abbauort außerordentlich unökonomisch ist, denn sie erfordert noch mehr Energie, als für den Abbau, die Verarbeitung und Verteilung benötigt wurde.

Dieser Zusammenhang zwischen Energie und Entropie ist für das Verständnis aller Vorgänge in der Natur, bei denen die Energie eine Rolle spielt, und das sind praktisch alle Vorgänge auf unserer Erde, von ausschlaggebender Bedeutung. Wir werden uns mit diesem Zusammenhang in den nächsten Kapiteln beschäftigen, er ist es, der ein ziemlich genaues Bild über die zukünftigen Entwicklungsmöglichkeiten ergibt. Dabei ist es nicht sinnvoll,

---

[1] Unter der Konzentration c verstehen wir das Verhältnis einer Teilmenge Δn zur Gesamtmenge n, also $c = \Delta n/n$.

die Untersuchung der Entwicklungsmöglichkeiten allein auf **Deutschland** zu beschränken. Das Problem der Energieversorgung ist ein globales Problem, wir werden aber bei einzelnen Themen immer wieder auf die besonderen Gegebenheiten in Deutschland blicken.

Aussagen über zukünftige Entwicklungen beruhen immer auf **Modellen**. Selbst wenn die Grundlage dieser Modelle die physikalischen Gesetze und damit die Naturgesetze sind, so sind diese Aussagen trotzdem nicht frei von **Unsicherheiten**. Diese Unsicherheiten haben zwei Ursachen. Zum einen ist ein Modell immer eine vereinfachte Abbildung der Wirklichkeit. Der Grad der Vereinfachung bestimmt die Unsicherheit der Modellaussagen. Die Aussagen in diesem Buch beruhen auf sehr einfachen Modellen, die wegen ihrer Einfachheit aber auch den Vorteil besitzen durchschaubar zu sein. Zum anderen ist es so, dass jedes Modell eine Anzahl von **Parametern** enthält, deren Werte selbst nur mit einer gewissen Unsicherheit bekannt sind. Die Berücksichtigung dieser beiden Fehlerquellen geschieht gewöhnlich derart, dass die Werte der Parameter in einen gewissen und plausiblen Bereich variiert werden und somit ihr Einfluss auf die Aussagen eines Modells untersucht wird. Dieses Verfahren wird auch hier angewendet, das heißt, es werden mehrere Aussagen zitiert, deren Bandbreite gleichzeitig ein Maß für ihre Unsicherheit ist. Wir werden sehen, auf welche zukünftigen Probleme diese Aussagen trotz ihrer Unsicherheit hinweisen, und diese Probleme haben ihre Ursache nicht in der Einfachheit des benutzten Modells oder in der Unsicherheit der Modellparameter, sondern sie ergeben sich aus den **Gesetzen der Natur**, die eben nicht per Bundes- oder sonst welcher von Menschen gemachten Gesetze außer Kraft gesetzt werden können. Besonders auch dann, wenn die Bedeutung der Energie bei der Lösung ökonomischer Probleme offensichtlich ist, wird oft vergessen, welche Grenzen diese Gesetze den angestrebten Lösungen setzen. Eine Lösung, welche diese Gesetze missachtet, ist von vornherein zum Scheitern verurteilt.

1.1 Theoretische Grundlagen

Wir werden uns so früh in diesem Buch mit dem ersten und zweiten Hauptsatz der Thermodynamik beschäftigen, weil beide von fundamentaler Bedeutung für die Beschäftigung mit Energiefragen sind und weil später die große Gefahr besteht, dass der Leser „den Wald vor lauter Bäumen nicht mehr sieht", also in Detaildiskussionen die Wirkung dieser Hauptsätze nicht mehr wahrnimmt.

1.1.1 P-Ebene: Die Aussagen der Thermodynamik

Der 1. Hauptsatz der Thermodynamik

Der 1. Hauptsatz der Thermodynamik macht eine prinzipielle Aussage über die Energieerhaltung bei allen Systemprozessen. Mathematisch formuliert lautet er:

$$\Delta W = \int \mathrm{d}U - \int P\mathrm{d}V. \tag{1.1}$$

Das bedeutet, die bei einer Zustandsänderung des Systems abgegebene oder aufgenommene Energie ΔW ist gleich der Änderung der inneren Energie U des Systems, vermindert um die Arbeit des Systems gegen den äußeren Druck P. Da das System Erde bei allen Prozessen sein Volumen V nicht verändert ($\mathrm{d}V = 0$), ergibt sich

$$\Delta W = \int \mathrm{d}U. \tag{1.2}$$

Das bedeutet insbesondere, dass jede dem System zugeführte Energie ($\Delta W > 0$), also z. B. die Solarenergie, die innere Energie des Systems vergrößern muss. Der 1. Hauptsatz steht damit im Widerspruch zu der Behauptung, diese Energie ΔW könnte *verbraucht* werden, und hat viele Leute veranlasst, an der Gültigkeit des 1. Hauptsatzes für das System Erde zu zweifeln. Als Argument wird gewöhnlich angeführt, dass der 1. Hauptsatz nur für abgeschlossene Systeme gelte und die Erde kein abgeschlossenes System sei. Aber diese Argumentation ist falsch. Der 1. Hauptsatz kennt die Begriffe „Energieverbrauch" und „Energieerzeugung" überhaupt nicht und daher ist es besser, sie in Diskussionen über Energie erst gar nicht zu benutzen. Darüber hinaus löst die Nichtabgeschlossenheit des Systems Erde gleichzeitig den Widerspruch: Die Energieaufnahme wird kompensiert durch eine etwa gleich große Energieabgabe. Mathematisch wird dies beschrieben durch das **Kontinuitätsgesetz**:

$$\oint \boldsymbol{j}_W \cdot \mathrm{d}\boldsymbol{A} - \frac{\mathrm{d}}{\mathrm{d}t} \int \rho_U \mathrm{d}V = 0, \tag{1.3}$$

welches eine Folge des 1. Hauptsatzes ist. Es besagt, dass bei einer zeitlichen Änderung der inneren Energie U die **Energiestromdichte**[2] $\boldsymbol{j}_W$ durch die Systemoberfläche A ungleich Null sein muss. Ist dagegen der Zufluss gleich groß wie der Abfluss,

$$\boldsymbol{j}_W^{(+)} + \boldsymbol{j}_W^{(-)} = \boldsymbol{j}_W = 0, \tag{1.4}$$

so bleibt die Energie im System konstant. Dies ist bei der Erde angenähert der Fall, wie wir in Abschn. 4.5 besprechen werden.

Der 2. Hauptsatz der Thermodynamik

Dass trotz Energieerhaltung überhaupt Zustandsänderungen in einem System stattfinden und so Prozesse ablaufen können, verdanken wir einer anderen fundamentalen Größe der Physik, der **Entropie**. Der 2. Hauptsatz besagt, dass jeder Prozess die Entropie S im System verändert, und zwar so, dass

$$\Delta S = \int \frac{\mathrm{d}Q}{T} \geq 0 \tag{1.5}$$

gilt. Durch diese (Un-)Gleichung wird die Entropieänderung an eine besondere Form der Energie gekoppelt, nämlich an die thermische Energie (Wärme) Q, wobei die Systemtemperatur T ein zusätzlicher Parameter ist. Nach dem 2. Hauptsatz bleibt die Systementropie

---

[2] Die Energiestromdichte $\boldsymbol{j}$ und die Oberfläche $\boldsymbol{A}$ sind gerichtete Größen (Vektoren). Später werden wir die senkrechte Komponente $j_\perp$ der Energiestromdichte auf die Oberfläche als **Intensität** I bezeichnen.

$\Delta S = 0$ nur konstant, wenn der Prozessablauf **reversibel** ist. Bei allen **irreversiblen** Prozessen muss sich die Entropie $\Delta S > 0$ vergrößern. Dazu ist thermische Energie notwendig, die wegen der Energieerhaltung nur durch eine Wandlung aus einer anderen Energieform entstehen kann. Und dies ist die wichtige Aussage des 2. Hauptsatzes, dass jeder irreversible Prozess die teilweise Energiewandlung erfordert, um die benötigte Wärme für die Entropieerzeugung bereitzustellen:

> Nicht der Energieverbrauch ist der Antriebsmechanismus aller irreversiblen Prozesse, sondern die teilweise Wandlung einer Energieform in thermische Energie.

Diese Aussage ist deshalb von so fundamentaler Bedeutung, weil alle Prozesse, insbesondere auch Wachstumsprozesse, auf der Erde irreversibel sind[3]. Unser eigenes Wachstum ist dafür das beste Beispiel: Wir werden geboren und wir sterben, und nie ist es einem Menschen gelungen, diesen Prozess umzukehren. Um zu leben, muss unser Körper genügend Entropie erzeugen, indem er die chemische Energie der Nahrung in thermische Energie umwandelt.

Obwohl die Entropie eine zentrale Stellung in allen Systemänderungen einnimmt, kommt sie in den gängigen Darstellungen zum Thema Energie nicht vor. Da ihre Auswirkungen aber natürlich nicht unterdrückt werden können, werden neue Begriffe, wie „Exergie" und „Anergie", in die Behandlung der Energie eingeführt. Auch in diesem Buch wird das geschehen, und zwar schon im nächsten Kapitel.

---

[3] Reversible Prozesse sind ein Konstrukt der theoretischen Physik, um die Eigenschaften von Systemänderungen berechnen zu können.

2.1 Die Energie und die Energieformen

Die Energie ist eine **physikalische Größe**, die sich messen lässt und daher eindeutig bestimmbar ist. Trotzdem ist der Energiebegriff im Sprachgebrauch sehr undeutlich. Zum Beispiel werden viele der Behauptung zustimmen: „Es kostet mich viel Energie, morgens aufzustehen". Damit ist aber eigentlich etwas ganz anderes gemeint: „Ich muss mich überwinden, morgens aufzustehen, weil ich eigentlich noch viel lieber weiterschlafen würde". Physikalisch gesehen wird zum Aufstehen in der Tat Energie benötigt, weil der Massenmittelpunkt des Körpers angehoben wird, der Körper also seine Lage verändert. Aber dieser Energiebedarf ist minimal, er beträgt für einen normalen Menschen nur etwa 400 J (das Joule (J) ist die Maßeinheit der Energie, die wir auf der P-Ebene in diesem Unterkapitel definieren werden). Das entspricht der chemischen Energie von etwa 0,05 g Weizenmischbrot, also etwa der Energiemenge eines Brotkrümels. Daher benötigen wir eigentlich fast keine Energie, um morgens aufzustehen!

Wir lernen aus diesem Beispiel noch etwas anderes: Energie tritt in vielen Formen auf. Wir haben zwei **Energieformen** gerade kennen gelernt:

- Die Energie der Lage (man bezeichnet diese Energieform als **potenzielle Energie**).
- Die Energie von Lebensmitteln (man bezeichnet diese Energieform als **chemische Energie**).

Und weitere Energieformen sind zum Beispiel

- Die Energie der Bewegung (man bezeichnet diese Energieform als **kinetische Energie**).
- Die Energie der Wärme (man bezeichnet diese Energieform als **thermische Energie** oder einfach als **Wärme**).

Alle Energieformen können in einander umgewandelt werden, ohne dass dabei Energie verloren geht. Die chemische Energie des Brots kann in die potenzielle Energie des Körpers

D. Pelte, *Die Zukunft unserer Energieversorgung*, DOI 10.1007/978-3-658-05815-9_2,
© Springer Fachmedien Wiesbaden 2014

umgewandelt werden. Aber dieser **Wandlungsprozess** ist nicht vollständig, denn ein Teil der chemischen Energie wird bei der Wandlung auch in thermische Energie umgesetzt. Beim Aufstehen erhöht sich unsere Körpertemperatur, und je höher unsere Körpertemperatur ist, umso höher ist die thermische Energie des Körpers. Diese nicht erwünschten Umwandlungen der Energie sind das eigentliche Hauptproblem bei allen technischen Prozessen, die zu ihrer Durchführung eine Versorgung mit Energie benötigen. Wir werden uns im nächsten Kapitel ausführlich mit diesem Problem beschäftigen.

Ein weiteres Sprachproblem ist der Gebrauch des Worts „Arbeit". In der Physik ist die Messgröße **Arbeit** identisch zur Messgröße **Energie**, beide besitzen dieselbe Maßeinheit Joule (J). In einem Gespräch kann ich aber unwidersprochen behaupten: „Um dieses Buch zu schreiben, muss ich arbeiten", und einige werden sogar zustimmen, dass das viel Arbeit ist. Aber eigentlich ist die Menge an Energie, die ich zur Fertigstellung dieses Buchs benötige, nur minimal, sie ist noch geringer als die, die ich zum morgentlichen Aufstehen benötige. Und manche werden vielleicht auch zustimmen, dass das Verfassen eines Buchs eine große Leistung ist. Aber auch hier ist die Sprache ungenau, denn die Leistung ist physikalisch bestimmt durch die Rate, mit der die eine Energieform in eine andere umgewandelt wird. Das bedeutet, **Leistung** ist die pro Zeiteinheit umgewandelte Energie.

Und jetzt nähern wir uns einem sehr wichtigen Punkt: Wenn wir den Energiebedarf der Welt bestimmen wollen, dann meinen wir eigentlich den Energiebedarf pro Jahr. Und diese Größe bezeichnet nicht wirklich die Energie, sondern den Bedarf an Leistung. Es ist daher vielleicht nicht überraschend, dass Diskussionen um die Energie so oft zu keinem Ergebnis führen. Denn vielleicht meinen ja verschiedene Personen mit demselben Wort ganz verschiedene Größen und reden daher einfach nur aneinander vorbei.

2.1.1 P-Ebene: Die Definition von Messgrößen

Die physikalische Messgröße Energie

Die Energie W ist eine physikalische Messgröße. Sie lässt sich mit geeigneten Anordnungen messen, das Ergebnis dieser Messung ist ein **Messwert** $\langle W \rangle$ zusammen mit seiner **Maßeinheit** $[W]$. Der Messwert wird hier in der Form des Mittelwerts über eine Anzahl von Messungen (einer Stichprobe) angegeben, weil jede Messung mit einem **Fehler** ΔW behaftet ist, der umso kleiner wird, je größer die Anzahl der Einzelmessungen ist.

Allerdings sind die Messfehler, wie bereits in der Einleitung ausgeführt, ohne Bedeutung für die Argumente, die in diesem Buch vorgebracht werden. Von viel größerer Bedeutung sind die Fehler, die durch die Unsicherheiten in den Modellannahmen für die Prognosen verursacht werden. Wir werden daher später den Wert der Energie einfach durch das Symbol W kennzeichnen, und der Fehler wird aus der Anzahl der **signifikanten Stellen** des Werts deutlich. Also ein angegebener Energiewert von $W = 4 \cdot 10^2$ J bedeutet, dass der wahre Wert irgendwo zwischen $3{,}5 \cdot 10^2$ J und $4{,}5 \cdot 10^2$ J liegt. Von ebensolcher Wichtigkeit, wie der Messwert, ist die Maßeinheit der Energie. In diesem Buch werden wir allgemein die durch das „Système International d'Unités (SI)" vorgeschriebenen Maßeinheiten ver-

Tab. 2.1 Die Basismessgrößen im Systeme International d'Unités

Basismessgröße	Symbol	Basismaßeinheit	Bezeichnung
Länge	r	$[r] = \mathrm{m}$	Meter
Zeit	t	$[t] = \mathrm{s}$	Sekunde
Masse	m	$[m] = \mathrm{kg}$	Kilogramm
Elektrischer Strom	I	$[I] = \mathrm{A}$	Ampere
Temperatur	T	$[T] = \mathrm{K}$	Kelvin
Stoffmenge	$\tilde{n}$	$[\tilde{n}] = \mathrm{mol}$	Mol
Lichtstärke	L_v	$[L_v] = \mathrm{cd}$	Candela

Tab. 2.2 Umrechnungstabelle der wichtigsten Energieeinheiten

Einheit	J	cal	eV	kWh	kg · SKE	Btu
J	1	0,2389	$6,24 \cdot 10^{18}$	$2,78 \cdot 10^{-7}$	$3,41 \cdot 10^{-8}$	$9,48 \cdot 10^{-4}$
cal	4,1855	1	$2,63 \cdot 10^{19}$	$1,16 \cdot 10^{-6}$	$1,43 \cdot 10^{-7}$	$3,97 \cdot 10^{-3}$
eV	$1,60 \cdot 10^{-19}$	$3,83 \cdot 10^{-20}$	1	$4,45 \cdot 10^{-26}$	$5,46 \cdot 10^{-27}$	$1,52 \cdot 10^{-22}$
kWh	$3,60 \cdot 10^{6}$	$8,60 \cdot 10^{5}$	$2,25 \cdot 10^{25}$	1	$1,23 \cdot 10^{-1}$	$3,41 \cdot 10^{3}$
kg · SKE	$2,93 \cdot 10^{7}$	$7,00 \cdot 10^{6}$	$1,82 \cdot 10^{26}$	8,14	1	$2,78 \cdot 10^{4}$
Btu	$1,05 \cdot 10^{3}$	$2,52 \cdot 10^{2}$	$6,58 \cdot 10^{21}$	$2,93 \cdot 10^{-4}$	$3,60 \cdot 10^{-5}$	1

J = Joule; cal = Kalorie; eV = Elektronenvolt; kWh = Kilowattstunde;
kg · SKE = Kilogramm Steinkohleeinheit; Btu = British thermal unit

wenden. Diese **SI-Einheiten** wurden mit dem *Gesetz über Einheiten im Messwesen* vom 2. Juli 1969 von der Bundesrepublik Deutschland übernommen und sind daher verbindlich vorgeschrieben. Die Maßeinheit für die Energie ist das Joule (J), also $[W] = \mathrm{J}$. Die Maßeinheit J ist eine abgeleitete Maßeinheit, sie ist abgeleitet aus den **Basismaßeinheiten** des SI. In diesem System gibt es 7 Basismessgrößen mit ihren Basismaßeinheiten. Diese sind in Tab. 2.1 zusammengefasst.

Ausgedrückt durch diese Basismaßeinheiten besitzt die Energie die Einheit

$$[W] = \mathrm{J} = \mathrm{kg} \cdot \mathrm{m}^2 \cdot \mathrm{s}^{-2}. \tag{2.1}$$

Unglücklicherweise werden neben dieser Maßeinheit des SI noch eine Vielzahl anderer Einheiten in der Literatur verwendet. Die wichtigsten sind in der Tab. 2.2 mit ihren Umrechnungsfaktoren zusammengefasst. Besonders schlimm ist, dass auch die deutschen Elektrizitätswerke in ihren Abrechnungen die Energiewerte mit der Einheit **kWh** (Kilowattstunde) angeben. Dabei ist das **Watt** (W) eigentlich die SI-Einheit für eine Leistung P. Es bestehen folgende Zusammenhänge:

$$\text{Leistung} = \text{Energie pro Zeit}$$

$$P = \frac{\mathrm{d}W}{\mathrm{d}t}, \quad [P] = \mathrm{J} \cdot \mathrm{s}^{-1} = \mathrm{W}. \tag{2.2}$$

Tab. 2.3 Potenzen und dazu gehörige Vorsilben vor Einheiten

Vorsilbe	Potenz	Abk.	Deutsche Sprache
Yocto	10^{-24}	y	
Zepto	10^{-21}	z	
Atto	10^{-18}	a	
Femto	10^{-15}	f	
Piko	10^{-12}	p	
Nano	10^{-9}	n	
Mikro	10^{-6}	µ	
Milli	10^{-3}	m	
Zenti	10^{-2}	c	
Dezi	10^{-1}	d	
Deka	10^{1}	da	
Hekto	10^{2}	h	
Kilo	10^{3}	k	Tausend
Mega	10^{6}	M	Million
Giga	10^{9}	G	Milliarde
Tera	10^{12}	T	Billion
Peta	10^{15}	P	Billiarde
Exa	10^{18}	E	
Zetta	10^{21}	Z	
Yotta	10^{24}	Y	

Daraus ergibt sich, dass die Energie auch die SI-Einheit $[W] = W \cdot s = J$ besitzt; die Einheit $W \cdot s$ heißt Wattsekunde.[1]

In der Tab. 2.2 und auch sonst in diesem Buch werden wir davon Gebrauch machen, große bzw. kleine Zahlenwerte mithilfe von **Potenzen** oder durch **Vorsilben** an den Einheiten darzustellen. Zwischen den Potenzen und den zugehörigen Vorsilben bestehen die in der Tab. 2.3 gezeigten Zusammenhänge. Ein Beispiel: Eine Energiemenge von $W = 1000\,J$ lässt sich wie folgt schreiben:

$$W = 1000\,J = 1 \cdot 10^3\,J = 1\,kJ,$$

und wird in deutscher Sprache „eintausend Joule" oder „ein Kilojoule" genannt.

Die jährlichen Abrechnungen der Elektrizitätswerke gibt die bezogene Energiemenge in der Einheit kWh an. Aber da die Rechnung jedes Jahr neu aufgestellt wird, spezifiziert sie eigentlich eine gelieferte Leistung in der Einheit $kWh \cdot a^{-1}$. Trotz einiger Bedenken, dass von

---

[1] Es ist vielleicht verwirrend, dass für die Messgröße „Energie" der Buchstabe W (vom englischen Wort „work" für Arbeit) benutzt wird, und derselbe Buchstabe W für die Einheit der Leistung. An solche Doppeldeutigkeiten muss man sich gewöhnen. In diesem speziellen Fall besteht allerdings ein Unterschied in den Schreibweisen: Physikalische Größen werden *kursiv* geschrieben, Einheiten werden steil geschrieben, wie auch der Text.

der vorgeschriebenen SI-Einheit W abgewichen wird, werden wir in diesem Buch für die Leistung öfters die Einheit kWh·a^{-1} benutzen. Denn damit erhält der Leser aufgrund seiner eigenen Elektrizitätsrechnung ein ungefähres Gefühl dafür, wie hoch zum Beispiel der jährliche Energiebedarf (das heißt Leistungsbedarf) in Deutschland ist und welche Kosten mit der Bereitstellung dieser Leistung verbunden sind. Die Umrechnungsfaktoren zwischen diesen beiden Leistungseinheiten ergeben sich zu:

$$1\,\text{W} = 8{,}76\,\text{kWh} \cdot \text{a}^{-1},$$
$$1\,\text{kWh} \cdot \text{a}^{-1} = 0{,}114\,\text{W}.$$

$$(2.3)$$

Die ökonomischen Messgrößen

Auch **ökonomische Prozesse** sind irreversible Prozesse und damit abhängig von der Entropieerzeugung, also der Energiewandlung. Um diese Abhängigkeiten zu diskutieren, werden wir ökonomische Messgrößen verwenden, die sich durch Zahlenangaben quantifizieren lassen. Die ökonomischen Messgrößen können aber nicht als gleichrangig zu den physikalischen Messgrößen angesehen werden, denn es fehlt ihnen eine wesentliche Eigenschaft: Die Definition einer eindeutigen Maßeinheit. Allgemein üblich ist der Gebrauch eines Geldwerts als Maßeinheit, wobei üblicherweise als **Basismaßeinheit** die Weltreferenzwährung, also der USD verwendet wird. Aber der Wert eines USD ist nicht eindeutig definiert, er schwankt aufgrund von

- Währungsinflation und Deflation,
- Wechselkursänderungen.

Beide Phänomene unterliegen darüber hinaus staatlichen Einflüssen, besonders dort, wo die Landeswährung nicht frei konvertibel ist. Diese Nichteindeutigkeit der Maßeinheit stellt ein besonderes Problem dar, dem wir in diesem Buch oft begegnen werden.

2.2 Die Umwandlung der Energieformen

Fast alle technischen Prozesse in unserer Welt benutzen die Möglichkeit, eine Energieform in eine andere umzuwandeln. Solange unsere Energieversorgung noch überwiegend auf der Nutzung fossiler Energieträger beruht, ist die primäre Energieform meistens die chemische Energie, die in elektrische, kinetische oder thermische Energie umgewandelt wird. Bei diesen Umwandlungen geht keine Energie verloren, denn für die Energie gilt ein strenges Erhaltungsgesetz.

> Warum haben wir dann trotz Energieerhaltung ein Energieproblem, das sich in den nächsten Jahrzehnten dramatisch verschärfen wird?

Dieses Problem entsteht durch ein fundamentales Naturgesetz (**2. Hauptsatz der Thermodynamik**), das zwar die Wandlung ohne Energieverlust erlaubt, aber nicht gestattet,

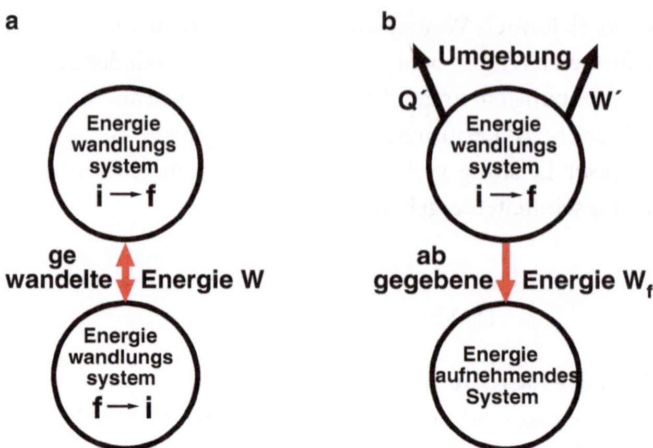

Abb. 2.1 Schematische Darstellung eines idealen (**a**) und eines realen (**b**) Energiewandlungsprozesses. Neben der nutzbaren Energie W bzw. W_f wird ein Teil der Energie in einem realen Prozess in die nicht nutzbaren Formen Q' und W' gewandelt, die in die Umgebung gelangen

dass der Weg, den die Wandlung nimmt, von uns nach Belieben vorgegeben werden kann. Wenn wir den idealen Wandlungsprozess betrachten, der sich allerdings technisch nicht realisieren lässt, dann können fast alle Energieformen in beliebige andere Energieformen umgewandelt werden (also zum Beispiel elektrische Energie in kinetische Energie), aber die thermische Energie kann nur unvollständig in jede andere Energieform umgewandelt werden, es bleibt immer ein Rest an thermischer Energie zurück. Diese Sonderstellung der thermischen Energie wird dadurch berücksichtigt, dass sie durch ein besonderes Symbol (den Buchstaben Q) gekennzeichnet ist, während alle anderen Energieformen durch den Buchstaben W symbolisiert werden. Ideale Prozesse bezeichnet man in der Thermodynamik als **reversible Prozesse**, denn der Weg eines idealen Wandlungsprozesses kann auch in umgekehrter Richtung durchlaufen werden, also kinetische Energie kann in elektrische Energie umgewandelt werden. Das geschieht zum Beispiel in einem idealen Fahrraddynamo.

Wenn wir statt des idealen einen realen **Wandlungsprozess** betrachten, dann ist die Menge der von uns gewünschten Energieform W_f nach der Wandlung geringer, als es eigentlich der ideale Prozess erlauben würde. Ein nicht unerheblicher Teil der Anfangsenergie W_i wird nämlich nicht an uns, sondern in Form von thermischer Energie Q' oder in irgendeiner anderen Energieform W' an unsere **Umgebung** abgegeben. Dieses Verhalten eines jeden realen Wandlungsprozesses ist in der Abb. 2.1 schematisch dargestellt. Solche Prozesse werden in der Thermodynamik **irreversibel** genannt, denn ein Teil der Energie ist in die Umgebung gelangt und kann nicht zurückgewandelt werden. Der Weg eines realen Prozesses kann nur in einer Richtung durchlaufen werden.

Um dies zu verdeutlichen, betrachten wir die Wandlung der chemischen Energie in kinetische Energie am Beispiel eines **Autos**. So lange das Auto von dem Motor beschleunigt wird, wandelt dieser die chemische Energie des Kraftstoffs in kinetische Energie des Autos um. Ist die von uns gewünschte Endgeschwindigkeit erreicht, ist im Prinzip (also im Idealfall) keine weitere Energiewandlung nötig: Das Auto würde sich mit konstanter Geschwindigkeit weiter bewegen. In Wirklichkeit muss aber der Motor weiterhin chemische Energie in kinetische Energie umwandeln, um den Luftwiderstand zu überwinden. Beim Fahren werden in der Luft Wirbel erzeugt, es entsteht kinetische Energie der Luft. Und gleichzeitig wird die thermische Energie des Motors durch die Motorkühlung an die Luft abgegeben. Die Luft übernimmt also die Funktion der Umgebung, an sie wird der nicht erwünschte Teil der Energie $W' + Q'$ abgegeben, der bei jedem realen Wandlungsprozess auftritt, aber bei einem idealen Prozess immer vernachlässigt wird.

Man kann daher die primäre Energie W_i in zwei Anteile zerlegen, nämlich in die **Exergie** E und die **Anergie** A, so dass gilt:

$$W = E + A. \tag{2.4}$$

Von diesen beiden Anteilen lässt sich in einem idealen Prozess nur die Exergie E in die gewünschte Energieform W_f umwandeln, die Anergie kann nicht gewandelt werden, sondern sie wird an die Umgebung abgegeben. Die **Thermodynamik** macht für das Verhalten von Exergie und Anergie in einem idealen und in realen Prozessen Aussagen, deren Konsequenzen wir uns auf keiner Weise entziehen können, denn sie basieren auf den **Gesetzen der Natur**:

1. Nur bei reversiblen Prozessen bleibt die Exergie erhalten.
2. Bei allen irreversiblen Prozessen verwandelt sich Exergie in Anergie.
3. Es gibt keinen Prozess, der Anergie in Exergie verwandelt.

Wie effizient ein Prozess die Energie W_i in die Energie W_f umwandelt, hängt also von zwei Faktoren ab:

- Von dem **Exergiegehalt** $\varepsilon_i = E_i / W_i$ der Energie W_i.
- Von dem Wandlungsprozess, der im Idealfall reversibel sein muss, aber im Realfall immer irreversibel ist.

Der Exergiegehalt einer Energieform ist eine für die Form charakteristische Eigenschaft. Die meisten Energieformen besitzen einen Exergiegehalt $\varepsilon_i = 1$. Zum Beispiel gilt für die elektrische Energie $\varepsilon_{el} = 1$. Auf der anderen Seite kommt die Sonderstellung der **thermischen Energie** wiederum dadurch zum Ausdruck, dass $\varepsilon_{therm} < 1$ ist. Der Wert des Exergiegehalts von Q hängt von dem Verhältnis der zu Q gehörenden **Temperatur** T zu

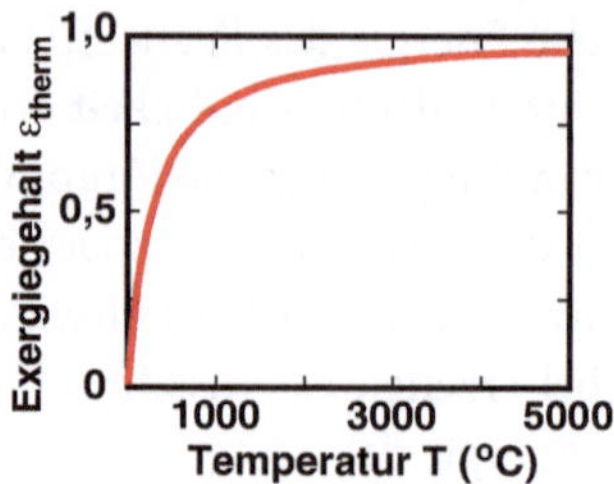

Abb. 2.2 Die Temperaturabhängigkeit des Exergiegehalts von thermischer Energie. Die Temperatur ist in der Einheit $[T] =\,°C$ angegeben, so dass $T_0 = 0\ °C$. Zwischen der Temperatur mit dieser Einheit und der SI-Einheit $[T] = K$ besteht der Zusammenhang $T\ °C = (T - 273{,}15)\ K$

der Temperatur der Umgebung T_0 ab.[2] Und zwar gilt

$$\varepsilon_{\text{therm}} = 1 - \frac{T_0}{T}. \tag{2.5}$$

Und daraus folgt im Fall der thermischen Energie Q:

$$\text{Exergie } E = \left(1 - \frac{T_0}{T}\right) Q, \quad \text{Anergie } A = \left(\frac{T_0}{T}\right) Q. \tag{2.6}$$

Das bedeutet insbesondere, dass thermische Energie mit der Temperatur $T = T_0$ niemals in eine andere Energieform W_{f} umgewandelt werden kann.

In der Abb. 2.2 ist die Temperaturabhängigkeit des Exergiegehalts $\varepsilon_{\text{therm}}$ dargestellt. Auch die **Sonne** versorgt uns durch ihre Strahlung mit thermischer Energie. Glücklicherweise besitzt die Sonnenoberfläche eine **Temperatur** von $T \approx 5800\ K$, so dass $\varepsilon_{\text{therm}} \approx 0{,}95$ und ein großer Teil der Sonnenenergie prinzipiell in andere Energieformen umgewandelt werden kann.

Es ist sicher eine interessante Frage, warum alle Wandlungsprozesse der Energie diesen Gesetzmäßigkeiten folgen müssen. Der eigentliche Grund wurde bereits in Kap. 1 erwähnt, er ist eng verknüpft mit den Veränderungen, welche die **Entropie** S des Systems nehmen muss. Bei jedem irreversiblen Prozess in einem abgeschlossenen System muss sich die Entropie des Systems vergrößern. Nur in einem reversiblen Prozess bleibt der Entropiewert unverändert. Und es gibt keinen Prozess in einem abgeschlossenen System, bei dem sich die Entropie verringert. Eine Vergrößerung der Entropie um $\Delta S > 0$ verlangt, dass thermische Energie von der Größe Q zur Verfügung steht. Beide sind bei einer Momentantemperatur T des Systems verbunden durch das Gesetz:

$$\Delta S = \frac{Q}{T} \text{ (bei konstanter Temperatur).} \tag{2.7}$$

---

[2] Man beachte, dass in allen thermodynamischen Gesetzen die Temperatur immer in der SI-Einheit $[T] = K$ angegeben werden muss, siehe Tab. 2.1. Es gilt die Beziehung $T\,(K) = T\,(°C) + 273$.

Also muss bei einer irreversiblen Wandlung immer ein Teil der Energie W_i in thermische Energie verwandelt werden und dieser Teil fehlt daher in der gewandelten Energie W_f. Dieser fehlende Teil wurde bei der Wandlung zur Anergie und daher besteht ein enger Zusammenhang zwischen der Anergie A und der Entropieänderung ΔS.

In dem vorigen Abschnitt wurde öfters gefordert, dass das **System abgeschlossen** ist, also keinen Kontakt zu und keinen Austausch mit seiner Umgebung besitzt. Ist dieser Austausch vorhanden, kann die Entropie in einem System tatsächlich abnehmen ($\Delta S < 0$), weil durch den Austausch die Entropie der Umgebung zunimmt ($\Delta S' > 0$). Dabei muss aber gewährleistet sein, dass die Gesamtentropie ΔS_{tot} niemals abnimmt, sondern dass immer gilt

$$\Delta S_{tot} = \Delta S + \Delta S' \geq 0. \tag{2.8}$$

Das Gleichheitszeichen ist nur gültig, wenn der Prozess in dem System und der Austausch mit der Umgebung reversibel erfolgen. Anderenfalls muss die Gesamtentropie zunehmen.

Eine uns Allen bekannte Anwendung dieser Sachverhalte findet sich in der idealen **Wärmekraftmaschine**, die man als Prototyp des **Automotors** betrachten kann. Die Wärmekraftmaschine ist ideal, wenn das System eine Folge von reversiblen **Kreisprozessen** durchläuft. Gemittelt über einen Kreisprozess verändert sich die Entropie des System wegen der Reversibilität nicht. Die Entropie der Umgebung nimmt aber während eines Kreisprozesses zu (der Austausch ist irreversibel), so dass die chemische Energie des Kraftstoffs W_{chem} niemals vollständig in die kinetische Energie des Autos W_{kin} umgewandelt werden kann. In der Tat, der größte Teil der Energie W_{chem} wird benötigt, um die Entropie der Umgebung zu vergrößern und geht daher der Energie W_{kin} verloren.

2.2.1   P-Ebene: Die Exergie als wandelbarer Teil der Energie.

Wie bereits erwähnt, besitzen sehr viele Energieformen einen Exergiegehalt $\varepsilon_i = 1$. Betrachten wir einige Energieformen.

Die kinetische Exergie E_{kin}
Die kinetische Energie bezeichnet die Energie der Bewegung, sie hängt also von der Geschwindigkeit v eines Körpers und seiner Masse m ab. Die Exergie eines Körpers in Bewegung ergibt sich zu

$$E_{kin} = W_{kin} = \frac{1}{2}\, m\, v^2. \tag{2.9}$$

Diese Beziehung gilt ganz allgemein, sie muss aber unter Umständen modifiziert werden, wenn verschiedene Teile des Körpers verschiedene Geschwindigkeiten besitzen. Dieser Fall tritt zum Beispiel ein, wenn sich ein Körper um eine Achse dreht.

Die potenzielle Exergie E_{pot}
Die potenzielle Energie bezeichnet die Energie der Lage. Sie ist auf der Erde von großer Bedeutung, weil zwischen einem Körper mit Masse m und der Erde mit Masse $m_{\oplus}$ eine

anziehende Gravitationskraft F_G besteht. Auf der Erdoberfläche kann man die Stärke dieser Kraft durch die **Erdbeschleunigung** $g = 9{,}81 \approx 10\,\mathrm{m} \cdot \mathrm{s}^{-2}$ beschreiben, und ein Körper besitzt dann die Exergie

$$E_{\mathrm{pot}} = W_{\mathrm{pot}} = (m - m_0)\,g\,h, \tag{2.10}$$

wenn er sich in einer Höhe h über dem Erdboden befindet und die durch den Körper verdrängte Luft die Masse m_0 besitzt. Bei festen Körpern und Flüssigkeiten kann man die Korrektur durch m_0 fast immer vernachlässigen, da m etwa 1000fach größer ist als m_0.

Die elektrische Exergie E_{el}

Damit ein Körper eine elektrische Energie besitzt, muss er eine **elektrische Ladung** q tragen und er muss sich in einem **elektrischen Feld** befinden, dessen Stärke sich durch das **Potenzial** ϕ beschreiben lässt. Verändert der Körper in dem Feld seine Lage, so verändert sich seine Exergie um

$$E_{\mathrm{el}} = W_{\mathrm{el}} = q\,\Delta\phi, \tag{2.11}$$

wobei $\Delta\phi$ die Potenzialdifferenz ist, welche die Lageveränderung beschreibt, also der Größe $g\,h$ im Fall der potenziellen Energie entspricht. Die Potenzialdifferenz $\Delta\phi$ nennen wir gewöhnlich die **elektrische Spannung** , wir werden aber die elektrische Spannung auch weiterhin mit diesem Symbol kennzeichnen.

Die thermische Exergie E_{therm}

Die thermische Energie eines Körpers hängt von seiner Temperatur T ab und von der Anzahl der Atome bzw. Moleküle, die sich in diesem Körper befinden. Diese Anzahl wird durch die **molare Menge** $\widetilde{n}$ spezifiziert, welche die Einheit $[\widetilde{n}] = \mathrm{mol}$ besitzt, siehe Tab. 2.4. In $\widetilde{n} = 1\,\mathrm{mol}$ eines Körpers befinden sich genau $n_A = 6{,}0221367 \cdot 10^{23} \approx 6 \cdot 10^{23}$ Atome bzw. Moleküle. In einem beliebigen Körper befinden sich daher $n = \widetilde{n}\,n_A$ Atome bzw. Moleküle, und die thermische Energie dieses Körpers beträgt

$$Q = \widetilde{n}\,C\,T. \tag{2.12}$$

C bezeichnet man als die **molare Wärmekapazität**, für sehr viele Festkörper besitzt sie bei Zimmertemperatur einen Wert von $C \approx 25\,\mathrm{J} \cdot \mathrm{K}^{-1} \cdot \mathrm{mol}^{-1}$. Es ist schon mehrfach darauf hingewiesen worden, dass die Exergie der thermischen Energie geringer ist als diese selbst, und zwar ergibt sich nach (2.6)

$$E_{\mathrm{therm}} = \widetilde{n}\,C\,(T - T_0), \tag{2.13}$$

wobei T_0 die Temperatur der Umgebung ist. In einem System, das nicht abgeschlossen und sich selbst überlassen ist, kann ein Körper keine Temperatur besitzen, die kleiner ist als die Umgebungstemperatur.

Die chemische Exergie E_{chem}

Die chemische Energie hat ihre Ursache in der **Bindungsenergie** von **Molekülen**, die aus **Atomen** aufgebaut sind. Im Prinzip ist dies eine spezielle Form der elektrischen Energie, denn ohne die Existenz von geladenen Elektronen und geladenen Atomkernen würde diese Energie nicht existieren. Aber auch der Atomkern ist ein aus den Nukleonen aufgebautes System, die dabei auftretenden Bindungsenergien sind die Ursache für die **Kernenergie**. Allerdings sind die nuklearen Bindungsenergie um drei Größenordnungen höher als die molekularen Bindungsenergie, und das vereinfacht die Behandlung der Kernenergie[3]. Die Behandlung der chemischen Energie ist weitaus komplizierter, denn sie tritt erst dann in Erscheinung, wenn sich in chemischen Reaktionen Atome zu Molekülen oder Moleküle zu Molekülen verbinden. Dabei spielen eine Vielzahl von Prozessen eine Rolle, insbesondere Phasenübergänge zwischen den verschiedenen Aggregatzuständen der Reaktanden, ihre Mischung und ihre Diffusion in die Umgebung. Die Analyse dieser Prozesse geschieht mithilfe des **1. Hauptsatzes der Thermodynamik**, angewendet auf die Gegebenheiten der Abb. 2.1:

$$- \Delta U = W_{\text{f}} + W' + Q'. \tag{2.14}$$

Alle Größen auf der rechten Seite von (2.14) bezeichnen die Energien, die bei der Energiewandlung entweder als erwünschte Energie (W_{f}) oder als nicht erwünschte Energien ($W' + Q'$) abgegeben werden, wobei die **innere Energie** U des Wandlungssystem abnimmt. Daher ist $\Delta U < 0$, aber da alle Energien auf der rechten Seite von (2.14) positiv sind, muss auf der linken Seite von (2.14) ein negatives Vorzeichen stehen. Damit ergibt sich die nutzbare Energie W_{f} (die wir bisher als erwünschte Energie bezeichnet hatten) zu

$$W_{\text{f}} = -\Delta U - W' - Q'. \tag{2.15}$$

Wir nehmen an, dass der Wandlungsprozess vollständig ist, das heißt, nach der Wandlung befindet sich das wandelnde System im thermodynamischen Gleichgewicht mit seiner **Umgebung**, die durch einen Index 0 gekennzeichnet ist. Daher ist die Änderung der inneren Energie

$$\Delta U = U_0 - U < 0 \quad \text{da} \quad U > U_0.$$

Die an die Umgebung abgegebene Energie W' entsteht dadurch, dass sich bei der **chemischen Reaktion** das Volumen der Reaktanden verändern kann, weil sich entweder ihre Anzahl verändert oder sie in einen anderen **Aggregatzustand** wechseln. Dann muss Arbeit gegen den Umgebungsdruck P_0 verrichtet werden:

$$W' = P_0 \left(V_0 - V \right) \quad \text{wobei} \quad V_0 \geq V \text{ oder } V_0 \leq V.$$

Die an die Umgebung abgegebene Wärme Q' ist mit der Entropieänderung der Umgebung $\Delta S'$ verknüpft, die ihrerseits mit der Änderung der Gesamtentropie ΔS_{tot} nach (2.8) ver-

---

[3] Das Thema Kernenergie ist mit Vorurteilen besonders belastet, eine ausführliche Darstellung der physikalischen Grundlagen wird daher auf den Abschn. 5.2 verschoben.

Tab. 2.4 Die Exergie der Methanverbrennung unter verschiedenen Bedingungen und in verschiedenen Umgebungen. Die Einheit aller Zahlen ist $kJ \cdot mol^{-1}$

	Verbrennung in Sauerstoff		Verbrennung in Luft	
Term	H_2O (g)	H_2O (f)	H_2O (g)	H_2O (f)
$U - U_0$	803	886	803	886
$P_0 (V - V_0)$	0	5	0	5
$-T_0 (S - S_0)$	41	−52	34	−60
Heizwert	803	891	803	891
Exergie	844	839	837	831

bunden ist:

$$Q' = T_0 \, \Delta S' = T_0 \, (\Delta S_{\text{tot}} - \Delta S) \quad \text{wobei} \quad \Delta S_{\text{tot}} \geq 0$$
$$= T_0 \, \Delta S_{\text{tot}} - T_0 \, (S_0 - S).$$

Setzt man diese drei Beiträge in (2.15) ein, so ergibt sich

$$W_{\text{f}} + T_0 \, \Delta S_{\text{tot}} = (U - U_0) + P_0 \, (V - V_0) - T_0 \, (S - S_0). \tag{2.16}$$

Diese Gleichung lässt eine nahe liegende Interpretation zu: Auf der rechten Seite steht die gesamte Exergie E, die in einem Prozess umgewandelt wird in die nutzbare Energie W_{f} und in die Wärme, die zur Erhöhung der System- und Umgebungsentropie benötigt wird. Der Prozess ist reversibel, wenn $T_0 \, \Delta S_{\text{tot}} = 0$ gilt, und er ist irreversibel, wenn $T_0 \, \Delta S_{\text{tot}} > 0$. Die Exergie einer chemischen Reaktion beträgt daher

$$E_{\text{chem}} = (U - U_0) + P_0 \, (V - V_0) - T_0 \, (S - S_0) \tag{2.17}$$

und wir wollen uns die Bedeutung jedes einzelnen der 3 Terme überlegen:

1. Term: $U - U_0$

    Dieser Term charakterisiert die Änderung der inneren Energie der Reaktanden. Er liefert zur Exergie den weitaus größten Beitrag, der durch die molekularen Bindungsenergien bestimmt wird. Gleichzeitig sind in diesem Term auch die Beiträge enthalten, die für einen Phasenübergang (zum Beispiel flüssig (f) $\rightleftharpoons$ gasförmig (g)) benötigt werden, siehe Tab. 2.4. Damit eine Reaktion selbständig abläuft, muss $U > U_0$ sein, das heißt, dieser Term ist immer positiv.

2. Term: $P_0 (V - V_0)$

    Dieser Term berücksichtigt, dass sich bei chemischen Reaktionen das Reaktionsvolumen der Reaktanden verändern kann. Eine Volumenänderung tritt ein, wenn die Anzahl der Reaktanden vor und nach der Reaktion unterschiedlich sind. Ein Beispiel ist die Reaktion

$$2\,H_2 + O_2 \rightleftharpoons 2\,H_2O. \tag{2.18}$$

Tab. 2.5 Die Heizwerte der Verbrennung in Luft von verschiedenen Verbindungen zwischen Wasserstoff, Kohlenstoff und Sauerstoff. Nach der Verbrennung liegt das Wasser im gasförmigen Aggregatzustand vor

Reaktand	C	CO	H_2	CH_4	C_2H_4	C_2H_6	C_3H_8	C_8H_{18}
Heizwert	(fest)							(flüssig)
H (kJ $\cdot$ mol^{-1})	394	283	242	803	1323	1428	2045	5080
H_m (MJ $\cdot$ kg^{-1})	33	10	121	50	47	48	46	45
H_V (MJ $\cdot$ m^{-3})	$99 \cdot 10^3$	13	11	36	59	64	91	$32 \cdot 10^3$

Eine Volumenänderung tritt auch ein, wenn einer der Reaktanden einen Phasenübergang durchführt, zum Beispiel

$$2\,H_2O(f) \rightleftharpoons 2\,H_2O(g).$$

Vergrößert sich das Volumen durch die Reaktion ($V_0 > V$), so ist dieser Term negativ. Verkleinert sich das Volumen durch die Reaktion ($V_0 < V$), so ist dieser Term positiv, siehe Tab. 2.4.

3. Term: $-T_0\,(S - S_0)$

Dieser Term wird verursacht durch die Entropieänderung des Systems während der Reaktion. Er besitzt mehrere Anteile, sie stammen von

– der atomaren Zusammensetzung der Reaktanden,
– der Mischung der Reaktanden bei der Reaktion,
– der Diffusion der Reaktanden in die Umgebung.

Die Größe dieses Terms wird bestimmt durch die Eigenschaften der chemischen Reaktion und ihrer Umgebung, und daher lässt sich die Größe nicht allgemein angeben. Verglichen mit dem 1. Term ist dieser von geringerer Bedeutung, wir werden seinen Beitrag im Folgenden immer vernachlässigen. Dies ist auch dadurch gerechtfertigt, da er noch einmal auf der linken Seite von (2.16) auftritt und daher die Menge der gewandelten Energie nicht beeinflusst.

In der Tab. 2.4 sind die Größen dieser drei Terme für die **Methanverbrennung**

$$CH_4 + 2\,O_2 \rightarrow CO_2 + 2\,H_2O \tag{2.19}$$

zusammen gestellt. Die Summe aus den beiden ersten Termen wird als **Heizwert** bezeichnet. Das bedeutet, im Folgenden werden wir die Heizwerte von chemischen Reaktionen benutzen, um den Exergiegehalt dieser Reaktion anzugeben. Besonders wichtig sind die Heizwerte von Reaktionen zwischen Wasserstoff (H), Sauerstoff (O) und Kohlenstoff (C). In der Tab. 2.5 werden die Heizwerte von einigen dieser Reaktionen gezeigt. Diese Tabelle enthält drei Einträge für jede Reaktion. Der erste Eintrag gibt den Heizwert pro $\widetilde{n} = 1\,\mathrm{mol}$

an, also die Energien, die sich durch die Reaktionen von n_A Atomen bzw. Molekülen mit Sauerstoff maximal wandeln lassen. In technischen Prozessen ist es aber gebräuchlicher, diesen Heizwert nicht auf die Menge der Reaktanden, sondern auf ihre Masse oder ihr Volumen zu beziehen. Dazu benötigen wir die entsprechenden Umrechnungsverfahren. Es gilt:

- Für die Masse einer Menge $\widetilde{n}$ von Atomen $m(\text{Atom}) = \widetilde{n}\,A \cdot 10^{-3}\,\text{kg}$.
  Dabei ist A die **Massenzahl** eines Atoms, die man dem periodischen System der Elemente entnehmen kann. Für ein Molekül, das aus n_i Atomen der Sorte i mit Massenzahl A_i aufgebaut ist, gilt entsprechend für die Masse einer Menge $\widetilde{n}$ dieser Moleküle

$$m(\text{Molekül}) = \sum_i n_i\, m(\text{Atom})_i = \widetilde{n} \sum_i n_i\, A_i \cdot 10^{-3}\,\text{kg}. \qquad (2.20)$$

Zum Beispiel findet man für $\widetilde{n} = 1\,\text{mol}\,CH_4$ mit $A_H = 1$ und $A_C = 12$ eine **molare Masse**

$$m(CH_4) = 16 \cdot 10^{-3}\,\text{kg}.$$

- Für das Volumen $V = m/\rho_m$.
  Dabei ist $\rho_m = n/V$ die **Massendichte** des Reaktanden, die man physikalischen Tabellen entnehmen kann. Man beachte, dass die Massendichte vom **Aggregatzustand** des Reaktanden abhängt. Zum Beispiel besteht zwischen den Massendichten im flüssigen und gasförmigen Aggregatzustand ein Unterschied von ca. 3 Größenordnungen

$$\rho_m(\text{f}) \approx 10^3\,\rho_m(\text{g}).$$

Das bedeutet, dass der Heizwert pro Volumen, der den Namen **Heizwertdichte** erhält, bei festen und flüssigen Brennstoffen viel größer ist als bei gasförmigen. Dagegen ist der Heizwert pro Masse, der den Namen **spezifischer Heizwert** erhält, unabhängig vom Aggregatzustand des Brennstoffs. In der Tab. 2.5 ist dieser Sachverhalt erkennbar, wo alle Reaktanden bis auf Kohlenstoff (C) und Oktan (C_8H_{18}) im gasförmigen Aggregatzustand vorliegen. Zum Beispiel erhöht sich die Heizwertdichte H_V des Wasserstoffs von $11\,\text{MJ} \cdot \text{m}^{-3}$ auf $8{,}7 \cdot 10^3\,\text{MJ} \cdot \text{m}^{-3}$, wenn man den Wasserstoff bei $T = 20\,\text{K}$ verflüssigt.

Zwischen dem spezifischen Heizwert H_m und der Heizwertdichte H_V besteht die Beziehung $H_V = \rho_m\,H_m$.

2.3   Die Wirkungsgrade der Energiewandlung

Man kann (2.16) verallgemeinern und für jede beliebige Energiewandlung das Gesetz aufstellen, dem der Wandlungsprozess folgen muss:

$$W_\mathrm{f} + T_0\, \Delta S_\mathrm{tot} = E_\mathrm{i}. \tag{2.21}$$

In Worten ausgedrückt:

> Die Anfangsexergie E_i lässt sich nur dann vollständig in die Endenergie W_f umwandeln, wenn sich die Gesamtentropie ΔS_tot bei dem Wandlungsprozess nicht verändert. Anderenfalls ist die Endenergie W_f immer kleiner als die Anfangsexergie E_i, da $\Delta S_\mathrm{tot} > 0$.

Dieses Gesetz verknüpft die Anfangsexergie mit der Endenergie, es lässt sich aber mithilfe von (2.4) auch allein als Funktion der Energie bzw. der Exergie schreiben:

$$W_\mathrm{f} + A_\mathrm{i} + T_0\, \Delta S_\mathrm{tot} = W_\mathrm{i}\,, \quad E_\mathrm{f} + A_\mathrm{f} + T_0\, \Delta S_\mathrm{tot} = E_\mathrm{i}, \tag{2.22}$$

wobei als Zusatzterme die **Anergien** A_i bzw. A_f auftreten.

Der Zusammenhang zwischen W_f und W_i bzw. E_f und E_i wird gewöhnlich durch den **Wirkungsgrad** ausgedrückt, der für die Energie bzw. Exergie folgendermaßen definiert ist:

$$\eta_W = \frac{W_\mathrm{f}}{W_\mathrm{i}}\,, \quad \eta_E = \frac{E_\mathrm{f}}{E_\mathrm{i}}. \tag{2.23}$$

Der **Exergiewirkungsgrad** η_E ist eigentlich nur dann von Interesse, wenn Alternativen für die Wandlung von W_i nach W_f existieren, insbesondere $W_\mathrm{i} = Q_\mathrm{i}$, und diese Alternativen **bewertet** werden sollen. Machen wir uns das an einem Beispiel klar:

Man kann thermische Energie $W_\mathrm{f} = Q_\mathrm{f}$ mit der Temperatur $T_\mathrm{f} > T_0$ sowohl aus der elektrischen Energie $W_\mathrm{i} = W_\mathrm{el}$ wie auch aus der thermischen Energie $W_\mathrm{i} = Q_\mathrm{i}$ mit der Temperatur $T_\mathrm{i} > T_\mathrm{f}$ wandeln. Welche dieser beiden Alternativen besitzt die bessere Bewertung?

1. Die Wandlung aus der elektrischen Energie.
   Wir betrachten ein abgeschlossenes System. Dann gilt:

$$W_\mathrm{i} = W_\mathrm{el}\,, E_\mathrm{i} = W_\mathrm{el}\,; \quad W_\mathrm{f} = Q_\mathrm{f}\,, E_\mathrm{f} = Q_\mathrm{f}\left(1 - \frac{T_0}{T_\mathrm{f}}\right).$$

Daraus ergibt sich $\Delta S_\mathrm{tot} = 0$ und nach (2.21) gilt dann

$$Q_\mathrm{f} = W_\mathrm{el}.$$

Die Wirkungsgrade für diesen Prozess betragen daher

$$\eta_{W,1} = \frac{Q_f}{W_{el}} = 1, \quad \eta_{E,1} = \frac{Q_f\,(1 - T_0/T_f)}{W_{el}} = \left(1 - \frac{T_0}{T_f}\right). \tag{2.24}$$

2. Die Wandlung aus der thermischen Energie.

Wir betrachten wiederum ein abgeschlossenes System. Dann gilt für diese Alternative:

$$W_i = Q_i\,, \; E_i = Q_i\left(1 - \frac{T_0}{T_i}\right); \quad W_f = Q_f\,, \; E_f = Q_f\left(1 - \frac{T_0}{T_f}\right).$$

Da das System abgeschlossen ist, tritt kein Austausch mit der Umgebung auf. Also ergibt sich $\Delta S' = 0$, aber nach den Gleichungen (2.6), (2.7) und (2.16) gilt

$$T_0\,\Delta S_{tot} = -T_0\,\Delta S = -T_0\,\frac{Q_i}{T_i} = -A_i.$$

Und daraus folgt

$$Q_f = Q_i.$$

Die Wirkungsgrade für diesen Prozess betragen daher

$$\eta_{W,2} = \frac{Q_f}{Q_i} = 1, \quad \eta_{E,2} = \frac{Q_f\,(1 - T_0/T_f)}{Q_i\,(1 - T_0/T_i)} = \frac{1 - T_0/T_f}{1 - T_0/T_i}. \tag{2.25}$$

Vom Energiestandpunkt aus betrachtet sind beide Prozesse vollständig gleichwertig ($\eta_{W,1} = \eta_{W,2}$), aber vom Exergiestandpunkt aus betrachtet muss der zweite Prozess besser bewertet werden, denn $\eta_{E,1} < \eta_{E,2}$. Und zwar wird die Bewertung um so besser, je kleiner die Temperaturdifferenz $T_i - T_f > 0$ ist (**Niedertemperaturheizung**). Dieses Kriterium spielt zum Beispiel auch dann eine Rolle, wenn es um die Frage geht, ob es günstiger ist, eine bestimmte Menge heißen Wassers mit der gewünschten Temperatur T_f gleich direkt bei dieser Temperatur zu erzeugen, oder zunächst eine kleinere Menge bei der höheren Temperatur $T_i > T_f$ und dann durch Mischung mit kaltem Wasser $T_0 < T_f$ zur Endtemperatur zu gelangen. Energiemäßig betrachtet besteht zwischen beiden Alternativen kein Unterschied, aber da bei der ersten Alternative keine Exergie in Anergie gewandelt wird, muss dieser Prozess als die bessere Alternative bewertet werden.

Wir erkennen aus diesen Beispielen, dass allgemein der Exergiewirkungsgrad η_E bei der Umwandlung in thermische Energie kleiner als eins ist. Nur im Grenzfall ist

$$\eta_{E,max} = 1. \tag{2.26}$$

Daher wird bei der Umwandlung aus/in thermische Energie immer auch Exergie in Anergie verwandelt. Alle diese Prozesse sind irreversibel mit

$$\eta_E < 1, \tag{2.27}$$

da die Anergie niemals in Exergie zurückgewandelt werden kann. Berücksichtigen wir diese Sonderstellung der thermischen Energie, so lassen sich aus (2.22) für alle **Wandlungsprozesse** die folgenden Gesetzmäßigkeiten der Wirkungsgrade feststellen, die einen oberen Grenzwert angeben, nach dem die technische Verwirklichung des Prozesses streben muss:

- Wandlung ohne Einsatz von thermischer Energie:

$$\eta_W \approx \eta_E \approx 1. \tag{2.28}$$

- Wandlung aus thermischer Energie:

$$\eta_W < \eta_E < 1. \tag{2.29}$$

- Wandlung in thermische Energie:

$$\eta_W > \eta_E < 1. \tag{2.30}$$

Im letzten Fall kann daher auch $\eta_W = 1$ sein (wie wir gerade in unseren Beispielen gesehen haben), oder es kann sogar $\eta_W > 1$ sein (wie es zum Beispiel bei einer **Wärmepumpe** der Fall ist, siehe Abschn. 10.1.1). Eine Situation, wie die im obigen Beispiel geschildert, bei der verschiedene Wandlungstechnologien von der Energie W_i zur Energie W_f einen gleich großen Wirkungsgrad η_W besitzen, sind äußerst selten. Im Normalfall besitzen verschiedene Wandlungstechnologien auch verschieden große Energiewirkungsgrade und für ihre Bewertung ist η_W ausreichend. Wir werden daher im Folgenden nur noch vom Wirkungsgrad η sprechen, und es muss eine Wandlungstechnologie existieren, bei der dieser Wirkungsgrad einen maximalen Wert $\eta_{\max}$ erreicht.

Von äußerst wichtiger und enorm technischer Bedeutung ist die Wandlung von thermischer Energie in eine andere Energieform, meist in kinetische Energie. In einem idealen Prozess, den man den **Carnot'schen Kreisprozess** nennt und den wir auf der P-Ebene näher studieren werden, lässt sich erreichen:

$$\eta_{\max} = 1 - \frac{T_0}{T} < 1. \tag{2.31}$$

Selbst dieser ideale Prozess besitzt immer einen Energiewirkungsgrad kleiner als eins. Wie klein $\eta_{\max}$ wirklich ist, hängt von der Temperatur T der zu wandelnden Wärme ab. Für gängige Prozesse (die Temperatur wird durch Wärmefestigkeit der verwendeten Werkstoffe beschränkt) ist $T < 773\,\mathrm{K}$ und die Umgebungstemperatur ist $T \approx 273\,\mathrm{K}$. Daher finden wir

$$\eta_{\max} < 1 - \frac{273}{773} \approx 0{,}65.$$

Dieser Wirkungsgrad ist der maximale Wirkungsgrad, den andere Prozesse und besonders technisch realisierbare Prozesse nie erreichen. Eine plausible Abschätzung besagt

$$\eta \approx 0{,}5\,\eta_{\max} \tag{2.32}$$

für Wärmekraftmaschinen, zu denen der Otto-Motor und die Dampfmaschine gehören, die wir auf der P-Ebene besprechen. In solchen technischen Prozessen wird die thermische Energie nicht als Anfangsenergie W_i zur Verfügung gestellt, sondern der Wandlungsprozess besteht aus einer Folge von Prozessschritten, also einer **Prozesskette** mit n Schritten. Zum Beispiel treten bei einem **Elektrizitätswerk** auf der Basis fossiler Brennstoffe folgende Prozessschritte auf:

Chemische Energie $\rightarrow$ thermische Energie $\rightarrow$ kinetische Energie $\rightarrow$ elektrische Energie.

Jeder dieser Schritte besitzt einen Wirkungsgrad η_i und der **Wirkungsgrad** der gesamten Prozesskette ergibt sich aus dem Produkt aller Wirkungsgrade

$$\eta = \prod_{i=1}^{n} \eta_i. \tag{2.33}$$

Diese Gesetzmäßigkeit impliziert die Aussage:

> Der Gesamtwirkungsgrad einer Prozesskette ist immer kleiner als der kleinste Wirkungsgrad, der für einen bestimmten Schritt innerhalb der Kette auftritt.

Nehmen wir zum Beispiel an, dass eine Prozesskette aus $n = 4$ Schritten besteht, von denen jeder einen Wirkungsgrad $\eta_i = 0.5$ besitzt. Dann beträgt der Gesamtwirkungsgrad

$$\eta = \prod_{i=1}^{4} 0{,}5 = (0{,}5)^4 = 0{,}063.$$

Es ist daher insbesondere bei längeren Prozessketten enorm wichtig, dass der Wirkungsgrad jedes einzelnen Prozessschritts durch technische Verbesserungen optimiert wird. Dies ist seit der Einführung eines bestimmten Wandlungsprozesses auch immer geschehen, aber natürlich sind die Möglichkeiten der Optimierung beendet an der oberen Grenze, die durch η_{max} gegeben ist und die von keinem Prozess überschritten werden kann. In der Abb. 2.3 sind die Verbesserungen des Energiewirkungsgrads während der letzten Jahrhunderte am Beispiel der Beleuchtung und der Dampfmaschine dargestellt. Man beachte den logarithmischen Maßstab dieser Darstellung. Dadurch wird die Beschränkung des Wirkungsgrads für eine Dampfmaschine nicht so deutlich, wie sie wirklich ist. Bei der Beleuchtung handelt es sich im Prinzip um die Bereitstellung thermischer Strahlungsenergie. Durch welche physikalischen Gesetze hier die Beschränkung erzwungen wird, werden wir auf der P-Ebene diskutieren.

Die Tatsache, dass jeder Prozess der Energiewandlung $W_i \rightarrow W_f$ durch einen maximalen Wirkungsgrad η_{max} gekennzeichnet ist, hat für unsere Versorgung mit Energie weitreichende Konsequenzen. Insbesondere natürlich die, dass Probleme der Energieversorgung

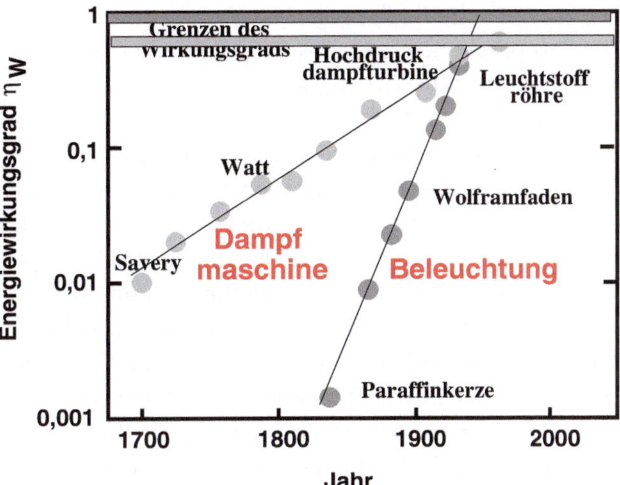

Abb. 2.3 Die Verbesserung der Wirkunggrade der Beleuchtung und der Dampfmaschine durch technische Entwicklungen während der letzten Jahrhunderte

nicht einfach „durch größere Effizienz im Energieverbrauch" zu lösen sind. Dies ist nichts als eine hohle Phrase, welche eine einfache und naheliegende Lösung vortäuscht, ohne diese konkretisieren zu können. Ob man diesem Vorschlag überhaupt einen gewissen Realitätssinn zusprechen kann, das heißt, ob innerhalb der physikalischen Gesetze noch eine Effizienzsteigerung möglich ist, mit dieser Frage beschäftigt sich unter Anderem das vorliegende Buch.

Jede Energiewandlung besitzt einen maximalen Wirkungsgrad $\eta_{max} < 1$. Der in einem technischen Verfahren erreichbare Wirkungsgrad ist immer kleiner und etwa von der Größenordnung $\eta \approx 0,5\,\eta_{max}$.

2.3.1   P-Ebene: Der maximale Wirkungsgrad

Die Frage, wie groß der maximale Wirkungsgrad wirklich ist, muss durch eine genaue Analyse der physikalischen Gesetzmäßigkeiten eines Energiewandlungsprozesses beantwortet werden. Dies ist von besonderer Bedeutung für die Wandlung von thermischer in kinetische Energie, da dieser Wandlungsprozess häufig in den Prozessketten auftritt, mit denen unsere Energieversorgung heute noch sicher gestellt wird. Grundlage für diese spezielle Energiewandlung bildet der **thermodynamische Kreisprozess**, der sich auf verschiedene Weisen realisieren lässt. Einige dieser Realisierungen wollen wir untersuchen.

Der Carnot'sche Kreisprozess

Der **Carnot'sche Kreisprozess** ist der Prototyp eines thermodynamischen Kreisprozesses, er besitzt einen Wirkungsgrad $\eta_{max} = \eta_{Carnot}$, den kein anderer thermodynamischer Kreisprozess übertrifft.

In der Theorie sind alle thermodynamischen Kreisprozesse reversibel ($\Delta S = 0$) und zusammengesetzt aus einer Anzahl von **Zustandsänderungen**, die, nachdem sie durchlaufen wurden, wieder in den Anfangszustand zurückführen. Daher der Name „Kreisprozess". Zur Realisierung wird ein Gasvolumen betrachtet, das periodisch vergrößert und wieder verkleinert wird. Die Volumenänderungen sind an die Bewegung eines verschiebbaren Kolbens gekoppelt, die Kolbenbewegung entspricht der gewandelten kinetischen Energie.

Im Carnot'schen Kreisprozess geschieht die Volumenvergrößerung durch die Zufuhr von thermischer Energie bei hoher Temperatur $T_i = T$ und die Volumenverkleinerung durch die Abfuhr von thermischer Energie bei der Umgebungstemperatur $T_f = T_0$. Die Wärmezufuhr und Abfuhr sind im Prinzip irreversible Prozesse. Damit trotzdem $\Delta S_{tot} = \Delta S'$ in (2.8) verschwindet, wird angenommen, dass die Wärmereservoire mit Temperatur T und T_0 unendlich groß sind, so dass sie während des Durchlaufens eines Kreisprozesses weder ihre Temperatur noch ihre Entropie verändern.

Die Anzahl der Zustandsänderungen in einem Carnot'schen Kreisprozess beträgt 4, sie sind in Abb. 2.4 dargestellt. Dieses Darstellung erfolgt in der S-T-Ebene, die Zustandsänderungen haben folgende Bedeutung:

Die Änderung $1 \rightarrow 2$ geschieht bei konstanter Temperatur T_i. Dabei wird die Wärme Q_i aufgenommen und die Entropie des Systems vergrößert sich um $S_{max} - S_{min} = \Delta S_i = Q_i/T_i$. Man nennt dies eine **isotherme Zustandsänderung**.

Die Änderung $2 \rightarrow 3$ geschieht bei konstanter Systementropie ohne Zufuhr von Wärme. Dabei verringert sich die Temperatur von T_i nach T_f. Man nennt dies eine **adiabatische Zustandsänderung**.

Die Änderung $3 \rightarrow 4$ geschieht wiederum bei konstanter Temperatur T_f. Dabei wird die Wärme Q_f abgegeben und die Entropie des Systems verringert sich um $S_{min} - S_{max} = \Delta S_f = Q_f/T_f = -\Delta S_i$. Dies ist wiederum eine isotherme Zustandsänderung.

Die Änderung $4 \rightarrow 1$ geschieht wiederum bei konstanter Systementropie ohne Abfuhr von Wärme. Dabei vergrößert sich die Temperatur von T_f nach T_i. Dies ist wiederum eine adiabatische Zustandsänderung.

Der Wirkungsgrad des Carnot'schen Kreisprozesses ergibt sich aus (2.22), aus der wegen $W_i = Q_i$ folgt

$$W_f = Q_i - A_i = Q_i \left(1 - \frac{T_f}{T_i} \right)$$

und daher für den Wirkungsgrad

$$\eta_{Carnot} = \frac{W_f}{Q_i} = 1 - \frac{T_f}{T_i}. \tag{2.34}$$

Es ist natürlich nicht überraschend, dass dieses Ergebnis identisch zu (2.31) ist. Beide basieren auf den identischen physikalischen Gesetzen. Betrachten wir in Abb. 2.4a die Darstel-

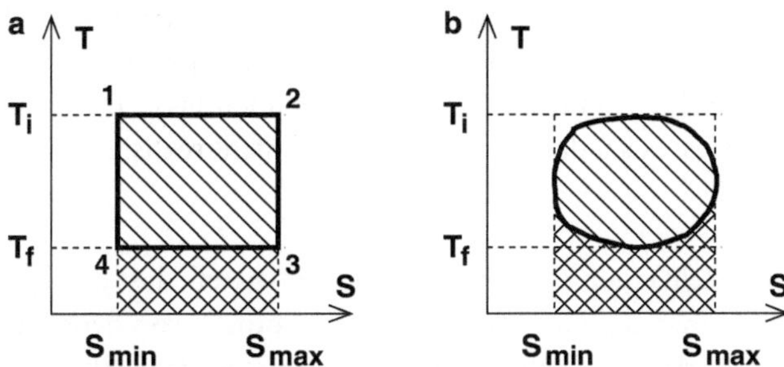

Abb. 2.4 Die Darstellung des Carnot'schen Kreisprozesses (**a**) und eines beliebigen Kreisprozesses (**b**) in der Entropie (S)-Temperatur (T)-Ebene. Die nach *links oben schraffierten* Flächen entsprechen den zugeführten Wärmen, die nach *rechts oben schraffierten* Flächen den abgeführten Wärmen

lung des Carnot'schen Kreisprozesses in der S-T-Ebene, in der die 4 Zustandsänderungen als Geraden parallel zu der S- bzw. T-Achse repräsentiert werden. Die zugeführte Wärme $Q_i = T_i \, \Delta S_i$ entspricht genau der nach links oben schraffierten Fläche, die abgeführte Wärme $Q_f = T_f \, \Delta S_f$ genau der nach rechts oben schraffierten Fläche. Die Differenz der Flächen ergibt die während eines Carnot'schen Kreisprozesses gewandelte Energie

$$W_f = Q_i - Q_f = (T_i - T_f) \, \Delta S_i = (T_i - T_f) \, \frac{Q_i}{T_i}. \tag{2.35}$$

Obwohl daher die Analyse des Carnot'schen Kreisprozesses bezüglich des Wirkungsgrads nichts Überraschendes erbracht hat, besitzen wir jetzt ein tieferes Verständnis für die Natur thermodynamischer Kreisprozesse und wie sie mithilfe von reversiblen Zustandsänderungen beschrieben werden können. Daraus erkennen wir auch, dass der Wirkungsgrad des Carnot'schen Kreisprozesses der maximal erreichbare Wirkungsgrad eines thermodynamischen Kreisprozesses überhaupt ist, der zwischen den Temperaturen T_i und T_f und den Entropien S_{max} und S_{min} abläuft. Betrachten wir in Abb. 2.4b einen beliebigen Kreisprozess in der S-T-Ebene. Für die nach links oben schraffierte Fläche gilt $Q_i < Q_i(\text{Carnot})$. Für die nach rechts oben schraffierte Fläche gilt $Q_f > Q_f(\text{Carnot})$ und daher für die Verhältnisse $Q_f/Q_i \gg Q_f(\text{Carnot})/Q_i(\text{Carnot})$. Mithilfe von (2.35) lässt sich für den Wirkungsgrad eines beliebigen thermodynamischen Kreisprozesses schreiben

$$\eta = 1 - \frac{Q_f}{Q_i} < 1 - \frac{Q_f(\text{Carnot})}{Q_i(\text{Carnot})} = \eta_{\text{Carnot}}. \tag{2.36}$$

Es gibt keinen thermodynamischen Kreisprozess, der einen größeren Wirkungsgrad besitzt als der Carnot'sche Kreisprozess.

Dass der Carnot'sche Kreisprozess einen maximalen Wirkungsgrad besitzt, liegt offensichtlich daran, dass W_f(Carnot) der maximalen Fläche entspricht, die sich zwischen den Temperaturen T_f, T_i und den Entropien S_{min}, S_{max} bilden lässt. Der große Nachteil des Carnot'schen Kreisprozesses ist, dass er sich technisch nicht realisieren lässt.

Der Otto-Motor

Auch der **Otto-Motor** stellt einen Kreisprozess dar. Wir wissen, dass er aus einer Folge von 4 Takten aufgebaut ist (daher auch der Name „4-Takt-Motor"), von denen allerdings 2 Takte – das Ansaugen des frischen Gemischs und der Ausstoß des verbrannten Gemischs – nichts mit der Umwandlung von thermischer in kinetische Energie zu tun haben. Die restlichen 2 Takte ergeben den Umwandlungsprozess, sie lassen sich, wie auch beim Carnot'schen Kreisprozess, in 4 Zustandsänderungen zerlegen und sind in Abb. 2.5a dargestellt. Diese Darstellung benutzt wiederum die S-T-Ebene, aber zwei der Zustandsänderungen unterscheiden sich wesentlich von denen, die im Carnot'schen Kreisprozess ablaufen. Der Otto-Zyklus läuft folgendermaßen ab:

Die Änderung $1 \rightarrow 2$ geschieht bei konstantem Volumen V_i. Das verdichtete Gemisch wird gezündet und dabei vergrößert sich die Temperatur von T_1 auf $T_2 = T_i$. Man nennt dies eine **isochore Zustandsänderung**.

Die Änderung $2 \rightarrow 3$ geschieht, wie beim Carnot'schen Kreisprozess, bei konstanter Systementropie, ist also eine adiabatische Zustandsänderung. Dabei vergrößert sich das Volumen von V_i auf V_f und die Temperatur verringert sich von T_2 auf T_3.

Die Änderung $3 \rightarrow 4$ geschieht wiederum bei konstantem Volumen V_f. Das verbrannte Gemisch wird von der Temperatur T_3 auf die Temperatur $T_4 = T_f$ abgekühlt und anschließend ausgestoßen (nicht in der Abb. 2.5 gezeigt, ebenso wie das Ansaugen des neuen Gemischs).

Die Änderung $4 \rightarrow 1$ geschieht wiederum bei konstanter Systementropie (adiabatische Zustandsänderung). Dabei wird das neue Gemisch vom Volumen V_f auf das Volumen V_i komprimiert und die Temperatur vergrößert sich von T_4 auf T_1.

Dadurch, dass beim Otto-Motor die isothermen Zustandsänderungen des Carnot'schen Kreisprozesses durch isochore Zustandsänderungen ersetzt werden, verringert sich auch der Wirkungsgrad des Otto-Motors. Man findet

$$\eta = 1 - \frac{T_3}{T_i} = 1 - \frac{T_f}{T_1} < 1 - \frac{T_f}{T_i} = \eta_{Carnot}, \tag{2.37}$$

da $T_3/T_i = T_f/T_1 > T_f/T_i$ gilt. Es ist allerdings üblicher, den Wirkungsgrad nicht mithilfe der Temperaturverhältnisse, sondern mithilfe des **Kompressionsverhältnisses** V_f/V_i auszudrücken. Dann ergibt sich

$$\eta = 1 - \left(\frac{V_f}{V_i}\right)^{1-\kappa}, \tag{2.38}$$

wobei κ der **Adiabatenkoeffizient** ist, der für das Gemisch einen Wert von $\kappa \approx 1{,}4$ besitzt.

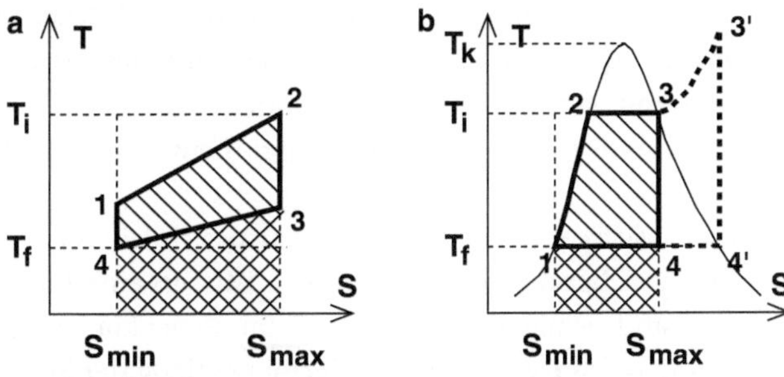

Abb. 2.5 Die Darstellung des Otto-Zyklus (**a**) und des Dampfmaschinenzyklus (**b**) in der S-T-Ebene. Die nach *links oben schraffierten* Flächen entsprechen den zugeführten Wärmen, die nach *rechts oben schraffierten* Flächen den abgeführten Wärmen. Die stark umrandeten Flächen entsprechen der gewandelten Energie, die stark *gestrichelten* Linien zeigen einen alternativen Weg zur Vergrößerung des Wirkungsgrads einer Dampfmaschine

Nehmen wir an, dass der Otto-Motor ein Kompressionsverhältnis $V_f/V_i = 8$ besitzt, dann beträgt der Wirkungsgrad dieses Otto-Motors

$$\eta = 1 - 8^{-0,4} = 0,56.$$

Der realistisch zu erzielende Wirkungsgrad kann mit

$$\eta \approx 0,28$$

angenommen werden. Wir wollen nur anmerken, dass der Carnot'sche Kreisprozess unter gleichen Bedingungen einen Wirkungsgrad

$$\eta_{\text{Carnot}} = 1 - \frac{T_f}{T_i} = 0,91$$

besitzt, wobei allerdings eine sehr hohe Verbrennungstemperatur von über $T_i = 3000\,\text{K}$ erreicht wird. Normale Otto-Motoren besitzen daher eine geringere Kompression.

Die Dampfmaschine

Auch die **Dampfmaschine** operiert mit einem Kreisprozess, der dem Carnot'schen Kreisprozess ziemlich ähnlich ist und, wie dieser, aus 4 Zustandsänderungen besteht. Der Wirkungsgrad einer Dampfmaschine ist daher relativ groß, absolut genommen aber klein, weil er bei einer niedrigen Temperatur T_i stattfindet. Dass diese Temperatur so niedrig ist, liegt an der speziellen Eigenschaft des Dampfmaschinenzyklus, innerhalb des Gebiets der **Phasenübergänge** flüssig $\rightleftharpoons$ gasförmig von Wasser zu operieren. In der Abb. 2.5b ist dieses Gebiet durch eine schmale Kurve in der S-T-Ebene gekennzeichnet. Den linken Teil dieser Kurve bezeichnet man als **Siedekurve**, den rechten als **Taukurve**. Das Gebiet der Phasenübergänge wird begrenzt durch eine obere Temperatur, der **kritischen Temperatur** T_k, die für Wasser bei $T_k = 648$ K liegt und einem Dampfdruck von $P_k = 225$ bar (das sind ca. 225 mal dem Atmosphärendruck P_0) entspricht. Normalerweise arbeiten Dampfmaschinen bei kleineren Dampfdrücken und damit bei kleineren Temperaturen.

Wir wollen die Zustandsänderungen des Dampfmaschinenzyklus anhand der Abb. 2.5b diskutieren:

Die Änderung $1 \rightarrow 2$ erwärmt das Wasser durch Wärmezufuhr von der Temperatur T_f auf die Temperatur T_i, bei welcher die Verdampfung des Wassers einsetzt. Da Flüssigkeiten praktisch inkompressibel sind, erfolgt die Wassererwärmung bei konstantem Volumen. Es handelt sich daher um eine **isochore Zustandsänderung** entlang der Siedekurve des Phasenübergangsgebiets.

Während der Änderung $2 \rightarrow 3$ wird das Wasser durch Zufuhr von weiterer Wärme vollständig in Dampf verwandelt. Bei diesem Phasenübergang vergrößert sich das Dampfvolumen, aber es bleibt der Druck konstant auf dem Wert des **oberen Dampfdrucks** $P_{D,i}$, und es bleibt die Temperatur konstant auf dem Wert der **Siedetemperatur** T_i. Zustandsänderungen bei konstantem Druck nennt man **isobare Zustandsänderungen**, die Wasserverdampfung ist also gleichzeitig eine isobare und eine isotherme Zustandsänderung.

Die Änderung $3 \rightarrow 4$ erfolgt bei konstanter Systementropie, ist also eine adiabatische Zustandsänderung. Dabei vergrößert sich das Dampfvolumen weiter, aber die Temperatur verringert sich von T_i auf T_f und ein Teil des Wasserdampfs kondensiert zu Wasser.

Der restlichen Phasenübergang gasförmig $\rightarrow$ flüssig vollzieht sich während der Änderung $4 \rightarrow 1$ durch die Abfuhr von Wärme. Dies ist gleichzeitig eine isotherme Zustandsänderung bei der Temperatur T_f und eine isobare Zustandsänderung bei dem **unteren Dampfdruck** $P_{D,f}$. Ist der Zustand 1 erreicht, ist der gesamte Dampf wieder in Wasser verwandelt und das Volumen zurückgegangen auf das Wasservolumen.

Abgesehen von der Änderung $1 \rightarrow 2$, die isochor erfolgt, sind alle anderen Zustandsänderungen identisch mit denen des Carnot'schen Kreisprozesses. Wir können daher für den Wirkungsgrad einer Dampfmaschine ansetzen

$$\eta \approx \eta_{\text{Carnot}} = 1 - \frac{T_f}{T_i}. \tag{2.39}$$

Die obere Temperatur ist auf einen Wert $T_i \approx 450$ K beschränkt, der errechnete Wirkungsgrad beträgt daher

$$\eta \approx 1 - \frac{288}{450} = 0{,}36$$

und ist damit geringer als der eines Otto-Motors. Man kann den Wirkungsgrad einer Dampfmaschine geringfügig vergrößern, indem man den Dampf in einer weiteren isobaren Zustandsänderung $3 \rightarrow 3'$ überhitzt, und anschließend die adiabatische Zustandsänderung $3' \rightarrow 4'$ auf die Taulinie des Phasenübergangsgebiets durchführt, siehe Abb. 2.5b.

Allgemein haben Dampfmaschinen einen technisch realisierten Wirkungsgrad von $\eta \approx 0{,}2$. Deswegen werden sie heute nicht mehr in den Maßen benutzt, wie das früher der Fall war. Man verwendet heute **Hochdruckdampfturbinen**, die einen mindestens doppelt so großen Wirkungsgrad besitzen.

Die Beleuchtung

Um unsere Umgebung zu sehen, besitzen wir die Augen, die eigentlich ein Empfänger für **elektromagnetische Wellen** sind. Der Empfindlichkeitsbereich des **menschlichen Auges** liegt zwischen den Lichtwellenlängen $400 < \lambda < 700$ nm. Um Gegenstände wahrzunehmen, müssen diese daher Licht mit diesen Wellenlängen emittieren oder das Licht reflektieren, das von einer anderen Lichtquelle mit diesen Wellenlängen emittiert wurde.

Die einfachste Lichtquelle ist der **schwarze Körper**, der ein ganzes Spektrum von Lichtwellenlängen emittiert, wenn er auf eine Temperatur T erhitzt wird. Die Wellenlängenverteilung der Strahlung eines schwarzen Körpers ist gegeben durch das **Planck'sche Strahlungsgesetz** . Dieses Gesetz ist auch historisch von besonderem Interesse, weil Max Planck im Jahr 1900 anhand dieses Gesetzes zum ersten Mal zeigte, dass die Energie des Lichts gequantelt ist. Die Energiequanten werden als **Photonen** bezeichnet, ihre Energie ist umgekehrt proportional zur Wellenlänge des Lichts

$$W_{\text{Photon}} = \frac{h\,c}{\lambda}. \tag{2.40}$$

Die Naturkonstante c ist die Lichtgeschwindigkeit im Vakuum ($c = 3 \cdot 10^8\,\text{m} \cdot \text{s}^{-1}$), $h = 6{,}6 \cdot 10^{-34}\,\text{J} \cdot \text{s}$ ist das Planck'sche Wirkungsquantum und ebenfalls eine Naturkonstante.

In logarithmischer Darstellung ist die spektrale Verteilung der Strahlung für verschiedene Temperaturen des schwarzen Körpers in Abb. 2.6 gezeigt. Das dazu gehörende Planck'sche Strahlungsgesetz lautet, wobei $k = 1{,}38 \cdot 10^{-23}\,\text{J} \cdot \text{K}^{-1}$ die **Boltzmann-Konstante** ist

$$\mathrm{d}I = \frac{8\pi\,h\,c^2}{\lambda^5} \left(\mathrm{e}^{W_{\text{Photon}}/kT} - 1 \right)^{-1} \mathrm{d}\lambda. \tag{2.41}$$

Die Größe $\mathrm{d}I$ bezeichnet die Strahlungsintensität des schwarzen Körpers, die dieser bei der Wellenlänge λ in das Wellenlängenintervall $\mathrm{d}\lambda$ und in alle Richtungen von seiner Oberfläche emittiert. Gleichzeitig ist in Abb. 2.6 der Intensitätsbereich

$$\Delta I(T) = \int\limits_{400\,\text{nm}}^{700\,\text{nm}} \mathrm{d}I$$

als schattierte Fläche markiert, für den das Auge empfindlich ist. Dieser Bereich im Verhältnis zu der totalen Strahlungsintensität

$$I(T) = \int\limits_{0}^{\infty} \mathrm{d}I = 5{,}67 \cdot 10^{-8}\,T^4 \quad \text{in W} \cdot \text{m}^{-2} \cdot \text{K}^{-4} \tag{2.42}$$

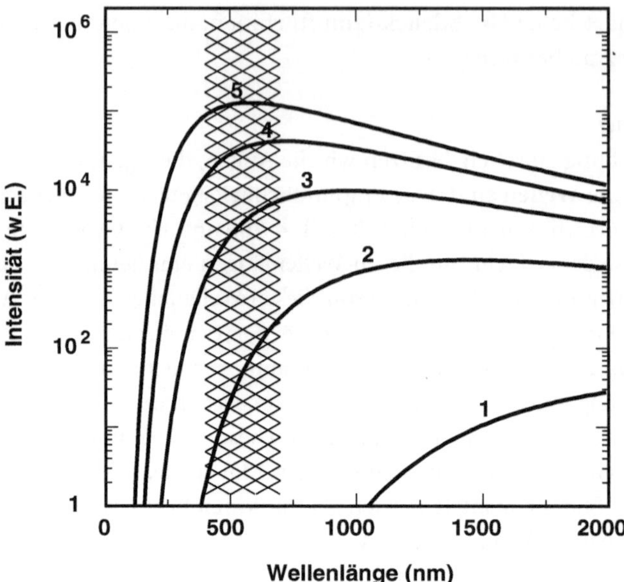

Abb. 2.6 Die spektrale Verteilung der Intensität eines schwarzen Körpers in Abhängigkeit von der Temperatur *5*: T_5 = 5000 K, *4*: T_4 = 4000 K, *3*: T_3 = 3000 K, *2*: T_2 = 2000 K, *1*: T_1 = 1000 K. Der *schattierte Bereich* zeigt den sichtbaren Wellenlängenbereich

ergibt den Wirkungsgrad, mit dem die Strahlung des schwarzen Körpers für die Beleuchtung genutzt werden kann:

$$\eta_{Str}(T) = \frac{\Delta I(T)}{I(T)}. \tag{2.43}$$

Bei einer Temperatur von T = 2000 K beträgt dieser Wirkungsgrad etwa $\eta_{Str}(2000) \approx 0{,}1$, bei T = 500 K aber nur noch $\eta_{Str}(500) \approx 0{,}005$. Es ist daher ganz offensichtlich, dass ein schwarzer Körper eine möglichst hohe Temperatur besitzen sollte, um seinen Wirkungsgrad zu optimieren. Ein optimaler Wirkungsgrad wird erreicht, wenn die Wellenlänge λ_{max}, für die dI einen maximalen Wert besitzt, gerade in den Empfindlichkeitsbereich des menschlichen Auges fällt. Zwischen λ_{max} und der erforderlichen Temperatur besteht die Beziehung (**Wien'sches Verschiebungsgesetz**)

$$\lambda_{max}\, T = 2{,}9 \cdot 10^{-3} \quad \text{in m} \cdot \text{K.} \tag{2.44}$$

Für λ_{max} = 500 nm ist daher eine Temperatur $T \approx 5800$ K nötig, die zwar auf der Oberfläche der Sonne herrscht, aber von einer gebräuchlichen Wolframfaden-Glühbirne nicht erreicht wird. Beide Strahlungen, die von der Sonne wie auch die einer Glühbirne, werden sehr gut durch das Planck'sche Strahlungsgesetz (2.41) beschrieben.

Die Temperatur einer Glühbirne beträgt $T \approx 2000$ K und sie wird erreicht durch die Umwandlung von elektrischer Energie in thermische Energie. Dieser Wandlungsprozess besitzt im Prinzip einen maximalen Wirkungsgrad $\eta_{\max} \approx 1$ (siehe (2.24)). Jedoch wird ein Teil der thermischen Energie nicht in Form von Wärmestrahlung abgegeben, sondern geht durch Wärmeleitung und Wärmekonvektion an die Umgebung verloren. Der erzielbare Wirkungsgrad beträgt daher nur

$$\eta_{\mathrm{el}} \approx 0{,}5$$

und daraus folgt für den Gesamtwirkungsgrad einer Glühbirne

$$\eta = \eta_{\mathrm{Str}}\,\eta_{\mathrm{el}} \approx 0{,}1 \cdot 0{,}5 = 0{,}05.$$

Dieser geringe Wirkungsgrad reduziert sich noch weiter, wenn man die Temperatur mithilfe chemischer Reaktionen erzeugt, wie es bei einer Kerze geschieht. Wegen der geringen Temperatur und der größeren Verluste bei der Wandlung von chemischer in thermische Energie besitzt eine Kerze für Beleuchtungszwecke nur einen Wirkungsgrad

$$\eta = \eta_{\mathrm{Str}}\,\eta_{\mathrm{el}} \approx 0{,}05 \cdot 0{,}2 = 0{,}001.$$

Entscheidend höherer Wirkungsgrade für die Beleuchtung lassen sich nur erzielen, wenn die primäre Energie nicht in eine breite Strahlungsverteilung gewandelt wird, sondern selektiv in die Strahlung mit einer oder nur wenigen Wellenlängen, die im Empfindlichkeitsbereich des menschlichen Auges liegen. Dies ist das Prinzip der **Leuchtstoffröhren**. Mithilfe elektrischer Energie werden schnelle Elektronen in einem Gasvolumen erzeugt, deren kinetische Energie durch Stöße mit den Gasatomen diese zur Emission von elektromagnetischer Strahlungsenergie veranlassen. Vorteilhaft ist es, wenn die Wellenlängen dieser Strahlung im oder unterhalb (also im Ultravioletten) des Sehbereichs liegen. Durch eine Fluoreszenzbeschichtung der Glaswand des Gasvolumens kann auch die ultraviolette Strahlung in den sichtbaren Bereich verschoben werden. Wegen des Gesetzes der Energieerhaltung (siehe (2.40)) funktioniert diese Methode jedoch nicht mit Wellenlängen oberhalb des sichtbaren Wellenlängenbereichs. Mit derartigen Leuchtstoffröhren werden Wirkungsgrade

$$\eta \approx 0{,}5$$

erreicht. Im Handel findet man sie unter der Bezeichnung „**Energiesparlampe**".

2.4 Der Nutzungsgrad und der Versorgungsgrad

Wir haben uns bisher mit den physikalischen Grundlagen der Energiewandlung beschäftigt. Sie bilden das Fundament, auf dem unsere Energieversorgung aufgebaut ist. Die Versorgung mit Energie setzt sich zusammen aus einer langen und vielgliedrigen **Versorgungskette**, die bei der Primärenergie beginnt und bei der Nutzenergie endet. Dazwischen liegen viele Wandlungs- und auch andere Prozesse, von denen jeder im Allgemeinen den

Einsatz von Energie verlangt und die alle nur mit einem für sie charakteristischen Wirkungsgrad die Energie von der einen in die andere Form wandeln. Es existiert eine derart große Anzahl von Versorgungsketten für jedes unserer Bedürfnisse, dass es zu aufwändig und oft auch unmöglich ist, für jede den physikalischen Wirkungsgrad zu berechnen. Zumal auch die exakten Umstände der Wandlung oft nicht mit der erforderlichen Genauigkeit bekannt sind. In solchen Fällen hat sich das Verfahren durchgesetzt, komplexe Wandlungstechnologien mithilfe eines **Nutzungsgrads** ζ zu kennzeichnen, der das empirisch bestimmte Verhältnis zwischen der von uns gewünschten Nutzenergie und der dazu erforderlichen Primärenergie angibt. Betrachten wir zur Verdeutlichung eine spezielle Versorgungskette, die unsere Mobilität mithilfe eines **PKW** sicher stellt.

1. *Förderung des Erdöls* (**Primärenergie** W_1)
   Dabei entsteht Energiebedarf durch folgende Prozesse:
   - Bau der Erdölförderanlage
   - Betrieb der Förderanlage
   - Bau der Anlage zum Erdöltransport (Rohrleitung oder Tankschiff)
   - Betrieb der Transportanlage

2. *Raffenierung des Erdöls* (**Sekundärenergie** W_2)
   Dabei entsteht Energiebedarf durch folgende Prozesse:
   - Bau der Erdölraffenerie
   - Betrieb der Raffenerie (Wandlung chemische Energie $\rightarrow$ chemische Energie)
   - Bau der Speicheranlage für den Kraftstoff
   - Bau der Anlage zum Kraftstofftransport (Tankwagen)
   - Betrieb der Transportanlage

3. *Verteilung des Kraftstoffs* (**Endenergie** W_3)
   Dabei entsteht Energiebedarf durch folgende Prozesse:
   - Bau der Kraftstoffverteilungsanlage (Tankstelle)
   - Betrieb der Verteilungsanlage
   - Zufahrt des PKW zur Verteilungsanlage

4. *Mobilität durch den PKW* (**Nutzenergie** W_4)
   Dabei entsteht Energiebedarf durch folgende Prozesse:
   - Bau des PKW
   - Auslieferung des PKW
   - Transport des Kraftstoffs im PKW
   - Mobilität (Wandlung chemische Energie $\rightarrow$ thermische Energie $\rightarrow$ kinetische Energie)

Direkt sichtbar sind Energiewandlungsprozesse nur in den Gliedern 2 und 4 der totalen Versorgungskette. Indirekt erfordern aber auch alle anderen Teilprozesse die Wandlung von Energie und tragen durch ihren Energiebedarf ebenfalls zum Nutzungsgrad der gesamten Versorgungskette bei, dessen Wert am einfachsten empirisch bestimmt wird.

Die Einteilung

$$\text{Primärenergie} \rightarrow \text{Sekundärenergie} \rightarrow \text{Endenergie} \rightarrow \text{Nutzenergie}$$

lässt sich für eine Vielzahl von Versorgungsketten durchführen. Allgemein lassen sich diese Formen der Energie folgendermaßen definieren:

1. **Primärenergie** – Als Primärenergie bezeichnen wir die Energieträger, die direkt der Natur entnommen werden. Dies sind bisher überwiegend fossile Brennstoffe (Kohle, Erdöl, Erdgas) oder fossile Mineralien (Uranerz). In der Zukunft werden dann in größerem Umfang auch erneuerbare Energieträger zu unserer Energieversorgung beitragen müssen.
2. **Sekundärenergie** – Die Sekundärenergie entsteht durch Energieumwandlung in einem ersten Schritt aus der Primärenergie. Dieser Schritt ist meist notwendig, um die Energie in eine Form zu bringen, in der sie leicht gespeichert und verteilt werden kann. Dieser Schritt erübrigt sich, wenn nach der Wandlung die neue Energieform direkt zum Energieabnehmer transportiert werden kann, wie zum Beispiel die elektrische Energie aus einem Kraftwerk auf Kohlebasis.
3. **Endenergie** – Unter der Endenergie verstehen wir die Energieform, die der Energieabnehmer direkt bezieht. Das ist in den privaten Haushalten meistens elektrische Energie oder chemische Energie in Form von Heizgas oder Heizöl.
4. **Nutzenergie** – Die Nutzenergie ist die Energieform, die der Energieabnehmer für die gestellte Aufgabe letztendlich benötigt, zum Beispiel zur Beleuchtung oder Heizung von Räumen. Dies beinhaltet immer einen letzten Wandlungsprozess, bei dem die Endenergie in die Nutzenergie umgewandelt wird.

Für jeden einzelnen Schritt vom Glied i zum Glied j in der Versorgungskette lässt sich ein mittlerer Nutzungsgrad $\zeta_{i,j}$ angeben, der totale Nutzungsgrad der allgemeinen Versorgungskette ergibt sich nach der Produktregel (2.33) dann zu

$$\zeta = \prod_{i=1}^{3} \zeta_{i,i+1}. \tag{2.45}$$

In Abb. 2.7 ist gezeigt, wie wir uns den Aufbau einer Versorgungskette schematisch verdeutlichen können. Zur jetzigen Zeit, wo unsere Energieversorgung noch fast ausschließlich auf den fossilen Energiereserven basiert, ergeben sich für die einzelnen Nutzungsgrade und den gesamten Nutzungsgrad weltweit etwa folgende Werte

$$\begin{aligned}
\zeta_{1,2} &\approx 0{,}78 \\
\zeta_{2,3} &\approx 0{,}92 \\
\zeta_{3,4} &\approx 0{,}41 \\
\rightarrow \zeta &\approx 0{,}29.
\end{aligned} \tag{2.46}$$

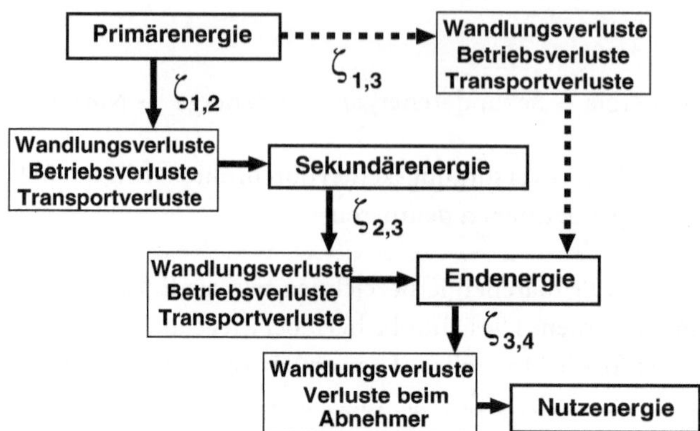

Abb. 2.7 Flussdiagramm einer typischen Versorgungskette von der Primärenergie zur Nutzenergie mit dem für jedes Glied der Kette charakteristischen Nutzungsgrad $\zeta_{i,j}$. Bei speziellen Versorgungsketten können Glieder übersprungen werden (siehe Text)

Das bedeutet, wir benötigen etwa 3mal so viel Primärenergie wie unser Bedarf an Nutzenergie ausmacht.

> Die Umwandlung der Primärenergie in die vom Abnehmer verlangte Nutzenergie vollzieht sich heute in einer Versorgungskette, die hauptsächlich auf den fossilen Energieträgern basiert und einen mittleren Nutzungsgrad $\zeta \approx 0,3$ besitzt.

Dieser empirische Wert veranlasst manche Leute, die Ineffizienz unserer heutigen Energieversorgung zu beklagen, denn immerhin stehen ca. 70 % der primär eingesetzten Energie nicht einer Nutzung zur Verfügung. Diese Klage lässt völlig außer acht, dass jeder Wandlungsprozess (und jeder andere Prozess in der Versorgungskette) einen physikalischen Wirkungsgrad besitzt, dessen maximaler Wert in einer Vielzahl von Fällen kleiner als 0,5 ist. In Anbetracht dieser Tatsache mag es eher verwundern, dass bei der Komplexität der Versorgungsketten immer noch ein empirisch ermittelter Wert des Nutzungsgrads von 0,3 gefunden wird. Grund dafür ist wahrscheinlich, dass ein beträchtlicher Anteil der Primärenergie für Heizzwecke benötigt wird (siehe Abschn. 3.3) und dieser Wandlungsprozess sich durch einen sehr großen maximalen Wirkungsgrad auszeichnet (siehe (2.30)).

Der Vorrat an fossilen Energieträgern wird in absehbarer Zeit aufgebraucht sein und muss dann durch alternative Energieträger ersetzt werden. In diesem Buch werden als alternativ alle Energieträger bezeichnet, die nicht konventionellen Ursprungs sind, also nicht **fossil biogen** (Kohle, Erdöl, Erdgas) oder **fossil mineralisch** (Uran) sind. Von den alternativen Energieträgern sind heute besonders die „erneuerbaren" Energieträger im Gespräch. Diese lassen sich allgemein so definieren, dass als ihre ursprüngliche Energiequelle die Sonnenstrahlung, also die Solarenergie, fungiert. Unter diesem Gesichtspunkt müsste man auch die fossil biogenen Energieträger als „erneuerbar" bezeichnen, denn sie stellen nichts weiter dar als gespeicherte Biomasse, also chemische Energie[4], welche den wesentlichen Bestandteil der heutigen Primärenergie $W^{(\text{foss})}$ ausmacht. Aber der wichtige Unterschied zu den eigentlich erneuerbaren Energien $W^{(\text{ernb})}$ ist, dass diese eben nicht in gespeicherter Form vorliegen und trotzdem unsere jetzige Form der Primärenergie ersetzen sollen.

Die **Speicherung** erneuerbarer Energien ist daher ein entscheidendes Problem einer zukünftigen Energieversorgung. Die Bedeutung dieses Problems hängt von dem **Versorgungsgrad** δ ab, mit dem erneuerbare Energien als Primärenergie unsere Energieversorgung übernehmen müssen. Es ist absehbar (siehe Abschn. 2.4.1), dass die Notwendigkeit der Energiespeicherung den Nutzungsgrad der Versorgungskette von einem heutigen Wert $\zeta \approx 0{,}3$ auf einen zukünftig kleineren Wert reduzieren wird. Das bedeutet, der Primärenergiebedarf wird steigen, selbst wenn sich der Nutzenergiebedarf nicht verändert. Das Ausmaß der Steigerung hängt vom Versorgungsgrad $0 \leq \delta \leq 1$ ab, für dessen Einfluss auf den Nutzungsgrad ζ ein linearer Ansatz gemacht wird

$$\zeta = (1 - \delta)\, \zeta^{(\text{foss})} + \delta\, \zeta^{(\text{ernb})}. \tag{2.47}$$

Der empirisch bestimmte Wert ist $\zeta^{(\text{foss})} \approx 0{,}3$, dagegen liegen für den Wert von $\zeta^{(\text{ernb})}$ keine empirischen Daten vor, da zur Zeit das Speicherproblem noch ohne Bedeutung ist. Im Abschn. 2.4.1 wird anhand eines Beispiels demonstriert, dass $\zeta^{(\text{ernb})} \approx 0{,}5\, \zeta^{(\text{foss})}$, und Kap. 8 ergibt ein ähnliches Ergebnis. Diese Analysen erzwingen folgende Schlussfolgerung:

> Falls die Energieversorgung vollständig von fossilen auf erneuerbare Energien umgestellt wird, reduziert sich ihr mittlerer Nutzungsgrad um bis zur Hälfte seines ursprünglichen Werts. Das bedeutet, zukünftig wird im Extremfall etwa doppelt so viel Primärenergie benötigt, um einen unveränderten Nutzenergiebedarf nur mithilfe erneuerbarer Energien zu decken.

Dies sind nur Hinweise auf die Probleme einer zukünftigen Energieversorgung ohne fossile Energieträger. Die eigentliche Ursache aber liegt in der Natur erneuerbarer Energien – das Thema des Kap. 6.

2.4.1 P-Ebene: Nutzungsgrad und Versorgungsgrad

Zur Definition des Nutzungsgrads

Der global gültige Wirkungsgrad η ist eine charakteristische Größe jedes Wandlungsprozesses, deren Wert im Prinzip berechnet werden kann, falls alle Einzelheiten der Wand-

---

[4] Daraus wird auch die besondere Bedeutung der chemischen Energie offensichtlich: Sie lässt sich relativ leicht speichern und über weite Strecken transportieren, ganz im Gegensatz von, zum Beispiel, elektrischer Energie.

lungstechnologie bekannt sind. Bei langen Prozessketten ist das selten der Fall und η wird durch den empirisch bestimmten Nutzungsgrad ζ ersetzt. Aber auch einzelne Prozessschritte lassen sich manchmal, insbesondere bei der Wandlung in erneuerbarer Energien, nicht durch den Wirkungsgrad η vollständig charakterisieren. Der Grund ist, dass die Verfügbarkeit der Wandlungsanlage (wegen Ausfalls oder Reparatur) oder der Energiequelle (weil die Sonne nicht scheint oder der Wind nicht bläst) nicht gewährleistet ist. In solchen Fällen muss man unterscheiden zwischen der installierten Leistung P der Wandlungsanlage – das ist die Wandlungsleistung unter optimalen Bedingungen[5] und bei ununterbrochenem Betrieb der Anlage (oft auch als **Kapazität** bezeichnet) – und der tatsächlich gewandelten Leistung P_f, so dass $P_\mathrm{f} = \kappa P$ mit $\kappa < 1$. Da laut Definition $P = \eta P_\mathrm{i}$ gilt, ergibt sich dann der nur empirisch zu bestimmende Nutzungsgrad der Anlage zu

$$P_\mathrm{f} = \kappa\,\eta\,P_\mathrm{i} = \zeta\,P_\mathrm{i} \implies \zeta = \kappa\,\eta \quad \text{mit dem } \textbf{Kapazitätsfaktor}\,\kappa = \frac{P_\mathrm{f}}{P}, \tag{2.48}$$

wobei η der ideale und daher berechenbare Wirkungsgrad der Anlage ist.

Man sollte daher im Normalfall immer den Nutzungsgrad verwenden, welcher für eine gegebene Wandlungstechnologie auch Standort abhängig sein kann. Die Angabe des Wirkungsgrads ist meist nur dann sinnvoll, wenn Vergleiche zwischen verschiedenen Wandlungstechnologien angestellt werden, also mit wie viel Entropie unsere Umwelt zusätzlich belastet wird.

Erneuerbare Energien als Primärenergie

Der Ersatz von $W^{(\mathrm{foss})}$ durch $W^{(\mathrm{ernb})}$ stellt Wissenschaftler und Techniker vor ein, nach heutigem Kenntnisstand, fast unlösbares Problem. Denn die erneuerbaren Energien müssen zunächst aus den Eingangsenergien, also hauptsächlich der Solarenergie, mit dem Wirkungsgrad η_Wd gewandelt werden, um diese als **Primärenergieäquivalent** zu erhalten. Im Kap. 6 wird gezeigt, dass die Werte von η_Wd in vielen Fällen sehr klein sind. Noch wichtiger ist jedoch, dass das Angebot an erneuerbaren Energien sehr gering ist, was im Wesentlichen auf die viel zu kleine Energiedichte der Solarenergie zurückzuführen ist. Um es auf einen sehr einfachen Sachverhalt zu bringen: Unsere fossile Energieversorgung beruht auf „erneuerbarer" Energie, die seit Millionen von Jahren auf der Erde in chemische Energie gewandelt und gespeichert wurde. Wir verlangen jetzt nach einer Technologie, welche diese Millionen von Jahren auf die Zeitdauer von wenigen Jahren reduziert. Versuche zu dieser Reduktion haben wahrscheinlich zur Folge, dass das Angebot an Primärenergie künftig zurückgehen wird. Das Speicherproblem stellt eine zusätzliche Herausforderung dar, die anhand eines Beispiels verdeutlicht werden soll.

Die Speichernotwendigkeit von erneuerbaren Energien

In einer Fotovoltaikzelle wird die Strahlungsenergie der Sonne in elektrische Energie umgewandelt. Die physikalischen Grundlagen dieses Prozesses werden in Abschn. 6.3 behandelt.

---

[5] Die optimale Bedingung für Solarenergie ist zum Beispiel die Solarkonstante $I_\perp$, siehe (4.32).

Falls in einer Fotovoltaikzelle die Ladungsmenge $q = 1\,\mathrm{C}$ bei einer elektrischen Spannung $\Delta\phi = 1\,\mathrm{V}$ getrennt worden ist, dann beträgt die elektrische Energie nach der Wandlung (siehe (2.11))

$$W_\mathrm{el} = q\,\Delta\phi = 1\,\mathrm{J}. \tag{2.49}$$

Diese Energie muss der Fotovoltaikzelle entnommen und gespeichert werden. Als Speicher für elektrische Energie kommt der Kondensator in Frage, der bei einer Spannung $\Delta\phi$ die Ladungsmenge $q = C\,\Delta\phi$ speichern kann. Die Größe C nennt man die (Ladungs-)**Kapazität** des Kondensators.

Ist der Kondensator aufgeladen, so ist in ihm die elektrische Energie

$$W_\mathrm{el}^* = \frac{1}{2}\,q\,\Delta\phi = \frac{1}{2}\,W_\mathrm{el} \tag{2.50}$$

gespeichert. Ganz offensichtlich ist bei dem Speicherprozess die Hälfte der von einer Fotovoltaikzelle gelieferten Energie in eine andere Energieform als in gespeicherte elektrische Energie umgewandelt worden. Es ist leicht nachzuweisen, dass dieser Verlust an elektrischer Energie verursacht wird durch die thermische Energie, die aufgrund des Ohm'schen Widerstands R bei der **Elektrizitätsleitung** auftritt. Die gewandelte thermische Energie beträgt

$$Q = \int_0^\infty R\,I^2\,\mathrm{d}t, \tag{2.51}$$

wobei der Ladestrom I des Kondensators mit der Zeit exponentiell abfällt:

$$I = \frac{\Delta\phi}{R}\,\mathrm{e}^{-t/(CR)}. \tag{2.52}$$

Falls während des Ladevorgangs die Spannung $\Delta\phi$ konstant bleibt, ergibt sich aus dem Integral (2.51)

$$\begin{aligned}
Q &= \frac{(\Delta\phi)^2}{R} \int_0^\infty \mathrm{e}^{-2t/(CR)}\,\mathrm{d}t \\
&= \frac{(\Delta\phi)^2}{R}\,\frac{CR}{2} = \frac{1}{2}\,C\,(\Delta\phi)^2 = \frac{1}{2}\,q\,\Delta\phi.
\end{aligned} \tag{2.53}$$

Man kann den Speicherverlust durch einen Wirkungsgrad η_Sp charakterisieren. In diesem Beispiel ist

$$\eta_\mathrm{Sp} = \frac{W_\mathrm{el}^*}{W_\mathrm{el}} = \frac{W_\mathrm{el} - Q}{W_\mathrm{el}} = 0{,}5. \tag{2.54}$$

Es ist wichtig sich darüber klar zu werden, dass dieser **Speicherwirkungsgrad** $\eta_\mathrm{Sp} < 1$ durch die Elektrizitätsleitung bei konstanter Spannung $\Delta\phi$ verursacht wird, also nicht direkt mit der Energiespeicherung im Kondensator selbst zusammenhängt. Derartige Verluste werden generell als **Ohm'sche Verluste** bezeichnet. Bei einem anderen Speicherprozess, zum Beispiel mithilfe chemischer Energie (Wasserstoffspeicherung), treten ähnliche Leitungsverluste auf und zusätzlich noch der Wirkungsgrad der Wandlung von elektrischer in chemische Energie.

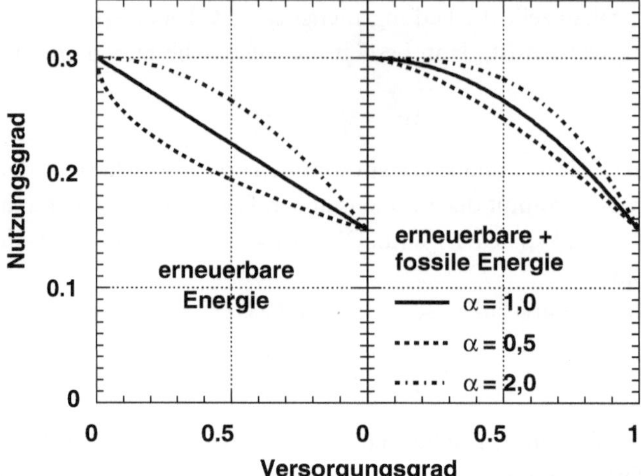

Abb. 2.8 Die Abhängigkeit des Nutzungsgrads vom Versorgungsgrad. *Links* für die erneuerbare Energie allein bei verschiedenen Speicherwirkungsgraden (siehe Text), *rechts* für den Versorgungsmix aus fossiler und erneuerbarer Energie

Der Mix aus fossilen und erneuerbaren Energien

In Abschn. 2.4.1 ist kurz dargelegt worden, welche Konsequenzen erneuerbare Energien für das Angebot an Primärenergie haben können. In diesem Kapitel werden wir uns kurz mit den Konsequenzen für den Bedarf an Primärenergie beschäftigen.

Die heutigen Formen von Primärenergie werden mit dem Nutzungsgrad $\zeta^{(\mathrm{foss})} \approx 0{,}3$ in Nutzenergie gewandelt. Unter der Annahme, dass die Umstellung auf erneuerbare Energien keine größeren Einflüsse auf die Wandlungskette ausübt, verringert sich der Nutzungsgrad allein durch die Speicheranforderung, das heißt um den Speicherwirkungsgrad η_{Sp}. Für diesen hatten wir anhand eines Beispiels gerade den mittleren Wert $\langle \eta_{\mathrm{Sp}} \rangle \approx 0{,}5$ ermittelt. Daraus ergibt sich die Abschätzung

$$\zeta^{(\mathrm{ernb})} = \zeta^{(\mathrm{foss})} \, \langle \eta_{\mathrm{Sp}} \rangle \approx 0{,}15. \tag{2.55}$$

Hier könnte eingewendet werden, dass die Notwendigkeit der Speicherung nicht auftritt, wenn der Versorgungsgrad δ nur sehr klein ist und erneuerbare Energien nur dann zur Versorgung beitragen, wenn sie sich wirklich wandeln lassen (also zum Beispiel Fotovoltaik *nicht* zu den Zeiten, zu denen die Sonne nicht scheint, aber der Bedarf an elektrischer Energie besonders hoch ist). Die **Grundlast** der Energieversorgung müsste dann von den restlichen, fossilen Energieträgern übernommen werden, wobei natürlich zu klären ist, wie lange diese überhaupt noch zur Verfügung stehen. Ebenso zu klären ist, um wie viel sich der Wirkungsgrad eines **konventionellen Kraftwerks** reduziert, wenn dieses immer wieder an- und abgeschaltet wird oder *seine* Energie gespeichert werden muss. Man kann solchen Einwänden aber auch Rechnung tragen, indem man den Speicherwirkungsgrad für erneuerbarer Energien selbst vom Versorgungsgrad δ abhängig macht, etwa in dem Ansatz

$$\zeta^{(\mathrm{ernb})} = \zeta^{(\mathrm{foss})} \left(1 + (\langle \eta_{\mathrm{Sp}} \rangle - 1) \, \delta^{\alpha}\right),\tag{2.56}$$

wobei für den Exponenten gilt $\alpha > 0$. Ist $\alpha < 1$, so trägt die Notwendigkeit der Energiespeicherung überproportional zum Nutzungsgrad bei, für $\alpha > 1$ ist ihr Beitrag unterproportional. In Abb. 2.8 sind die δ-Abhängigkeiten von $\zeta^{(\mathrm{ernb})}$ und des Gesamtnutzungsgrads ζ nach (2.47) für ein Versorgungsmix aus fossilen und erneuerbaren Energien für die Werte $\alpha = 0,5$, 1 und 2 dargestellt. Daraus ergibt sich, dass in dem Versorgungsmix die Abweichungen vom linearen Verhalten ($\alpha = 1$) so gering sind, dass der tatsächliche Wert von α nicht entscheidend dafür ist, ob erneuerbare Energien unsere zukünftige Energieversorgung übernehmen können oder nicht. In Abschn. 8.1 werden wir ein besser begründetes Modell für den Nutzungsgrad erneuerbarer Energien entwickeln.

In diesem Kapitel geht es zunächst nur um grundsätzliche Überlegungen, welche uns jetzt gestatten, die wichtigen und richtigen Fragen zu stellen, um die Zukunft unserer Energieversorgung zu untersuchen. Eine Folgerung aus diesen Überlegungen ergibt sich aber ohne jeden Zweifel:

> Um den Verlust der fossilen Energien durch erneuerbare Energien zu ersetzen, müssen sowohl auf der Angebotsseite, wie auch der Bedarfsseite, enorme technische Probleme überwunden werden. Ungewiss ist, ob dies in der Kürze der verbleibenden Zeit gelingt.

2.5 Fragen zur Energieversorgung

In den vorausgegangenen Kapiteln haben wir die physikalischen Grundlagen des Energiebegriffs gelegt und die Eigenschaften diskutiert, welche die Energie und ihre verschiedenen Erscheinungsformen aufgrund physikalischer Gesetze besitzen müssen. Diese Gesetze sind bestimmend dafür, ob sich eine Energieversorgung auf der Basis erneuerbarer Energien in Zukunft aufbauen lässt. Viele der für eine Voraussage wichtigen Parameter sind zur Zeit nur unzureichend bekannt. Das ist auch darauf zurückzuführen, dass erneuerbare Energien zum gegenwärtigen Zeitpunkt eine untergeordnete Rolle spielen und daher empirische Daten, die für eine Voraussage verwendet werden könnten, nicht mit der erforderlichen Genauigkeit vorliegen. Auf der anderen Seite sind die physikalischen Grundlagen der vorgeschlagenen Wandlungsprozesse so gut bekannt, dass sich die Wirkungsgrade dieser Prozesse berechnen lassen und die empirischen Nutzungsgrade ersetzen können.

Es sollte aus unseren Diskussionen klar geworden sein, dass wir uns in den weiteren Kapiteln mit vier wesentlichen Fragen beschäftigen müssen:

1. *Wie groß wird der Energiebedarf in Zukunft sein?* – Dies hängt natürlich primär von der Größe der **Weltbevölkerung** ab, deren zukünftige Entwicklung anhand von Modellen prognostiziert werden muss. Von gleicher Bedeutung ist auch der **Lebensstandard**, den die zukünftige Weltbevölkerung besitzen wird. Daneben ist von Bedeutung aber auch die Frage, wie viele fossile Energieträger uns in Zukunft noch als Primärenergie zur Verfügung stehen werden und wie viele durch erneuerbare Energien ersetzt werden müssen.

2. *Wann sind die fossilen Energien erschöpft?* – Steht der zukünftige Energiebedarf der Weltbevölkerung fest, lassen sich über den Zeitpunkt, zu dem die fossilen Reserven ausgebeutet sein werden, recht genaue Voraussagen treffen. Denn die Größe dieser Reserven ist bekannt und es ist auch nicht damit zu rechnen, dass bisher unbekannte und ausreichend große Reserven an fossiler Energie noch gefunden werden. Es sollte aber nicht unerwähnt bleiben, dass noch Reserven an „**unkonventionellen**" Energien existieren (z. B. Teersände oder Öl-/Gasschiefer, siehe Abschn. 5.1), mit deren Abbau begonnen wurde. Der Abbau belastet verstärkt unsere Umwelt und dass er jetzt erfolgt, kann als Zeichen der Krise für eine globale Energieversorgung gedeutet werden. Es ist auch nicht ausgeschlossen, dass andere unkonventionelle Reserven, wie das **Methanhydrat** genutzt werden, obwohl sie ein noch höheres Umweltrisiko darstellen.

3. *Welche Rolle können erneuerbare Energien in einer zukünftigen Energieversorgung übernehmen?* – Das Angebot an Primärenergie aus erneuerbaren Energien ergibt sich aus den physikalischen Gesetzmäßigkeiten, welche die Wandlung von der Eingangsenergie bis zur Primärenergie bestimmen. Diese Gesetzmäßigkeiten sind bekannt, sie müssen zur Bestimmung des Primärenergieangebots nur konsequent angewendet werden. Zu befürchten ist, dass mit Einführung erneuerbarer Energien eine bis jetzt unbekannte Lücke zwischen dem Angebot von und dem Bedarf nach Primärenergie auftritt.

4. *Gibt es andere alternative Energieträger?* – Dies ist eine wichtige Frage, die aus physikalischer Sicht bejaht werden muss. Aufgrund ihrer physikalischen Eigenschaften muss als einzig verfügbare Alternative die Kernenergie angesehen werden und wir werden uns mit deren Eigenschaften ausführlich in den Abschn. 5.2 bis 5.6 beschäftigen. Das bedeutet nicht, dass der Autor dieses Buchs ein unbedingter Verfechter dieser Energieform wäre. Aber es wäre ebenso unsinnig, ihr Potenzial nicht zu berücksichtigen. Allerdings ist es ein ganz anderes Problem, physikalische Erkenntnisse über die Energieformen in technische Anwendungen umzusetzen. Ob dies möglich ist, muss genau so untersucht werden wie die Frage, ob die Gesellschaft bereit ist, die dafür benötigten Ressourcen bereitzustellen und die Risiken neuer Techniken in Kauf zu nehmen.

3.1 Empirische Daten

Eigentlich besteht auf der Welt ein Bedarf an **Endenergie**, die jeder von uns nach seinen Bedürfnissen in **Nutzenergie** umwandelt. Trotzdem ist es üblich, den Energiebedarf mithilfe der **Primärenergie** zu messen, denn die Messung der Primärenergie ist relativ einfach: Sie ergibt sich zum Beispiel aus der Menge des geförderten Erdöls oder der Menge der abgebauten Kohle. Im Fall fossiler Energie besteht mengenmäßig kein größerer Unterschied zwischen Primärenergie und Endenergie (siehe (2.46)), wohl aber im Fall erneuerbarer Energien (siehe (2.55)).

Wieviel Energie benötigt also ein Mensch? Darauf lassen sich 2 Antworten geben:

1. Wir benötigen die Energie zum **Leben**.

   Um zu leben, benötigen wir chemische Energie(Nahrungsmittel). Aus thermodynamischer Sicht ist der Grund offensichtlich: Der Körper ist ein hochorganisiertes System mit großer Ordnung, also geringer **Entropie**. Um den Entropiewert klein zu halten, muss ständig Entropie an die Umgebung abgegeben werden. Ist die Abgabe unmöglich, etwa weil die Umgebungstemperatur zu groß ist, wird Leben unmöglich. Zur Entropieabgabe ist Energie notwendig. Dieser **Grundumsatz** hängt davon ab, welche Arbeit ein Mensch zusätzlich verrichtet. Ohne Arbeit zu verrichten, beträgt der Grundumsatz im Mittel pro Kopf und Jahr (n gibt die Bevölkerungszahl an)

$$\frac{P_0}{n} = 0{,}8 \cdot 10^3 \, \text{kWh} \cdot \text{a}^{-1}. \tag{3.1}$$

Verglichen mit dem tatsächlichen Energiebedarf eines Menschen ist dieser Wert zu vernachlässigen. Denn der eigentliche Grund für den viel größeren Energiebedarf ist:

D. Pelte, *Die Zukunft unserer Energieversorgung*, DOI 10.1007/978-3-658-05815-9_3,
© Springer Fachmedien Wiesbaden 2014

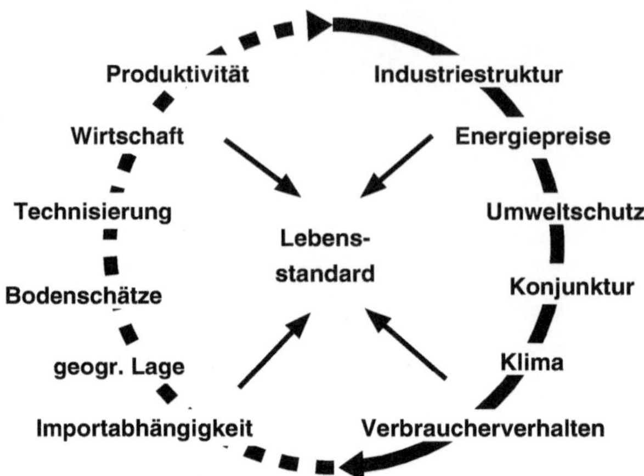

Abb. 3.1 Der Kreislauf aus Bruttoinlandprodukt (*gestrichelt*) und Primärenergiebedarf (*ausgezogen*), deren Korrelation den Lebensstandard eines Lands ergibt. Ebenfalls gezeigt sind einige der bestimmenden Faktoren für den Wert des Bruttoinlandprodukt und den des Primärenergiebedarfs

2. Wir benötigen die Energie für ein *angenehmes* **Leben**.
   Die Frage, wann ein Leben als angenehm zu bezeichnen ist, wird sicherlich von jedem Menschen anders beantwortet werden. Im Allgemeinen wird aber die Mehrzahl der Weltbewohner darin übereinstimmen, dass das Leben umso angenehmer ist, je höher der **Lebensstandard** eines Lands ist. Die Höhe des Lebensstandards ist eine empirisch bestimmbare Größe, denn der Lebensstandard ist definierbar mithilfe der Korrelation zwischen zwei anderen messbaren Größen,
   - dem **Primärenergiebedarf** *PEB* eines Lands,
   - dem **Bruttoinlandprodukt** *BIP* eines Lands.

Das Bruttoinlandprodukt ist eine ökonomische Größe, sie definiert alle in einem Land hergestellten Güter und erbrachten Dienstleistungen innerhalb eines Jahrs. Um verschiedene Länder vergleichen zu können, wird dieser Wert in $\text{USD} \cdot \text{a}^{-1}$ angegeben, wobei die unterschiedlichen Währungskurse und die Inflationsrate in den USA zu berücksichtigen sind. In Abb. 3.1 ist dargestellt, welche Faktoren das Bruttoinlandprodukt eines Lands bestimmen (*gestrichelter Halbkreis*) und welche Faktoren den Primärenergiebedarf (*ausgezogener Halbkreis*). Diese Liste der Faktoren ist keineswegs vollständig, sondern die Abb. 3.1 zeigt nur beispielhaft einige der Faktoren, deren Gesamtheit und deren Wechselwirkungen untereinander bestimmend für den Lebensstandard eines Lands sind. Einige Faktoren kann ein Land beeinflussen, wie zum Beispiel das Verbraucherverhalten, andere sind nicht beeinflussbar, wie zum Beispiel die geografische Lage eines Lands.

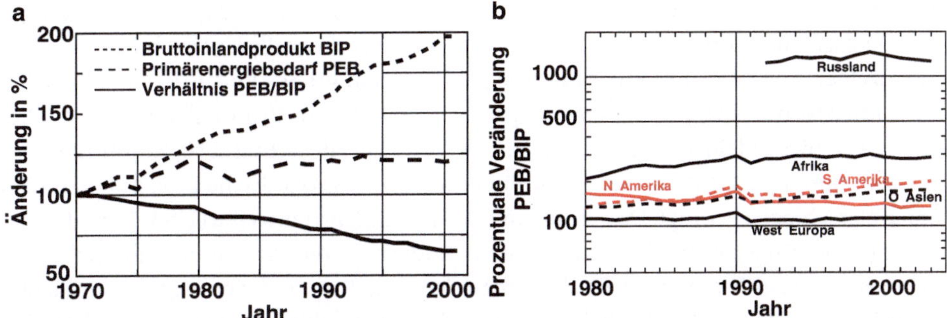

Abb. 3.2 **a** Die prozentualen Änderungen von Bruttoinlandprodukt, Primärenergiebedarf und dem Verhältnis *PEB/BIP* in Deutschland zwischen den Jahren 1970 und 2001. **b** Logarithmische Darstellung der prozentualen Veränderung der *PEB/BIB*-Verhältnisse von verschiedenen Weltregionen. Die Daten sind auf den Wert 100 % für das *PEB/BIB*-Verhältnis in Deutschland im Jahr 1970 bezogen

Aus der Messung des Primärenergiebedarfs wissen wir:

Am Anfang des 21. Jahrhunderts bestand ein weltweiter Primärenergiebedarf von etwa $1 \cdot 10^{14}$ kWh $\cdot$ a^{-1}. Daraus ergibt sich bei einer **Weltbevölkerung** von $n = 6 \cdot 10^9$ Menschen ein mittlerer Pro-Kopf-Bedarf von

$$\frac{PEB(2000)}{n} \approx 17 \cdot 10^3 \text{ kWh} \cdot \text{a}^{-1}. \tag{3.2}$$

Aber der Pro-Kopf-Bedarf verändert sich mit der Zeit, wie am Beispiel Deutschlands in Abb. 3.2 zu erkennen ist.

In der Abb. 3.2 sind die prozentualen Veränderungen des Bruttoinlandprodukts und des Primärenergiebedarfs zwischen den Jahren 1970 und 2000 dargestellt. Vor 1990 beziehen sich diese Daten allein auf die BRD, da entsprechende Daten für die ehemalige DDR nicht veröffentlicht wurden. Im Jahr 1990 wurde ein stetiger Anschluss zwischen den Daten der BRD und denen von Deutschland insgesamt vorgenommen. Aus der zeitlichen Entwicklung ergibt sich, dass es innerhalb von 30 Jahren in Deutschland gelungen ist, mit einem nur leicht gestiegenen Primärenergiebedarf eine Zunahme des Bruttoinlandprodukts um fast 100 % zu erreichen.

Vergleicht man diese Entwicklung mit der Entwicklung in anderen Regionen der Welt, so sind dort in der Mehrzahl der Fälle die Reduktionen der *PEB/BIP*-Verhältnisse seit 1980 nicht so stark. Die prozentualen Veränderungen sind in logarithmischer Darstellung in

Abb. 3.2 gezeigt. Diese Darstellung ist auf einen Sollwert 100 % für das *PEB/BIP*-Verhältnis in Deutschland normiert. Ganz offensichtlich treten recht große Unterschiede zwischen den einzelnen Regionen auf: **Russland** besitzt ein extrem großes *PEB/BIP*-Verhältnis, benötigt also besonders viel Primärenergie pro erwirtschaftetem Bruttoinlandprodukt. Dies ist sicherlich nicht allein auf die zurückgebliebene Industrialisierung zurückzuführen, sondern auch durch die Größe dieser Region und durch ihre geografische Lage mit extremen Klimaunterschieden bedingt. Dies trifft ähnlich auch für **Nordamerika** (USA, Kanada, Mexiko) zu. Allerdings besitzt diese Region eine moderne Industrialisierung und daher ein 6fach besseres *PEB/BIP*-Verhältnis. Außerdem ist diese Region die einzige der betrachteten Regionen, in der sich das Verhältnis innerhalb des betrachteten Zeitraums noch stärker verbessert hat als in Deutschland. In den anderen Regionen, in denen überwiegend Entwicklungsländer liegen, ist das normierte Verhältnis dagegen angestiegen. In **West-Europa** hat sich eine Entwicklung, ähnlich der in Deutschland, vollzogen. Allerdings wird in West-Europa ohne Deutschland etwa 10 % mehr Primärenergie benötigt, um das gleiche Bruttoinlandprodukt wie in Deutschland zu erwirtschaften.

Das inverse *PEB/BIP*-Verhältnis wird als **Energieeffizienz** e_e bezeichnet, i.e. $e\_e = BIP/PEB$ mit der Einheit $[e\_e] = \text{USD} \cdot \text{kWh}^{-1}$. Die Energieeffizienz beantwortet die einfache Frage:

> Wie viel Primärenergie wird benötigt, um einen vorgegebenen Lebensstandard zu erreichen?

Die Energieeffizienz ist ein essentieller Parameter und der einzige in diesem Buch, welcher Aussagen der Physik mit denen der Ökonomie verknüpft[1]. Diese Verknüpfung ist essentiell, so lange der Lebensstandard als Synonym des Bruttoinlandprodukts gilt. Daher verwechsele man insbesondere auch die Energieeffizienz – eine Größe mit Einheit – nicht mit dem Wirkungsgrad (Abschn. 2.3) oder dem Energiesparen (Kap. 10) – beides Größen ohne Einheit. Es ist durchaus vorstellbar, dass Verbesserungen bei diesen beiden so teuer sind, dass sie die Energieeffizienz insgesamt verschlechtern.

Die Beantwortung der oben gestellten Frage ist schwierig und mir ist kein Versuch bekannt, eine theoretische Antwort zu geben. Vielmehr ist man gezwungen, heuristisch vorzugehen und die Antwort in den Daten zu finden, wie es im Abschn. 3.1.1 versucht wird.

Betrachtet man nämlich nicht Länderkategorien, sonder einzelne Länder, so ist der Primärenergiebedarf pro Kopf $\widehat{PEB} = PEB/n$ (**normierter Primärenergiebedarf**) keineswegs der gleiche in jedem Land, sondern kann von Land zu Land sehr verschieden sein. Aber es existiert eine **Korrelation** zwischen dem normierten Primärenergiebedarf $\widehat{PEB}$ und dem Bruttoinlandprodukt pro Kopf $\widehat{BIP} = BIP/n$ (**normiertes Bruttoinlandprodukt**):

---

[1] Es gibt mindestens einen weiteren, nämlich den Energiepreis, der in Abschn. 3.1.1 kurz betrachtet wird.

> Je größer der Primärenergiebedarf in einem Land ist, um so höher ist in der Regel auch das Bruttoinlandprodukt dieses Lands. Die Länder, in denen beide Größen hohe Werte erreichen, besitzen einen hohen Lebensstandard.

Man kann diese Korrelation zwischen $\widetilde{PEB}$ und $\widetilde{BIP}$ anhand der Abb. 3.3a und 3.3b demonstrieren, welche, nach Ländern aufgeschlüsselt, diese Größen für die Jahre 1970 und 2000 darstellen. Es lohnt sich, diese beiden Übersichten genau zu betrachten und ihre Aussagen zu analysieren.

Vom Jahr 1970 bis zum Jahr 2000 hat sich der normierte Primärenergiebedarf nur unwesentlich verändert. Dagegen ist das normierte Bruttoinlandprodukt besonders in den Ländern, in denen es bereits 1970 hohe Werte besaß, in den folgenden 30 Jahren noch einmal um etwa das Vierfache gestiegen. Im Mittel hat daher die Energieeffizienz im Laufe dieser Zeit zugenommen. Heute wird mit dem gleichen Einsatz von Primärenergie ein höheres Bruttoinlandprodukt erzeugt, als es noch 1970 der Fall war. Dabei hat die Verbesserung keineswegs in allen Ländern einheitlich stattgefunden. Sondern es gibt Länder, und dabei handelt es sich überwiegend um hoch-industrialisierte Länder, mit einer überdurchschnittlichen Zunahme ihrer Energieeffizienz. In der Abb. 3.4a und 3.4b werden diese Daten für die Jahre 1970 und 2000 miteinander verglichen. Während 1970 die Energieeffizienz noch in fast allen Ländern mit Ausnahme der Schweiz unterhalb einer Grenze von 0,3 USD pro kWh lag, überschritten im Jahr 2000 viele Länder diese Grenze.

Bei anderen, wie zum Beispiel Indien, hat sich während dieses Zeitraums an den Energieeffizienzen nur wenig geändert. Aber für die Gesamtentwicklung auf der Welt ist von Bedeutung, dass diese Länder auch die Länder mit den höchsten Bevölkerungszahlen sind. Zum Beispiel lebten Anfang des 21. Jahrhunderts in China ca. 1275 Millionen Menschen und in Indien ca. 1002 Millionen Menschen. Diese Menschen zusammen machen bereits fast 40 % der Weltbevölkerung aus.

Es ist aber davon auszugehen, dass in Zukunft auch diese Länder große Anstrengungen unternehmen werden, um ihre Energieeffizienzen zu verbessern. Und dass eine Verbesserung möglich ist, ist von den hoch-industrialisierten Ländern demonstriert worden. Auf der P-Ebene werden wir uns mit diesem Problem weiter auseinandersetzen und für die Korrelation zwischen Bruttoinlandprodukt und Primärenergiebedarf sowie deren zukünftige Entwicklung eine mathematische Beschreibung finden. Die statistischen Daten lassen auf jeden Fall erwarten, dass die einzusetzende Energiemenge, um ein angestrebtes Bruttoinlandprodukt zu erreichen, in Zukunft langsam abnehmen, die Energieeffizienz also steigen wird. **Die in diesem Buch gemachten Prognosen werden diese Veränderung berücksichtigen**. Das bedeutet aber noch nicht, dass deshalb auch der Primärenergiebedarf der Welt in Zukunft abnehmen wird, sondern nur, dass der Anstieg des Bedarfs länderabhängig etwas weniger stark erfolgt.

Das Fazit dieser Diskussion lässt sich folgendermaßen zusammenfassen:

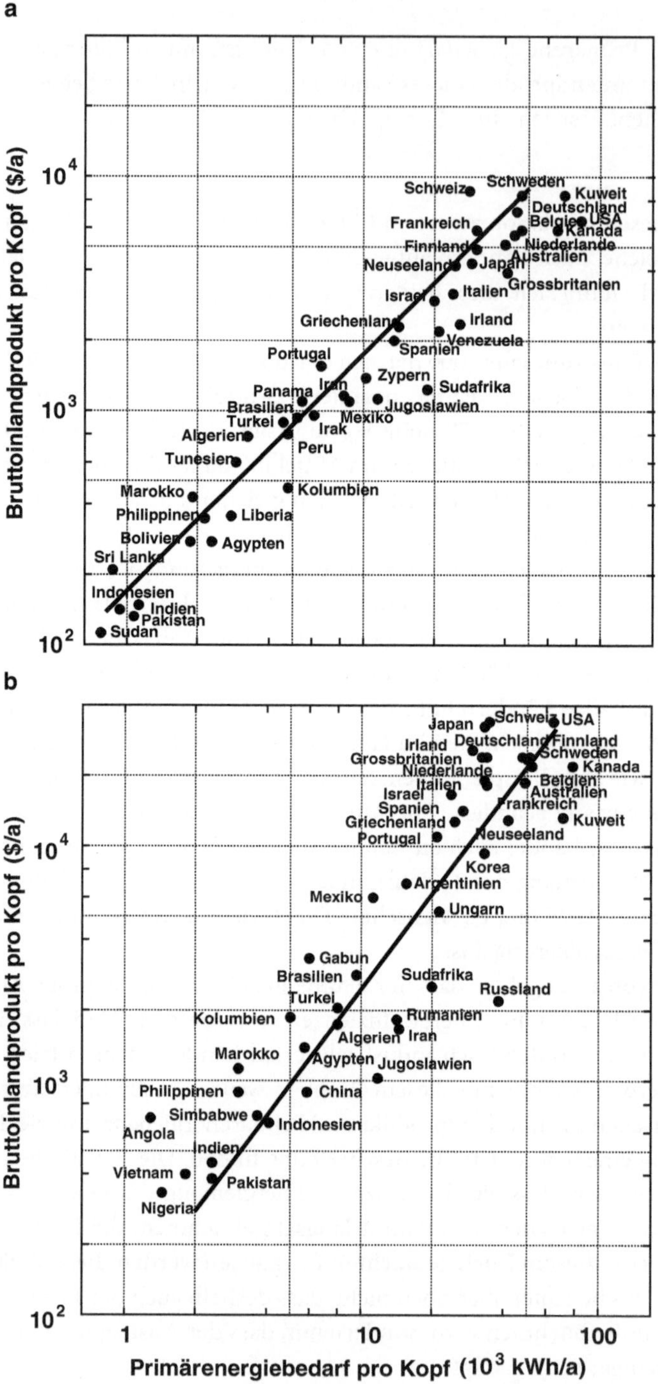

Abb. 3.3 Die Korrelation zwischen Bruttoinlandprodukt und Primärenergiebedarf im Jahr 1970 (**a**) und im Jahr 2000 (**b**)

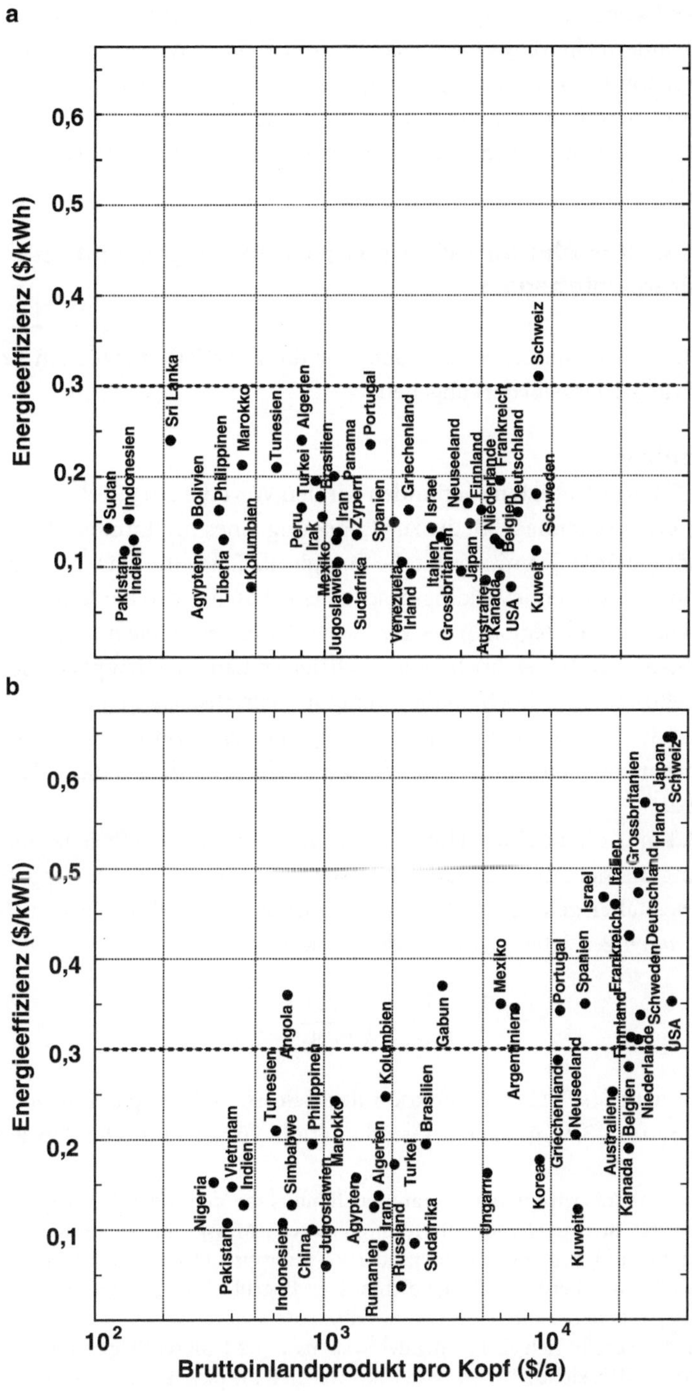

Abb. 3.4 Die Energieeffizienz in Abhängigkeit vom Bruttoinlandprodukt pro Kopf im Jahr 1970 (**a**) und im Jahr 2000 (**b**)

- Die Energieeffizienz hat in den meisten Ländern seit 1970 zugenommen
- In einigen Ländern allerdings hat sie sich praktisch nicht verändert und dies sind Länder, welche schon 1970 eine geringe Energieeffizienz aufwiesen.
- Es ist bisher keinem Land gelungen, seine Energieeffizienz auf einen Wert $e\_e \geq 1\,\mathrm{USD} \cdot \mathrm{kWh}^{-1}$ zu steigern, dies scheint eine obere Grenze zu sein.

3.1.1 P-Ebene: Korrelation zwischen Bruttoinlandprodukt und Primärenergiebedarf

Wir wollen jetzt ein mathematisches Modell für die Korrelation zwischen Bruttoinlandprodukt und Primärenergiebedarf angeben.

Die Energieeffizienz

Mit dem Begriff **Energieeffizienz** verbinden wir den Wert des BIP/PEB-Verhältnisses, also den Bedarf an Primärenergie PEB, die zur Erlangung eines bestimmten Bruttoinlandprodukts BIP benötigt wird[2]. Damit besitzt die Energieeffizienz eine klare Definition, die sich von der Definition des Energiewirkungsgrads (siehe Abschn. 2.3) eindeutig unterscheidet. Verschiedene Länder und Regionen der Welt wirtschaften bis heute mit verschiedenen Stufen der Energieeffizienz. In den hoch-industrialisierten Ländern (hauptsächlich in Europa) ist die Energieeffizienz sehr hoch, in den wenig industrialisierten Ländern (wie zum Beispiel Afrika) ist die Energieeffizienz noch sehr gering. Wir können aber annehmen, dass die Energieeffizienz in allen Ländern mit der Zeit steigen wird, also die Industrialisierung zunehmen wird.

Die Abb. 3.3 gibt direkt einen Hinweis, wie sich die Energieeffizienz und ihre zeitliche Entwicklung mathematisch behandeln lassen. Die Abb. 3.3 ist eine *doppelt logarithmische Darstellung*, daher gehorcht jede Gerade in dieser Darstellung (wie auch die in den Abb. 3.3a und *unten* gezeigten Geraden) der Funktion

$$\frac{BIP}{BIP_0} = \left(\frac{PEB}{PEB_0} \right)^{\alpha}, \tag{3.3}$$

wobei der Exponent α selbst eine Funktion der Zeit ist.[3] Die Anpassung von (3.3) an die in den Abb. 3.3a und 3.3b gezeigten Geraden ergibt für die auftretenden Parameter die

---

[2] Das BIP/PEB-Verhältnis wird in der Literatur auch öfters mit dem Begriff „Energieintensität" versehen. Die Intensität ist eine wohldefinierte physikalische Messgröße, sie besitzt die Einheit von Energie-mal-Geschwindigkeit-pro-Volumen oder Leistung-pro-Fläche. Sie ist daher identisch zur Energiestromdichte oder Leistungsflächendichte. Der Begriff „Energieintensität" ist physikalisch sinnlos.

[3] Die Energieeffizienz ergibt sich als Lösung des Systems von 2 Differentialgleichungen ($dPEB/dt \propto PEB$ und $dBIP/dt \propto BIP$, siehe Abschn. 3.4.1), aus welchen die physikalische Größe t entfernt wird. Auf die Schwierigkeiten, welche die ökonomische Größe BIP bereitet, ist in Abschn. 2.1.1 hingewiesen worden.

folgenden Werte:

$$BIP_0/n = 700\,\text{USD} \cdot \text{a}^{-1}$$
$$PEB_0/n = 4000\,\text{kWh} \cdot \text{a}^{-1}$$
$$\alpha = 1 \quad \text{im Jahr 1970,}$$
$$\alpha = 1,3 \quad \text{im Jahr 2000.} \tag{3.4}$$

Nehmen wir an, dass sich α linear mit der Anzahl der Jahre seit 1970 vergrößert, dann besitzt α die Form

$$\alpha = 1 + 0,01\,(y - 1970) \quad \text{mit der Einheit } [y] = \text{a.} \tag{3.5}$$

Die Energieeffizienz eines Lands ist in diesem Modell gegeben durch

$$\frac{BIP}{PEB} = \frac{700}{4000} \left(\frac{PEB/n}{4000} \right)^{\alpha-1} \quad \text{in USD pro kWh.} \tag{3.6}$$

Dies ist eine nichtlineare Gleichung $PEB = f(BIP, n, t)$, die mithilfe der Energieeffizienz näherungsweise gelöst wird:

$$PEB(t) = \frac{BIP(t)}{e\_e(t)} \text{ mit } e\_e = 0,175 \left(\frac{PEB(t - \Delta t)}{4000\,n(t)} \right)^{\alpha-1} .$$

Daraus ergibt sich, dass die Energieeffizienz mit wachsendem PEB zunimmt, mit wachsender Bevölkerungszahl n aber abnimmt, so lange $\alpha(t) > 1$ ist. Allerdings wird die Zeitabhängigkeit, die in dem Exponenten $\alpha(t)$ steckt, allein bestimmt durch das Verhalten einiger weniger Länder, die im Jahr 2000 bereits eine Energieeffizienz von über $0,3\,\text{USD} \cdot \text{kWh}^{-1}$ erzielten (siehe Abb. 3.4b). Betrachten wir andere Länder, und zu denen zählen die bevölkerungsreichsten Länder wie Indien und China, so hat sich deren Energieeffizienz zwischen den Jahren 1970 und 2000 praktisch nicht verändert und beträgt konstant

$$\frac{BIP}{PEB} = \frac{700}{4000} = 0,175\,\text{USD} \cdot \text{kWh}^{-1}. \tag{3.7}$$

Erst in der Zukunft wird sich erweisen, ob es auch diesen Ländern gelingt, ihre Energieeffizienz mit der Zeit zu steigern.

Es sollte aber jedermann klar sein, dass es sich bei diesen Schlussfolgerungen um die Aussagen eines **Modells** handelt, dass auf den empirische Daten für die Jahre 1970 und 2000 basiert, also auf Daten aus einem kleinen Zeitraum. Derartige Schlussfolgerungen müssen mit Skepsis betrachtet werden. Um aber zukünftige Entwicklungen zu prognostizieren, sind Modelle notwendig. Wir werden daher das eben eingeführte Modell (3.3) verwenden, das immerhin eine optimistische und vielleicht sogar zu optimistische Aussage über zukünftige Entwicklungen macht.

Abb. 3.5 Die Verknüpfungen zwischen Primärenergie und Lebensstandard über die Energieeffizienz und den Energiepreis

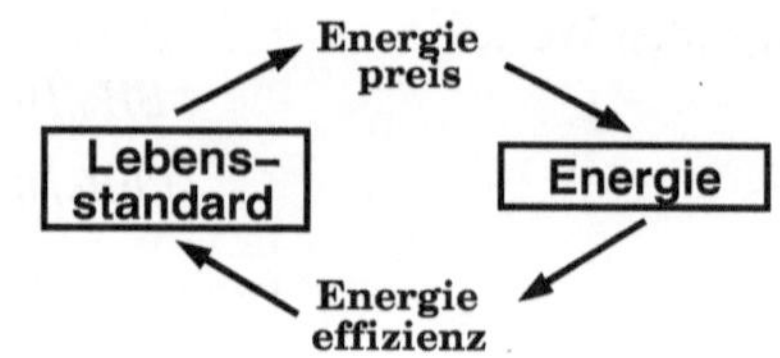

Der Energiepreis

Ebenso wie die Energieeffizienz ist der **Energiepreis** ein essentieller Parameter, der angibt, wie viel unseres Lebensstandards geopfert werden muss, um eine gesicherte Energieversorgung zu erlangen. In diesem Buch wird dem Energiepreis allerdings nicht die Bedeutung gegeben, die ihm eigentlich zusteht, weil seine Entwicklung nicht mit der Sicherheit vorhergesagt werden kann, die man für Prognosen benötigt. Der wesentliche Grund ist, dass sich der Energiepreis manipulieren lässt, und zwar von

- *Regierungen*: Die bekanntesten Beispiele sind das deutsche **„Erneuerbare-Energien-Gesetz"** und die staatlichen **Subventionen** für die chinesische Produktion von Fotodioden.
- *Spekulanten*: Lange Liegezeiten von beladenen Öltankern ebenso, wie der Handel mit Energieoptionen, täuschen eine nichtreale Energieverknappung vor, die den Energiepreis hochtreibt.

Was sich allerdings mit Sicherheit vorhersagen lässt, ist, dass der Energiepreis in Zukunft weiter steigen muss, weil die Reserven an fossilen Energieträgern abnehmen werden. Aber wo liegt die Grenze des Preisanstiegs, ab der eine Volkswirtschaft nicht mehr, wie bisher, funktionieren wird?

Es ist sicherlich kein Zufall, dass der Energiepreis e_p und die Energieeffizienz e_e dieselbe Einheit USD $\cdot$ kWh^{-1} besitzen[4]. Beide fungieren als Parameter innerhalb der Verknüpfung zwischen Primärenergie PEB und Lebensstandard BIP, wie sie in der Abb. 3.5 dargestellt ist: Mithilfe von e_e wächst der Lebensstandard, aufgrund von e_p nimmt er ab. Pro Zeiteinheit dt gilt (man beachte, dass dPEB/d$t < 0$ ist):

$$\frac{\mathrm{d}BIP^{(+)}}{\mathrm{d}t} = -e_e\,\frac{\mathrm{d}PEB}{\mathrm{d}t}$$

$$\frac{\mathrm{d}BIP^{(-)}}{\mathrm{d}t} = +e_p\,\frac{\mathrm{d}PEB}{\mathrm{d}t}$$

Die Summe aus Zuwachs und Abnahme beträgt:

$$\frac{\mathrm{d}BIP}{\mathrm{d}t} = (e_p - e_e)\,\frac{\mathrm{d}PEB}{\mathrm{d}t}$$

---

[4] Das macht das Verhältnis von beiden auch unabhängig von ökonomischen Veränderungen, wie z. B. der Inflation.

Damit der Lebensstandard insgesamt zunimmt, $\mathrm{d}BIP/\mathrm{d}t > 0$, muss die Energieeffizienz größer sein als der Energiepreis.

Dies ist nur eine notwendige Bedingung, hinreichend wird sie erst, wenn das Verhältnis e_e/e_p bekannt ist. In dem Begleitmanuskript „Energie4" wird die untere Grenze zu

$$(e\_e/e\_p)_{\mathrm{lim}} \approx 5$$

abgeschätzt. Für die Zukunft unserer Energieversorgung wäre es aber von großer Bedeutung, wenn diese Grenze besser bekannt wäre. Denn das e_e/e_p-Verhältnis legt eine ökonomische Bedingung fest, während das eigentliche Thema dieses Buchs die physikalischen Bedingungen sind, die eine gesicherte Energieversorgung ermöglichen.

3.2   Die ve- und we-Länder

Die Abb. 3.3 und 3.4 machen deutlich, dass sich Länder sehr stark in ihrem normierten Bruttoinlandprodukt unterscheiden. Für unsere weiteren Diskussionen ist es vorteilhaft, diesen Unterschied auch dadurch zu berücksichtigen, dass wir alle Länder in 2 Klassen einordnen, wobei beide Klassen durch eine Grenze des Bruttoinlandprodukts von $5000\,\mathrm{USD}\cdot\mathrm{a}^{-1}$ pro Kopf im Jahr 2000 getrennt sind. Diese Grenze markiert im Wesentlichen den Grad der industriellen Entwicklung, den ein Land zu diesem Zeitpunkt entweder schon überschritten oder noch nicht erreicht hat.

Länder, die ein höheres Bruttoinlandprodukt erwirtschaften, bezeichnen wir als **ve-Länder**. Diese Abkürzung steht für „voll entwickelt" oder „viel Energie", denn diese Länder haben in der Regel auch einen großen Bedarf an Primärenergie. Länder und Regionen in der Klasse der ve-Länder mit Einwohnerzahlen von über 10^8 sind zum Beispiel

	Einwohnerzahl	$\widehat{BIP}(\mathrm{USD}\cdot\mathrm{a}^{-1})$	$\widehat{PEB}(\mathrm{kWh}\cdot\mathrm{a}^{-1})$
Japan	$0{,}13\cdot10^9$	$3{,}0\cdot10^4$	$3{,}5\cdot10^4$
Nordamerika	$0{,}42\cdot10^9$	$2{,}4\cdot10^4$	$8{,}3\cdot10^4$
Europa(OECD)	$0{,}48\cdot10^9$	$2{,}2\cdot10^4$	$4{,}4\cdot10^4$

Länder, die ein geringeres Bruttoinlandprodukt erwirtschaften, bezeichnen wir als **we-Länder**. Diese Abkürzung steht für „wenig entwickelt" oder „wenig Energie", denn diese Länder besitzen in der Regel einen kleineren Primärenergiebedarf als die ve-Länder. Eine prominente Ausnahme von dieser Regel stellt Russland dar. Die Regionen der Welt, die zu der Klasse der we-Länder gehören, sind zum Beispiel

	Einwohnerzahl	$\widehat{BIP}(\mathrm{USD}\cdot\mathrm{a}^{-1})$	$\widehat{PEB}(\mathrm{kWh}\cdot\mathrm{a}^{-1})$
Südamerika	$0{,}42\cdot10^9$	$3{,}1\cdot10^3$	$1{,}5\cdot10^4$
Afrika	$0{,}79\cdot10^9$	$0{,}8\cdot10^3$	$0{,}4\cdot10^4$
Asien (ohne Japan, GUS-Staaten und Westasien)	$3{,}35\cdot10^9$	$1{,}1\cdot10^3$	$0{,}6\cdot10^4$

Nicht erfasst in diesen beiden Zusammenstellungen sind die Regionen Mittelamerika und Karibik, Westasien (vorderer Orient), Ozeanien (mit Australien und Neuseeland als größten Ländern) und die GUS-Staaten (mit Russland als größtem Land). In diesen Ländern leben fast 10 % der Weltbevölkerung, ihre Zuordnung zu einer der beiden Länderklassen macht jedoch Schwierigkeiten. Soll zum Beispiel Russland der Klasse der *we*-Länder zugeordnet werden, wohin es nach dem Zuordnungskriterium eigentlich gehört, obwohl es, verglichen mit der Republik Kongo, sicherlich einen viel höheren Grad der Industrialisierung besitzt? Und in welche Klasse sollen die Erdölförderländer im vorderen Orient eingeordnet werden, die sich sowohl durch einen großen Primärenergiebedarf wie auch durch ein hohes Bruttoinlandprodukt (aus den Erdöleinnahmen) auszeichnen? Hier macht sich bemerkbar, dass das Bruttoinlandprodukt und der Primärenergiebedarf eines Lands auch von Faktoren abhängen, die sich nur wenig beeinflussen lassen und deren Entwicklung daher nicht dem allgemeinen Trend folgen muss.

Trotz dieser Schwierigkeiten ergibt sich etwa die folgende Ausgangssituation:

Zu Beginn des 21. Jahrhunderts betrug der globale **Primärenergiebedarf**

$$PEB \approx 1 \cdot 10^{14} \text{kWh} \cdot \text{a}^{-1},$$

der gleich groß war wie das **Primärenergieangebot** PEA aus fossilen Energien

$$PEB = PEA = PEA^{(\text{foss})}.$$

Energie und Wohlstand waren verteilt auf

- Die *ve*-Länder
  Einwohnerzahl: $n = 1{,}5 \cdot 10^9$ Menschen
  Primärenergiebedarf pro Kopf: $PEB/n = 5 \cdot 10^4 \text{ kWh} \cdot \text{a}^{-1}$
  Bruttoinlandprodukt pro Kopf: $BIP/n = 2 \cdot 10^4 \text{ USD} \cdot \text{a}^{-1}$
- Die *we*-Länder
  Einwohnerzahl: $n = 4{,}5 \cdot 10^9$ Menschen
  Primärenergiebedarf pro Kopf: $PEB/n = 5 \cdot 10^3 \text{kWh} \cdot \text{a}^{-1}$
  Bruttoinlandprodukt pro Kopf: $BIP/n = 1 \cdot 10^3 \text{ USD} \cdot \text{a}^{-1}$

In dieser Einteilung kommen die wichtigsten Tatsachen über die damaligen Lebensverhältnisse der Weltbevölkerung zum Ausdruck:

Etwa 25 % der Weltbevölkerung lebten in Ländern mit einem gehobenen Lebensstandard und 75 % der Weltbevölkerung besaßen nur einen sehr geringen Lebensstandard, der wohl oft nur das Überleben gestattete und manchmal auch das nicht.

Der Primärenergiebedarf pro Kopf war in den *ve*-Ländern etwa 10mal größer als in den *we*-Ländern. Aber mit diesem höheren Energiebedarf wurde ein 20mal höheres Bruttoinlandprodukt pro Kopf der Bevölkerung erzeugt. Dies war eine Folge der größeren Energieeffizienz in den *ve*-Ländern, die auf einer fortgeschrittenen Industrialisierung in diesen Ländern beruhte.

3.3 Bedarfssektoren für Endenergie

Man kann die Primärenergie als die Rohform der Energie betrachten, die durch Energiewandlungen zur Endenergie veredelt und damit nutzbar gemacht wird. An diesem Prinzip wird sich auch in Zukunft nichts ändern: Die Strahlungsenergie der Sonne ist als solche nicht nutzbar, sondern erst die aus der Sonnenenergie gewandelte Endenergie. Um den Bedarf an Endenergie zu spezifizieren, führen wir die **Bedarfssektoren** ein. Darin werden zum einen die **Abnehmer** der Endenergie zusammengefasst, zum anderen die **Aufgaben**, die mithilfe der Endenergie bewältigt werden müssen. Die Definition der Bedarfssektoren und ihr jeweiliger Bedarf an Endenergie geschieht anhand der Situation in den *ve*-Ländern zu Beginn des 21. Jahrhunderts. Daher kann sich diese Einteilung in Zukunft ändern, wenn die fossilen Energieträger durch erneuerbare oder alternative Energieträger ersetzt werden müssen. Dieser Wandel gewinnt zusätzliche Bedeutung dadurch, dass die fossilen Energieträger nicht nur die heute dominante Form der Primärenergie darstellen, sondern auch die Basis für die **Petrochemie** bilden. Zur Zeit werden etwa 7 % der fossilen Energieträger als Rohstoff in der chemischen Industrie verwendet. Sind diese in absehbarer Zeit nicht mehr vorhanden, so wird diese Industrie auch ihrer Grundlage beraubt: Die Kohlenwasserstoffe müssten aus der vorhandenen Biomasse synthetisiert werden, deren Verfügbarkeit durch den natürlichen Kohlenstoffzyklus gegeben ist. Mit diesem Zyklus werden wir uns im Abschn. 6.2.1 beschäftigen.

Für die Endenergie, die aus den fossilen Energieträgern im Referenzjahr gewandelt wurde, ergeben die folgenden Bedarfssektoren:

Abnehmer	Aufgabe
Industrie	Mobilität
Verkehr	Raumwärme
Private Haushalte	Prozessenergie
Kleinabnehmer	Elektrizität

Unter den Kleinabnehmern versteht man im Allgemeinen die Einrichtungen, die eine ähnliche Form des Endenergiebedarfs besitzen wie die privaten Haushalte, aber diesem Sektor nicht zugerechnet werden können. Dazu gehören zum Beispiel öffentliche Dienste, Militär, Handel und Gewerbe. Die Prozessenergie ist das, „was die Maschinen zum Laufen bringt". In dem Sektor „Prozessenergie" ist als Teil auch die Prozesswärme enthalten. Der Unterschied zwischen der Raumwärme und der Prozesswärme besteht in der Tempera-

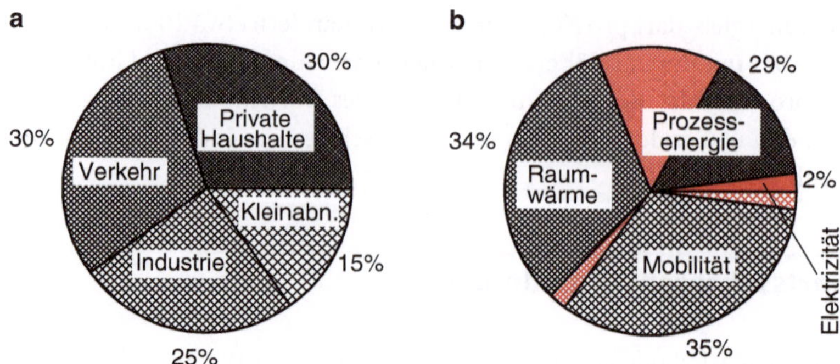

Abb. 3.6 Die Größe der Sektoren für die Abnehmer (**a**) und für die Aufgaben (**b**) der Endenergie. Die roten Flächen stellen den Anteil der elektrischen Energie in jedem der Sektoren dar. Die angegebenen Zahlen sind Richtwerte und illustrieren, bei Fortschreibung des Zustands in den *ve*-Ländern, auch die zukünftige Entwicklung auf der Erde

tur: Raumwärme ist **Niedertemperaturwärme** (T ist kleiner als die Körpertemperatur), Prozesswärme ist **Hochtemperaturwärme** (T ist größer als die Körpertemperatur). In den privaten Haushalten dient Prozesswärme zum Beispiel zum Kochen.

Die Größe der Sektoren sowohl für die Abnehmer, wie auch die Aufgaben, ist sicher heute noch abhängig davon, ob sich ein Land in der Klasse der *ve*- oder *we*-Länder befindet. Wir gehen aber davon aus, dass diese Unterschiede im Laufe der Zeit kleiner werden und im Wesentlichen an die Verteilung angleichen werden, die heute schon für die *ve*-Länder repräsentativ ist. Bezüglich der Abnehmer ist diese Verteilung in der Abb. 3.6a gezeigt, bezüglich der Aufgaben in 3.6b. Jeder der Abnehmer wird die bezogene Endenergie für eine etwas andere Verteilung von zu bewältigenden Aufgaben einsetzen. Dabei ist, auch in Hinblick auf die Zukunft, von besonderem Interesse, welcher Anteil dieser Aufgaben mithilfe **elektrischer Energie** als einer besonderen Form der Endenergie zu Beginn des 21. Jahrhunderts bewältigt wurde[5]. In der Tab. 3.1 ist eine prozentuale Übersicht zusammengestellt, wobei die Prozentzahlen in den Klammern angeben, wie groß der Anteil elektrischer Energie an dem Gesamtbedarf ist. Aus dieser Zusammenstellung lassen sich die folgenden Schlussfolgerungen ziehen:

- Es wird ca. 20 % der Endenergie als elektrische Energie an die Abnehmer geliefert, der Rest der Endenergie besteht zum größten Teil aus chemischer Energie.
- Der größte Teil der Endenergie wird in den *ve*-Ländern für die Mobilität benötigt, wobei die Anforderungen im Sektor „Verkehr" besonders hoch sind. Der Beitrag der elektrischen Energie zur Bewältigung dieser Aufgabe ist relativ gering.
- Die Bereitstellung von Raumwärme und von Prozessenergie beanspruchen einen etwa gleich großen Anteil der Endenergie, nämlich für jede der beiden Aufgaben ca. 30 %.

---

[5] Geht man von einem allgemein gültigen Wert des Nutzungsgrads $\zeta_{1,3}$ aus, so entspricht dieser Anteil auch dem Primärenergieäquivalent der elektrischen Energie.

Tab. 3.1 Die prozentualen Bedarfsanteile der Endenergie in den verschiedenen Sektoren der Abnehmer und der Aufgaben im Jahr 2000. Die Zahlen in den Klammern zeigen den Beitrag, den elektrische Energie bei der Versorgung mit Endenergie stellt, die letzte Spalte zeigt den Gesamtbeitrag

	Mobilität 35 %	Raumwärme 34 %	Prozessenergie 29 %	Elektrizität 20 %
Industrie 25 %	1 % (1 %)	3 %	21 % (10 %)	11 %
Verkehr 30 %	30 % (1 %)			1 %
Priv. Haushalte 30 %		23 % (1 %)	7 % (3 %)	5 %
Kleinabnehmer 15 %	4 %	9 % (1 %)	2 % (1 %)	3 %

Davon ist wegen ihrer geringen Temperatur die Umwandlung der Endenergie in Raumwärme mit den heute üblichen Techniken (Öl- oder Gasheizung) besonders ineffizient, denn dieser Umwandlungsprozess besitzt einen extrem kleinen Exergiewirkungsgrad η_E.

Man beachte, dass sich die prozentualen Anteile nur in den Sektoren für die Abnehmer zu einem Gesamtanteil von 100 % addieren. In den Sektoren für die Aufgaben ist die Summe größer als 100 %, weil die elektrische Energie in mehr als nur einem Sektor vertreten ist (siehe auch Abb. 3.6).

3.4 Die Energieprognosen

Wir haben jetzt genügend empirisches Material gesammelt und ausführlich die physikalischen Grundlagen der Energiewandlung diskutiert, so dass wir uns nun mit **Prognosen** zur weiteren Entwicklung des Energiebedarfs im 21. Jahrhundert beschäftigen können.

Eine Prognose ist immer eine Extrapolation der vergangenen Entwicklung und der augenblicklichen Situation in die Zukunft. Mathematisch ist dies ein Standardverfahren: Existierende Datenpunkte werden benutzt, um eine Funktion (meistens eine Reihenentwicklung) zu erzeugen, deren Verlauf in den Bereich nicht-existierender Datenpunkte verfolgt wird. Das bedeutet, man bestimmt anhand vorhandener Informationen über die Größe X den Zusammenhang

$$X = X(t)$$

zu den Zeiten $t \leq 0$ und untersucht das Verhalten von $X(t)$ für $t > 0$.

Die Schwäche dieses Verfahrens ist offensichtlich: Das Verhalten von $X(t)$ für $t \gg 0$ wird davon abhängen, welche Form die Funktion $X(t)$ besitzt, also welche Form wir als repräsentativ für die zukünftige Entwicklung angenommen haben. Dieser Einwand ist jedoch nicht so schlagend, wie es zunächst erscheint. Die zeitliche Veränderung einer Größe, das bedeutet der **Differentialquotient** $dX(t)/dt$, wird in der Natur sehr oft durch den Wert der Größe $X = X(t)$ selbst bestimmt. Dieser Zusammenhang legt die Form der Funktion $X(t)$ fest, mit der zukünftige Entwicklungen beschrieben werden müssen. Das beste Beispiel für ein derartiges Verhalten ist die Anzahl der **Kinder**, also die Zunahme der Bevölkerung, die selbst von der Größe der **Bevölkerung** abhängt. Ist die Anzahl der Menschen klein, wird auch die Anzahl ihrer Kinder klein sein. Diese Aussage ist natürlich nur im Prinzip richtig. Man könnte sofort einwänden, dass keine Kinder mehr geboren werden, wenn die Bevölkerung zum Beispiel nur männlich ist, und zwar unabhängig davon, wie groß die Bevölkerungszahl wirklich ist. Einwände solcher Art müssen in den funktionalen Zusammenhang zwischen $dX(t)/dt$ und $X(t)$ natürlich berücksichtigt werden, wodurch ein Problem sehr kompliziert werden kann. Irgendwann wird ein Problem dann so kompliziert, dass es mit einfachen Methoden nicht mehr gelöst werden kann. Prognosen müssen dann mit vereinfachenden Annahmen erstellt werden, was für diese Prognose ein gewisses Maß an **Unsicherheit** in ihren Vorhersagen bedeutet. Die Beispiele für derartige Zusammenhänge werden uns später noch begegnen.

Die Art und Weise, wie wir die Prognose über die Entwicklung des Primärenergiebedarfs erstellen werden, basiert auf der Folge zwischen **Ursache und Wirkung** in den wichtigsten Parametern der Zukunft:

$$\text{Bevölkerungszahl} \rightarrow \text{Lebensstandard} \rightarrow \text{Primärenergiebedarf}$$

Die Entwicklung der Bevölkerungszahl kann mithilfe der mathematischen Methoden untersucht werden, die wir gerade beschrieben haben. Ebenso kennen wir den empirischen Zusammenhang zwischen dem Lebensstandard eines Lands, ausgedrückt durch sein Bruttoinlandprodukt, und seinem Bedarf an Primärenergie. Wir wissen auch anhand der empirischen Daten, wie sich dieser Zusammenhang zeitlich verändert. Wesentlich unklarer ist, welche Entwicklung das Bruttoinlandprodukt in den einzelnen Ländern, also denen der Klasse der *ve*- bzw. *we*-Länder, nehmen wird. Am Anfang des 21. Jahrhunderts bestand zwischen diesen beiden Länderklassen noch ein Unterschied von einem Faktor 20 in ihrem normierten Bruttoinlandprodukt. In der Zukunft, in der die **Globalisierung der Volkswirtschaften** weiter fortschreiten wird, muss sich dieser Unterschied ausgleichen. Das bedeutet, die *we*-Länder werden ihr Bruttoinlandprodukt schneller steigern, als das in den *ve*-Ländern der Fall ist. Unsicher ist, wie groß diese Steigerungsraten sein werden.

In den Prognosen besitzt daher die Entwicklung des Bruttoinlandprodukts die größten Unsicherheiten. Wir werden verschiedene Annahmen über die Entwicklungsraten machen und untersuchen, wie diese Raten die Entwicklung des Primärenergiebedarfs beeinflussen.

3.4.1   P-Ebene: Die Grundlagen von Prognosen

Differentialgleichungen und elementare Funktionen

Prognosen tragen oft den Makel, ohne ein ausreichend gesichertes Fundament erstellt zu werden. Mathematisch gesehen sollte das Fundament einer Prognose immer eine Differentialgleichung vom Typ

$$\frac{d^n X(t)}{dt^n} = f(X, t) \tag{3.8}$$

sein, welche die zukünftige Entwicklung der Größe $X(t)$ an die Werte $f(X, t)$ zur Zeit $t = t_0$ koppelt. Viele Naturgesetze besitzen die Form einer Differentialgleichung, das bekannteste Beispiel ist vielleicht das 2. Newton'sche Gesetz, welches die Abhängigkeit der Bewegung $x(t)$ einer Masse m von der Kraft F beschreibt:

$$\frac{\mathrm{d}^2 x(t)}{\mathrm{d}t^2} = \frac{F}{m}.$$

Aber auch elementare Vorgänge in der Natur werden ähnlich beschrieben. Ist zum Beispiel die zeitliche Veränderung der Größe $n(t)$ (Bevölkerungszahl) proportional zu dieser Größe selbst, so gehorcht $n(t)$ der Differentialgleichung

$$\frac{\mathrm{d}n(t)}{\mathrm{d}t} \propto n(t), \tag{3.9}$$

was als einzig mögliche Lösung $n(t) \propto \exp(t/\tau)$ ergibt, also den exponentiellen Anstieg oder Abfall, je nach dem Vorzeichen von τ. Ein ähnlich elementarer Vorgang ist auch die zeitliche Entwicklung der Größe $n(t)$ zwischen der unteren Grenze n_{min} und der oberen Grenze n_{max}, welche als einzige Lösung die „Wachstumsfunktion" zulässt, die wir in Abschn. 5.6.1 behandeln.

So lange daher Prognosen ein derartiges Fundament besitzen, besitzen sie auch eine relativ gesicherte Aussagekraft.

Das Wachstum und seine Grenzen

In diesem Kapitel werden wir uns mit drei Entwicklungen beschäftigen, nämlich der

- Entwicklung der **Weltbevölkerung,**
- Entwicklung des **Bruttoinlandprodukts,**
- Entwicklung des **Primärenergiebedarfs.**

Entwicklungsprognosen werden bis in die Mitte oder das Ende des 22. Jahrhunderts erstellt. Manchen mag dieser Zeitraum viel zu groß erscheinen, denn gesicherte Vorhersagen über zukünftige Entwicklungen sind normalerweise nur für die folgenden 20 bis 30 Jahre möglich. Es ist jedoch ein Missverständnis anzunehmen, dass eine **Prognose** immer tatsächlich eintretende Entwicklungen fehlerfrei vorhersagen muss. Vielmehr ist es auch Sinn einer Prognose aufzuzeigen, dass sich unter den und den Voraussetzungen die und die Entwicklungen in der Zukunft vollziehen werden. Stoßen diese Entwicklungen an die von der Natur gesetzten – und durch physikalische Gesetze beschriebenen – Grenzen, so kann man ganz sicher sein, dass sie nicht stattfinden werden. In diesem Sinn ist auch ein Prognosezeitraum von 150 Jahren nicht sinnlos, sondern kann im Gegenteil sehr instruktiv sein.

4.1   Die Entwicklung der Weltbevölkerung

Ausgangspunkt für unsere Prognosen ist die zukünftige **Entwicklung der Weltbevölkerung.** Man kann annehmen, dass die Bevölkerungszahl auf der Erde in der Vergangenheit über lange Zeiträume hinweg zwar stetig, aber nur langsam zugenommen hat. Diese geringe Zunahme war mehr oder minder gleichmäßig über die Erde verteilt. An dieser Situation hat sich mit dem Einsetzen der **Industrialisierung** in der Mitte des 19. Jahrhunderts ein schlagartiger Wandel vollzogen. Und zwar zunächst in den *ve*-Ländern aufgrund der fortschreitenden Technisierung und den damit verbundenen Verbesserungen in der medizi-

D. Pelte, *Die Zukunft unserer Energieversorgung,* DOI 10.1007/978-3-658-05815-9_4,
© Springer Fachmedien Wiesbaden 2014

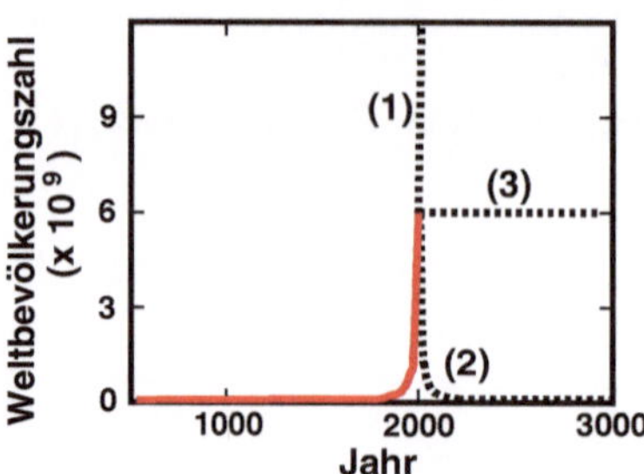

Abb. 4.1 Die Entwicklung der Weltbevölkerung in den letzten 1500 Jahren (*ausgezogene Kurve*). Die zukünftige Entwicklung (*gestrichelte Kurven*) setzen den exponentiellen Anstieg fort (*1*), oder die Bevölkerungszahl nimmt wieder exponentiell ab (*2*), oder sie pendelt um einen mittleren Wert (*3*)

nischen Versorgung. Später hat dieser Wandel dann auch auf die *we*-Länder übergegriffen, so dass heute die Bevölkerungszahlen in den *we*-Ländern viel schneller zunehmen als in den *ve*-Ländern, wo sie praktisch seit der Mitte des 20. Jahrhunderts stagnieren.

Die Gesamtanzahl der Menschen auf der Erde betrug am Anfang des 21. Jahrhunderts ca. 6 Milliarden, von denen lebten ca. 1,5 Milliarden Menschen in den *ve*-**Ländern** und ca. 4,5 Milliarden Menschen in den *we*-**Ländern**. Über einen langen Zeitraum betrachtet ist die Weltbevölkerungszunahme ein singuläres Ereignis, wie es in der Abb. 4.1 dargestellt ist.

Die zeitliche Entwicklung der Weltbevölkerung wird bestimmt durch die **Geburtenrate** und die **Sterberate**[1]. Diese beiden Größen lassen sich angeben mithilfe von zwei Koeffizienten, dem **Geburtenkoeffizient** γ und dem **Sterbekoeffizient** σ. Gewöhnlich werden in Statistiken allerdings die Geburtenrate durch die mittlere **Anzahl der Lebendgeburten** n_G pro Paar (Mann und Frau) und die Sterberate durch das **mittlere Lebensalter** Y_S eines Menschen bestimmt. Diese statistischen Größen sind für die letzten 40 Jahre des 20. Jahrhunderts in der Abb. 4.2 dargestellt.

Zwischen der Anzahl der Lebendgeburten bzw. dem Lebensalter und den entsprechenden Koeffizienten bestehen die folgenden Beziehungen:

$$\gamma = \frac{n_G}{2\,Y_S}, \quad \sigma = \frac{1}{Y_S} \quad \text{mit den Einheiten } [\gamma] = [\sigma] = \text{a}^{-1}. \tag{4.1}$$

Auf der P-Ebene werden wir untersuchen, wie der Geburtenkoeffizient und der Sterbekoeffizient das zeitliche Verhalten der Bevölkerungszahl beeinflussen. Zur Vereinfachung führen wir diese Untersuchungen zunächst unter folgenden Annahmen durch:

- Der Geburtenkoeffizient ist zeitunabhängig, was auch mit einschließt, dass er unabhängig vom Lebensalter ist.

---

[1] Unter dem Begriff „Rate" verstehen wir die zeitliche Veränderung einer Größe dX pro Zeitintervall dt.

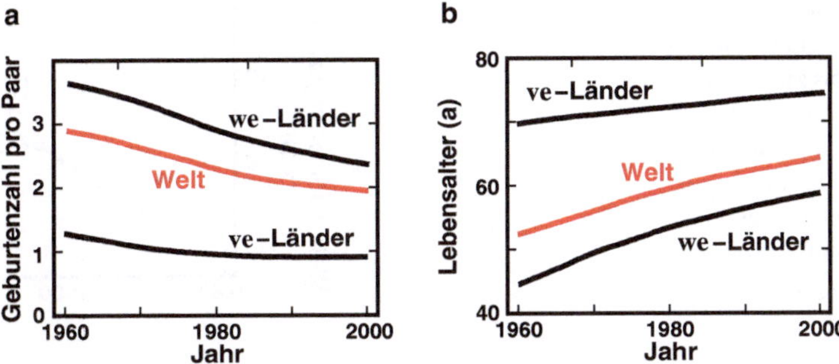

Abb. 4.2 Die mittlere Anzahl der Lebendgeburten pro Paar (**a**) und das mittlere Lebensalter eines Menschen (**b**) während der letzten 40 Jahre des 20. Jahrhunderts. Gezeigt sind die Daten für die *ve*- und *we*-Länder und die gesamte Welt

- Auch der Sterbekoeffizient ist zeit- und altersunabhängig.
- Die Anzahl der Frauen in der Welt ist gleich der Anzahl der Männer in der Welt.
- Je eine Frau und je ein Mann bilden zusammen ein Paar.

Falls diese Annahmen zutreffen, dann lässt die Entwicklungsgleichung der **Weltbevölkerung** folgende Aussagen zu:

Die Bevölkerungszahl steigt mit der Zeit exponentiell an, wenn $\gamma > \sigma$ ist.
Die Bevölkerungszahl nimmt mit der Zeit exponentiell ab, wenn $\gamma < \sigma$ ist.
Die Bevölkerungszahl verändert sich nicht, wenn $\gamma = \sigma$ ist.

Diese Alternativen sind in der Abb. 4.1 als die Fälle (1), (2) und (3) gezeigt.

Die bekannten Daten über die Entwicklung der Weltbevölkerung in den vergangenen 200 Jahren lassen den Schluss zu, dass die Annahmen eines zeitunabhängigen Geburten- und Sterbekoeffizienten nicht besonders gut sind: Die Anzahl der Erdbewohner ist schneller gestiegen als es die Entwicklungsgleichungen zulassen. Dies bedeutet sehr wahrscheinlich, dass der Sterbekoeffizient in diesem Zeitraum abgenommen hat, und zwar stärker abgenommen hat als sich der Geburtenkoeffizient verändert hat (dieser kann entweder zu- oder auch abnehmen). Im Mittel betrug der **Geburtenkoeffizient** während der letzten 200 Jahre

$$\gamma = 0{,}031\,\mathrm{a}^{-1} \tag{4.2}$$

und der **Sterbekoeffizient**

$$\sigma = 0{,}02\,\mathrm{a}^{-1}. \tag{4.3}$$

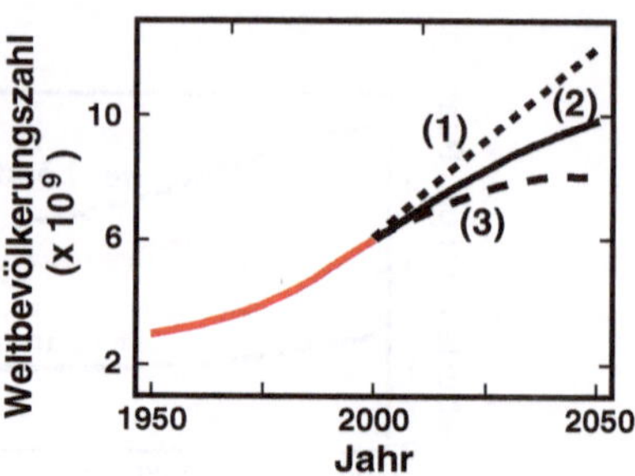

Abb. 4.3 Prognosen der UN für die Bevölkerungsentwicklung der Welt bis zum Jahr 2050. Die Prognosen (1), (2) und (3) unterscheiden sich in der Stärke, mit der die Geburten- und Sterbekoeffizienten auf die steigenden Bevölkerungszahlen reagieren

Das bedeutet, es ist $\gamma > \sigma$, die Weltbevölkerung hat also exponentiell zugenommen. Und so wird es in Zukunft weiter gehen, es gilt also der Fall (1) in Abb. 4.1, wenn sich Geburten- und Sterbekoeffizient nicht drastisch verändern.

Bei exponentieller Entwicklung erreicht die Bevölkerungszahl den Wert $n = \infty$ spätestens zur Zeit $t \to \infty$, unter Umständen aber auch schon früher, siehe Abschn. 4.1.1. Allerdings ist einsichtig, dass sich dieser Anstieg irgendwann, und wahrscheinlich sogar in nicht allzu ferner Zukunft, abschwächen muss. Der Grund ist, dass die **Erde** nur eine begrenzte Anzahl von Menschen versorgen kann. Diese **optimale Anzahl** bezeichnen wir mit n_E. Nähert sich die Bevölkerungszahl dieser Grenze, so wird sich der Geburtenkoeffizient abschwächen und der Sterbekoeffizient erhöhen, so dass entweder $\gamma = \sigma$ (Fall (3) in Abb. 4.1) oder $\gamma < \sigma$ (Fall (2) in Abb. 4.1) gilt. Die Veränderungen von γ und σ werden an die Bevölkerungszahlen gekoppelt sein. Dadurch entsteht ein **rückgekoppeltes System**, das zeitlich Schwankungen um die optimale Bevölkerungszahl n_E ausführt, siehe Abschn. 4.1.1.

Auch von den **Vereinten Nationen** (UN) werden laufend Modellrechnungen zur Entwicklung der Weltbevölkerung durchgeführt, die bis zum Jahr 2050 reichen. Das Ergebnis einer solchen Modellrechnung ist in Abb. 4.3 dargestellt. Dabei wurden Geburten und Sterbekoeffizienten angenommen, die sich während des betrachteten Zeitraums verändern.

In der Prognose (1) finden nur geringe Veränderungen statt und die Weltbevölkerung steigt in den nächsten 50 Jahren linear bis auf ca. 12 Milliarden Menschen an.

Bei einer etwas stärkeren Änderung, in Prognose (2) gezeigt, schwächt sich der Bevölkerungsanstieg langsam ab, hat aber selbst im Jahr 2050 das Maximum von über 10 Milliarden Menschen noch nicht erreicht.

Erst bei sehr starken Änderungen, wie in Prognose (3), erreicht die Weltbevölkerung etwa um das Jahr 2050 einen maximalen Wert von 8 Milliarden Menschen (und nimmt anschließend langsam ab).

Diese Prognosen sind sehr ähnlich zu denen, die wir im Abschn. 4.1.1 untersuchen werden, wobei die Mechanismen, die dieses Verhalten der Bevölkerungszahl verursachen, klar werden. Allerdings ist es eher unwahrscheinlich, dass die UN-Prognose (3) eintritt. Denn sie würde in Zukunft zu großen **sozialen Problemen** führen, da sich das Verhältnis von Menschen im Rentenalter zu den Menschen im arbeitsfähigen Alter stark erhöhen würde. Die Alternative, dass sich die Sterberate von Menschen im Rentenalter bis zum

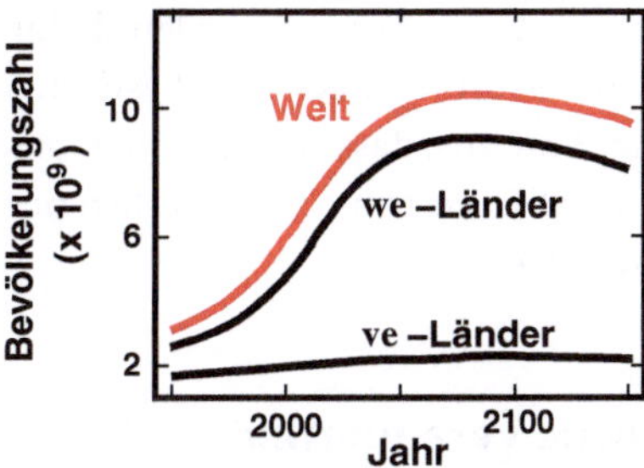

Abb. 4.4 Die Entwicklung der Weltbevölkerung bis zum Jahr 2150 nach den in diesem Kapitel diskutierten Modellrechnungen. Der Bevölkerungsanstieg ist in den heutigen *we*-Ländern wesentlich stärker als in den heutigen *ve*-Ländern, wobei für letztere die Einwanderung aus den *we*-Ländern eine große Rolle spielt

Jahr 2050 dramatisch erhöht, erscheint bei den Fortschritten in der Medizin wenig wahrscheinlich. Von diesem Standpunkt aus betrachtet, ist eine zu schnelle **Verlangsamung des Bevölkerungsanstiegs** gar nicht wünschenswert, obwohl man dies unter dem Aspekt der zukünftigen Energieversorgung wünschen würde.

Anhand unserer eigenen Modellrechnungen (beschrieben in den folgenden Abschnitten dieses Kapitels) gehen wir davon aus, dass die maximale Anzahl der Weltbevölkerung bei etwa 10 Milliarden Menschen liegen wird und dass dieses Maximum in der zweiten Hälfte des 21. Jahrhunderts erreicht wird. Dabei wird ein deutlicher Unterschied in den Bevölkerungszunahmen der *ve*- und *we*-Länder beobachtet:

> Nur in den *we*-**Ländern** werden die Bevölkerungszahlen bis zum Jahr 2050 weiter **ansteigen**, während sie sich in den *ve*-**Ländern** nur wenig **verändern**. Für den Bevölkerungsanstieg auf ca. 10 Milliarden Menschen zum Ende des 21. Jahrhunderts sind daher im Wesentlichen die *we*-Länder verantwortlich.

Diese Entwicklung der Bevölkerungszahlen ist in Abb. 4.4 gezeigt. Bei diesen Überlegungen ist berücksichtigt, dass es eine Bevölkerungswanderung von den *we*-Ländern in die *ve*-Länder geben wird, die überwiegend von den unterschiedlichen ökonomischen Verhältnissen in diesen Ländern angetrieben wird. Auf der anderen Seite wird die **Globalisierung der Volkswirtschaft** auf längere Sicht zu einer Angleichung der Lebensverhältnisse in allen Ländern führen und die Bevölkerungswanderung unterdrücken. Diese Entwicklung kann heute schon im Ansatz in den bevölkerungsreichsten Ländern China und Indien beobachtet werden (siehe Tab. 4.1).

Und schließlich werden an der **Einwanderung** aus den *we*- in die *ve*-Länder bevorzugt Menschen im arbeitsfähigen Alter teilnehmen. Dadurch werden auch die sozialen Probleme gemildert, die durch die Überalterung der Bevölkerung in den *ve*-Ländern eintreten können. Ähnliche Probleme in den *we*-Ländern werden dadurch aber nicht neu geschaffen, da diese ein viel stärkeres Bevölkerungswachstum besitzen. In dem Abschn. 4.1.1 gehen wir auf jeden Fall von der Annahme aus, dass sich die Alterspyramiden in den *ve*- und *we*-Ländern ab der Mitte des 21. Jahrhunderts nicht wesentlich unterscheiden werden. Dieser Trend ist in der Abb. 4.10 erkennbar.

4.1.1 P-Ebene: Die zeitliche Veränderung der Bevölkerungszahlen

Wir werden jetzt verschiedene Ansätze diskutieren, um die zukünftige Größe der Weltbevölkerung zu berechnen.

Das Bevölkerungsmodell 1

Wir wollen zunächst ein sehr einfaches **Modell** untersuchen, das zu einer Entwicklungsgleichung führt, die sich leicht lösen lässt. Solche Modelle sind, trotz ihrer Vereinfachungen, sehr nützlich, denn sie lassen die Bedeutung der Modellparameter erkennen und zeigen einen Weg, wie diese Parameter zu modifizieren sind, um sichere Prognosen zu erzielen.

Die zeitliche Veränderung der Anzahl $n(t)$ von Erdbewohnern wird bestimmt durch die (eigentlich vom Lebensalter abhängigen, hier aber als vom Lebensalter unabhängig angenommenen) Geburtenraten $G_m(t)$, $G_w(t)$ von Männern (m) und Frauen (w), und von den entsprechenden Sterberaten $S_m(t)$, $S_w(t)$. Wir vereinfachen das Problem nun ganz entscheidend, indem wir annehmen, dass die Anzahl von Männern und Frauen gleich ist

$$n_m(t) = n_w(t) = \frac{n(t)}{2}, \quad n_m(t) + n_w(t) = n(t) \tag{4.4}$$

und dass dasselbe auch für die Geburten- und Sterberaten gilt

$$\begin{aligned} G_m(t) &= G_w(t) = G(t) \\ S_m(t) &= S_w(t) = S(t). \end{aligned} \tag{4.5}$$

Die **Sterberaten** zur Zeit t sind proportional zu den Zahlen der zu diesem Zeitpunkt auf der Erde lebenden Männer und Frauen, also

$$S_m(t) = \sigma\, n_m(t), \quad S_w(t) = \sigma\, n_w(t). \tag{4.6}$$

Für die **Geburtenrate** liegt es nahe anzunehmen, dass diese proportional zu dem Produkt $n_m(t)\, n_w(t)$ ist. Grundlagen für diese Annahme sind, dass keine Kinder mehr geboren werden, wenn entweder $n_m(t) = 0$ oder $n_w(t) = 0$ gilt, dass aber die Anzahl der Kinder maximal wird, wenn $n_m(t) = n_w(t)$ gilt. Das Produkt, also die Parabelfunktion $X(x) = x\,(x_0 - x)$, ist die einfachste Funktion, die diese drei Bedingungen erfüllt. Wir setzen daher an

$$G_{\mathrm{m}}(t) = G_{\mathrm{w}}(t) = \gamma \, \frac{n_{\mathrm{m}}(t) \, n_{\mathrm{w}}(t)}{n_0/2}, \qquad (4.7)$$

wobei die Geburtenraten auf den Wert der Weltbevölkerung $n_0 = 6 \cdot 10^9$ Menschen im Jahr 2000 ($t = 0$) normiert sind. Die Einführung dieser Normierung ist angebracht, damit der Sterbekoeffizient σ und der Geburtenkoeffizient γ dieselbe Einheit besitzen, nämlich $[\gamma] = [\sigma] = \mathrm{a}^{-1}$. Die zeitliche Veränderung in der Anzahl der Männer bzw. der Frauen ergibt sich aus der Differenz zwischen den entsprechenden Geburten- und Sterberaten, also

$$\begin{aligned}
\frac{\mathrm{d}n_{\mathrm{m}}(t)}{\mathrm{d}t} &= G_{\mathrm{m}}(t) - S_{\mathrm{m}}(t) = \gamma \, \frac{n_{\mathrm{m}}(t) \, n_{\mathrm{w}}(t)}{n_0/2} - \sigma \, n_{\mathrm{m}}(t) \\
\frac{\mathrm{d}n_{\mathrm{w}}(t)}{\mathrm{d}t} &= G_{\mathrm{w}}(t) - S_{\mathrm{w}}(t) = \gamma \, \frac{n_{\mathrm{m}}(t) \, n_{\mathrm{w}}(t)}{n_0/2} - \sigma \, n_{\mathrm{w}}(t).
\end{aligned} \qquad (4.8)$$

In der Mathematik nennt man dies ein System von gekoppelten **Differentialgleichungen**, das sich allerdings leicht durch die Addition der beiden Gleichungen in (4.8) in eine einzige Differentialgleichung für das zeitliche Verhalten der gesamten Weltbevölkerung umformen lässt:

$$\frac{\mathrm{d}n(t)}{\mathrm{d}t} = \gamma \, \frac{n^2(t)}{n_0} - \sigma \, n(t). \qquad (4.9)$$

Differentialgleichungen sind die natürliche mathematische Form, um zeitliche Veränderungen einer Größe $X(t) = n(t)$ zu beschreiben. Die Form der Differentialgleichung legt die Form der Lösung samt ihrer Eigenschaften fest, wobei die freien Parameter (in unserem Fall σ und γ) durch die Daten von $n(t)$ in der Vergangenheit $t < 0$ festgelegt werden.

Die Differentialgleichung (4.9) hat die Lösung

$$n(t) = n_0 \, \frac{\sigma}{\gamma + (\sigma - \gamma) \, \exp(\sigma t)}, \qquad (4.10)$$

wobei $\exp(\sigma t)$ eine Exponentialfunktion in t mit dem Anstiegskoeffizienten σ beschreibt. Bevor wir die Werte von σ und γ festlegen, wollen wir die Eigenschaften dieser Lösung diskutieren.

- Für die Vergangenheit ($t \to -\infty$) erreicht die Lösung (4.10) den Wert

$$n(-\infty) = n_0 \, \frac{\sigma}{\gamma} > 0,$$

solange $\sigma > 0$ und $\gamma > 0$ gilt. Das bedeutet, die Entwicklung der Menschheit hat mit einer endlichen Anzahl von Menschen begonnen, was sicherlich nicht stimmt.

- Auf der anderen Seite divergiert die Lösung (4.10) zu der Zeit t_∞, zu der

$$\gamma + (\sigma - \gamma) \, \exp(\sigma \, t_\infty) = 0$$

ist. Die Zeit der Bevölkerungsdivergenz ergibt sich aus dieser Bedingung zu

$$t_\infty = \frac{1}{\sigma} \ln \frac{\gamma}{\gamma - \sigma}.$$

Daher ereignet sich diese Divergenz nur zu einer reellen Zeit, wenn $\gamma > \sigma$ ist. Für $\gamma = 0{,}031\,\mathrm{a}^{-1}$ und $\sigma = 0{,}02\,\mathrm{a}^{-1}$ (dies sind unsere Abschätzungen für die Werte von Geburten- und Sterbekoeffizient in den letzten 200 Jahren) ergibt sich eine Divergenzzeit

$$t_\infty = 52\,\mathrm{a}.$$

Das heißt, diese Modellrechnung sagt voraus, dass um das Jahr 2050 die Größe der Weltbevölkerung über alle Grenzen wachsen wird. Auch dies kann sicherlich nicht stimmen.

- Die Lösung (4.10) sagt allerdings auch voraus, dass $n(t) = n_0$ für alle Zeiten, wenn $\sigma = \gamma$ ist. Und dies ist eine vernünftige Voraussage, da Geburtenrate und Sterberate dann gleich groß sind. Allerdings ist sehr die Frage, ob und wann sich diese vollkommene Kompensation von zwei Raten wirklich einstellen wird.

Obwohl dieses Modell auf plausiblen Annahmen basiert, führt es zu unwahrscheinlichen Voraussagen. Wir haben es trotzdem diskutiert um zu erkennen, wo eigentlich der Fehler in den Annahmen steckt. Der Fehler liegt in dem Produktansatz (4.7), der nur dann richtig ist, wenn jeder Mann mit jeder Frau Kinder zeugt. Im Normalfall wird aber ein Mann nur mit einer Frau Kinder zeugen, weil Paare im Regelfall monogam sind. Das gilt nicht so für einige, auf engem Raum lebende Tierpopulationen, die sich in der Tat explosionsartig vermehren können, wenn der Populationsanstieg nicht durch andere Faktoren (wie zum Beispiel ein begrenztes Nahrungsangebot) begrenzt wird.

Für die Menschheit ist es sicherlich viel realistischer, die Geburtenrate proportional zur Anzahl der Paare $n(t)/2$ anzunehmen, das heißt (4.7) zu ersetzen durch

$$G_\mathrm{m}(t) = G_\mathrm{w}(t) = \gamma \frac{n(t)}{2} = \gamma\, n_\mathrm{m}(t) = \gamma\, n_\mathrm{w}(t). \tag{4.11}$$

Dies führt anstelle von (4.9) zu der **Differentialgleichung**

$$\frac{\mathrm{d}n(t)}{\mathrm{d}t} = \gamma\, n(t) - \sigma\, n(t) = (\gamma - \sigma)\, n(t), \tag{4.12}$$

die eine einfache exponentielle Lösung besitzt:

$$n(t) = n_0 \exp\big((\gamma - \sigma)\, t\big). \tag{4.13}$$

In der Abb. 4.5 werden die beiden Lösungen (4.10) und (4.13) verglichen mit den Daten zur Bevölkerungsentwicklung während der letzten 200 Jahre. Diese Entwicklung lässt

Abb. 4.5 Die Entwicklung der
Weltbevölkerung in den letzten
200 Jahren und der Fit an diese
Daten mit der Lösung (4.10)
(*gestrichelte Kurve*) und mit
der Lösung (4.13) (*ausgezogene
Linie*) unter Verwendung der
angegebenen Werte für den
Geburtenkoeffizienten γ und
den Sterbekoeffizienten σ

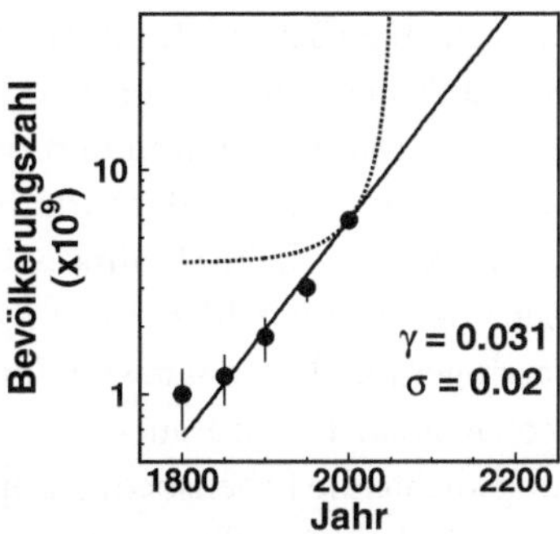

sich durch die Lösung (4.13) recht gut beschreiben, wenn man für den Sterbe- bzw. den Geburtenkoeffizienten Werte von $\sigma = 0{,}02 \pm 0{,}002\,\mathrm{a}^{-1}$ bzw. $\gamma = 0{,}031 \pm 0{,}0023\,\mathrm{a}^{-1}$ verwendet. Die angegebenen Fehler beziehen sich allein auf die statistischen **Unsicherheiten** der Bevölkerungszahlen, sie erlauben keine Aussage darüber, wie gut die Lösung (4.13) die Entwicklung der Bevölkerungszahlen wirklich beschreibt. Die Abb. 4.5 lässt allerdings deutlich erkennen, dass diese Lösung viel näher an der Entwicklung liegt als die Lösung (4.10), die total daneben liegt. Man kann versuchen, die Qualität der mathematischen Anpassung an die Daten dadurch zu erhöhen, dass als Anpassungsfunktion die „**Wachstumsfunktion**" verwendet wird. Mit den Eigenschaften der Wachstumsfunktion werden wir uns in Abschn. 5.6.1 beschäftigen. Es erscheint mir aus prinzipiellen Gründen aber nicht angebracht, die Wachstumsfunktion zur Beschreibung der Bevölkerungsentwicklung zu verwenden, da sie die Entwicklung eines Systems zwischen zwei festen und vom System selbst unabhängigen Grenzen beschreibt. Die Menschheit entspricht dagegen einem sich selbst reproduzierenden System, dessen Entwicklung nicht durch feste Grenzen beschränkt ist, sondern das sich seine Grenzen selbst sucht. Solche Systeme entsprechen **rückgekoppelten Systemen** und wir werden ein derartiges System in dem nächsten Abschnitt untersuchen.

Die oben angegebenen Werte von σ und γ sind Mittelwerte, die mit den Bevölkerungszahlen selbst gewichtet sind. In der Abb. 4.2 entsprechen diese Werte etwa dem Lebensalter und der Anzahl der Lebendgeburten für das Jahr 1950. Das bedeutet, im Mittel haben über einen Jahreszeitraum von 1800 bis 2000 etwa 6 Milliarden Paare je Paar 3,1 Kinder zu erwachsenen Menschen erzogen und jedes der Paare hatte eine Lebenserwartung von 50 Jahren.

Das Bevölkerungsmodell 2

Mit einem sehr einfachen **Modell** kann man daher mathematisch zeigen, dass die Weltbevölkerung exponentiell zunehmen sollte, ihre Anzahl also immer weiter ansteigt, ohne dass je eine obere Grenze erreicht wird. Aber allein schon die Tatsache, dass die Landfläche der **Erde** begrenzt ist, zeigt, dass dieses Modell ab einer gewissen Größe n_E der Weltbevölkerung nicht mehr realistisch sein kann. Wie groß der Wert dieser **optimalen Bevölkerungszahl** auf der Erde ist, das kann zur Zeit nur geschätzt werden. Übersteigt die tatsächliche Bevölkerungszahl n den Wert n_E, dann werden in dem abgeschlossenen System Erde Mechanismen einsetzen, die einen weiteren Anstieg der Weltbevölkerung verhindern. Diese Mechanismen müssen auf den Geburtenkoeffizient und den Sterbekoeffizient wirken, γ wird sich also verkleinern und/oder σ vergrößern. Unter den heutigen gesellschaftlichen Bedingungen und bei der fortschreitenden Entwicklung in der Medizin ist davon auszugehen, dass mit hoher Wahrscheinlichkeit der erste Fall eintreten wird: Es wird mehr und mehr der Anreiz fehlen, neue Kinder zu zeugen, wenn dies gleich bedeutend mit einer Verringerung des **Lebensstandards** ist. Dieser Trend ist bereits heute in den *ve*-Ländern beobachtbar. Er wird auch in den *we*-Ländern einsetzen, wenn bei zu großer Bevölkerungsdichte die Lebensbedingungen unerträglich und bei entsprechendem Bildungsstand die Gründe dafür offensichtlich werden.

Durch diesen Mechanismus wird der Geburtenkoeffizient abhängig vom Bevölkerungsüberschuss $n - n_\mathrm{E}$ und wir setzen an

$$\gamma = \left(1 - r\,\frac{n - n_\mathrm{E}}{n_\mathrm{E}}\right) g, \tag{4.14}$$

während wir einen weiterhin von der Bevölkerungszahl unabhängigen Sterbekoeffizienten voraussetzen:

$$\sigma = s = \text{konst.} \tag{4.15}$$

Der Parameter g in (4.14) gibt den Wert des Geburtenkoeffizienten an, der Parameter r legt fest, wie stark der Einfluss des Bevölkerungsüberschusses auf den Geburtenkoeffizienten ist. Da die Stärke des Einflusses nicht bekannt ist, werden wir drei Fälle untersuchen:

1. Ist $r = 0$, so ist kein Einfluss vorhanden.
2. Ist $r = 0,2$, so ist der Einfluss vorhanden, aber er ist nur schwach.
3. Ist $r = 1$, so ist der Einfluss auf den Geburtenkoeffizienten sehr stark.

Bei den Gleichungen (4.14) und (4.15) wird weiterhin angenommen, das Geburten- und Sterbekoeffizient unabhängig vom **Lebensalter** sind. Von dieser Annahme wollen wir uns jetzt trennen und zulassen, dass beide Koeffizienten auch vom Lebensalter eines Menschen abhängen. Denn im Regelfall werden Kinder nur von jungen Menschen geboren und der Tod trifft überwiegend alte Menschen. Durch das Lebensalter wird eine zweite Zeitskala τ (das Menschenalter) in das mathematische Modell zur Bevölkerungsentwicklung eingeführt, die vom Bevölkerungsalter (bisher durch die Variable t gekennzeichnet) zu unterscheiden ist. Außerdem werden die zu (4.12) äquivalenten Differentialgleichungen in den Variablen t und τ so kompliziert, dass sie nicht mehr allgemein lösbar sind, sondern numerisch gelöst werden müssen. **Numerische Verfahren** erfordern immer eine Digitalisierung der Variablen. Das bedeutet, aus der Größe X, die von den kontinuierlich veränderlichen Variablen t und τ abhängt, werden die diskreten Größen X_i und X_j bzw. X_k, wobei der Index i die Zeit t und die Indizes j bzw. k die Zeit τ zu zwei verschiedenen Zeitpunkten spezifizieren. In der digitalisierten Form lauten (4.14) und (4.15) zum Beispiel

Abb. 4.6 Die Abhängigkeit des Geburtenkoeffizienten g_j und des Sterbekoeffizienten s_j vom Lebensalter, das in Dekaden j digitalisiert ist

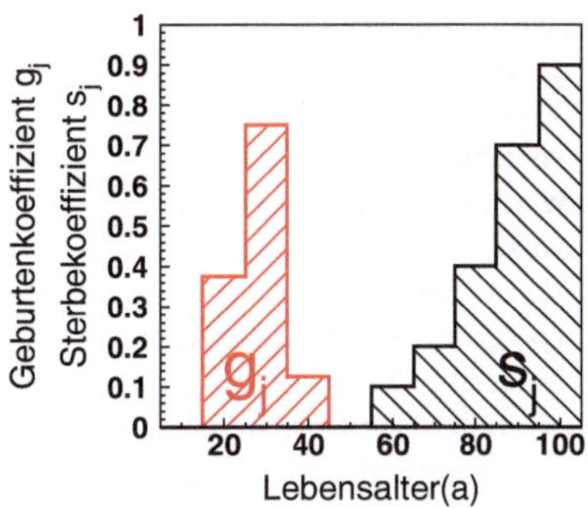

für den Geburtenkoeffizient

$$\gamma_{i,j} = \left(1 - r \, \frac{n_i - n_{\mathrm{E}}}{n_{\mathrm{E}}}\right) g_j, \tag{4.16}$$

und für den Sterbekoeffizienten

$$\sigma_j = s_j. \tag{4.17}$$

Die Gesamtbevölkerungszahl n_i ergibt sich aus der Summe über alle Lebensalter

$$n_i = \sum_j n_{i,j}. \tag{4.18}$$

Für die Entwicklung der Weltbevölkerung in Abhängigkeit von der Zeit und dem Lebensalter ergeben sich die numerischen Entwicklungsgleichungen

$$\begin{aligned} n_{i+1,j+1} &= \left(1 - \sigma_j\right) n_{i,j} \\ n_{i+1,1} &= \sum_j \gamma_{i,j} \sum_k n_{j,k}^{(i)} \quad \text{mit} \quad n_{j,k}^{(i)} = \min\left(n_{i,j}, n_{i,k}\right). \end{aligned} \tag{4.19}$$

Die obere Hälfte des Gleichungssystems (4.19) beschreibt die Abnahme der Bevölkerungszahl durch die Sterbefälle, die untere Hälfte die Zunahme durch die Geburten. Da die Geburten ein Elternpaar erfordern, muss für jedes Lebensalter j die Anzahl der möglichen Ehepartner gesucht werden.

Für die vom Lebensalter abhängigen **Geburten**- und **Sterbekoeffizienten** nehmen wir Verteilungen g_j und s_j an, die in Abb. 4.6 gezeigt sind. Für die Digitalisierung j und auch i benutzen wir eine Zeitskala, die in Dekaden (= 10 Jahre) eingeteilt ist. Die Verteilung g_j ist so konstruiert, dass in Zukunft alle Elternpaare auf der Welt im Mittel 2,5 Kinder zwischen dem 15. und 45. Lebensjahr zeugen. Die Verteilung s_j entspricht einem mittleren Lebensalter jedes Ehepartners von 77 Jahren, wobei die untere Lebensgrenze bei 55 und die obere Lebensgrenze bei 105 Jahren liegt. Aus diesen Zahlen lässt sich berechnen, dass für die mittleren Geburten- und Sterbekoeffizienten gilt

$$\langle \gamma \rangle > \langle \sigma \rangle.$$

Abb. 4.7 Die Entwicklung der Weltbevölkerung bis zum Jahr 2200 ohne Einfluss durch die Bevölkerungszahl (*1*), beim schwachem Einfluss durch die Bevölkerungszahl (*2*) und bei starkem Einfluss durch die Bevölkerungszahl (*3*). Die Darstellung ist halblogarithmisch, die Gerade (*1*) entspricht daher einem exponentiellen Anstieg der Weltbevölkerungszahl

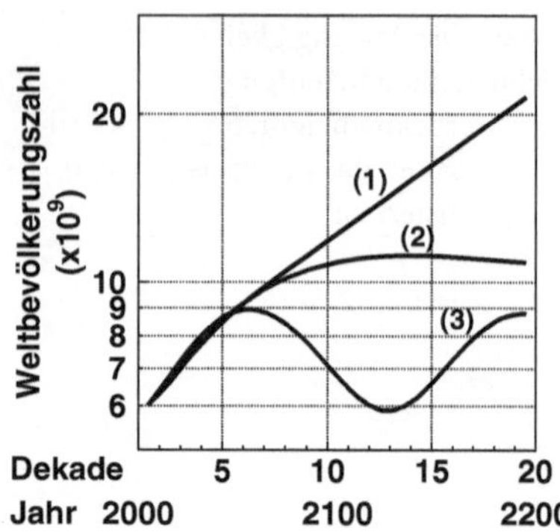

Das bedeutet, auch in diesem Modell würde die Zahl der Weltbevölkerung exponentiell ansteigen und über alle Grenzen wachsen, wenn nicht die Gegenkopplung durch die Bevölkerungszahl in (4.16), ausgedrückt durch den Gegenkopplungsparameter r, dies verhinderte.

Um die Entwicklungsgleichungen (4.19) zu lösen, muss für die 1. Dekade $i = 1$ die **Bevölkerungspyramide** $n_{1,j}$ vorgegeben werden und es muss die optimale Bevölkerungszahl n_E festgelegt werden. Wir gehen von einer Zahl $n_E = 7 \cdot 10^9$ (7 Milliarden Menschen) aus und beginnen die Berechnung im Jahr 2010 mit einer dreiecksförmigen Bevölkerungspyramide, wie sie in Abb. 4.8 für das Jahr 2010 gezeigt ist. Diese Pyramide repräsentiert die gesamte Weltbevölkerung mit einer Mehrzahl von jungen Menschen und mit einer gleichen Anzahl von Frauen und Männern. Daher ist die Form der Bevölkerungspyramide zu allen Zeiten symmetrisch um die Bevölkerungszahl $n_{i,j} = 0$.

In der Abb. 4.7 ist zunächst gezeigt, wie sich nach diesem Modell die Weltbevölkerung in den nächsten 200 Jahren entwickeln wird. Dabei unterscheiden sich die Ergebnisse, wie erwartet, von der Stärke der Gegenkopplung. Ist diese nicht vorhanden (Fall (1): $r = 0$), steigt die Weltbevölkerung exponentiell und erreicht im Jahr 2200 eine Größe von über 20 Milliarden Menschen. Der Fall (1) wird, so ist anzunehmen, nicht eintreten.

Bei einer schwachen Gegenkopplung (Fall (2): $r = 0{,}2$) steigt die Weltbevölkerung zunächst bis in die 2. Hälfte des 21. Jahrhunderts etwa exponentiell an und erreicht in der Mitte des 22. Jahrhunderts eine maximale Größe von ca. 11 Milliarden Menschen. Von dann an würde die Größe der Weltbevölkerung langsam wieder abnehmen. Der Wechsel von einer Bevölkerungszunahme zu einer Bevölkerungsabnahme setzt bei der starken Gegenkopplung (Fall (3): $r = 1$) viel früher ein und zwar bereits kurz nach der Mitte des 21. Jahrhunderts. Von dann ab oszilliert die Bevölkerungszahl mit einer Periode von ca. 150 Jahren um ihren optimalen Wert n_E. Solche Oszillationen bilden das typische Verhalten von **gegengekoppelten Systemen**, allerdings erscheint die Periode von 150 Jahren viel zu kurz. Wahrscheinlich wird daher der Gegenkopplungsparameter in dem Wertebereich $0{,}2 < r < 1$ liegen. Daraus folgt, dass die Weltbevölkerung gegen Ende des 21. Jahrhunderts einen maximalen Wert von etwa 10 Milliarden Menschen erreichen wird, um anschließend langsam wieder abzunehmen.

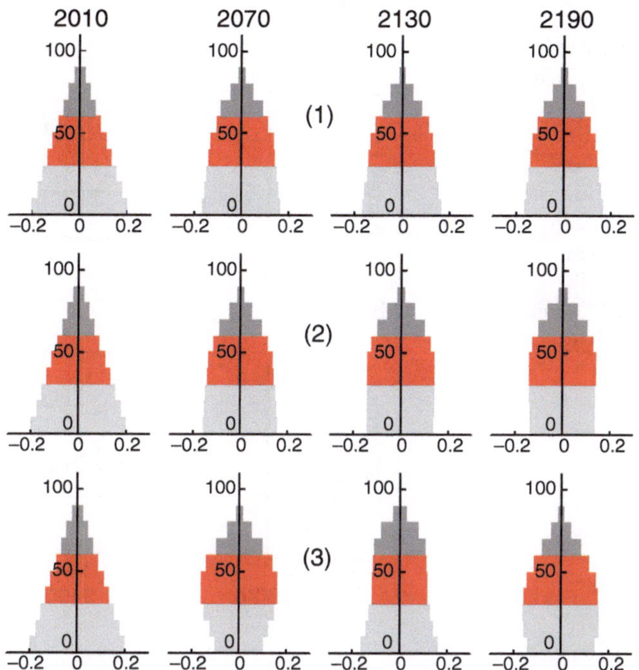

Abb. 4.8 Die nach (4.19) berechneten Bevölkerungspyramiden in den Jahren 2010, 2070, 2130 und 2190. Die Rechnungen wurden für den Koeffizienten der Gegenkopplung $r = 0$ (*1*), $r = 0,2$ (*2*) und $r = 1$ (*3*) durchgeführt. Da die Anzahlen der Frauen und der Männer gleich sind, sind die Bevölkerungspyramiden symmetrisch zur vertikalen Achse. Man beachte, dass bei der starken Kopplung (*3*) die Alterspyramiden zu bestimmten Zeiten ausgeprägte „Bäuche" zeigen. Deren Entstehung ist unvermeidbar, wenn die Bevölkerungszahl noch im Laufe des 21. Jahrhunderts wieder abnehmen soll

Die Abb. 4.7 macht auch deutlich, dass der Übergang von der exponentiellen **Entwicklung** (in dem wir uns heute noch befinden) in eine begrenzte Entwicklung nach (4.19) keineswegs sofort einsetzt, sondern mit einer Zeitverzögerung von ca. 75 Jahren erfolgt. Dies entspricht der mittleren Lebenserwartung von 77 Jahren. Die zeitlichen Verzögerungen sind durchaus verständlich, da die Anzahl der Geburten in einem bestimmten Jahr die Bevölkerungszahlen für die nächsten 77 Jahre bestimmt. Natürliche Veränderungen in der Bevölkerungsentwicklung werden immer erst mit dieser Verzögerung wirksam. Die Rigidität der Bevölkerungszahlen gegen natürliche Einflüsse wird oft übersehen. Aber es ist so, dass die heutige Bevölkerungsstruktur die Bevölkerungsentwicklung bis in die Mitte des 21. Jahrhunderts praktisch festlegt. Man kann dies auch anhand der **Bevölkerungspyramiden** erkennen, die für die drei betrachteten Fälle der Gegenkopplung in Abständen von je 60 Jahren in Abb. 4.8 gezeigt sind. Diese Pyramiden sind so normiert, dass die Gesamtanzahl der Frauen bzw. der Männer immer 1 beträgt. Im Wesentlichen unterscheiden sich die Pyramiden im Jahr 2070 durch die Anzahl junger Menschen, denn allein die Ge-

Abb. 4.9 Die Entwicklung der jährlichen Geburten (**a**) und des Verhältnisses zwischen Menschen im Berufsalter zu denen im Rentenalter (**b**). Im Fall (*1*) geschehen diese Entwicklungen ohne Einfluss durch die Bevölkerungszahl, im Fall (*2*) bei schwachem Einfluss durch die Bevölkerungszahl und im Fall (*3*) bei starkem Einfluss durch die Bevölkerungszahl

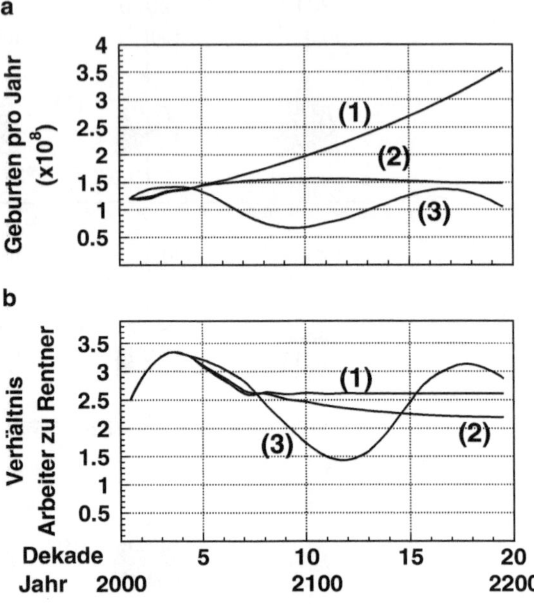

burtenrate wird von der Gegenkopplung an die Bevölkerungszahl beeinflusst. Daher ist in der oberen Hälfte der Abb. 4.9 die Gesamtzahl der jährlichen Geburten bis zum Jahr 2200 für jeden der drei Werte des Kopplungsparameters *r* gezeigt. Die **Geburtenzahlen** verhalten sich ähnlich wie die Bevölkerungszahlen in Abb. 4.7: Sie oszillieren um einen mittleren Wert, wenn der Geburtenkoeffizient an die Bevölkerungszahl gekoppelt ist. Man beachte aber, dass zwischen beiden Oszillationen eine Phasenverschiebung von etwa der Hälfte des mittleren Lebensalters auftritt.

Für das Entstehen **sozialer Probleme** aufgrund der Bevölkerungsentwicklung ist entscheidend, wie groß das Verhältnis von Menschen im arbeitsfähigen Alter zu denen im Rentenalter ist. Wir nehmen an, dass alle Menschen im Alter zwischen 30 und 60 Jahren einen Beruf ausüben, ältere Menschen dagegen eine Rente beziehen. Diese muss dann von den berufsfähigen Menschen aufgebracht werden. Die zeitliche Entwicklung dieses Verhältnisses unter Berücksichtigung der angenommenen Kopplungen an die Bevölkerungszahlen ist in der unteren Hälfte der Abb. 4.9 gezeigt. Nur wenn die Kopplung nicht vorhanden ist, die Bevölkerungszahl also exponentiell anwächst, ist dieses Verhältnis konstant und liegt in unserem Modell bei 2,5: Von den in einem Beruf Tätigen müssen je 2,5 Menschen einen Rentner unterstützen[2]. Soll die Bevölkerungszahl in Zukunft nicht exponentiell zunehmen, ist also die Kopplung an die Bevölkerungszahl vorhanden, so muss dieses Verhältnis im Laufe des 21. Jahrhunderts stetig abnehmen. Es erreicht bei einer starken Kopplung am Ende des 21. Jahrhunderts einen Wert 1,5 , was sicherlich zu großen Pro-

---

[2] Man beachte, dass angenommen wurde, dass *alle* Menschen im berufsfähigen Alter auch wirklich arbeiten.

blemen in der Versorgung alter Menschen führen wird. Auch aus diesem Grund scheint es uns wenig wahrscheinlich, dass der Fall (3) eine realistische Beschreibung der zukünftigen Entwicklungen darstellt. Aber selbst bei unserer Annahme, dass die Anzahl der Menschen bis zum Ende des 21. Jahrhunderts eine Größe von $10 \cdot 10^9$ erreicht hat, zeigen unsere Modellrechnungen, dass die **Versorgung** der Über-60-jährigen eine gewaltige Aufgabe ist, die wahrscheinlich nur durch eine Erhöhung der Altersgrenze für die Berufsfähigkeit zu lösen sein wird.[3]

Die Bevölkerungswanderung

Die **Bevölkerungswanderung** von den *we-* in die *ve*-Länder existiert, die wichtige Frage ist aber, ob diese Wanderbewegung solche Ausmaße annehmen wird, dass sie die in der Abb. 4.4 gezeigten Prognosen über die zukünftige Entwicklung der Weltbevölkerungzahlen entscheidend verändern. Wir glauben dies nicht, und zwar aus mehreren Gründen:

- Die *ve*-Länder, die überwiegend demokratische Verfassungen besitzen, werden ihre Einwanderungspolitik restriktiv handhaben. Dies erhöht für eine Regierung die Chance, bei der nächsten Wahl wiedergewählt zu werden.
- Die stärkste Kraft, die die Wanderbewegung antreibt, wird verursacht durch die unterschiedlichen Lebensbedingungen in den *we-* und *ve*-Ländern. Wir gehen aber davon aus, dass dieser Unterschied in Zukunft immer geringer wird und damit auch das Motiv entfällt, in die *ve*-Länder einzuwandern.
- Und schließlich weisen die Daten und ihre Extrapolation in die Zukunft darauf hin, dass die Migration zwischen *we-* und *ve*-Länder abnehmen wird. Damit wollen wir uns näher befassen.

Zur Vereinfachung benutzen wir als Ausgangspunkt das Bevölkerungsmodell 1 (Abschn. 4.1.1), das durch einen Term erweitert werden muss, der die Migration beschreibt. Da die Migration zwischen den *we-* und *ve*-Ländern stattfindet, muss die Entwicklungsgleichung (4.12) für beide Länderklassen separat aufgestellt werden:

$$\frac{dn_{ve}(t)}{dt} = (\gamma_{ve} - \sigma_{ve})\, n_{ve}(t) + M(\ldots)$$
$$\frac{dn_{we}(t)}{dt} = (\gamma_{we} - \sigma_{we})\, n_{we}(t) - M(\ldots). \tag{4.20}$$

Der Migrationsterm $M(\ldots)$ verkoppelt diese beiden Differentialgleichungen. Dabei bedeuten die Punkte in $M(\ldots)$, dass der Migrationsterm von vielen Größen abhängen kann, von

---

[3] Dabei wird übersehen, dass auch die Basis der Alterspyramide, also die Jugend, alimentiert werden muss. Fasst man beide Gruppen, die Basis und die Spitze der Alterspyramide zusammen, so verändert sich das Verhältnis zwischen nicht-arbeitenden und arbeitenden Bevölkerungsgruppen auch in Zukunft nur wenig. Der Unterschied ist aber, dass die Alimentation der Basis im Wesentlichen als private Aufgabe angesehen wird, die Alimentation der Spitze aber als staatliche Aufgabe. Im Prinzip spräche nichts dagegen, diese Aufgabenstellungen zu vertauschen und die Probleme der Alimentation wären ganz anders.

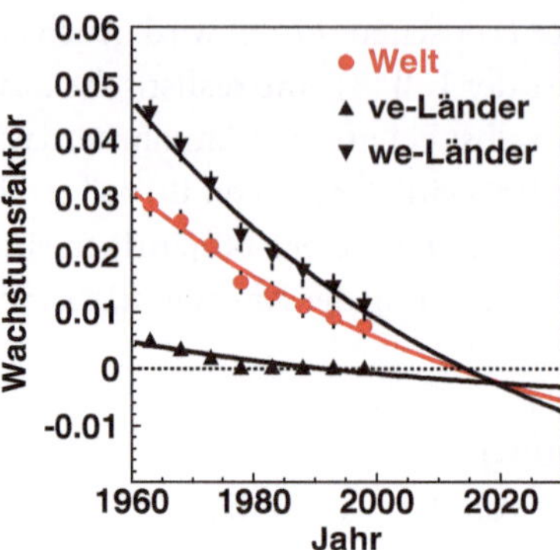

Abb. 4.10 Die zeitliche Veränderung des Entwicklungsparameters w seit dem Jahr 1960 in den *ve*-Ländern, den *we*-Ländern und der Welt insgesamt. Die Kurven entsprechen exponentiellen Anpassungen an die Datenpunkte, sie besitzen einen gemeinsamen Schnittpunkt in der Nähe des Jahrs 2020, von dem ab die weitere Entwicklung einheitlich erfolgen sollte

denen einige wichtig und andere weniger wichtig sind. Wir werden uns mit diesem Problem gleich weiter beschäftigen.

Zunächst einmal zeigt die Struktur von (4.20), dass sich diese entkoppeln lassen, wenn

$$w_{\mathrm{ve}} = (\gamma_{\mathrm{ve}} - \sigma_{\mathrm{ve}}) = (\gamma_{\mathrm{we}} - \sigma_{\mathrm{we}}) = w_{\mathrm{we}} \tag{4.21}$$

gilt. Die **Entwicklungsparameter** w_{ve} und w_{we} müssen in beiden Länderklassen also gleich sein, damit (4.20) die Entwicklung der Weltbevölkerung $n(t) = n_{\mathrm{ve}}(t) + n_{\mathrm{we}}(t) \propto n_{\mathrm{ve}}(t)$ beschreiben und zwar unabhängig davon, wie stark die Migration wirklich ist. Zur Zeit besteht zwischen den Entwicklungsparametern in den *ve*- und *we*-Ländern ein großer Unterschied, wie in Abb. 4.10 gezeigt. Aber ihre zeitliche Veränderung ist so, dass ihre Extrapolation in die Zukunft voraussagt, dass sich die Entwicklungsparameter um das Jahr 2020 angeglichen haben. Interessant ist, dass zu diesem Zeitpunkt die Entwicklungsparameter einen schwach negativen Wert besitzen. Das wäre so zu interpretieren, dass das Anwachsen der Weltbevölkerung von dann ab geringer wird. Aber eine wirkliche Abnahme der Anzahl von Menschen findet erst nach der Verzögerungszeit von ca. 75 Jahren statt, also zum Ende des 21. Jahrhunderts, wie wir es schon immer angenommen hatten.

Welche Form wird der Migrationsterm $M(\dots)$ haben, von welchen Parametern wird er abhängen? Die einfachste und naheliegendste Annahme ist die, dass er von dem Bevölkerungsunterschied $(n_{\mathrm{we}} - n_{\mathrm{ve}})$ abhängt, also

$$M(\mathrm{we}, \mathrm{ve}) = \mu \, (n_{\mathrm{we}} - n_{\mathrm{ve}}) \tag{4.22}$$

gilt. Da bereits heute das Verhältnis der Population $n_{\mathrm{we}}/n_{\mathrm{ve}} \approx 3$ ist, ohne dass es zu einer merklichen Bevölkerungswanderung gekommen ist, muss der Proportionalitätsfaktor μ

entsprechend klein sein. Daher kann angenommen werden, dass auch in Zukunft die starken Unterschiede in den Bevölkerungszahlen zwischen *we*- und *ve*-Ländern nicht durch die Migration reduziert werden.

Gegen diese Argumentation kann Folgendes eingewendet werden:

- Die Migration setzt erst dann stark ein, wenn der Unterschied $(n_{we} - n_{ve})$ einen Schwellenwert überschreitet, der bis heute noch nicht erreicht wurde. Dies ist jedoch reine Spekulation, die von keinen gesicherten Tatsachen unterstützt wird.
- Die unterschiedlichen Lebensbedingen in den *ve*- und *we*-Ländern sind hauptsächlich verantwortlich für die Migration und dies wird in dem Ansatz (4.22) nicht berücksichtigt. Dazu müssten dieser Term und die Differentialgleichungen (4.20) mit den Parametern BIP_{we} und BIP_{ve} erweitert werden, was dieses einfache Modell unverhältnismäßig kompliziert. Wir beschäftigen uns ohnehin im nächsten Kapitel mit den Entwicklungen der Bruttoinlandprodukte mit der Hoffnung, dass sie sich angleichen werden und damit als Grund für die Migration an Bedeutung verlieren.
- Auch die Migration ist abhängig vom Lebensalter: Es werden überwiegend junge Menschen im arbeitsfähigen Alter von den *we*- in die *ve*-Länder einwandern. Dieser Effekt ist jedoch erwünscht, da er hilft, die Probleme der *ve*-Länder zu lösen, ohne die *we*-Länder unangemessen zu belasten. Wir nehmen an, dass diese Migration in der zeitlichen Entwicklung der Bevölkerungszahlen, wie sie in Abb. 4.4 dargestellt ist, berücksichtigt wurde.

Die in dieser Abbildung gezeigten Entwicklungen bilden die Grundlage für die Berechnung des zukünftigen Energiebedarfs in der Welt. Trotz der aufgezeigten Mängel ist diese Grundlage hinreichend plausibel, zumal der nächste Schritt, nämlich die Voraussage über die Entwicklung der Bruttoinlandprodukte, mehr Unsicherheiten aufweist.

4.2   Die Entwicklung des Bruttoinlandprodukts

Das **normierte Bruttoinlandprodukt** $\widetilde{BIP}$, also das Bruttoinlandprodukt pro Kopf der Bevölkerung, ist ein Maß für die **wirtschaftliche Leistungsfähigkeit** eines Lands. Ziel eines jeden Lands ist es, seine wirtschaftliche Leistungsfähigkeit $\widetilde{BIP}$ zu steigern, also ein positives wirtschaftliches Wachstum $\delta\widetilde{BIP}$ zu erzielen. Es gilt die Definition: Das **Wachstum** δX einer Größe X bezeichnet deren relative Änderung, i.e. $\delta X = \Delta X / X$.

Im Abschn. 3.2 haben wir gesehen, dass sich zu Beginn des 21. Jahrhunderts die normierten Bruttoinlandprodukte von *ve*- und *we*-Ländern noch um einen Faktor 20 unterschieden. Für die zukünftige Entwicklung der Menschheit ist dieser gewaltige Unterschied nicht hinnehmbar: Er verursacht Konflikte, unter denen nicht nur die *we*-Länder, sondern auch die *ve*-Länder leiden werden. Daher muss eine Angleichung stattfinden. Die Frage ist eher, ob diese Angleichung mit der verfügbaren Primärenergie möglich ist und wie schnell sie erfolgen kann.

Abb. 4.11 Die wirtschaftliche
Entwicklung in Deutschland
(*schwarz*) und den USA (*rot*)
zu Zeiten der Depression, der
Rezession und der Finanzkrise

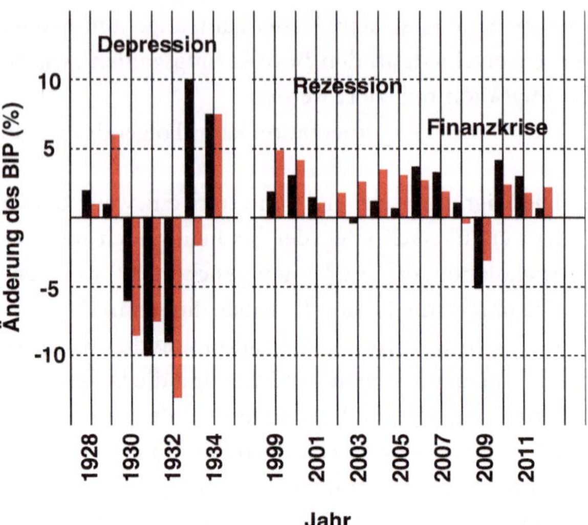

Es ist sinnvoll sich anzuschauen, welche Auswirkung das tatsächliche Wachstum des
Bruttoinlandprodukts in der Vergangenheit auf die Gesamtentwicklung eines Lands hatte.
Dazu betrachten wir in der Abb. 4.11 das wirtschaftliche Wachstum in den **USA** und in
Deutschland zu zwei wirtschaftlich kritischen Zeiten. Einmal zur Zeit der **Depression** von
1928 bis 1934, und dann zu Zeiten nach 1999, die von einer **Rezession** und der **Finanzkrise**
geprägt waren. In der Zeit der Depression folgten 3 bzw. 4 Jahre aufeinander, in denen
das Wachstum in Deutschland bzw. den USA negativ war. Diese Jahre waren verbunden
mit einem Heer von Arbeitslosen und einem allgemeinen Rückgang der wirtschaftlichen
Tätigkeiten, die in Deutschland wenigstens zum Teil auch dafür verantwortlich waren, dass
das „3. Reich" entstehen konnte. Es ist sicherlich nicht vermessen zu fordern, dass sich
derartige Entwicklungen in Zukunft nicht wiederholen dürfen.

Aber auch der Beginn des 21. Jahrhunderts war, wirtschaftlich gesehen, eine schwierige
Zeit. Insbesondere die Finanzkrise, während der das Wachstum in Deutschland und den
USA wiederum negative Werte erreichte, hatte starke Auswirkungen auf die Wirtschaft in
den *ve*-Ländern bis in das Jahr 2012 hinein. Die USA haben versucht, mit fiskalischen Maßnahmen gegenzusteuern, ohne viel Erfolg. Denn positives Wachstum lässt sich, anstelle von
billigem Geld, besser erreichen mit einem besseren Angebot von Primärenergie – wie wir
bald erkennen werden.

Betrachten wir jetzt das Wachstum in den bevölkerungsreichsten *we*-Ländern, **China**
und **Indien**, das in der Tab. 4.1 gezeigt ist. Die angegebenen Werte sind Mittelwerte von
δBIP über jeweils 5 konsekutive Jahre. Angemessen wäre eigentlich, die Werte von $\widetilde{\delta BIP}$
anzugeben, denn während der betrachteten Zeit, und im Gegensatz zu den *ve*-Ländern,
haben die Bevölkerungszahlen n in China und Indien zugenommen. Für kleine δBIP und
δn gilt näherungsweise:

$$\widetilde{\delta BIP} = \delta BIP - \delta n.$$

Tab. 4.1 Das Wachstum der Bruttoinlandprodukte von China und Indien seit 1985, gemittelt über je eine halbe Dekade in der Dekade seit 1992

	1985	1990	1995	2000	2005	2010
China	12,0 %	8,5 %	11,5 %	8,2 %	11,7 %	9,3 %
Indien	5,0 %	5,5 %	6,1 %	5,5 %	8,8 %	6,5 %

Das bedeutet, dass ein positives δBIP bei starkem Bevölkerungswachstum δn u. U. in ein negatives $\delta\widetilde{BIP}$ verwandelt wird und die Wirtschaftsleistung in beiden we-Ländern tatsächlich gesunken ist.

Dieser Trend ist auch in der Abb. 4.11 erkennbar und insbesondere aus den Daten der Weltbank für die Weltwirtschaft ergibt sich, dass das globale δBIP seit 1960 langsam abgenommen hat, und zwar jährlich um $\mathrm{d}(\delta BIP)/\mathrm{d}t = -0,00055\,\mathrm{a}^{-1}$. Wird dieser Trend linear in die Zukunft extrapoliert, so würde die Weltwirtschaft um das Jahr 2090 Nullwachstum erreichen. Dies ist natürlich nur eine Hypothese, denn es könnte auch gelingen, den Abwärtstrend zu stoppen. Die Unsicherheit ist der Anlass, die zukünftige Wirtschaftsentwicklung in alternativen Szenarien zu untersuchen.

Dies sind die Prämissen für 3 verschiedene **Prognosen**, in deren Rahmen das Wachstum $\delta\widetilde{BIP}$ von ve- und we-Länder berechnet wird:

- Zu Beginn des 21. Jahrhunderts betrugen $\delta\widetilde{BIP}_{\mathrm{ve}} = 0.02$ und $\delta\widetilde{BIP}_{\mathrm{we}} = 0.05$. Sie nehmen seitdem linear ab mit dem Ziel, Nullwachstum um das Jahr 2090.
- **Prognose 1** (optimistische Annahme):
  Die Wachstumswerte $\delta\widetilde{BIP}_{\mathrm{ve}}$ und $\delta\widetilde{BIP}_{\mathrm{we}}$ bleiben nach dem Jahr 2020 konstant und garantieren ein wirtschaftliches Wachstum, wie es die Welt im 20. Jahrhundert erlebt hat.
- **Prognose 2** (realistische Annahme):
  Die Wachstumswerte $\delta\widetilde{BIP}_{\mathrm{ve}}$ und $\delta\widetilde{BIP}_{\mathrm{we}}$ nehmen linear ab, werden aber niemals negativ. Damit erreicht die Weltwirtschaft ein Nullwachstum zu Beginn des 22. Jahrhunderts, ähnlich zu der Zeit der Rezession in Abb. 4.11.
- **Prognose 2** (pessimistische Annahme):
  Die Wachstumswerte $\delta\widetilde{BIP}_{\mathrm{ve}}$ und $\delta\widetilde{BIP}_{\mathrm{we}}$ nehmen linear ab und erreichen zu Beginn des 22. Jahrhunderts negative Werte. Von dann ab sinkt die Wirtschaftsleistung, ähnlich zu der Zeit der Depression in Abb. 4.11.

Die Ergebnisse der Berechnungen sind in Abb. 4.12 dargestellt. In allen Prognosen steigt das Bruttoinlandprodukt $\widetilde{BIP}$ der **we-Länder** schneller als das der **ve-Länder**. Die Angleichung erfolgt aber nur in Prognose 1 zur Mitte des 22. Jahrhunderts. Auf der anderen Seite gelingt es in Prognosen 2 und 3 den we-Ländern zu keinem Zeitpunkt bis hinein in das 22. Jahrhunderts, die wirtschaftliche Leistungsfähigkeit der ve-Länder zu erreichen. Zwar vermindert sich in Prognose 2 der anfängliche Abstand von einem Faktor 20 auf einen Faktor 3 am Ende des 21. Jahrhunderts, aber ist die Bevölkerung in den we-Ländern da-

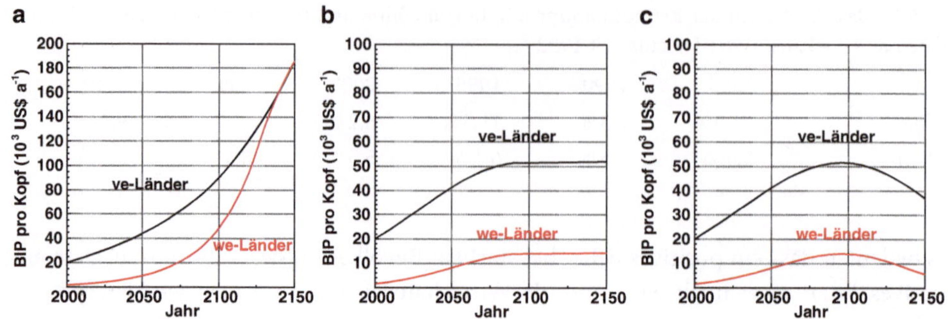

Abb. 4.12 Die Entwicklung der Bruttoinlandprodukte in den *ve-* und *we-*Ländern bis zum Jahr 2150 im Rahmen der Prognose 1 (**a**), Prognose 2 (**b**) und Prognose 3 (**c**). Man beachte die unterschiedlichen Skalen

mit zufrieden? Und sicherlich nicht zufrieden wird sie, und mit ihr die Bevölkerung in den *ve-*Länder, sein mit dem Abgleiten in die wirtschaftliche **Depression**, falls sich Prognose 3 erfüllen sollte.

Die Zufriedenheit einer Bevölkerung ist allerdings kein Kriterium dafür, ob eine prognostizierte Entwicklung auch tatsächlich stattfindet. Entscheidend ist vielmehr, ob die benötigte Primärenergie vorhanden ist, denn die Entwicklung der Wirtschaft ist gekoppelt an die Entwicklung des Primärenergieangebots. Die orthodoxe Ökonomie geht davon aus, dass sich immer ein **energetisches Gleichgewicht** zwischen Angebot und Bedarf über den Energiepreis erreichen lässt. „Energie" ist aber kein Handelsgut innerhalb einer Wirtschaft, sondern eine (nur beschränkt vorhandene) Voraussetzung für Wirtschaft. Es ist daher durchaus vorstellbar, dass das **Angebot an Primärenergie** PEA nicht mehr dem Bedarf PEB folgen kann. Die Differenz wird **Energielücke** genannt. Aber so lange diese Energielücke nicht auftritt, stehen Bedarf und Angebot im Gleichgewicht, beide werden dann mit PEB bezeichnet.

4.3 Die Entwicklung des Primärenergiebedarfs

Die **Entwicklung des Primärenergiebedarfs** bis zum Jahr 2150 folgt der Entwicklung des Bruttoinlandprodukts. Für die **ve-Länder** nehmen wir an, dass der Zusammenhang zwischen normiertem Primärenergiebedarf und normiertem Bruttoinlandprodukt durch (3.6) gegeben ist, die einen Anstieg der **Energieeffizienz** in diesen Ländern beschreibt. Diese Annahme geht auch davon aus, dass die Entwicklung der Energieeffizienz keine obere Grenze besitzt, eine Annahme, die durch Daten bisher nicht verifiziert ist (siehe Abschn. 3.1). Noch schwieriger liegt der Fall bei den **we-Ländern**, deren Energieeffizienz in den Jahren von 1970 bis 2000 im Wesentlich konstant geblieben ist und daher durch (3.7) beschrieben wird. Allerdings gehen wir davon aus, dass die Energieeffizienz auch in diesen

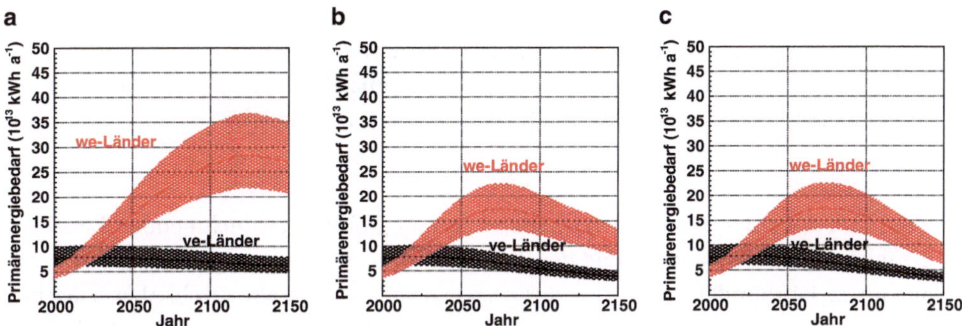

Abb. 4.13   Die Entwicklung des Primärenergiebedarfs in den *ve*- und *we*-Ländern bis zum Jahr 2150 im Rahmen der Prognose 1 (**a**), Prognose 2 (**b**) und Prognose 3 (**c**)

Ländern bei einer positiven Wirtschaftsentwicklung, und daher mit zunehmendem Bruttoinlandprodukt, zunehmen wird. Es ist nicht klar, zu welcher Zeit sich der Übergang von einem Verhalten nach (3.7) zu einem Verhalten nach (3.6) vollziehen wird. In Ermangelung eines besseren Ansatzes nehmen wir an, dass sich die Energieeffizienz in den *we*-Ländern so ändern wird, wie es durch den Mittelwert aus (3.7) und (3.6) beschrieben wird. Die einzige Rechtfertigung für diesen Ansatz ist, dass dann die Energieeffizienz mit der Zeit auch in den *we*-Ländern zunimmt, und dass die Wahrscheinlichkeit, diese Zunahme zu überschätzen, genau so groß ist wie die Wahrscheinlichkeit, die Zunahme zu unterschätzen. Um die Unsicherheiten auch in den Prognosen zu berücksichtigen, behaften wir die berechneten Energieeffizienzen mit einem prozentualen Fehler von ±30 %.

Die Entwicklung des Primärenergiebedarfs unter diesen Annahmen und im Rahmen der Prognosen 1, 2 und 3 ist in der Abb. 4.13 dargestellt. Sie ist im wesentlichen geprägt von der optimistischen Annahme über die Steigerung der Energieeffizienz sowohl in den *ve*-, wie auch den *we*-Ländern. Und trotz all dieser Unsicherheiten werden anhand der Abb. 4.13 Tendenzen sichtbar, die auch dann Gültigkeit behalten, wenn die Energieeffizienzen und ihr zeitliches Verhalten grob falsch angenommen wären und sich außerhalb der Fehlergrenzen entwickeln würden:

> Der Primärenergiebedarf in den *ve*-Ländern wird bis in die Mitte des 21. Jahrhunderts im Wesentlich konstant bei ca. $8 \cdot 10^{13}$ kWh $\cdot$ a^{-1} bleiben und danach vielleicht sogar leicht abnehmen, wenn sich die Energieeffizienz in diesen Ländern gemäß (3.6) verändert.

Dass der Primärenergiebedarf der *ve*-Länder in Zukunft nicht wesentlich zunehmen wird, obwohl ihr Bruttoinlandprodukt weiter ansteigt, wird verursacht durch die konstanten Bevölkerungszahlen und die steigende Energieeffizienz in diesen Ländern.

Der Primärenergiebedarf in den *we*-Ländern, der am Anfang des 21. Jahrhunderts noch ca. $5 \cdot 10^{13}\,\mathrm{kWh \cdot a^{-1}}$ betrug, wird in Zukunft dramatisch zunehmen und den der *ve*-Länder bereits in der 1. Hälfte des 21. Jahrhunderts überholen.

Diese Zunahme des Primärenergiebedarfs ist eine Folge der zunehmenden Bevölkerungszahlen in den *we*-Ländern und der Zunahme ihrer Bruttoinlandprodukte. Wie groß er dann im 22. Jahrhundert wirklich sein wird, hängt von den Annahmen ab. Aber selbst bei den sehr restriktiven Annahmen, welche die Grundlage für die Prognosen 2 und 3 bilden, erreicht der Primärenergiebedarf der *we*-Länder dann einen Wert von ca. $18 \cdot 10^{13}\,\mathrm{kWh \cdot a^{-1}}$ in der 2. Hälfte des 21. Jahrhunderts, hat sich also gegenüber dem Wert des Referenzjahrs etwa vervierfacht. Noch wesentlich stärker ist der Anstieg im Rahmen der Prognose 1, welche ein Leben im gewohnten Standard garantiert.

Sind derartige Steigerungsraten im Bedarf an Primärenergie überhaupt realisierbar? Mit dieser Frage wollen wir uns im nächsten Kapitel befassen. In diesem Kapitel wird auch untersucht, wie der Primärenergiebedarf zunehmen würde, falls die Energieeffizienz tatsächlich eine obere Grenze $e\_e < 1\,\mathrm{USD \cdot kWh^{-1}}$ besitzt.

4.4 Die Grenzen des Wachstums

Die Energie ist, wie wir in Abschn. 1.1.1 gelernt haben, eine **Erhaltungsgröße**. Daher muss der Bedarf an Primärenergie aus dem Vorrat der auf der Erde vorhandenen Energien gedeckt werden. Zur Zeit befriedigen wir unseren Energiebedarf noch im Wesentlichen aus dem Vorrat an gespeicherten **fossilen Energien**. Dieser Vorrat muss irgend wann erschöpft sein, er steht dann als Primärenergie nicht mehr zur Verfügung. Wann dies der Fall sein wird, mit dieser Frage beschäftigen wir uns in Abschn. 5.1.

Sind die gespeicherten Energievorräte erschöpft, so sind als Alternative noch andere Energieträger vorhanden, die an ihre Stelle treten könnten. Ob diese alternativen Energien wirklich mächtig genug sind, um unseren zukünftigen Bedarf an Energie zu befriedigen, mit dieser Frage beschäftigen wir uns in Kap. 7.

Es wird immer angenommen, dass die wichtigste Alternative die **Solarenergie** sein könnte, die in der Tat fast unerschöpflich ist. Dabei wird übersehen, dass gerade die Solarenergie auch andere wichtige Funktionen besitzt, die von ebenso großer Bedeutung sind wie die, als Grundlage einer zukünftigen Energieversorgung zu dienen. Die Solarenergie steuert z. B. den Mechanismus, mit dessen Hilfe sich das **Klima** auf unserer Erde einstellt und damit die Erde erst bewohnbar macht. Aber auch dies ist nur ein Teilaspekt der viel fundamentaleren Erkenntnis: Die Prozesskette

Sonneneinstrahlung → Energiewandlung → Erdabstrahlung

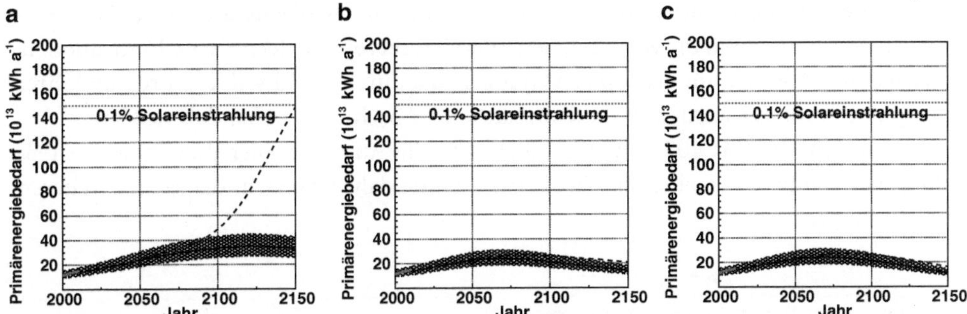

Abb. 4.14 Die Entwicklung des totalen Primärenergiebedarfs bis zum Jahr 2150 im Rahmen der Prognosen 1 (**a**), Prognose 2 (**b**) und Prognose 3 (**c**), die gestrichelten Kurven ergeben sich, wenn $e\_e < 1\,\mathrm{USD}\cdot\mathrm{kWh}^{-1}$. Zum Vergleich ist als rote Linie die Energie eingezeichnet, die 0,1 % der jährlich eingestrahlten Solarenergie entspricht. Die roten Datenpunkte links unten zeigen die tatsächliche Entwicklung von 2000 bis 2010

bildet die Existenzgrundlage unserer natürlichen Umwelt mit allen darin ablaufenden Prozessen, und diese steuern auch die belebte und unbelebte Natur. Jeder Eingriff des Menschen in diese Prozesskette sollte möglichst vermieden werden. Unsere Erfahrungen mit dem Erdklima (Abschn. 4.5) lassen vermuten, dass die **Toleranzgrenze** für einen Eingriff bei unter $\Gamma_\oplus \approx 0,001$ liegt.

Die in einem Jahr von der Sonne auf die Erde **eingestrahlte Solarenergie** entspricht einer Leistung von $P_\oplus = 1,5 \cdot 10^{18}\,\mathrm{kWh}\cdot\mathrm{a}^{-1}$. Dies erscheint zunächst ein sehr hoher Wert zu sein, wenn wir ihn mit unserem prognostizierten maximalen Bedarf von $P_{\max} \approx 0,3 \cdot 10^{15}\,\mathrm{kWh}\cdot\mathrm{a}^{-1}$ vergleichen, siehe Abb. 4.14. Es ist aber vollkommen unrealistisch, wenn angenommen wird, dass die gesamte Sonnenleistung $P_\oplus$ zur Deckung unseres Energiebedarfs verwendet werden könnte. Realistisch ist viel eher, dass nur etwa 0,1 % dieser Leistung, also $P_{\lim} = \Gamma_\oplus P_\oplus \approx 1,5 \cdot 10^{15}\,\mathrm{kWh}\cdot\mathrm{a}^{-1}$, zur Verfügung stehen, wenn sich die **Lebensbedingungen** auf der Erde nicht grundlegend verändern sollen. Und dann sieht unsere zukünftige Situation viel bedrohlicher aus. Denn der Wert von $P_{\max}$ wurde berechnet unter der Annahmen, dass die Energieeffizienz unbeschränkt wachsen kann. Ist sie aber beschränkt auf $e\_e < 1\,\mathrm{USD}\cdot\mathrm{kWh}^{-1}$, würde der Primärenergiebedarf laut Prognose 1 dramatisch anwachsen und zum Jahr 2150 die natürliche Grenze $P_{\lim}$ erreichen, wie ebenfalls in Abb. 4.14 gezeigt.

Allein die Prognosen 2 oder 3 lassen vermuten, dass u. U. ein genügend großes Angebot an Primärenergie zur Verfügung stehen könnte.[4] Diese beiden Prognosen basieren aber auf einem stagnierenden bzw. negativen Wirtschaftswachstum. Dies dominiert die Entwicklung des Primärenergiebedarfs, die Entwicklung der Energieeffizienz ist dagegen nachrangig. Daran wird deutlich, in welcher schwierigen Lage sich die Menschheit dann befindet – ist das der Weg, auf dem sie sich entwickeln wird? Der in Prognose 1 gezeigte

---

[4] Diese Aussage ist so vorsichtig formuliert, weil andere Parameter, wie z. B. der **Energiepreis**, ebenfalls entscheiden, ob vorhandene Energiereserven zu einem Energieangebot führen.

Weg ist sicherlich angenehmer, aber stößt an die **Grenzen des Wachstums**. Und diese werden nicht bestimmt durch die vorhandenen Energiereserven und technische Innovationen, sondern es handelt sich um prinzipielle Grenzen, die durch die Physik der Erde und ihrer Atmosphäre bestimmt werden und die im nächsten Abschn. 4.5 behandelt werden.

Für den Zeitraum bis 2050 unterscheiden sich die Aussagen aller drei Prognosen allerdings nur wenig. Die realistische Prognose 2 bildet daher die Grundlage aller weiteren Untersuchungen.

4.5   Der Energiehaushalt der Erde

Die Energie, welche die Erde im jährlichen Mittel von der Sonne empfängt, beträgt

$$P_{\oplus} = 1{,}5 \cdot 10^{18}\,\text{kWh} \cdot \text{a}^{-1}. \tag{4.23}$$

Wie bereits die Maßeinheit erkennen lässt, handelt es sich bei dieser Größe eigentlich um eine Leistung. Aber wir folgen hier dem allgemeinen Sprachgebrauch und werden von der Solarenergie reden, wenn eigentlich die Sonnenleistung gemeint ist (siehe dazu auch Abschn. 2.1). Auf der P-Ebene in Abschn. 4.5.1 werden wir lernen, welche physikalischen Gesetze für diesen Wert von $P_{\oplus}$ verantwortlich sind.

Die Solarenergie wird nicht vollständig von der Erde absorbiert, sondern ein nicht unerheblicher Teil von 34 % wird sofort wieder durch **Reflexion** in den Weltraum zurückgestrahlt. Sowohl die **Erdatmosphäre** mit 30 % wie auch die Erdoberfläche mit den restlichen 4 % sind an der Reflexion beteiligt. Dabei hängt das Reflexionsvermögen an der Erdoberfläche sehr stark von deren Oberflächenbeschaffenheit ab. Für einige typische Oberflächen sind die **Reflexionsvermögen** für das Sonnenlicht in Tab. 4.2 angegeben. An glatten Oberflächen (Wasser) hängt das Reflexionsvermögen vom Einfallswinkel des Lichts ab, dagegen ergibt sich nur eine geringe Winkelabhängigkeit bei der Reflexion an körnigen Oberflächen (z. B. Erdboden). Bei senkrechtem Einfall besitzen Wüsten und Eisflächen ein relativ hohes Reflexionsvermögen von ca. 30 %, das allerdings von dem an Schneeflächen noch übertroffen wird. Verringert sich die Größe dieser Oberflächen auf der Erde, sinkt auch der Anteil des reflektierten Sonnenlichts und der Anteil des absorbierten Sonnenlichts steigt. Das muss Folgen für das Erdklima haben: Durch die erhöhte Energieabsorption wird mit großer Wahrscheinlichkeit die mittlere Erdtemperatur ansteigen.

Unter den heutigen Bedingungen werden 66 % der Solarenergie von der Erde **absorbiert**, und zwar 16 % von der **Erdatmosphäre** und 50 % von der **Erdoberfläche**. Ein großer Teil der absorbierten Energie wird direkt in **thermische Energie** verwandelt (ca. 43 %), ein anderer großer Teil (ca. 23 %) wird zunächst als **latente Wärme** zwischengespeichert. Dabei handelt es sich um den Phasenübergang des Wassers aus dem flüssigen in den gasförmigen **Aggregatzustand**, für den Energie benötigt wird. Kondensiert der Wasserdampf wieder in flüssiges Wasser, wird diese Energie in thermische Energie zurückgewandelt.

Tab. 4.2 Die Reflexionsvermögen an verschiedenen Strukturen der Erdoberfläche

Oberfläche	Reflexionsvermögen
Erdboden (Ackerland)	10 %
Erdboden (Wüste)	30 %
Meer (senkrechter Einfall)	4 %
Meer (streifender Einfall)	90 %
Eis	35 %
Schnee	90 %

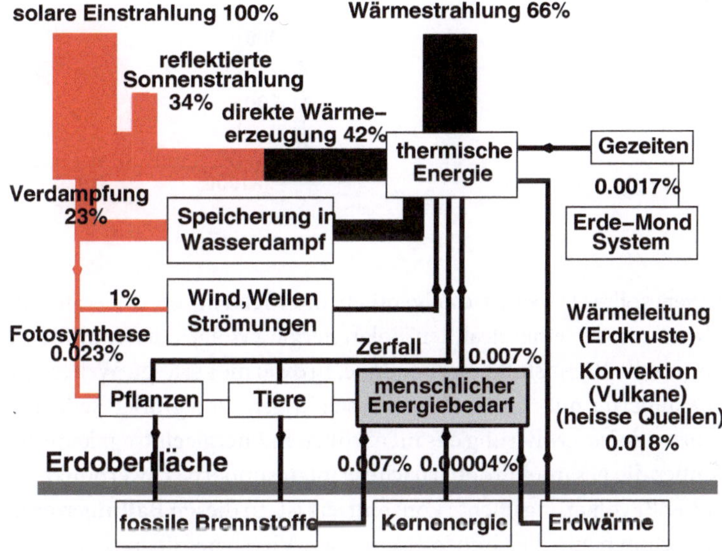

Abb. 4.15 Der Energiekreislauf der Erde. Bis auf einen geringen Überschuss von weniger als 0,02 % sind eingestrahlte und zurückgestrahlte Energie gleich

Nur ein sehr geringer Anteil der Solarenergie (ca. 1 %) wird zur Erzeugung von Wind, Wellen und Strömungen verwendet, und ein noch geringerer Anteil (ca. 0,023 %) wird mittels **Fotosynthese** in den Pflanzen in chemische Energie umgewandelt. Diese Anteile sind zwar gering, sie sind aber immer noch wesentlich größer als der Anteil, der zur Deckung des menschlichen **Primärenergiebedarfs** am Anfang des 21. Jahrhunderts benötigt wurde. Dieser Anteil betrug nur 0,007 %, wenn man ihn mit der eingestrahlten Solarenergie $P_\oplus$ vergleicht. Auch andere Beiträge zum globalen Energiehaushalt der Erde sind von ähnlich geringem Umfang. Eine Übersicht über die wichtigsten Energieströme in dem globalen Haushalt ist in Abb. 4.15 gezeigt.

Das **Erdklima** reagiert sehr empfindlich auf jede Veränderung dieser Energieströme. Wir haben bereits diskutiert, dass der menschliche Eintrag von heutigen 0,007 % nicht auf

Tab. 4.3 Anzahl der Groß- und Megastädte auf der Erde in den letzten 100 Jahren des 20. Jahrhunderts. Eine Vorhersage der UN über die zukünftige Entwicklung der Großstädte ist in Abb. 4.16 zu finden

	1900	1950	1970	1990	2000
Großstädte	13	72	156	275	357
Megastädte	0	2	10	20	28

Abb. 4.16 Die Vorhersage der UN über die zukünftige Entwicklung der Großstädte

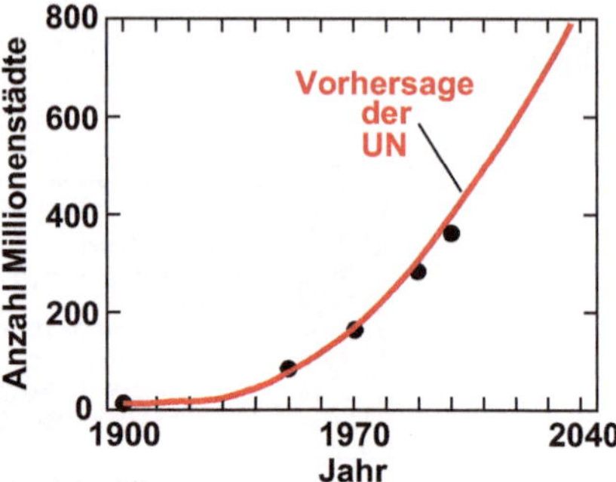

über 0,1 % steigen sollte. Dabei ist es eigentlich unerheblich, ob diese Steigerung durch direkte Entnahme aus der eingestrahlten Solarenergie erfolgt oder mithilfe der anderen Energiequellen (fossile Brennstoffe, Kernenergie, Erdwärme) erfolgt. Weiter unten werden wir uns noch detaillierter mit dem Erdklima beschäftigen. Von großer Bedeutung ist auch, dass die zu erwartende Vergrößerung des menschlichen Energieeintrags keineswegs gleichmäßig verteilt über die gesamte Erdoberfläche erfolgt, sondern schwerpunktmäßig auf die Flächen mit hoher Bevölkerungsdichte konzentriert ist. In diesen **Ballungszentren der Bevölkerung** wird schon heute die Grenze P_{lim} um ein Vielfaches überschritten. Wie kommt es dazu?

Die Erdoberfläche besitzt eine Größe von $A_\oplus = 510 \cdot 10^{12}\ \text{m}^2$. Selbst wenn wir davon ausgehen, dass die gesamte Solarenergie die Erdoberfläche erreichte (eigentlich sind es nur 54 %), entspricht dies einer **Leistungsflächendichte** von[5]

$$\frac{P_\oplus}{A_\oplus} = 3 \cdot 10^3\ \text{kWh} \cdot \text{a}^{-1} \cdot \text{m}^{-2}, \text{ woraus folgt } \frac{P_{\text{lim}}}{A_\oplus} = 0,003 \cdot 10^3\ \text{kWh} \cdot \text{a}^{-1} \cdot \text{m}^{-2}. \quad (4.24)$$

Die Ballungszentren der Bevölkerung liegen in den **Großstädten** mit mehr als $1 \cdot 10^6$ Einwohnern und den **Megastädten** mit mehr als $8 \cdot 10^6$ Einwohnern. Die Anzahl dieser Städte hat im 20. Jahrhundert ständig zugenommen (siehe Tab. 4.3) und die **UN** prognostiziert eine weitere Zunahme. Die meisten der Ballungszentren liegen in den *we*-Ländern, dort ist auch die prognostizierte Zunahme am größten, verbunden mit einem besonders starken Anstieg des zukünftigen Primärenergiebedarfs. Die um das Jahr 2000 größte Megastadt war wohl Mexiko City mit einer Einwohnerzahl von $25 \cdot 10^6$ und einer Bevölkerungsdichte

---

[5] Siehe Fußnote 2 im Abschn. 1.1.1.

Tab. 4.4 Bei der Verbrennung entstehende CO_2- und H_2O-Emissionen von einigen Kohlenwasserstoffen, bezogen auf den spezifischen Heizwert H_m

Brennstoff	Symbol	Heizwert $(kWh \cdot kg^{-1})$	CO_2-Emission $(kg \cdot kWh^{-1})$	H_2O-Emission $(kg \cdot kWh^{-1})$
Wasserstoff	H_2	33,64	0	0,27
Kohlenstoff	C	9,17	0,40	0
Methan (Erdgas)	CH_4	13,89	0,20	0,16
Methanol (Alkohol)	CH_3OH	5,56	0,25	0,20

von $n/A = 0{,}015\,\mathrm{m}^{-2}$. Im Mittel besaß jeder Einwohner bereits damals einen Energiebedarf von $P/n = 17 \cdot 10^3\,\mathrm{kWh} \cdot \mathrm{a}^{-1}$. Das heißt, schon zu dieser Zeit betrug die geforderte Leistungsflächendichte

$$\frac{P}{A} = 0{,}3 \cdot 10^3\,\mathrm{kWh} \cdot \mathrm{a}^{-1} \cdot \mathrm{m}^{-2}, \tag{4.25}$$

sie war damit um einen Faktor 100 größer als der **Toleranzwert**. Eine Steigerung auf einen Faktor 1000 ist voraussehbar, wenn sich die Bruttoinlandprodukte von *we*- und *ve*-Ländern angleichen sollen. Damit würde der menschliche Energieeintrag in den Ballungszentren den der eingestrahlten Solarenergie erreichen, mit nicht vorhersehbaren Folgen für unsere Umwelt.

Heute schon verändert sich das Erdklima, obwohl der globale Energiebedarf noch keinesfalls die kritische Grenze P_{lim} erreicht hat. Die Veränderungen werden, darauf deuten die Anzeichen hin, durch die Umwandlung der fossil biogenen Brennstoffe (Kohle, Erdöl, Erdgas) in andere Energieformen bewirkt. Dabei findet im Wesentlichen die **Oxidation** (**Verbrennung**) von Kohlenstoff und Wasserstoff statt, die sich allgemein wie folgt schreiben lässt:

$$C_xH_yO_z + \left(x + \frac{y}{4} - z\right) O_2 \rightarrow x\,CO_2 + \frac{y}{2}\,H_2O. \tag{4.26}$$

Als Endprodukte der Oxidation ergeben sich daher die Gase **Kohlendioxid** (CO_2) und **Wasser** (H_2O). Als Beispiel betrachten wir die Oxidation von **Methanol** ($x = 1, y = 4, z = 1$)

$$CH_3OH + O_2 \rightarrow CO_2 + 2\,H_2O. \tag{4.27}$$

Von den beiden Gasen sind sowohl CO_2 wie auch H_2O klimaschädlich, mit den Gründen werden wir uns auf der P-Ebene in Abschn. 4.5.1 befassen. Allerdings kondensiert der Wasserdampf in der Erdatmosphäre und regnet wieder ab, so dass sich der Wassergehalt in der Atmosphäre nur wenig verändert. Dagegen nimmt der CO_2-Gehalt in der Atmosphäre seit Beginn der Industrialisierung laufend zu, wie in Abb. 4.17 gezeigt. Dabei ist die Stärke des CO_2-Eintrags abhängig von der Brennstoffart, die verbrannt wird. In Tab. 4.4 sind für 4 Kohlenwasserstoffverbindungen die Mengen an CO_2 und H_2O zusammengestellt, die pro kWh gewandelter Energie erzeugt werden.

Es ist natürlich nicht überraschend, dass bei der Verbrennung von reiner Kohle das meiste CO_2 freigesetzt wird. Werden Methan oder Methanol verbrannt, verringert sich

Abb. 4.17 Die Korrelation zwischen dem CO_2-Gehalt in der Erdatmosphäre und ihrem Temperaturanstieg von 1880 bis 2010. Die linke Skala gilt für die Temperatur, die rechte für die Konzentration

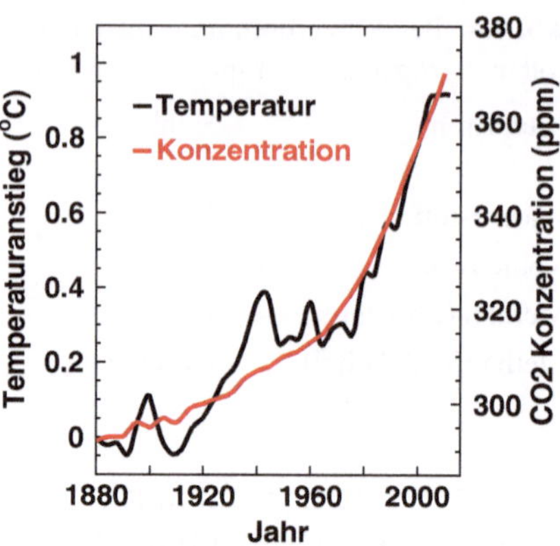

die CO_2-Menge auf etwa die Hälfte. Und ganz frei von CO_2-Emissionen ist die Verbrennung von **Wasserstoff**. Allerdings findet sich reiner Wasserstoff nicht auf der Erde, er muss erst mithilfe des Einsatzes von Energie in technisch aufwändigen Verfahren erzeugt werden. Daher bildet die Wasserstoffverbrennung erst dann eine wirkliche Alternative, wenn Prozesse zur effizienten und CO_2-freien Wasserstofferzeugung entwickelt sind. Methan ist dagegen auf der Erde in der Form von **Erdgas** vorhanden und spielt als Energieträger eine immer bedeutendere Rolle.

Am Anfang des 21. Jahrhunderts bestand ein weltweiter Primärenergiebedarf von ca. $1 \cdot 10^{14}$ kWh$\cdot$a^{-1}, der fast ausschließlich aus fossil biogenen Quellen gedeckt wurde. Wenn wir annehmen, dass bei der Verbrennung dieser Brennstoffe eine mittlere CO_2-Emission von $0{,}25$ kg$\cdot$kWh^{-1} entstand, dann betrug zu diesem Zeitpunkt der jährliche Eintrag durch den Menschen in die Atmosphäre

$$\frac{dm(CO_2)}{dt} = 2,5 \cdot 10^{13}\,\text{kg} \cdot \text{a}^{-1}, \tag{4.28}$$

was mit Daten gut übereinstimmt. Da der Primärenergiebedarf weiter ansteigt (Abb. 4.14), werden auch die CO_2-Emissionen weiter steigen: 2010 lagen sie bereits bei einem Wert von $3,5 \cdot 10^{13}$ kg $\cdot$ a^{-1}. Da CO_2 nur langsam wieder abgebaut wird, muss die CO_2-Konzentration in der Atmosphäre steigen, wie in Abb. 4.17 gezeigt. Man mache sich aber klar, dass bei einer CO_2-Konzentrationsänderung von ca. 20 % zwischen 1880 und 2010, sich die Zusammensetzung der Erdatmosphäre insgesamt nur um einen relativen Anteil $\delta\Gamma_A \approx 0{,}00005$ verändert hat, siehe Tab. 6.3. Dies ist eine extrem kleine Veränderung[6], aber sie ist korreliert mit dem **Anstieg der mittleren Erdtemperatur** von ca. 1 K während des gleichen Zeitraums. In Abb. 4.17 ist die **Korrelation** zwischen Temperatur- und CO_2-Anstieg gezeigt, vermutlich ist letzterer die Ursache für ersteren. Physikalisch lässt sich dies damit begründen, dass sowohl CO_2 wie auch H_2O zu den **Treibhausgasen** zählen, die mithilfe des **Treibhauseffekts** verantwortlich für die Einstellung der Erdtemperatur sind. Mit einem

---

[6] Sie lässt auch befürchten, dass die **Toleranzgrenze** $\Gamma_\oplus = 0{,}001$ viel zu hoch angesetzt ist.

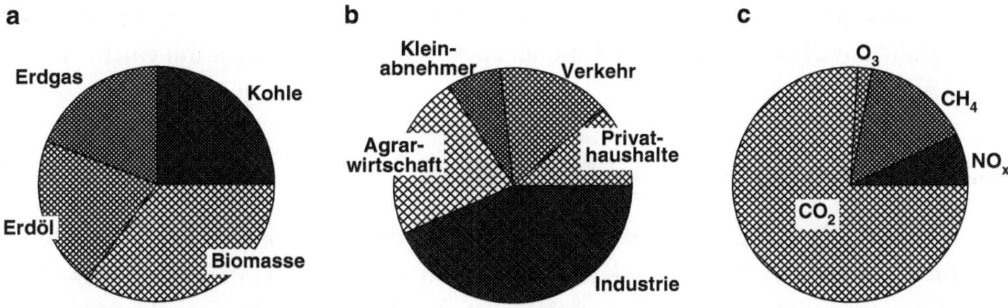

Abb. 4.18 Die Quellen (**a**), Verursacher (**b**) und relativen Bestandteile (**c**) der globalen Treibhausgasemissionen im Jahr 2010

einfachen **Klimamodell**, aus dem diese Zusammenhänge ersichtlich werden, beschäftigen wir uns auf der P-Ebene in Abschn. 4.5.1.

Man kann aus diesen Beobachtungen folgern, ohne dass diese damit tatsächlich Beweiskraft besäßen, dass das **Erdklima** folgender Gesetzmäßigkeit folgt:

Bei einer menschlich verursachten Abgabe von $10^{13}\,\text{kg} \cdot \text{a}^{-1}\text{CO}_2$ in die Erdatmosphäre erhöht sich die mittlere Oberflächentemperatur der Erde um durchschnittlich 0,005 K pro Jahr.

Dies zeigt noch einmal, wie empfindlich die Gleichgewichte im Energiehaushalt der Erde sind, welche die lebensnotwendigen Umweltbedingungen garantieren. Insbesondere sollte berücksichtigt werden, dass es weitere Treibhausgase gibt. In der Reihenfolge ihres Vorkommens in der Erdatmosphäre zählen dazu:

Wasser (H_2O), **Kohlendioxid** (CO_2), **Ozon** (O_3), **Stickoxide** (NO_x), **Methan** (CH_4). Für das Jahr 2010 zeigt die Abb. 4.18, aus welchen Quellen die Treibhausgase emittiert wurden, wer dafür verantwortlich und wie hoch ihr relativer Anteil an den Gesamtemissionen war. Erstaunlich ist, wie hoch der Beitrag war, der nicht durch Verbrennung fossil biogener Brennstoffe entstand. Der Sektor „Biomasse" umfasst die Abfallwirtschaft und die Agrarwirtschaft, insbesondere die Tierhaltung und die Bodenbearbeitung. Diese Quellen sind überwiegend verantwortlich für die CH_4-Emissionen. Das Methan ist das wirksamste Treibhausgas, dessen Anteil in der Atmosphäre zur Zeit noch sehr gering ist. Das **Methanhydrat** ist aber eine der unkonventionellen Energieressourcen der Erde, es ist auf dem Tiefseeboden gelagert und seine Mächtigkeit wird auf größer als die aller anderen Energieträger geschätzt. Es kann nicht übersehen werden, dass der Abbau des Methanhydrats, falls er in Zukunft technisch möglich sein sollte, eine schwer abschätzbare Gefahr für das Erdklima darstellt.

Nicht erstaunlich ist dagegen, dass die Industrie der größte Verursacher von Treibhausgasemissionen ist. Denn dieser Sektor enthält auch die Energieversorger mit einem Anteil von 13 %.

4.5.1 P-Ebene: Zur Physik des Erdklimas

In den beiden folgenden Abschnitten werden wir auf der P-Ebene die Physik der Sonne und ihren Einfluss auf die Erde diskutieren, und wir werden ein einfaches Klimamodell entwickeln, das es uns gestattet, die wichtigen Prozesse für unser Klima zu erkennen.

Die Sonne und die Erde als „schwarze Körper"

Aus der spektralen Verteilung $dW/d\lambda$ des auf die Erde einfallenden Sonnenlichts lassen sich die folgenden wichtigen Schlüsse über die Eigenschaften der Sonne ziehen (mit λ ist die Wellenlänge des Lichts gekennzeichnet):

1. Die Sonne verhält sich wie ein **schwarzer Körper**, für ihre Emission von elektromagnetischer Strahlungsenergie gelten daher die Gesetzmäßigkeiten eines schwarzen Körpers.
2. Aufgrund des **Planck'schen Strahlungsgesetzes** lässt sich aus der spektralen Verteilung folgern, dass die Sonne auf ihrer Oberfläche eine Temperatur von etwa 5800 K besitzt.

Die Temperatur bestimmt bei einem schwarzen Körper dessen **Strahlungsintensität**. Mit der Strahlungsintensität I^{SK} bezeichnen wir die Energie, die ein schwarzer Körper pro Zeit und Oberfläche abstrahlt, sie ist also identisch mit seiner **Leistungsflächendichte**[7]. Für die Intensität oder die Leistungsflächendichte gilt das **Gesetz von Stefan-Boltzmann**:

$$I^{SK} = \kappa\, T^4. \tag{4.29}$$

Die Stefan-Boltzmann-Konstante κ hat einen Wert $\kappa = 5{,}7 \cdot 10^8\,\mathrm{W} \cdot \mathrm{m}^{-2} \cdot \mathrm{K}^{-4}$. Für das Weitere sind folgende geometrischen Größen von Bedeutung:

- Die Sonne besitzt einen **Radius** $r_\odot = 7 \cdot 10^8\,\mathrm{m}$.
- Die Erde besitzt einen **Radius** $r_\oplus = 6{,}4 \cdot 10^6\,\mathrm{m}$.
- Der **Abstand** zwischen Erde und Sonne beträgt im Jahresmittel $d = 1{,}55 \cdot 10^{11}\,\mathrm{m}$.

Aus der Kenntnis des Sonnenradius ergibt sich die Oberfläche der Sonne zu $A_\odot = 4\pi\, r_\odot^2 = 6{,}16 \cdot 10^{18}\,\mathrm{m}^2$, und damit beträgt die Strahlungsleistung der Sonne nach (4.29) mit $I_\odot = I^{SK}$:

$$P_\odot = I_\odot\, A_\odot = 4 \cdot 10^{26}\,\mathrm{W}. \tag{4.30}$$

Diese Leistungsabgabe ist extrem hoch, aber sie erfolgt in alle Richtungen des Weltraums. Daher erreicht die Erde nur ein geringer Bruchteil, nämlich

$$P_\oplus = \frac{\pi\, r_\oplus^2}{4\pi\, d^2}\, P_\odot = 1{,}7 \cdot 10^{17}\,\mathrm{W}. \tag{4.31}$$

---

[7] Siehe Fußnote 2 in Kap. 3.

Bezieht man diese Leistung auf die bestrahlte Fläche (das ist *nicht* die Oberfläche der Erde), so erhält man die **Solarkonstante**

$$I_\perp = \frac{1}{\pi\, r_\oplus^2}\, P_\oplus = 1{,}37\,\text{kW}\cdot\text{m}^{-2}. \tag{4.32}$$

Die Solarkonstante ergibt daher die Sonnenintensität, welche die Erde bei senkrechtem Einfall des Sonnenlichts erhält. Aber die Erde ist keine Scheibe sondern eine Kugel, und außerdem dreht sie sich um eine Achse durch ihren Mittelpunkt, die leicht geneigt auf der Kreisbahnebene um die Sonne steht. Daraus folgt, dass die Sonnenleistung, welche die Erdoberfläche tatsächlich erreicht, von der geografischen Breite und der Tageszeit abhängt. In geometrischen und zeitlichen Mittel verringert sich daher die Sonnenleistung pro Erdoberfläche, verglichen mit (4.32), um genau den Faktor 1/4. Und weiterhin werden 34 % der Sonnenleistung sofort wieder in den Weltraum zurückreflektiert, also nicht von der Erde absorbiert. Fassen wir die in der Atmosphäre und auf der Oberfläche absorbierten Leistungen zusammen, so beträgt die von der **Erde absorbierte Sonnenintensität**

$$I_\oplus = \frac{0{,}66}{4}\, I_\perp = 218\,\text{W}\cdot\text{m}^{-2}. \tag{4.33}$$

Diese absorbierte Leistung würde bereits nach relativ kurzer Zeit die thermische Energie auf der Erde und damit die Erdtemperatur derart erhöhen, dass ein Leben unmöglich wäre. Die Erde wird erst dadurch geeignet für das organische Leben, dass die gesamte absorbierte Leistung $I_\oplus$ auch wieder in den Weltraum zurückgestrahlt wird. Man kann davon ausgehen, dass auch die Rückstrahlung den Gesetzen des **schwarzen Körpers** gehorcht, also insbesondere dem Gesetz von Stefan-Boltzmann. Mit dessen Hilfe lässt sich die **mittlere Erdtemperatur** berechnen:

$$T = \left(\frac{I_\oplus}{\kappa}\right)^{1/4} = 249\,\text{K} = -24\,^\circ\text{C}. \tag{4.34}$$

Diese Temperatur ist allerdings viel geringer als die tatsächliche mittlere Erdtemperatur von $T_\oplus \approx 15\,^\circ\text{C}$, sie würde ein Leben auf der Erde unmöglich machen. Der Grund für die lebenserhaltende Abweichung liegt in der **Erdatmosphäre**, die für einen gewissen Teil der terrestrischen Strahlung praktisch undurchlässig ist und damit die Abstrahlung in den Weltraum so stark verringert, dass sich die höhere Temperatur $T_\oplus$ einstellt. Man nennt diesen Effekt den „**Treibhauseffekt**", mit seinen physikalischen Grundlagen befassen wir uns im nächsten Abschnitt.

Ein einfaches Klimamodell

Bei der Einstellung der Erdtemperatur spielt die Erdatmosphäre eine wichtige Rolle. Die Dichte der Erdatmosphäre nimmt etwa exponentiell mit der Höhe h über dem Erdboden ab, das entsprechende Abnahmegesetz bezeichnet man als die **barometrische Höhenformel**. Für unser einfaches **Klimamodell** genügt es aber anzunehmen, dass die Dichte der

Abb. 4.19 Die spektrale Verteilung der terrestrischen Abstrahlung (**a**) und die Wellenlängenabhängigkeit der Absorptionskoeffizienten β von Kohlendioxid (CO_2) und Wasserdampf (H_2O) (**b**). Das Maximum der spektralen Verteilung liegt in dem Wellenlängenbereich, wo die Absorptionskoeffizienten minimal sind. Dies führt zu einem mittleren Absorptionskoeffizienten $\langle \beta \rangle = 0{,}26$

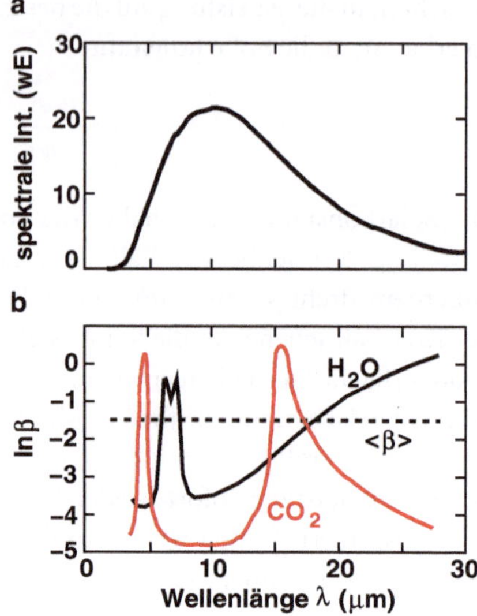

Atmosphäre konstant und gleich der Dichte direkt über der Erdoberfläche ist. Damit bei dieser Annahme die Gesamtmasse der Atmosphäre endlich bleibt, ist die Atmosphärendichte konstant nur bis zu einer Höhe $h_0 = 8400\,\text{m}$, die man **mittlere Schichtdicke** der Erdatmosphäre nennt. In den Höhen $h > h_0$ besitzt die Erde keine Atmosphäre mehr.

Innerhalb der homogenen Schicht $0 \leq h \leq h_0$ wird die Intensität der terrestrischen Strahlung (das ist die thermische Leistung, welche von der Erdoberfläche in den Weltraum zurückgestrahlt wird), aufgrund der Absorption durch die Erdatmosphäre immer geringer. Die Leistungsabnahme folgt einem Exponentialgesetz

$$P = P_0 \exp\left(-\beta\frac{h}{h_0}\right) \quad \text{mit} \quad \beta = \beta(CO_2) + \beta(H_2O). \tag{4.35}$$

Die Absorptionskoeffizienten $\beta(CO_2)$ und $\beta(H_2O)$ sind ein Maß für die Stärke dieser Absorption durch die atmosphärischen **Treibhausgase** CO_2 und H_2O. Die Absorptionskoeffizienten hängen sehr stark von der Wellenlänge λ der terrestrischen Strahlung ab, wie in Abb. 4.19 gezeigt. Glücklicherweise besitzen beide Treibhausgase in dem Wellenlängenbereich $8\,\mu\text{m} < \lambda < 13\,\mu\text{m}$ ein Minimum in ihrem Absorptionsvermögen. Gleichzeitig liegt in diesem Wellenlängenbereich das Maximun der spektralen Verteilung $dI_\oplus/d\lambda$ der terrestrischen Abstrahlung (siehe ebenfalls Abb. 4.19), so dass diese zum überwiegenden Teil tatsächlich in den Weltraum gelangen kann. Wie groß diese abgestrahlte Leistung ist, hängt demnach von der Konzentration c der Treibhausgase CO_2 und H_2O (und anderer) ab.

Heute ist diese Konzentration noch so gering, dass sie sich gemittelt über alle Wellenlängen und für beide Treibhausgase mithilfe des durchschnittlichen Absorptionskoeffizienten

$$\langle \beta \rangle = 0{,}26 \tag{4.36}$$

repräsentieren lässt. Durch die Leistungsabsorption erwärmt sich die Erdatmosphäre und die Frage ist, welche mittlere Erdtemperatur $T_\oplus$ sich einstellt. In unserem einfachen Klimamodell wird dies geregelt durch eine Ratengleichung

$$\frac{dQ}{dt} = I'_\oplus A_\oplus - (P_{nonrad} + P_{rad}).$$

(4.37)

Wir erinnern uns: Q ist das Symbol für die thermische Energie, welche die Erde nach ihrem Durchgang durch die Atmosphäre tatsächlich verlässt. Auf der rechten Seite von (4.37) befinden sich 2 Terme. Der mit positivem Vorzeichen $I'_\oplus A_\oplus$ ist der „Gewinnterm", er beschreibt die Leistung, die von der Erdoberfläche in die Atmosphäre gelangt. Der Term mit negativem Vorzeichen $-(P_{nonrad} + P_{rad})$ ist der „Verlustterm", er beschreibt die Leistung, die von der Atmosphäre absorbiert wird. Die Intensität $I'_\oplus$ ist etwas geringer als die gesamte absorbierte Sonnenintensität $I_\oplus$, denn sie bezieht sich nur auf die Erdoberfläche. Es gilt

$$I'_\oplus = \frac{0,5}{0,66}\, I_\oplus = 165\,\mathrm{W} \cdot \mathrm{m}^{-2}.$$

(4.38)

Der Verlustterm enthält zwei Bestandteile, den **nichtradiativen Verlust** P_{nonrad} und den **radiativen Verlust** P_{rad}. Ersterer charakterisiert die Umwandlung der terrestrischen Strahlung in **latente Wärme**, die für die Phasenumwandlung von flüssigem Wasser (Wolken) in gasförmiges Wasser benötigt wird. Er macht etwa 46 % der Gesamtabsorption aus. Der radiative Verlust beschreibt die direkte Umwandlung der terrestrischen Strahlung in thermische Energie der Atmosphäre. Soll sich für diese Energie ein Gleichgewichtszustand einstellen, so muss

$$\frac{dQ}{dt} = 0$$

(4.39)

gelten. Damit ergibt sich für ein stabiles Klima die Gleichgewichtsbedingung

$$P_{rad} = P_{rad,0}\,(1 - \exp(-0,26)) = I'_\oplus A_\oplus - P_{nonrad} = 0,54\, I'_\oplus A_\oplus.$$

(4.40)

Mithilfe des Gesetzes von Stefan-Boltzmann $P_{rad,0}/A_\oplus = \kappa\, T_0^4$ lässt sich so die Temperatur T_0 berechnen, welche die Atmosphäre direkt über der Erdoberfläche besitzt. Diese ergibt sich zu

$$T_0 = \left(\frac{0,54}{0,23\,\kappa}\, I'_\oplus\right)^{1/4} = 288\,\mathrm{K} = 15\,°\mathrm{C}.$$

(4.41)

Wir definieren jetzt diese Temperatur als die **Erdtemperatur** $T_\oplus$, deren Definition bisher sehr ungenau war, denn im Allgemeinen ist die Oberflächentemperatur des Erdbodens verschieden von der Atmosphärentemperatur direkt über dem Erdboden. Dass unsere Rechnung tatsächlich eine Erdtemperatur von 15 °C ergeben hat, wie sie auch beobachtet wird, ist allerdings eher ein Zufall. Unser Klimamodell ist nämlich viel zu einfach konzipiert, die Vorgänge in der Atmosphäre und die Einwirkungen der Atmosphäre auf die Erdoberfläche sind so kompliziert, dass ihre Berücksichtigung in einem Klimamodell den Einsatz großer

Rechneranlagen erfordert. Wie weit wir daneben liegen, darüber kann man eine Vorstellung gewinnen indem wir uns überlegen, um wieviel sich die Erdtemperatur nach unserem Modell verändern müsste, wenn sich die Kohlendioxidkonzentration in der Atmosphäre um einen relativen Betrag $\Delta c/c$ verändert.

Aus (4.41), das sich allgemein wie folgt schreiben lässt

$$T_0 = \left(\frac{X}{1 - \exp(-\beta)} \right)^{1/4}, \tag{4.42}$$

folgern wir, dass eine Veränderung von X und β folgende Temperaturveränderung zur Folge hat:

$$\Delta T_0 = \frac{T_0}{4} \left(\frac{\Delta X}{X} + \frac{\Delta \beta}{1 - \exp(\beta)} \right). \tag{4.43}$$

Wir machen jetzt die Annahme, dass kleine relative Änderungen der CO_2-Konzentration eine *lineare* relative Veränderung der Intensität und des Asorptionskoeffizienten nach sich ziehen. Das heißt, es soll gelten

$$\frac{\Delta X}{X} = \frac{\Delta \beta}{\beta} = \frac{\Delta c}{c} \tag{4.44}$$

und wir erhalten

$$\Delta T_0 = \frac{T_0}{4} \left(1 + \frac{\beta}{1 - \exp(\beta)} \right) \frac{\Delta c}{c}. \tag{4.45}$$

Für die tatsächlich zu beobachtende Konzentrationssteigerung $\Delta c/c = 0{,}13$ ergibt sich eine Temperaturerhöhung

$$\Delta T_0 = \frac{288}{4} \, (1 - 0{,}88) \, 0{,}13 = 1{,}2 \, \mathrm{K}, \tag{4.46}$$

also eine **Temperatursteigerung**, die etwa 2mal stärker ausfällt als gemessen. Dies ist auch nicht verwunderlich. Denn erstens ist das Modell zu einfach und zweitens ist der Ansatz (4.44) sehr fragwürdig. Unsere Überlegungen hatten im Wesentlichen auch nur den Sinn, uns darüber klar zu werden, welche wichtigen Prozesse für unser Klima verantwortlich sind. Und unter diesem Aspekt haben wir gelernt, dass drei Prozesse besonders wichtig sind und wir uns hüten sollten, in diese ohne Rücksicht einzugreifen. Wichtig sind:

- Die **Absorption** der eingestrahlten Solarenergie durch die Erdoberfläche.
  Dieser Prozess kann dadurch gestört werden, dass sich die Oberflächenstruktur der Erde verändert. Dies geschieht zum Beispiel durch eine Ausweitung oder Verminderung großer Wüstenflächen oder durch das Abschmelzen großer Eis- und Schneeflächen.
- Die nichtradiative Leistungsabgabe P_{nonrad} in die Atmosphäre.
  Dieser Prozess kann sich verändern, wenn sich der Wasserkreislauf der Erde verändert, also weniger oder mehr Wolken gebildet werden.

Abb. 4.20 Die Zeiten, zu denen Eis- und Warmzeiten auf der Erde auftraten. Die angegebenen Namen charakterisieren die Eiszeiten, die Temperaturen beziehen sich auf das Eis in der Arktis. Demnach leben wir zur Zeit in einer Warmzeit

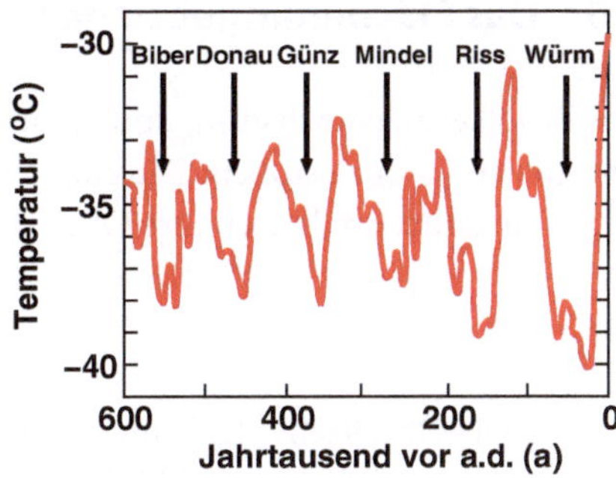

- Die radiative Leistungsabgabe P_{rad} in die Atmosphäre.
  Dieser Prozess reagiert empfindlich darauf, mit welche Stärke die gasförmigen Bestandteile in der Erdatmosphäre vertreten sind. Insbesondere der Anteil der **Treibhausgase**, die ein besonders großes Absorptionsvermögen im Bereich der Wellenlängen der terrestrischen Abstrahlung besitzen, ist für diesen Prozess von Bedeutung.

Vollständig außer Acht gelassen in diesen Überlegungen ist der Austausch zwischen der Erdoberfläche und der Erdatmosphäre, der besonders stark über den Meeresflächen ist, die den größten Teil der Erde bedecken. Die Meere binden zum Teil das atmosphärische Kohlendioxid, aber sicherlich ist dieser Prozess nicht hinreichend gut verstanden, wie überhaupt die Temperatureinstellung nicht vollständig verstanden zu sein scheint. Denn es hat im Verlauf der Erdgeschichte immer wieder Perioden gegeben, in denen die Temperatur entweder kleiner (**Eiszeiten**) oder größer (**Warmzeiten**) als die mittlere Temperatur war. Wir haben sehr gute Messungen darüber, wann diese Perioden aufgetreten sind (siehe Abb. 4.20), aber keine eindeutige Meinung über die Gründe, die dazu führten. Geht man noch weiter zurück, so gab es immer wieder Perioden in der Erdgeschichte, in denen die Erdtemperatur um ca. 6 °C anstieg mit der Folge, dass ein Großteil der Lebewesen verschwand. Die bekanntesten Perioden sind:

1) Um ca. 50 Ma AC am Ende des Paläozäns, als ca. 50 % der Lebewesen ausstarben.
2) Um ca. 250 Ma AC am Beginn der Trias, als ca. 80 % der Lebewesen ausstarben. In diese Periode fällt auch die Entstehung der **fossilen Energieträger**, mit denen wir uns im Kap. 5 beschäftigen.

Als Grund für die Erwärmung wird angenommen, dass zu diesen Zeiten die CO_2- und besonders CH_4-Konzentrationen in der Erdatmosphäre stark zugenommen hatten. Eines ist aber sicher: Der verstärkte CO_2-Eintrag durch Menschen konnte nicht verantwortlich sein. Aber wir haben ja gesehen, dass noch sehr viele andere Mechanismen existieren, die einen Klimawandel verursachen können.

4.6 Das Flächenangebot der Erde

Das Bevölkerungswachstum, und damit indirekt auch das Wirtschaftswachstum, muss an eine weitere Grenze stoßen: Die endliche **Oberfläche der Erde**. Die Erde besitzt fast Kugelgestalt, daher ergibt sich ihre Oberfläche aus der Größe des Erdradius zu

$$A_\oplus = 510 \cdot 10^{12}\,\mathrm{m}^2. \tag{4.47}$$

Die gesamte Oberfläche $A_\oplus$ kann allerdings nicht für die menschliche Besiedlung verwendet werden. Zunächst einmal bilden den größten Teil von $A_\oplus$ die Meeresoberflächen, sie haben eine Größe von

$$A_{\mathrm{Meer}} = 361 \cdot 10^{12}\,\mathrm{m}^2. \tag{4.48}$$

Der Rest ist Landfläche mit

$$A_{\mathrm{Land}} = 149 \cdot 10^{12}\,\mathrm{m}^2. \tag{4.49}$$

Aber auch die Landfläche lässt sich weiter aufteilen in solche Flächen, die im Prinzip ohne Schwierigkeiten besiedelbar sind und daher **genutzt** werden können, und in solche Flächen, die **ungenutzt** sind, weil ihre Eigenschaften eine Nutzung im Allgemeinen nicht zulassen. In Tab. 4.5 sind die entsprechenden Flächen aufgeführt, wie sie zum Beginn des 21. Jahrhunderts existierten.

Falls sich die gegenwärtige Entwicklung auch in der Zukunft fortsetzt, dann lässt sich voraussagen, dass die Größe der nicht-nutzbaren Flächen stetig auf Kosten der nutzbaren Flächen zunehmen wird. Heute nehmen zum Beispiel die Größen der Wüstenfläche und die des Siedlungsraums um ca. 0,5 % pro Jahr zu, weil Grün- und Weideland in den Äquatorialgebieten der Erde durch Erosion veröden und weil für die wachsende Bevölkerung immer mehr Siedlungsraum benötigt wird. Obwohl die Abnahme der nutzbaren Flächen sicherlich ein zusätzliches Problem darstellt, wollen wir in den folgenden Überlegungen das Flächenangebot zugrunde legen, dass in der Tab. 4.5 angegeben ist.

Prinzipiell müssen mit diesem Flächenangebot folgende Aufgaben bewältigt werden:

- Die Bereitstellung des Grundenergiebedarfs der Weltbevölkerung.
- Die Bereitstellung des Primärenergiebedarfs der Weltbevölkerung.

Den sogenannten **Grundumsatz** eines Menschen haben wir in dem Abschn. 3.1 definiert. Dabei handelt es sich um die jährliche Energie, die allein zum Leben erforderlich ist. Sie beträgt

$$\frac{P_0}{n} = 0{,}8 \cdot 10^3\,\mathrm{kWh} \cdot \mathrm{a}^{-1}. \tag{4.50}$$

Berechnen wir daraus die Grundenergie der Weltbevölkerung von ca. $n = 10$ Milliarden Menschen, die für die Mitte des 21. Jahrhunderts prognostiziert werden, so ergibt sich ein

Tab. 4.5   Die Größe der ausgewiesenen Landflächen am Beginn des 21. Jahrhunderts (in m^2 und %
der gesamten Landfläche)

	Genutzte Flächen			Ungenutzte Flächen		
Siedlungs-raum	Ackerland	Grün-/ Weideflächen	Waldland	Wüsten, Gebirge	Flüsse, Seen	Eisgebiete
$10 \cdot 10^{12}$	$41 \cdot 10^{12}$	$31 \cdot 10^{12}$	$14 \cdot 10^{12}$	$35 \cdot 10^{12}$	$3 \cdot 10^{12}$	$15 \cdot 10^{12}$
6,7 %	27,5 %	20,8 %	9,4 %	23,5 %	2,0 %	10,1 %

minimaler Bedarf[8] von

$$P_0 = 0{,}8 \cdot 10^{13}\,\text{kWh} \cdot \text{a}^{-1}. \qquad (4.51)$$

Dieser Grundenergiebedarf muss durch die Landwirtschaft zur Verfügung gestellt werden.
Die Frage ist, ob das auf den angebotenen Flächen überhaupt möglich ist. Dazu einige Tatsachen.

Am Beginn des 21. Jahrhunderts hatte die Welt noch eine Bevölkerungszahl von 6 Milliarden Menschen. Zu dieser Zeit wurden auf einer Fläche von $20 \cdot 10^{12}\,m^2$ (dabei handelt
es sich um Acker- und Weideland) ein **Nahrungsmittelüberschuss** von 113 % produziert.
Dabei verteilen sich die Überschüsse ganz unterschiedlich auf die *ve*- und *we*-**Länder**. Es
ergaben sich Überschüsse von

133 %   in den *ve*-Ländern,

107 %   in den *we*-Ländern.

Bei den *we*-Ländern sind klare Unterschiede zwischen einzelnen Regionen zu erkennen,
wobei eine Nahrungsmittelunterproduktion besonders in Afrika auftrat. Aufgeteilt nach
diesen Regionen ergaben sich folgende Produktionen

Afrika   92 %,

Mittel-/Südamerika   112 %,

Westasien   117 %,

Ostasien (ohne China)   100 %,

China   115 %.

Größere Hungersnöte traten besonders in Afrika und seltener in Ostasien auf. Eigentlich wurden zu dieser Zeit genügend Nahrungsmittel produziert, und Hungersnöte sind
eher ein Verteilungsproblem, denn ein Produktionsproblem. Bei einer Überproduktion
von 113 % sollte man eigentlich erwarten, dass ausreichend Lebensmittel auf der Welt
vorhanden sind, um die Weltbevölkerung zu ernähren. Und die Versorgung sollte auch

---

[8] Bei der Berechnung dieses Bedarfs gehen wir von einem passiven Menschen aus, der keinerlei Arbeit verrichtet.

dann ausreichen, wenn der tatsächliche Pro-Kopf-Bedarf etwa doppelt so hoch ist wie der Grundumsatz, weil zusätzliche Energie für die menschlichen Arbeitsverrichtungen benötigt wird. Daher beträgt der Energiebedarf eines aktiven Menschen (im Gegensatz zu einem passiven Menschen) schätzungsweise

$$\frac{P_0}{n} = 1{,}6 \cdot 10^3 \, \text{kWh} \cdot \text{a}^{-1} \tag{4.52}$$

Demnach wurden zu Beginn des 21. Jahrhunderts auf einer Fläche von $20 \cdot 10^{12} \, \text{m}^2$ mithilfe der Landwirtschaft die Energie der Sonne, die auf dieser Fläche von der Größe

$$P'_{\oplus} = 2{,}9 \cdot 10^{16} \, \text{kWh} \cdot \text{a}^{-1} \tag{4.53}$$

ist, in chemische Energie von der Größe

$$P_0 = 9{,}6 \cdot 10^{12} \, \text{kWh} \cdot \text{a}^{-1} \tag{4.54}$$

zur Ernährung von 6 Milliarden Menschen umgewandelt. Daraus resultiert ein **Nutzungsgrad** der Energiewandlung durch die Agrarwirtschaft von

$$\zeta_{\text{Agrar}} = \frac{9{,}6 \cdot 10^{12}}{2{,}9 \cdot 10^{16}} = 0{,}0003. \tag{4.55}$$

Dieser Nutzungsgrad ist extrem gering, wenn man ihn zum Beispiel mit dem idealen Wirkungsgrad $\eta_{\text{Carnot}} = 0{,}95$ des **Carnot'schen Kreisprozesses** vergleicht (siehe Abschn. 2.3.1). Dafür gibt es aber Gründe:

1. Der Nutzungsgrad der Energiewandlung durch Pflanzen beträgt typisch $\zeta = 0{,}004$ und ist daher von vornherein sehr klein.
2. Ein Teil der Nahrung besteht aus tierischen Produkten, die wiederum von Tieren durch pflanzliche Nahrungsaufnahme erzeugt wurden. Nach der Produktregel (2.45) wird dadurch der Gesamtnutzungsgrad drastisch reduziert.
3. Die Agrartechnik ist in verschiedenen Ländern verschieden weit fortgeschritten. Besonders in vielen Ländern Afrikas lassen sich wohl Verbesserungen in der Landbewirtschaftung durchführen, wenn das Bruttoinlandprodukt dieser Länder entsprechend gesteigert werden kann.

Aufgrund dieser Tatsachen erscheint es nicht unplausibel anzunehmen, dass ein Bevölkerungszuwachs von ca. 70 % auf den zur Verfügung stehenden Flächen auch weiterhin mit ausreichenden Nahrungsmitteln versorgt werden kann. Dazu ist schon eine Steigerung des landwirtschaftlichen Nutzungsgrads auf einen Wert $\zeta_{\text{Agrar}} = 0{,}0005$ ausreichend. Durch eine fortschrittliche Agrartechnik in allen Ländern kann das erreicht werden. Dann allerdings muss Abschied genommen werden von der Vorstellung, eine Landwirtschaft ließe sich ohne den Einsatz moderner technischer Methoden betreiben.

Tab. 4.6 Flächen, die zur Umwandlung in $30 \cdot 10^{13}$ kWh $\cdot$ a^{-1} Primärenergie mit verschiedenen Techniken erforderlich sind

Energiequelle	Technik	Intensität ($\mathrm{kWh \cdot a^{-1} \cdot m^{-2}}$)	Energie-nutzungsgrad	Flächenbedarf ($\mathrm{m^2}$)
Solarenergie	Agrartechnik	$1{,}45 \cdot 10^3$	0,004	$52 \cdot 10^{12}$
Solarenergie	Fotovoltaik	$1{,}45 \cdot 10^3$	0,15	$1{,}5 \cdot 10^{12}$
Fossile Brennstoffe	Kraftwerk	$800 \cdot 10^3$	0,5	$0{,}001 \cdot 10^{12}$

Ähnliche Überlegungen, jetzt aber angewandt auf den zukünftigen **Primärenergiebedarf** der Menschheit, führen zu einem ganz anderen Ergebnis. Nach unseren Prognosen wird dieser Energiebedarf auch unter restriktiven Annahmen bei

$$P_{\max} = 30 \cdot 10^{13} \, \mathrm{kWh \cdot a^{-1}} \tag{4.56}$$

liegen. Verglichen mit (4.54) ist das etwa 30mal mehr als der menschliche Grundenergiebedarf und erfordert eine entsprechend größere Fläche zur Bereitstellung. Um die Flächenanforderungen genauer zu quantifizieren, wollen wir in Tab. 4.6 drei verschiedene Techniken der Bereitstellung vergleichen. Im Falle der **Solarenergie** gibt Intensität die Leistung an, die von $1 \, \mathrm{m^2}$ der Erdoberfläche tatsächlich absorbiert wird. Die Intensität eines **Kraftwerks** ergibt sich aus der Kraftwerksleistung und den zum Bau und zur Versorgung notwendigen Flächen. Die angeführten Werte für die einzelnen Nutzungsgrade werden wir noch ausführlich in späteren Kapiteln behandeln. Bei den angegebenen Werten handelt es sich keineswegs um untere Grenzwerte, sondern dieser Werte sind optimistisch geschätzt. Sie enthalten zum Beispiel noch nicht die Reduktion des Nutzungsgrads, die bei dem Zwang zur Energiespeicherung und zum Energietransport auftreten wird.

Selbst wenn wir davon ausgehen, dass die Werte in der Tab. 4.6 nur grobe Schätzwerte sind, dann sind trotzdem einige Folgerungen aus dieser Tabelle unausweichlich:

> Es wird nicht gelingen, den zukünftigen Energiebedarf in irgendeiner Weise mithilfe der „natürlichen Methode", nämlich der Fotosynthese zu decken.

Die erforderliche Fläche übersteigt 60 % der gesamten auf der Erde nutzbaren Landfläche. Bioprodukte (Biogas, Biomethanol, Biodiesel, etc) werden daher bei der Versorgung mit Primärenergie immer nur ein Nischendasein fristen.

> Es ist im Prinzip möglich, den zukünftigen Primärenergiebedarf der Welt mithilfe einer „technischen Methode" (Fotovoltaik) aus der Solarenergie zu decken.

Dazu werden aber sehr große Flächen benötigt, die in stark besiedelten Ländern nicht zur Verfügung stehen. Aus vielen Gründen wären die **Wüstengebiete** geeignet, von denen dann ca. 6 % zur Energiewandlung genutzt werden müsste. Aber derartige Vorschläge lassen außer Acht, welche Gefahr die geänderte Flächennutzung für unser Klima auf der Erde bedeuten kann.

> Allein vom Flächenbedarf gesehen, stellt die Verbrennung fossiler Energieträger das bevorzugte Verfahren zur Deckung unseres Primärenergiebedarfs dar.

Aber die Verbrennung erhöht die CO_2-Zusammensetzung der Erdatmosphäre. Und außerdem sind fossile Energieträger nicht ersetzbar, ihr Vorrat wird in nicht allzu ferner Zukunft erschöpft sein. Wann dieser Zeitpunkt eintritt, damit beschäftigen wir uns im nächsten Kapitel.

Und was dann? Das ist eine Frage, die sich auf jeden Fall nicht ohne eine ausführliche Analyse aller bestehenden Möglichkeiten für eine zukünftige Energieversorgung beantworten lässt. Diese Analyse muss vorurteilsfrei geführt werden und ohne dass ein populäres Wunschdenken den Blick verengt.

4.7   Deutschland, ein Sonderfall?

Unsere Überlegungen beschäftigten sich bisher fast ausschließlich mit der Situation, in der sich die Welt insgesamt befindet und in Zukunft befinden wird. Werden die Probleme in **Deutschland** lösbar sein? Der Eindruck, dass es möglich sei, drängt sich auf, wenn man den Berichten deutscher Medien glaubt. Aber Glauben ist keine Grundlage für eine gesicherte Energieversorgung. Denn die Probleme, denen sich Deutschland gegenüber sieht, sind gravierender. Wir wollen uns das anhand der vorhandenen und der benötigten Flächen überlegen.

Deutschland gehört zu den *ve*-Ländern. Daher kann man davon ausgehen, dass sich seine Bevölkerungszahl und sein Primärenergiebedarf in Zukunft nicht wesentlich verändern werden, weil die Einwanderung aus den *we*-Ländern zwar zunehmen, aber auch die Energieeffizienz steigen wird. Die entsprechenden Zahlen am Anfang des 21. Jahrhunderts sind repräsentativ für das gesamte Jahrhundert.

Die Gesamtfläche Deutschlands beträgt

$$A_\mathrm{D} = 3{,}6 \cdot 10^{11}\,\mathrm{m}^2. \tag{4.57}$$

Davon sind ca. 7 % als Siedlungsfläche und ca. 5 % als Verkehrsfläche ausgewiesen. Die Waldfläche in Deutschland beträgt ca. 30 %, aber selbst diese Fläche ist nicht ungenutzt, sondern dient größtenteils der Forstwirtschaft und der Erholung. Praktisch gibt es in

Tab. 4.7 Flächen, die zur Befriedigung des deutschen Primärenergiebedarfs von $3,69 \cdot 10^{12}\,\text{kWh}\cdot\text{a}^{-1}$ erforderlich sind

Energiequelle	Technik	Intensität $(\text{kWh}\cdot\text{a}^{-1}\cdot\text{m}^{-2})$	Energie-nutzungsgrad	Flächenbedarf (m^2)
Solarenergie	Agrartechnik	$1 \cdot 10^3$	0,004	$1 \cdot 10^{12}$
Solarenergie	Fotovoltaik	$1 \cdot 10^3$	0,15	$2,5 \cdot 10^{10}$
Fossile Brennstoffe	Kraftwerk	$800 \cdot 10^3$	0,5	$1 \cdot 10^7$

Deutschland keine ungenutzten Flächen. Wie groß ist aber der Flächenbedarf, der sich für eine autarke Versorgung mit Primärenergie ergäbe?

Anfang des 21. Jahrhunderts hatte Deutschland einen Primärenergiebedarf von

$$P_\text{D} = 3,69 \cdot 10^{12}\,\text{kWh}\cdot\text{a}^{-1}. \tag{4.58}$$

Die zur Befriedigung dieses Bedarfs erforderlichen Flächen ergeben sich aus Tab. 4.7. Die für die Solarenergie angesetzte Intensität ist geringer als die, die wir in Tab. 4.6 benutzt haben. Der Grund ist, dass sich Deutschland geografisch in einem für die Nutzung der Solarenergie ungünstigen Gebiet befindet.

Aus der Tab. 4.7 lassen sich fast identische Schlussfolgerungen ziehen, wie wir sie vorher für die Welt insgesamt gezogen haben. Aber sie gelten nicht erst zum Ende des 22. Jahrhunderts, sondern sie sind schon jetzt gültig. Daher sind sie eigentlich noch erschreckender, denn um unseren Primärenergiebedarf zukünftig mithilfe der Solarenergie zu decken, müsste etwa ein Viertel der Wälder abgeholzt und durch Fotodioden ersetzt werden. Das ist sicherlich kein realistisches Vorhaben. Als Ausweg wird dann vorgeschlagen, die frei verfügbaren **Dachflächen** als Standflächen für Fotodioden zu benutzen. Es wird geschätzt, dass Deutschland eine nutzbare Dachfläche von ca. $9 \cdot 10^8\,\text{m}^2$ aufweist. Das sind gerade einmal 4 % der erforderlichen Fläche und bietet sicher auch keine Lösung. Daher wird Deutschland auch in Zukunft auf den Import von Primärenergie angewiesen sein, wie das bereits heute der Fall ist. Und daher werden die deutschen Möglichkeiten auch davon abhängen, welcher Weg für die zukünftige Versorgung *der Welt* mit Primärenergie gewählt wird, falls eine Wahlmöglichkeit überhaupt existiert.

Welche Energievorräte besitzt die Welt, die zur Versorgung mit Primärenergie genutzt werden könnten? Wir werden uns mit dieser Frage in den folgenden Abschnitten beschäftigen und anschließend überlegen, wie lange die Vorräte aus diesen Quellen noch reichen, wenn der prognostizierte Energiebedarf zugrunde gelegt wird.

Im Prinzip sind alle Energieträger entstanden durch die Umwandlung von zwei fundamentalen Energieformen in andere Energieformen. Die fundamentale Energieform mit der größten Bedeutung ist die

- **Kernenergie**.

Von wesentlich geringerer Bedeutung ist die

- **Gravitationsenergie**.

Es mag überraschen, dass die Kernenergie die eigentliche Urform des größten Teils der von uns genutzten Energiequellen ist. Das liegt daran, dass Kernreaktionen für die Sternentwicklung verantwortlich sind und damit auch für die, von unserer Sonne emittierten und von der Erde empfangenen elektromagnetischen Strahlung. Die Solarenergie wiederum ist über die **Fotosynthese** verantwortlich für den Aufbau der fossil biogenen Lagerstätten, in denen die Energie in Form chemischer Energie gespeichert ist und die wir über lange Zeiten genutzt haben.

Ganz allgemein kann man diese Zusammenhänge in der Abb. 5.1 verdeutlichen. Die **nichterneuerbaren** Energiequellen sind in dieser Abbildung in roter Schrift gezeigt, die **erneuerbaren** in schwarzer Schrift auf schraffiertem Untergrund. Eine Energiequelle und die dazu gehörige Energie bezeichnen wir dann als nicht-erneuerbar, wenn ihr Vorrat nur endlich ist und dieser Vorrat auch nicht in absehbarer Zeit neu angelegt werden kann. Die erneuerbaren Energiequellen oder Energien sind dagegen im Prinzip unerschöpflich, das heißt, ihr Vorrat ist so ungeheuer groß, dass er über den uns interessierenden Zeitraum

D. Pelte, *Die Zukunft unserer Energieversorgung*, DOI 10.1007/978-3-658-05815-9_5,
© Springer Fachmedien Wiesbaden 2014

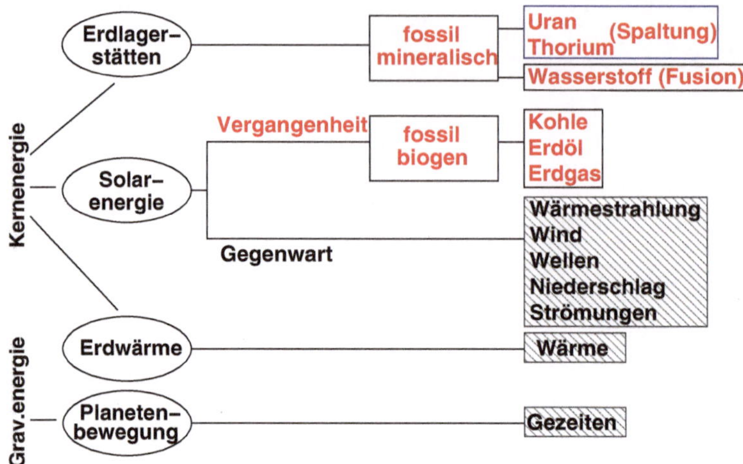

Abb. 5.1 Die prinzipiellen Energiequellen der Erde. In *rot* sind die nichterneuerbaren Quellen gezeigt, in *schwarz* auf *schraffiertem Untergrund* die erneuerbaren Quellen

hinausreicht. Zum Beispiel wird die Solarenergie solange zur Verfügung stehen, solange ihre Ursache, nämlich die in der Sonne ablaufenden Kernreaktionen, weiter besteht.

Zuerst wollen wir uns mit den nichterneuerbaren Energieträgern beschäftigen, das sind

- die fossil biogenen Energieträger,
- die fossil mineralischen Energieträger.

Letzteren stehen viele Menschen, besonders in Deutschland, ablehnend gegenüber, vielleicht auch deswegen, weil das notwendige Basiswissen zum Verständnis ihrer Eigenschaften fehlt. In den Abschn. 5.2.1 bis 5.5 wird dieses Wissen vermittelt. Nicht-interessierte Leser können diese Kapitel auch überspringen.

5.1 Die fossil biogenen Energien

Zu den **fossil biogenen Energieträgern** zählen wir

- **Kohle**,
- **Erdöl**,
- **Erdgas**.
- **Unkonventionelle Energieträger**.

Mit dem Begriff „**unkonventionelle Energieträger**" werden Kohlenwasserstoffe bezeichnet, deren Lagerstätten entweder schwer zugänglich sind (**Methanhydrat**), oder deren Abbau schwierig ist (**Teersände, Ölschiefer, Gasschiefer**). Alle haben gemeinsam, dass ihr Abbau selbst viel Energie erfordert und ein erhebliches **Umweltrisiko** darstellt.

Das **Methanhydrat** ist ein CH_4-Molekül, an das sich bei tiefer Temperatur ($T < 10\,°C$) und hohem Druck ($P > 10\,bar$) 6 bis 7 Wassermoleküle H_2O angelagert haben. Es entsteht eine schneeähnliche Substanz, in der pro $1\,m^3$ Volumen etwa $170\,m^3$ Methangas unter Normalbedingungen von Temperatur und Druck gespeichert sind. Es wird vermutet, dass sich derartige Lagerstätten aus Methanhydrat im Laufe von Millionen von Jahren auf dem Tiefseeboden der Ozeane gebildet haben. Und zwar durch die bakterologische Zersetzung des Plankton, das von der Wasseroberfläche auf den Meeresboden abgesunken ist. Bekannt ist, dass sich große Lagerstätten von Methanhydrat auf den Festlandssockeln der Kontinente befinden. Wie groß die Lagerstätten insgesamt sind, ist unbekannt. Schätzungen gehen davon aus, dass sie an Mächtigkeit alle bekannten Erdöl, Erdgas und Kohle Vorkommen übertreffen. Der Abbau des Methanhydrats wird aber außerordentlich schwierig sein und wahrscheinlich mehr Energie erfordern als abgebaut wird. Neben der großen Tiefe der Lagerstätten ist der Hauptgrund, dass sie über den gesamten Meeresboden verteilt und daher nicht konzentriert sind, wie wir das bei allen anderen Lagerstätten mit fossil biogenen Energieträgern vorfinden. Und außerdem: CH_4 ist ein **Treibhausgas**, das etwa 22mal wirksamer ist als CO_2.

Teersände enthalten Kohlenwasserstoffe (Bitumen) mit einem geringeren H : C Verhältnis (Wasserstoff zu Kohlenstoff) als Erdöl. Daher muss das Bitumen aus dem Teersand zunächst einmal hydriert werden, bevor man es mit den gleichen Techniken wie beim Erdöl verarbeiten und dann nutzen kann. Die größten Lagerstätten für Teersände befinden sich in Kanada, den USA, Russland und Venezuela. Nur in Kanada werden Teersände in größerem Umfang abgebaut, verarbeitet und in die USA exportiert. Zur Gewinnung des Bitumens aus dem Gestein werden mit der heutigen Technik große Mengen an Wasser und Wasserdampf benötigt. Etwa 1/3 der gewonnenen Primärenergie muss allein für den Abbau aufgewendet werden. Bezüglich des Wassers werden zur Gewinnung von $1\,m^3$ Bitumen eine Menge von 4 bis $5\,m^3$ Frischwasser benötigt. Die gleich große Abwassermenge ist stark mit Schweröl verunreinigt und wird in großen Speicherseen aufgefangen und gelagert. Dies stellt natürlich ein gravierendes Umweltproblem dar.

Bei dem **Gas-** und **Ölschiefer** handelt es sich um Gesteinsformationen, in denen normales Erdgas bzw. Erdöl eingelagert ist, also nicht gespeichert in Kavernen, wie es sonst der Fall ist. Um das Gas oder Öl zu fördern, müssen die Schieferschichten zunächst aufgeweitet werden, was mit einem Wasser-Chemikalien-Gemisch unter hohem Druck geschieht (genannt **fracking**). Auch hier ist das zurückbleibende Wasser das eigentliche Umweltproblem. Bei dem fracking-Prozess kann aber auch CH_4 aus den Bohrlöchern entweichen und den Treibhauseffekt verstärken.

Insbesondere in den USA hat die Nutzung unkonventioneller Energieträger, trotz der Risiken, seit dem Jahr 2008 enorm an Bedeutung gewonnen.[1] Leider werden diese Energiereserven in Statistiken einfach addiert zu den Energiereserven der konventionellen Ener-

---

[1] Wahrscheinlich hat das geholfen, die Finanzkrise (Abschn. 4.2) in den USA zu überwinden.

gieträger, obwohl letztere weniger Förderaufwand erfordern und daher, im Prinzip, einen geringeren **Energiepreis** gestatten. Die Angabe von Energiereserven oder Energievorräten geschieht i.A. unter der Prämisse, dass sie mit „akzeptablen finanziellen Mitteln" erschlossen werden können, also auch zu einem akzeptablen Energiepreis führen. Welcher Energiepreis akzeptabel ist, ist eine interessante Frage, die in diesem Buch nur kurz im Abschn. 3.1.1 behandelt wird. Auch im Begleitmanuskript „Energie4" findet man einige Überlegungen dazu.

Die fossil biogenen Energieträger sind aus der Solarenergie mithilfe der Fotosynthese in Pflanzen entstanden. Der Prozess der Kohlebildung begann vor ca. 300 Millionen Jahren, Erdöl und Erdgas entstanden vor ca. 200 Millionen Jahren. Diese enormen Zeiträume sind der Grund dafür, dass trotz des sehr kleinen Nutzungsgrads der Fotosynthese im Laufe von Millionen Jahren sehr große Lagerstätten entstehen konnten. Der darin gespeicherte **Energievorrat** beträgt etwa $15 \cdot 10^{15}$ kWh, von denen bis zum Jahr 2000 etwa $5 \cdot 10^{15}$ kWh als Primärenenergie von der Menschheit verwendet wurden.

Diese Zahlen erlauben uns, wiederum eine Abschätzung für den beim Aufbau der Lagerstätten erzielten **Nutzungsgrad** durchzuführen. Falls der Aufbau während einer Zeitperiode von $t \approx 10^8$ a stattfand und sich auf einer Fläche $A \approx 0{,}01\,A_\oplus \approx 5 \cdot 10^{12}$ m^2 vollzog, dann betrug die absorbierte Solarenergie

$$W = I'_\oplus\, A\, t = 7{,}2 \cdot 10^{23} \text{ kWh}. \tag{5.1}$$

Verglichen mit der **Mächtigkeit der Lagerstätten** ergibt sich daraus ein Nutzungsgrad für ihren Aufbau von

$$\zeta = \frac{15 \cdot 10^{15}}{7{,}2 \cdot 10^{23}} = 0{,}000\,000\,02. \tag{5.2}$$

Man sollte dieser Zahl nicht größere Bedeutung zumessen als ihr zukommt: Sie verdeutlicht nur unsere schon gewonnene Erkenntnis, dass die Energiewandlung mithilfe der Fotosynthese einen nur geringen Nutzungsgrad besitzt, und welche Probleme die *instantane* Nutzung der Solarenergie bereiten wird.

Für die zukünftige Versorgung mit Primärenergie sind die in Tab. 5.1 aufgeführten Reserven noch vorhanden. Allerdings sind diese nicht gleichmäßig über die Erde verteilt. Aufgeteilt nach den verschiedenen Regionen der Erde ergeben sich die prozentualen Anteile in Tab. 5.2. Die Weltvorräte an Erdöl und Erdgas liegen hauptsächlich in Westasien, allerdings besitzt auch die frühere Sowjetunion einen großen Vorrat an Erdgas. Die abbaubaren Kohlelagerstätten liegen hauptsächlich in Nordamerika (USA und Kanada), in Ost-

Tab. 5.1 Die verbleibenden Vorräte an fossil biogenen Energieträgern nach 2000

	Kohle	Erdöl	Erdgas
Durchschnittlicher Heizwert (kWh $\cdot$ kg^{-1}) oder (kWh $\cdot$ m^{-3})	7,1	10,3	10,5
Vorräte (kWh)	$6{,}4 \cdot 10^{15}$	$3{,}0 \cdot 10^{15}$	$2{,}0 \cdot 10^{15}$

Tab. 5.2 Die Anteile verschiedener Regionen an den fossil biogenen Energieträgern

	Westasien	Afrika	Nordamerika	Südamerika	Ostasien/ Ozeanien	Frühere SU	Europa
Kohle		3,8 %	28,5 %	1,5 %	30,9 %	30,2 %	5,1 %
Erdöl	48,4 %	7,8 %	13,2 %	19,7 %	2,5 %	8,0 %	0,4 %
Erdgas	43,0 %	7,7 %	5,8 %	4,1 %	8,2 %	29,2 %	2,0 %

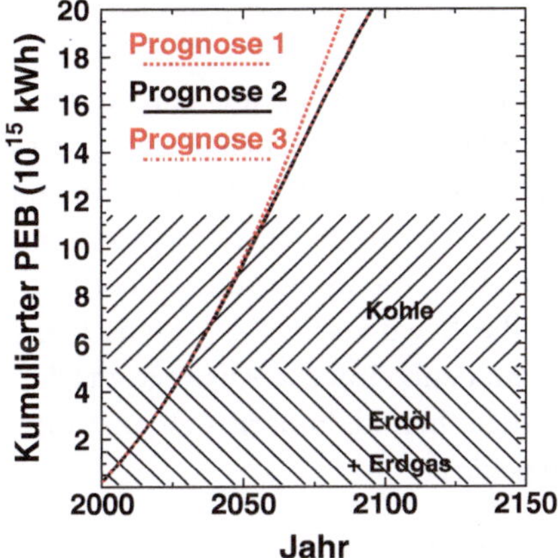

Abb. 5.2 Die Entwicklung des kumulierten Primärenergiebedarfs nach den Prognosen (1), (2) und (3) im Vergleich zu den vorhandenen Vorräten an fossil biogenen Energieträgern. Die nach links oben schraffierten Fläche zeigt die Vorräte an Erdöl und Erdgas, die nach rechts oben schraffierte Fläche die Vorräte an Kohle. Unabhängig von der Prognose sind alle Vorräte zur Mitte des 21. Jahrhunderts erschöpft

asien/Ozeanien (China und Australien) und in der früheren Sowjetunion. Europa besitzt von den Energiereserven der Welt herzlich wenig. Am mächtigsten sind noch die Kohlelager in Polen, Deutschland und Großbritannien (Reihenfolge nach ihrer Bedeutung). Deutschland hat sich aber wegen der hohen Kosten entschlossen, seinen Steinkohleabbau einzustellen und lieber die billigere Braunkohle und Importkohle zu verwenden.

Wir gehen davon aus, dass die in Tab. 5.1 aufgeführten Energiereserven weltweit zugänglich sind und nicht nur von den Ländern genutzt werden können, in denen sich die jeweiligen Lagerstätten befinden. Unter dieser Annahme ist leicht auszurechnen, zu welcher Zeit alle verfügbaren fossil biogenen Energieträger verschwunden sein werden, wenn sich der Primärenergiebedarf der Welt, wie in Abschn. 4.3 prognostiziert, entwickelt und wenn unsere Energieversorgung, wie bisher, fast ausschließlich diese Energieträger verwendet. Zu diesem Zweck muss der jährliche Energiebedarf sukzessive aufaddiert werden zum **kumulierten Energiebedarf**, wie es in Abb. 5.2 geschehen ist. Der kumulierte Energiebedarf kann direkt mit den vorhandenen Reserven an Erdöl, Erdgas und Kohle verglichen werden. Auch dies wird in Abb. 5.2 durchgeführt. Aus diesem Vergleich ergibt sich, dass die Reserven kurz nach Mitte des 21. Jahrhunderts erschöpft sein werden und zwar ziemlich unabhängig davon, nach welcher der untersuchten **Prognosen** sich die Weltwirtschaft entwickelt.

> Falls unsere Energieversorgung fast ausschließlich auf den fossil biogenen Energieträgern Erdöl, Erdgas, Kohle aufbaut, dann werden die weltweiten Vorräte an diesen Energieträgern bis zur Mitte des 21. Jahrhunderts abgebaut sein.

Es ist daher eigentlich nicht nötig, dass wir uns Sorgen um die Energieversorgung im 22. Jahrhundert machen. Unser Schicksal entscheidet sich in der ersten Hälfte des 21. Jahrhunderts. Ein Zeitraum von nur 40 Jahren ist sehr klein, um auf die mit der **Energieverknappung** einhergehenden Herausforderungen zu reagieren. Zumal die Vorstellung, dass die heute schon lebende Generation mit dieser Aufgabe konfrontiert sein wird, offensichtlich noch nicht ihren Weg in das Bewusstsein vieler Menschen gefunden hat. Ein „Weiter wie bisher" wird es nicht geben, denn einfache Auswege aus der voraussehbaren Energiekrise sind nicht erkennbar. Menschen klammern sich an Hoffnungen, selbst wenn diese unrealistisch sind, und dazu gehören:

- Es existieren andere Energieträger.

Hier werden, besonders in Deutschland, die erneuerbaren Energien genannt. Ob diese tatsächlich in der Lage sind, die sich auftuende Energielücke zu füllen, damit werden wir uns in Kap. 7 beschäftigen. Aber allein schon die Zusammenstellungen in den Tab. 4.6 und 4.7 lassen daran zweifeln, dass dieser Vorschlag einen wirklichen Ausweg eröffnet.

- Es gibt viel mehr Reserven als in Tab. 5.1 aufgeführt.

Dies ist ein Wunschdenken, auf dem sich keine verantwortungsvolle Energieplanung aufbauen lässt. Man muss davon ausgehen, dass alle größeren Lagerstätten mit fossilen Brennstoffen bekannt sind, selbst wenn diese zur Zeit noch nicht ausgebeutet werden. Dies wird auch daran erkennbar, dass sich seit der 1. Auflage dieses Buches die bekannten Energiereserven nur unwesentlich von $10{,}2 \cdot 10^{15}$ kWh auf $11{,}4 \cdot 10^{15}$ kWh vergrößert haben. Dadurch wird die Frist bis zur Erschöpfung der Energiereserven um nicht einmal fünf Jahre verlängert. Was sich verändert hat, ist eine geringe Erhöhung der Erdölreserven auf Kosten der Kohlereserven.

5.2   Die fossil mineralischen Energien 1: Kernspaltung

Zu den **fossil mineralischen Energieträgern** zählen wir einmal die Elemente **Uran** (U) und **Thorium** (Th), die als Mineralien in geringer Konzentration in der Erdkruste zu finden sind, und dann aber auch den **Wasserstoff** (H), der an Sauerstoff (O) gebunden das Wasser

(H_2O) bildet und praktisch unbegrenzt in der Natur vorhanden ist. Uran- und Thorium-lagerstätten mit einer Konzentration $c > 0{,}1\%$ (1 kg Mineral pro 1 t Gestein) werden zur Zeit als abbauwürdig angesehen. Es gibt einen gezielten Uranabbau, Thorium wird dagegen mehr als Beiprodukt beim Abbau der Lanthaniden gewonnen. Unter den Lanthaniden versteht man alle Elemente mit den Ordnungszahlen zwischen denen des Lanthan ($Z = 57$) und des Luthetium ($Z = 71$).

Die eigentliche Energie im Uran und Thorium ist die **Kernenergie**, genauer die Bindungsenergie der Nukleonen im Atomkern. Damit unterscheidet sich diese Energieform grundlegend von der **chemischen Energie** der fossil biogenen Energieträger: Letztere entspricht der **Bindungsenergie der Elektronen** in der Atomhülle.

Bereits am Anfang dieses Kapitels wurde darauf hingewiesen, dass die Kernenergie angesehen werden kann als Ausgangs- oder Fundamentalform fast aller auf der Erde vorhandenen Energiereserven. Ausgangsenergie deswegen, weil die Solarenergie ihren Ursprung in den Kernreaktionen der Sonne hat. Dass bei den Kernreaktionen Energie frei wird, liegt daran, dass die **Bindungsenergie des Nukleons** einen minimalen Wert von $-8{,}8$ MeV (siehe Tab. 2.2 und 2.3) besitzt, wenn die Nukleonen zu einem Kern in der Nachbarschaft des Eisenkerns ($Z = 26$) gebunden sind. Werden daher zwei leichte Kerne zu einem leichteren Kern als dem Eisenkern vereinigt, so wird ein Überschuss an Bindungsenergie frei, der sich in thermische Energie umwandelt. Diesen Prozess bezeichnet man als **Fusion**. Die Fusion von vier Protonen zu einem Heliumkern (^{4}He) ist der Prozess, der in der **Sonne** abläuft und der Sonne eine Oberflächentemperatur von 5800 K beschert.

Auf der anderen Seite kann auch ein sehr schwerer Atomkern in zwei leichtere Atomkerne zerlegt werden, von denen jeder aber schwerer als der Eisenkern sein muss. Auch bei diesem Prozess wird Bindungsenergie frei, man bezeichnet diesen Prozess als **Spaltung**. Aus Gründen, auf die wir erst auf der P-Ebene eingehen werden, ist die Spaltung technisch nur durchführbar mit den Kernen ^{233}U, ^{235}U (**Uran**) und ^{239}Pu (**Plutonium**). Auch die Wasserstofffusion kann auf der Erde nicht mit der gleichen Reaktion wie in der Sonne durchgeführt werden, sondern erfordert die Wasserstoffisotope **Deuterium** (d oder ^{2}H) und **Tritium** (t oder ^{3}H). Während Deuterium, gebunden im Wasser, auf der Erde vorhanden ist, muss Tritium erst aus ^{6}Li (Lithium) erzeugt werden. Die Physik der Kernfusion und der mit ihr verbundenen Kernreaktionen werden wir später besprechen. Wir wollen zunächst die Kernspaltung genauer diskutieren und uns dann im Abschn. 5.4 der Kernfusion zuwenden.

Von den spaltfähigen[2] Atomkernen ist nur das ^{235}U in der Natur vorhanden, und zwar als geringe Beimischung mit einem Anteil von 0,7 % im natürlichen Uranerz. Bei den restlichen 99,3 % handelt es sich um das ^{238}U, das nicht spaltfähig ist. Die beiden anderen spaltfähigen Kerne ^{233}U und ^{239}Pu müssen zunächst durch **Brutreaktionen** mithilfe von

---

[2] Spaltfähig heißt, dass der Kern erst nach Einfang von thermischen Neutronen spaltet.

Neutronen (n) erzeugt werden. Die dazu notwendigen Kernreaktionen lassen sich, ohne Berücksichtigung des gleichfalls auftretenden Betazerfalls, wie folgt schreiben

$$\begin{aligned} {}^{232}\mathrm{Th} + \mathrm{n} &\to {}^{233}\mathrm{U} \\ {}^{238}\mathrm{U} + \mathrm{n} &\to {}^{239}\mathrm{Pu}. \end{aligned} \tag{5.3}$$

Die Ausgangskerne ^{232}Th und ^{238}U sind **radioaktiv** mit einer Lebensdauer $\tau = 2 \cdot 10^{10}$ a für das ^{232}Th und $\tau = 6{,}5 \cdot 10^{9}$ a für das ^{238}U. Diese Lebensdauern sind so ungeheuer groß, dass die Anzahl dieser Kerne seit Entstehung der Erde vor ca. $4{,}5 \cdot 10^{9}$ a nur wenig abgenommen hat und daher Uran und Thorium immer noch in der Natur vorkommen.

Die Kernspaltung selbst wird ebenfalls durch ein Neutron ausgelöst, wobei im Allgemeinen folgende Reaktion abläuft

$$\text{spaltfähiger Kern} + \mathrm{n} \to 2 \ \text{Spaltfragmente} + 2 \ldots 3 \,\mathrm{n} + 200 \,\mathrm{MeV}. \tag{5.4}$$

Jede Spaltreaktion erzeugt neben den zwei Spaltfragmenten auch eine gewisse Anzahl von Neutronen, die wiederum eine neue Spaltreaktion auslösen können. Es entsteht eine **Kettenreaktion**, die nutzbare Energie beträgt also 200 MeV pro Spaltung. Dieser Wert ist sehr groß, wenn man bedenkt, dass mit 1 kg spaltfähigem Material etwa $2{,}5 \cdot 10^{24}$ Spaltungen durchgeführt werden können. Dies ergibt ein Energie-zu-Masse-Verhältnis (**spezifische Energie**) bzw. ein Energie-zu-Volumen-Verhältnis (**Energiedichte**) von

$$\frac{W_{\text{Spaltung}}}{m} = 2{,}2 \cdot 10^{7} \,\mathrm{kWh} \cdot \mathrm{kg}^{-1} \ \text{bzw.} \ w = \frac{W_{\text{Spaltung}}}{V} = 4{,}1 \cdot 10^{11} \,\mathrm{kWh} \cdot \mathrm{m}^{-3}. \tag{5.5}$$

Allerdings steht diese volle Energie nur dann zur Verfügung, wenn z. B. das ^{238}U vorher durch eine Brutreaktion in ^{239}Pu verwandelt wurde. Sind diese Brutreaktionen, aus welchen Gründen auch immer, nicht durchführbar, so verringern sich die Verhältnisse W_{Spaltung}/m bzw. W_{Spaltung}/V um den Faktor, mit dem ^{235}U im natürlichen Uran vorhanden ist. Das ergibt

$$\frac{W_{\text{Spaltung}}}{m} = 1{,}5 \cdot 10^{5} \,\mathrm{kWh} \cdot \mathrm{kg}^{-1} \ \text{bzw.} \ w = \frac{W_{\text{Spaltung}}}{V} = 2{,}8 \cdot 10^{9} \,\mathrm{kWh} \cdot \mathrm{m}^{-3} \tag{5.6}$$

und bedeutet, dass dann einer der vorhandenen **Energievorräte** nicht genutzt wird.

Welche zur Zeit abbauwürdigen Vorräte an Uran und Thorium befinden sich auf der Erde? Bei einem Förderpreis von weniger als $130 \,\mathrm{USD} \cdot \mathrm{kg}^{-1}$ betragen die Weltvorräte an Uran $5{,}4 \cdot 10^{9}$ kg. Thorium kommt in der Erdkruste seltener vor, seine Vorräte werden auf insgesamt $2{,}6 \cdot 10^{9}$ kg geschätzt. Ausgedrückt mithilfe von (5.5) ergibt das die in Tab. 5.3 aufgeführten Energievorräte. Verglichen mit den Angaben in Tab. 5.1 für die fossil biogenen Energieträger, stellt die Spaltung von ^{235}U allein keine wirkliche Vergrößerung der Energievorräte dar.

Tab. 5.3 Die vorhandenen Vorräte an spaltfähigen Energieträgern (siehe Tab. 5.1)

	^{235}U	^{239}Pu	^{233}U
Spez. Heizwert (kWh · kg^{-1})	$2{,}2 \cdot 10^7$	$2{,}2 \cdot 10^7$	$2{,}2 \cdot 10^7$
Vorräte (kWh)	$0{,}83 \cdot 10^{15}$	$120 \cdot 10^{15}$	$60 \cdot 10^{15}$
radioaktive Lebensdauer (a)	$1{,}0 \cdot 10^9$	$3{,}5 \cdot 10^4$	$2{,}3 \cdot 10^5$

Tab. 5.4 Die Verteilung von Uran und Thorium auf der Welt (siehe Tab. 5.1)

	Westasien	Afrika	Nordamerika	Südamerika	Ostasien/ Ozeanien	Frühere SU	Europa
Uran	–	16 %	14 %	6 %	27 %	34 %	3 %
Thorium	13 %	5 %	18 %	24 %	30 %	3 %	7 %

Die Lagerstätten für Uran und Thorium zeigt die Tab. 5.4. Beide sind also viel gleichmäßiger über die Erde verteilt als die Lagerstätten der fossil biogenen Energieträger. Für Erstere besteht daher auch nicht so sehr die Gefahr, dass ein Land seine Monopolstellung auf Kosten aller anderen Länder ausnutzt. Weiterhin findet man Uran in einer sehr geringen Massenkonzentration[3] $c = 3 \cdot 10^{-9}$ im **Meerwasser**. Obwohl dies zunächst wie ein unerschöpflicher Vorrat von Uran erscheint, lässt sich damit keine Anlage zur Urangewinnung aufbauen. Um den Bedarf an Primärenergie von $1 \cdot 10^{14}$ kWh · a^{-1} zu decken, müsste eine Wassermenge von $2 \cdot 10^{17}$ kg · a^{-1} aufgearbeitet werden, also ein Wasservolumen von $2 \cdot 10^{14}$ m^3 · a^{-1}. Um uns eine Vorstellung von der Größe dieses Volumens zu machen: Bei einer mittleren Wassertiefe von 200 m hat das erforderliche „Meer" eine Oberfläche von 1000×1000 km^2. Dies entspricht etwa der Oberfläche der Ostsee, die dann in einem Jahr durch die Urangewinnungsanlage gepumpt werden müsste.

Beschränkt man kernenergetische Anlagen auf die Spaltung von ^{235}U, so zeigt Tab. 5.3, dass die zur Zeit abbauwürdigen Uranvorräte nicht ausreichen, um den Zeitpunkt der **Energieverknappung** um mehr als 1 Jahr hinauszuschieben. Erst wenn ^{239}Pu aus ^{238}U und noch besser ^{233}U aus ^{232}Th erbrütet werden, dann wird dieser Zeitpunkt um mehr als 100 Jahre in das 22. Jahrhundert verlegt, was wohl eine genügend große Zeitspanne ist, um die Energieversorgung der Welt auf andere Techniken umzustellen.

Die Kernenergie, die bei der Kernspaltung freigesetzt wird, kann nur dann einen wesentlichen Beitrag zur Versorgung der Welt mit Primärenergie leisten, wenn neben der Spaltung von ^{235}U auch die Spaltung von ^{233}U und ^{239}Pu in kerntechnischen Anlagen verwirklicht wird.

---

[3] Die Massenkonzentration c ist das Verhältnis einer Teilmasse Δm zur Gesamtmasse m, also $c = \Delta m / m$.

Abb. 5.3 Die Abhängigkeit der Bindungsenergie eines Nukleons im Atomkern von der Massenzahl dieses Kerns. Bei $A \approx 60$ besitzt diese Abhängigkeit ein Minimum, das heißt, bei dieser Massenzahl sind die Nukleonen besonders stark gebunden

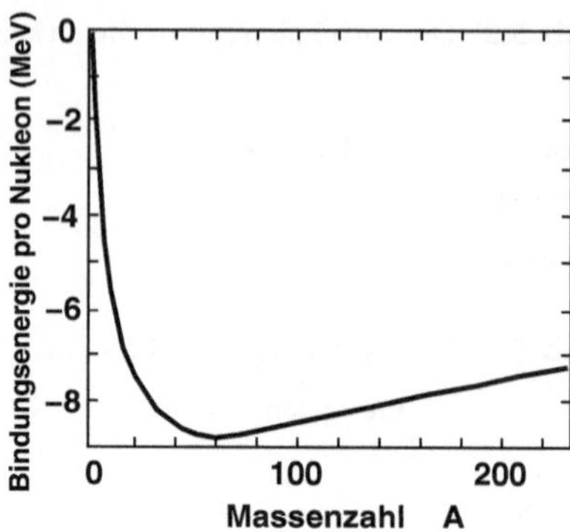

5.2.1 P-Ebene: Die physikalischen Grundlagen der Kernspaltung

Da die Kernspaltung immerhin eine der Möglichkeiten bietet, die Weltenergieversorgung auch in der Zukunft zu garantieren, werden wir uns jetzt auf der P-Ebene mit den physikalischen Grundlagen dieser Technik beschäftigen.

Die Kernspaltung durch thermische Neutronen

Dass bei der **Kernspaltung** Energie freigesetzt wird, ergibt sich aus der Tatsache, dass die **Bindungsenergie eines Nukleons** im Atomkern von der Massenzahl $A = Z + N$ dieses Kerns abhängt. Die Massenzahl ist gleich der Gesamtanzahl Z von **Protonen** (p) und der Gesamtanzahl N von **Neutronen** (n) in dem Kern. Die A-Abhängigkeit der Bindungsenergie ist in Abb. 5.3 gezeigt. Demnach erreicht diese Bindungsenergie ihren minimalen Wert bei einem Atomkern mit der Massenzahl $A_{\min} \approx 60$, also für Kerne in der Nachbarschaft des Eisenkerns.

In der Kernspaltung wird ein sehr schwerer Kern K in zwei leichte Kerne X und Y zerlegt, wobei die Massenzahlen $A_X, A_Y > A_{\min}$ sein müssen. Natürlich erhebt sich sofort die Frage, warum Spaltreaktionen K $\rightarrow$ X + Y nicht spontan in der Natur ablaufen und unsere gesamte Materie nicht aus Kernen mit der Massenzahl $A_{\min}$ aufgebaut ist. Der Grund ist, dass zur Auslösung der Spaltreaktion eine Spaltbarriere überwunden werden muss, die durch die Kernladung, also die Z positiv geladenen Protonen im Kern verursacht wird. Die Verhältnisse sind in der Abb. 5.4 dargestellt.

- Zur Auslösung einer Kernspaltung muss dem Kern K eine Energie von mindestens der Größe der **Spaltbarriere** B_S zugeführt werden. Dies geschieht durch Absorption von ungeladenen Neutronen im Kern K'. Die bei der Kernspaltung entstehenden Spaltfragmente X und Y besitzen eine kinetische Energie $W_{\mathrm{kin}}(X, Y) = B_C$, die durch die Größe ihrer gegenseitigen Abstoßung aufgrund ihrer positiven Kernladungen Z_X und Z_Y gegeben ist.

Zusätzlich zur Entstehung der Spaltfragmente X und Y wird bei der Spaltung eine Anzahl x von Neutronen emittiert. Die Spaltreaktion läuft also nach folgendem Schema ab:

$$K' + n \rightarrow K \rightarrow X + Y + x\,n + W_{\mathrm{kin}}(X, Y). \tag{5.7}$$

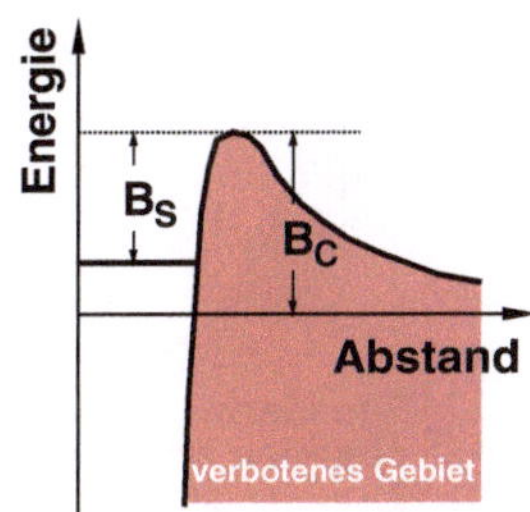

Abb. 5.4 Die Abhängigkeit der Spaltenergie vom Abstand der beiden Spaltfragmente. Sind die Fragmente im Kern gebunden, muss ihnen die Energie B_S zugeführt werden, damit der Kern spalten kann. Nach der Spaltung besitzen beide Fragmente in großem Abstand voneinander die Energie B_C

Die Energiebilanz für die Produktion des Zwischenkerns K lautet, wenn B_n die Bindungsenergie des Neutrons im Ausgangskern K' und $W_{kin}(n)$ die kinetische Energie des Neutrons ist:

$$B_S = B_n + W_{kin}(n). \tag{5.8}$$

Sobald $B_n \geq B_S$ ist, wird die Spaltung ausgelöst, selbst wenn $W_{kin}(n) = 0$ ist. Betrachten wir einige mögliche Spaltreaktionen unter diesem Gesichtspunkt:

1. $^{235}U + n \rightarrow {}^{236}U$, $B_S = 5,8\,\text{MeV}$, $B_n = 6,4\,\text{MeV}$, daher $W_{kin}(n) \approx 0\,\text{MeV}$.
2. $^{238}U + n \rightarrow {}^{239}U$, $B_S = 6,3\,\text{MeV}$, $B_n = 4,8\,\text{MeV}$, daher $W_{kin}(n) \approx 1,5\,\text{MeV}$.
3. $^{239}Pu + n \rightarrow {}^{240}Pu$, $B_S = 4,8\,\text{MeV}$, $B_n = 6,4\,\text{MeV}$, daher $W_{kin}(n) \approx 0\,\text{MeV}$.

Diese Beispiele zeigen, dass nur im 1. und 3. Fall die Spaltreaktionen von Neutronen ausgelöst werden, die praktisch keine kinetische Energie $W_{kin}(n)$ besitzen. Solche Neutronen bezeichnet man als **thermische Neutronen**, denn ihre Geschwindigkeit $v = \sqrt{2\,W_{kin}(n)/m}$ ist von der gleichen Größenordnung wie die der Luftmoleküle unter Normalbedingungen. Im 2. Fall müssen die Neutronen eine kinetische Energie von mehr als 1,5 MeV besitzen. Solche Neutronen werden **schnelle Neutronen** genannt, ihre Geschwindigkeit ist wesentlich höher als die der thermischen Neutronen. Technisch sind nur solche Spaltreaktionen von Bedeutung, die von thermischen Neutronen ausgelöst werden. Warum?

Der Grund ist, dass die Spaltwahrscheinlichkeit umso größer wird, je geringer die Neutronenenergie, oder genauer die Neutronengeschwindigkeit ist. Für die **Absorptionswahrscheinlichkeit** der **Neutronen** ergibt sich

$$Prob(x)_{abs} = 1 - \exp(-\sigma_{abs}\,\rho\,x). \tag{5.9}$$

Dabei ist x der Weg, den ein Neutron in dem spaltfähigen Material zurückgelegt hat, ohne die Spaltung ausgelöst zu haben. Die Dichte des Materials ist mit $\rho = n/V$ gekennzeichnet. Gleichung 5.9 ist so zu interpretieren, dass die Wahrscheinlichkeit der Absorption

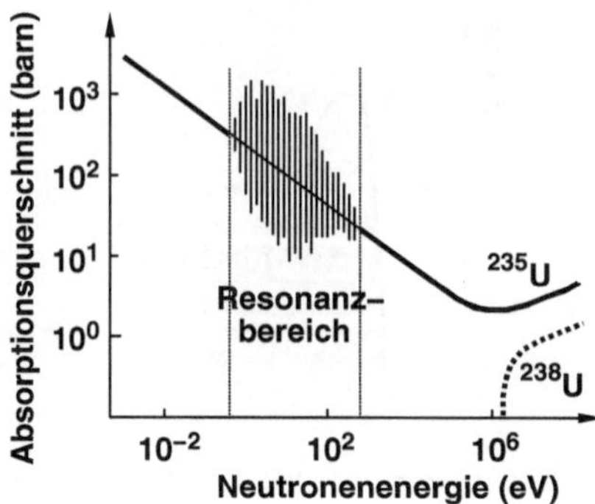

Abb. 5.5 Der Absorptionsquerschnitt für Neutronen in ^{235}U in Abhängigkeit von ihrer Energie. Während bis zu ca. 1 MeV der mittlere Querschnitt umgekehrt proportional zur Neutronengeschwindigkeit ist, schwankt der Querschnitt stark im Resonanzbereich. Der Absorptionsquerschnitt für Neutronen in ^{238}U besitzt bei 1,5 MeV eine untere Schwelle

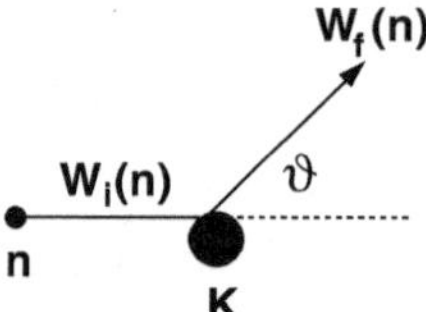

Abb. 5.6 Der elastische Stoß eines Neutrons n mit einem Kern K, der die Masse A besitzt. Bei dem Stoß verliert das Neutron die Energie $\Delta W = W_i(n) - W_f(n)$ und wird um den Winkel ϑ abgelenkt

zunimmt, je größer der Exponent $\sigma_{abs}\,\rho\,x$ wird. Daher ist für die Absorption eines Neutrons besonders wichtig der **Absorptionsquerschnitt** σ_{abs}, der die Dimension einer Fläche besitzt und der in Einheiten $1 \cdot 10^{-28}$ m^2 = 1 barn gemessen wird. Der Absorptionsquerschnitt ist umgekehrt proportional zur Neutronengeschwindigkeit ($\sigma_{abs} \propto 1/\sqrt{W_{kin}(n)}$, wie angenähert in der Abb. 5.5 gezeigt. Diese Proportionalität gilt nur für das mittlere Verhalten des Absorptionsquerschnitts, denn es gibt einen Bereich bei Neutronenenergien um 100 eV, den „Resonanzbereich", in dem der Absorptionsquerschnitt sehr stark von der Energie abhängt. Neutronen, die mit einer dieser Energien von dem Kern K′ absorbiert werden, führen sehr oft nicht zur Spaltung, sondern zu einer anderen Kernreaktion, sie sind für die Energiefreisetzung verloren. Schnelle Neutronen müssen daher möglichst schnell so stark abgebremst werden, dass sie thermisch werden und bei der Absorption zur Spaltung führen. Zur Abbremsung enthält ein **Reaktor** neben dem spaltfähigen Material auch immer einen **Moderator** für die Neutronenabbremsung.

Im Moderator verlieren die Neutronen ihre kinetische Energie durch elastische Stöße mit den Atomkernen des Moderators. Solche Stöße kann man sich anschaulich vorstellen, denn sie gehorchen denselben Gesetzen wie zum Beispiel der Stoß von zwei Stahlkugeln. Dieser ist in Abb. 5.6 dargestellt. Das Neutron mit Massenzahl A_n = 1 und kinetischer

Tab. 5.5 Die Eigenschaften einiger Materialien zur Moderation schneller Neutronen

Moderator	n	$\langle \xi \rangle$	β
^{1}H (leichtes Wasser)	18	1	75
^{2}H (schweres Wasser)	25	0,725	9300
^{4}He (Helium)	43	0,425	83
^{7}Li (Lithium)	67	0,268	
^{9}Be (Beryllium)	86	0,209	142
^{12}C (Graphit)	114	0,158	265
^{16}O (Sauerstoff)	150	0,120	

Energie $W_i(n)$ stößt auf einen ruhenden Kern K mit der Massenzahl A. Bei dem Stoß wird das Neutron um den Winkel ϑ aus seiner ursprünglichen Richtung abgelenkt und überträgt dabei einen Teil seiner Energie $\Delta W = W_i(n) - W_f(n)$ auf den Kern. Das Neutron selbst behält die kinetische Energie $W_f(n)$. Der Energieverlust ΔW hängt vom Streuwinkel ϑ ab. Es ist $\Delta W_{min} = 0$, wenn $\vartheta = 0°$ (Vorwärtsstreuung) und es ist $\Delta W_{max} = 4\,A\,W_i(n)/(A+1)^2$, wenn $\vartheta = 180°$ (Rückwärtsstreuung). Bei der Auswahl eines Moderators sind die beiden folgenden Fragen von besonderer Bedeutung:

- Wieviele Stöße muss das Neutron im Moderator ausführen, um auf eine mittlere thermische Energie $\langle W_f(n) \rangle$ abgebremst zu werden?
  Die mittlere thermische Energie des Neutrons ist gegeben durch

$$\langle W_f(n) \rangle = W_i(n)\,\exp(-n\,\langle \xi \rangle) \quad \text{mit} \quad \langle \xi \rangle = 1 + \frac{(A-1)^2}{2\,A}\,\ln\frac{A-1}{A+1}. \tag{5.10}$$

Dabei ist n die Anzahl der Stöße und $\langle \xi \rangle$ der mittlere relative Energieverlust, den das Neutron bei jedem Stoß erleidet.
- Wieviele Neutronen gehen bei dem Abbremsprozess verloren, weil sie von den Atomkernen nicht gestreut, sondern absorbiert werden?
  Dies wird mithilfe des **Abbremsvermögens** β des Moderators ausgedrückt, das definiert ist durch das Verhältnis des **Streuquerschnitts** σ_{streu} zum **Absorptionsquerschnitt** σ_{abs}. Es gilt

$$\beta = \langle \xi \rangle\,\frac{\sigma_{\text{streu}}}{\sigma_{\text{abs}}}. \tag{5.11}$$

Ein guter Moderator sollte daher einen kleinen Wert für n, aber einen großen Wert für β aufweisen. In der Tab. 5.5 sind die Werte für einige Moderatormaterialien angegeben, die für Neutronen mit einer Anfangsenergie $W_i(n) \approx 1\,\text{MeV}$ gelten.

Aus dieser Tabelle wird ersichtlich, dass nur leichte Elemente mit $\langle \xi \rangle > 0{,}1$ als Moderatoren in Frage kommen, und von denen ist das Deuterium in der Form des schweren Wassers besonders geeignet. Für Lithium und Sauerstoff ist das Abbremsvermögen nicht angegeben, weil beide zu stark die Neutronen absorbieren und daher als Moderatoren nicht in Frage kommen. Flüssige und gasförmige Moderatoren haben den weiteren Vorteil, dass sie gleichzeitig zur Kühlung des Reaktors benutzt werden können.

Es ist wichtig, dass bei jeder Spaltung nach (5.7) auch eine gewisse Anzahl von Neutronen emittiert werden, von denen jedes im Mittel eine kinetische Energie von ca. 2 MeV besitzt. Ein Spaltprozess, der durch ein Neutron der Generation i ausgelöst wurde, erzeugt x neue Neutronen der Generation $i+1$. Dadurch können die Spaltprozesse in einem Reaktor aufrecht erhalten werden, sie hören erst dann auf, wenn das gesamte spaltfähige Material verbraucht ist. Damit dabei nicht eine unkontrollierte **Kettenreaktion** wie in einer Atombombe entsteht, darf die Gesamtanzahl n_i der Neutronen in jeder Generation nicht zu stark anwachsen. Man bezeichnet das Verhältnis

$$k = \frac{n_{i+1}}{n_i} \geq 1 \qquad (5.12)$$

als die **Kritikalität**. Der maximale Wert, den k besitzen kann, ist $k = x = 2 \ldots 3$. Aber dieser Wert ist viel zu hoch, der Reaktor wäre überkritisch. Durch verschiedene Maßnahmen, die wir hier nicht im Detail besprechen wollen, lässt sich der Wert der Kritikalität in einem Reaktor auf $k \approx 1$ absenken. Von Bedeutung ist dabei, wie rein das spaltfähige Material ist, wie groß seine Oberfläche und seine Masse sind. Je reiner das Material ist und je kleiner seine Oberfläche (bei gegebener Masse hat die Kugel die geringste Oberfläche), umso geringer muss die Masse sein, damit gerade ein Wert $k = 1$ erreicht wird. Man bezeichnet diese Masse als die **kritische Masse** m_{krit}. Für eine Kugel aus spaltfähigem Material beträgt sie zum Beispiel

$$^{235}\text{U}(100\,\%) \qquad\qquad m_{\text{krit}} = 15\,\text{kg},$$
$$^{239}\text{Pu}(100\,\%) \qquad\qquad m_{\text{krit}} = 4{,}4\,\text{kg}.$$

Von ebenso großer Bedeutung ist, dass sich in einem Reaktor die Kritikalität regeln lässt. Dies ist deswegen möglich,

- weil es Materialien mit einem sehr großen **Absorptionsquerschnitt** für Neutronen gibt, wie zum Beispiel Bor (B) oder Cadmium (Cd),
- weil ein kleiner Teil der Neutronen bei der Kernspaltung verzögert emittiert werden.

Die Anzahlen der **prompten** und der **verzögerten** Neutronen für die uns bekannten Spaltprozesse sind in Tab. 5.6 zusammen gestellt. Nur die Existenz dieser verzögerten Neutronen gewährleistet, dass die Reaktionszeit zur Steuerung des Reaktors in der Größenordnung von 10 s liegt und damit ausreicht, um zum Beispiel einen Neutronenabsorber in den Reaktorkern zu fahren und die Kettenreaktion zu stoppen.

Spaltreaktoren: Konventionelle Technik

Der prinzipielle Aufbau eines Spaltreaktors und das Schaltbild der gesamten kerntechnischen Anlage sind in Abb. 5.7 gezeigt. Bei diesem Schaltbild handelt es sich um eine Anlage mit einem Primär- und einem Sekundärkühlkreislauf, wie sie bei einem Druckwasserreaktor verwendet werden. Bei der Konstruktion eines Reaktors sind für seine Funktion und seine Sicherheit zwei Punkte von Bedeutung:

Tab. 5.6 Die Anzahlen prompter und verzögerter Neutronen, die bei der von einem Neutron mit der Energie W_{kin} (n) ausgelösten Spaltung emittiert werden

Spaltfähiger Kern	W_{kin} (n)	σ_{abs} (barn)	x (prompt)	x (verzögert)
^{233}U	1 MeV	2,0	0	0
	0,025 MeV	527	2,5	0,01
^{235}U	1 MeV	1,3	2,8	0
	0,025 MeV	582	2,4	0,02
^{239}Pu	1 MeV	1,8	3,1	0,007
	0,025 MeV	746	2,9	0,007

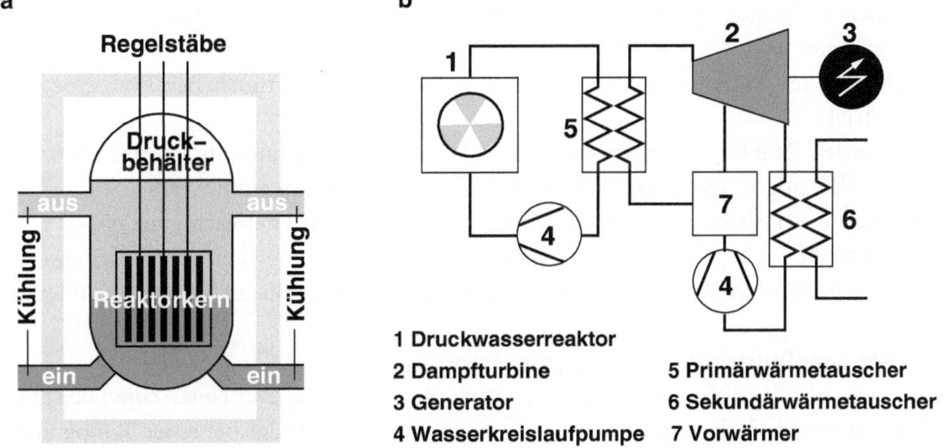

Abb. 5.7 Schema eines Druckwasserreaktors mit Reaktorkern und Druckwasserbehälter (**a**). Prinzipschaltbild einer Kernkraftanlage mit Druckwasserreaktor und zwei Kühlkreisläufen (**b**)

1. Die Kritikalität des Reaktors muss einen negativen Temperaturkoeffizienten besitzen.

Darunter ist zu verstehen, dass bei Erhöhung der Reaktortemperatur der Reaktor automatisch, das heißt ohne Eingreifen von außen, unterkritisch wird. Diese Bedingung ist relativ leicht zu erfüllen, da bei Vergrößerung der Neutronentemperatur, also ihrer Energie, der Absorptionsquerschnitt nach Abb. 5.5 abnimmt. Sind außerdem Moderator und Kühlmittel identisch, so fehlt beim Ausfall des primären Kühlmittelkreislaufs die Neutronenmoderation und die Kettenreaktion erlischt. Ein Reaktor ist daher bei richtiger Konstruktion prinzipiell gegen ein unkontrolliertes Anwachsen der Kettenreaktion, wie sie bei der Atombombe auftritt, geschützt.

2. Die Wahl des Moderators bestimmt die Menge des spaltfähigen Materials, die für das Aufrechterhalten der Kettenreaktion benötigt wird.

Da der Moderator zum Teil auch selbst Neutronen absorbiert, muss bei abnehmenden Abbremsvermögen β des Moderators die Menge des spaltfähigen Materials erhöht werden. Leichtes Wasser als Moderator hat ein relativ geringes Abbremsvermögen und daher genügt natürliches Uran mit einem ^{235}U-Anteil von 0,7 % nicht, um den Reaktor kritisch zu machen. Natürliches Uran muss auf einen ^{235}U-Anteil von mindestens 3 % **angereichert** werden. Wird dagegen schweres Wasser als Moderator und Kühlmittel verwendet, dann genügt Uran mit dem natürlichen ^{235}U-Anteil von 0,7 %, um die Kettenreaktion aufrecht zu erhalten.

Ein Reaktortyp mit schwerem Wasser als Moderator wurde um 1960 in Kanada entwickelt, er ist in Fachkreisen unter dem Namen **CANDU** bekannt. Sein Nachteil ist, dass die erforderlichen Mengen an schwerem Wasser nicht einfach zu beschaffen sind und die Beschaffung daher teuer ist. Auf jeden Fall wurden nur 33 Reaktoren des CANDU-Typs auf der Welt errichtet, 25 davon in Kanada, mit, wie berichtet wird, erheblichen Problemen in ihrem Betrieb.

Die meisten Reaktoren verwenden leichtes Wasser als Moderator, ihr Brennstoff muss daher mit ^{235}U angereichert sein. Wie lässt sich natürliches Uran anreichern?

Chemische Verfahren scheiden aus, da sich ^{235}U und ^{238}U chemisch ganz gleich verhalten. Es bleiben nur physikalische Verfahren, die auf dem Unterschieden zwischen den Kernen der beiden Uranisotope (Masse und Spin) basieren. Zu diesen Verfahren zählen:

- Die **Massendiffusion** durch eine poröse Wand.
  Das schwere ^{238}U diffundiert langsamer als das leichtere ^{235}U. Der Unterschied der Diffusionsgeschwindigkeiten ist allerdings sehr gering und beträgt bei einer Temperatur von $T = 800\,\mathrm{K}$ (527 °C) nur

$$\frac{\Delta v}{v} = 0{,}00634. \tag{5.13}$$

  Um einer Anreicherung von 0,7 % auf 3 % zu erreichen, sind etwa 1200 Diffusionsstufen notwendig. Das Diffusionsverfahren ist daher sehr aufwändig und wird heute praktisch nicht mehr eingesetzt. Aber es war das erste Verfahren, mit dem die Massenanreicherung großtechnisch in den USA gelang.
- Die Massentrennung in einer **Ultrazentrifuge**.
  Die physikalische Grundlage dieses Anreicherungsverfahrens ist die Rotationsenergie W_{rot}, die ein Atomkern mit Massenzahl A besitzt, welcher sich in einem Abstand r mit der Winkelgeschwindigkeit ω um die Achse einer Zentrifuge bewegt:

$$W_{\mathrm{rot}}(A) \propto A r^2 \omega^2. \tag{5.14}$$

Bei gleicher Geschwindigkeit $v = r\omega$ besitzen daher verschiedene Massen verschiedene Energien. Diese Abhängigkeit bewirkt, dass sich in einem Massengemisch eine vom Abstand r abhängige Massenverteilung in der Zentrifuge einstellt. Die Anzahl der Kerne mit Massenzahl A ist bei der Temperatur T proportional zu

$$n(A) \propto \sqrt{A} \exp\left(f \frac{Ar^2 \omega^2}{T} \right), \tag{5.15}$$

wobei f eine Konstante mit dem Wert $f = 1{,}2075 \cdot 10^{-4}\,\mathrm{kg} \cdot \mathrm{K} \cdot \mathrm{J}^{-1}$ ist. Das Verhältnis der Kerne $^{238}\mathrm{U}$ und $^{235}\mathrm{U}$ ergibt sich daraus zu

$$\frac{n(238)}{n(235)} \approx \exp\left(3{,}62 \cdot 10^{-4} \frac{r^2 \omega^2}{T} \right). \tag{5.16}$$

Dieses Verhältnis ist offensichtlich um so größer, je größer v und je kleiner T ist: $^{238}\mathrm{U}$ wird sich im Randbereich der Zentrifuge sammeln, $^{235}\mathrm{U}$ bleibt im Inneren der Zentrifuge zurück. Zum Beispiel ergibt sich bei einer Geschwindigkeit $v = 300\,\mathrm{m} \cdot \mathrm{s}^{-1}$ (das ist fast der Wert der Schallgeschwindigkeit in Luft) und bei einer Temperatur $T = 213\,\mathrm{K}(-60\,^{\circ}\mathrm{C})$ ein Isotopenverhältnis im Zentrifugeninneren von

$$\frac{n(235)}{n(238)} = 0{,}00812. \tag{5.17}$$

Das ist eine Steigerung um 16 % gegenüber dem ursprünglichen Verhältnis von 0,007. Nach 10 weiteren Zentrifugenstufen ist die Anreicherung auf 0,03 erreicht. Verglichen mit dem Diffusionsverfahren ist das Zentrifugenverfahren weniger aufwändig, es ist das heute fast ausschließlich eingesetzte Verfahren.

- Die Massentrennung durch **Ionisation.**
  Obwohl sich $^{235}\mathrm{U}$ und $^{238}\mathrm{U}$ chemisch gleich verhalten, sind ihre inneren Elektronenzustände in der Atomhülle etwas verschieden. Dieser sehr geringe Unterschied wird verursacht durch den Spin $I = 7/2$ des $^{235}\mathrm{U}$-Kerns, während $^{238}\mathrm{U}$ keinen Kernspin besitzt. Man bezeichnet diesen Effekt als die Hyperfeinstruktur, er bewirkt eine geringe Verschiebung der Frequenz des Lichts, das benötigt wird, um Uranatome zu ionisieren. Mit einem sehr präzisen Laser kann die Lichtfrequenz so eingestellt werden, dass bei sehr tiefen Temperaturen nur eines der beiden Uranisotope ionisiert wird. Mithilfe eines elektrischen Felds lassen sich die ionisierten Atome von den nichtionisierten Atomen trennen. Dieses Verfahren ist sehr elegant, es befindet sich aber noch im Versuchsstadium und wird technisch bisher nicht eingesetzt.

Die meisten Reaktoren, die sich heute im Betrieb befinden, arbeiten mit angereichertem Uran. Sie lassen sich im Wesentlichen in drei Grundtypen einteilen:

- Der **Druckwasserreaktor** (DWR).
  Bei diesem Reaktortyp wird leichtes Wasser sowohl als Moderator wie auch als Kühlmittel verwendet. Der Brennstoff ist Uran mit einem Anreicherungsgrad von 3 % $^{235}\mathrm{U}$. Das Uran wird in Form von Uranoxid (UO_2) in 4 m lange Zirkonrohre (Zr) gepresst, die

einen Innendurchmesser von 0,01 m haben. Für die Auswahl dieser Materialien sind folgende Gesichtspunkte entscheidend:

1. UO_2 besitzt einen wesentlich kleineren Temperaturausdehnungskoeffizienten als reines U.
2. Zr besitzt einen kleinen Absorptionsquerschnitt für Neutronen, ist thermisch stabil und korrosionsbeständig gegenüber hohen Neutronenflüssen.

Etwa 200 gefüllte Zirkonrohre bilden ein Brennelement, und etwa 200 Brennelemente bilden den Kern des Reaktors. Dazu kommen noch einmal 50 verschiedene Stäbe aus einem stark Neutronen absorbierenden Material (Cd), die den Neutronenfluss in dem Reaktor regeln. Im Primärkühlmittelkreislauf wird leichtes Wasser bei einem Druck von ca. 160 bar durch den Reaktorkern gepresst und erreicht dabei eine Temperatur von ca. 580 K.[4] Die so aufgenommene thermische Energie wird in einem Wärmetauscher an das Wasser des Sekundärkühlkreislaufs übertragen, das dabei verdampft und einen Dampfdruck von ca. 70 bar erreicht. Die thermische Energie wird anschließend in einer Dampfturbine mit angeschlossenem Generator in elektrische Energie umgewandelt. Der **Energiewirkungsgrad** der gesamten Anlage beträgt

$$\eta \approx 0{,}34. \tag{5.18}$$

Die **Leistungsdichte** in einem Druckwasserreaktor ist hoch, sie beträgt etwa $9 \cdot 10^8$ kWh $\cdot$ $a^{-1} \cdot m^{-3}$. Die thermische Gesamtleistung des Reaktorkerns in einem Leistungsreaktor ist etwa $3{,}4 \cdot 10^{10}$ kWh $\cdot a^{-1}$, das heißt der Reaktorkern hat ein Volumen von ca. 38 m^3.

- Der **Siedewasserreaktor** (SWR).

Bei einem Siedewasserreaktor fehlt der Primärkühlkreislauf, das heißt, der Kühlwasserdruck beträgt nur ca. 70 bar und das Kühlwasser wird direkt im Reaktorkern verdampft. Nach Wasserabscheidung und Dampftrocknung wird der Wasserdampf mit einer Temperatur von 560 K zur Dampfturbine geleitet, die den Generator treibt. Das ist technisch einfach, ergibt aber auch die Nachteile, die ein Siedewasserreaktor gegenüber dem Druckwasserreaktor besitzt:

1. Der die Turbine treibende Wasserdampf ist radioaktiv verunreinigt.
2. Die Steuerung der Kettenreaktion ist kompliziert, weil der Moderator im Reaktorkern verdampft.

In allen anderen Aspekten ist der Siedewassereaktor dem Druckwasserreaktor sehr ähnlich. Das Volumen des Reaktorkerns ist allerdings doppelt so groß, weil die **Leistungsdichte** in einem Siedewasserreaktor nur den Wert $4{,}5 \cdot 10^8$ kWh $\cdot a^{-1} \cdot m^{-3}$ erreicht. Der **Energiewirkungsgrad** in einem Siedewasserreaktor unterscheidet sich nur geringfügig von dem des Druckwasserreaktors, er beträgt

$$\eta \approx 0{,}33. \tag{5.19}$$

- Der **Graphit-moderierte Reaktor** (RBMK).

Dieser Reaktortyp hat nur in der ehemaligen Sowjetunion große Verbreitung gefunden, auch der Unglücksreaktor von Tschernobyl gehörte zu diesem Typ. Wir werden auf

---

[4] Die Siedetemperatur von Wasser bei einem Druck von 160 bar beträgt 620 K.

den Tschernobyl-Reaktor noch in einem gesonderten Abschnitt eingehen. Bei einem Graphit-moderierten Reaktor werden die Brennelemente in senkrecht angeordneten Druckröhren gelagert, durch die das Kühlwasser gepresst wird, das in den Röhren verdampft. Insofern unterscheidet sich der RBMK nicht von einem Siedewasserreaktor. Der große und entscheidende Unterschied besteht aber in der Neutronenmoderation, die in Graphitblöcken zwischen den Druckröhren erfolgt. Es wird also die Neutronenmoderation von der Kühlung getrennt bei Hinnahme des damit verbundenen Risikos, dass der Temperaturkoeffizient der Kritikalität unter gewissen Bedingungen positiv wird (was ja auch geschehen ist). Diese Bedingungen treten auf, wenn bei Kühlmittelverlust (Leichtwasser mit Abbremsvermögen $\beta = 75$) die Neutronen weiter moderiert werden (Graphit mit Abbremsvermögen $\beta = 265$), die Neutronenabsorption durch das Wasser aber verloren geht. Dadurch wächst die Anzahl der Neutronen schlagartig, der Reaktor wird überkritisch. Gleichwohl besitzt dieser Reaktortyp im Normalfall nur eine geringe **Leistungsdichte** von ca. $3{,}5 \cdot 10^7$ kWh $\cdot$ a^{-1} $\cdot$ m^{-3}. Um also einen Leistungsreaktor mit $3{,}4 \cdot 10^{10}$ kWh $\cdot$ a^{-1} zu bauen, muss der Reaktorkern ein Volumen von ca. 1000 m^3 besitzen.

- Der **Brutreaktor** (SBR).
  Dieser Reaktortyp wird auch „schneller Brüter" genannt. Ein schneller Brüter arbeitet mit einem Gemisch aus ^{239}Pu und ^{238}U, wobei das ^{239}Pu die Kettenreaktion aufrecht erhält, das ^{238}U aber benutzt wird, um mithilfe absorbierter Neutronen weiteres ^{239}Pu zu erbrüten. Da die Neutronenabsorption in ^{238}U eine untere Energieschwelle von 1,5 MeV besitzt (siehe Abb. 5.5), verwendet ein Brutreaktor vom Typ SBR schnelle Neutronen, benötigt also keinen Moderator. Die **Leistungsdichte** ist daher mit $3{,}3 \cdot 10^9$ kWh$\cdot$a$^{-1}\cdot$m^{-3} außerordentlich hoch. Sie ist so hoch, dass Wasser nicht zur Kühlung des Reaktorkerns verwendet werden kann, sondern dieser mithilfe von flüssigem Natrium (Na) gekühlt werden muss. Natrium reagiert mit Sauerstoff und Wasser, deswegen ist die Na-Kühlung technisch wesentlich aufwändiger als eine Kühlung mit Wasser. Darüber hinaus ist auch die Reaktorsteuerung viel komplizierter, weil die Anzahl verzögerter Neutronen bei der ^{239}Pu-Spaltung geringer ist, siehe Tab. 5.6. Diese Probleme haben dazu geführt, dass Deutschlands schneller Brüter in Kalkar nicht fertig gestellt wurde. Weltweit sind nur wenige ähnliche Anlagen in Betrieb, zum Beispiel in Frankreich der Versuchsreaktor Phenix und in Japan ein Brutreaktor bei Manjun. Weitere Anlagen sollen sich in Russland und Kasachstan befinden.

Zur Zeit befinden sich etwa 434 konventionelle Reaktoren auf der Welt in Betrieb. Diese erzeugen pro Jahr eine elektrische Energie von ca. $3{,}3 \cdot 10^{12}$ kWh $\cdot$ a^{-1}. Weiterhin sind ca. 70 neue Kraftwerke mit einer Leistung von etwa $0{,}7 \cdot 10^{12}$ kWh $\cdot$ a^{-1} im Bau und weitere 173 Anlagen befinden sich in Planung, allein 59 davon China. Dabei handelt es sich meistens um Reaktoren eines neuen Typs, den wir im nächsten Abschnitt behandeln. Diese Zahlen machen deutlich, dass andere Länder in der Tat auf die Kernenergie setzen, weil sie eine der aussichtsreichsten Technologien für eine zukünftige Energieversorgung ist. In Deutschland wird der entgegengesetzte Weg beschritten, Kernkraftwerke werden still gelegt. In Deutschland wurden insgesamt 21 Kernkraftanlagen mit einer Gesamtleistung von

Tab. 5.7 In Betrieb befindliche Kernkraftwerke in Deutschland

Baube-ginn	Betriebs-beginn	Standort	Reaktortyp	Elektrische Leistung (10^9 kWh $\cdot$ a^{-1})	Restlauf-zeit bis
1973	1981	Grafenrheinfeld	DWR	11,39	2015
1974	1984	Gundremmingen B	SWR	11,39	2017
1974	1984	Gundremmingen C	SWR	11,46	2021
1975	1985	Phillipsburg 2	DWR	11,82	2019
1975	1987	Brokdorf	DWR	12,22	2021
1975	1984	Grohnde	DWR	12,21	2021
1975	1988	Neckarwestheim 2	DWR	11,53	2022
1982	1988	Emsland	DWR	11,75	2022
1982	1988	Ohu 2	DWR	12,18	2022

$0{,}207 \cdot 10^{12}$ kWh$\cdot$a^{-1} gebaut, davon sind z. Z. nur noch 9 in Betrieb, die in Tab. 5.7 aufgeführt sind. Bis spätestens zum Jahr 2022 soll gemäß des **Atomausstiegsgesetzes** diese Zahl auf null zurückgegangen sein, ohne dass eigentlich klar ist, wie die dann fehlende elektrische Leistung ersetzt werden soll.

Spaltreaktoren: Neue Technik

Der Zwang zu einer neuen Reaktortechnologie resultiert aus zwei Fakten:

1. Die Vorräte an ^{235}U sind eng begrenzt und daher muss auf ein anderes spaltfähiges Material ausgewichen werden.
2. Die Neufassung des **deutschen Atomgesetzes** von 1994 verlangt:
   a) Bei Störfällen dürfen keine nennenswerte Schäden durch Radioaktivität außerhalb der Reaktoranlage auftreten.
   b) Das Eintreten auch von schwersten Störfällen, wie zum Beispiel eine Kernschmelze, muss in vollem Umfang beherrscht werden, so dass Evakuierungs- und Umsiedlungsmaßnahmen für die Bevölkerung nicht notwendig sind. Die radioaktive Belastung der Umgebung muss unterhalb der Grenze bleiben, die ihre uneingeschränkte Nutzung garantiert.
   c) Diese Forderungen gelten unabhängig davon, ob innere oder äußere Ursachen für den Störfall verantwortlich sind.

Äußere Ursachen sind zum Beispiel der Absturz eines Flugzeugs oder ein Erdbeben. Außerdem gelten diese Forderungen für den Abbau der Anlage und die Entsorgung des Abfalls, unter dem auch abgebrannte Brennelemente zu verstehen sind. Es ist davon auszugehen, dass Neuanlagen in Zukunft überall auf der Welt diesem Forderungskatalog genügen müssen. Neuanlagen basieren entweder auf einer Weiterentwicklung der bisherigen Technologie, oder sie benutzen eine ganz neue Technologie. Im letzten Fall ist verständlich, dass sich die Neuanlagen erst im Planungs- oder Versuchsstadium befinden und nur von diesen Plänen berichtet werden kann.

Die Weiterentwicklung des weltweit eingeführten Leichtwasserreaktors wird von der Firma Areva in Frankreich vorangetrieben. Sie verfolgt das Konzept des **EPR-Reaktors** (European Pressurized Water Reactor), es handelt sich also um einen Druckwasserreaktor. Die wesentlichen Merkmale des EPR-Reaktors sind:

1. Ein Auffangbecken für die Kernschmelze (siehe Abschn. 5.5), so dass diese den Sicherheitsmantel des Reaktors nicht durchdringen kann, sollte es je zu einem derartigen Unfall kommen.
2. Redundante Kühleinrichtungen, die den Totalausfall der Kühlanlage ausschließen.
3. Vermeidung der Bildung von freiem Wasserstoff bei Überhitzung des Kühlwassers.
4. Ausführung des Reaktorgebäudes in doppelschaliger Bauweise mit Berstschutz bei äußeren Einwirkungen und Dichtheit gegen Gasaustritt.

Durch diese Maßnahmen soll der EPR-Reaktor 5mal sicherer werden als der deutsche DWR-Reaktor vom Typ Biblis B. Bekannt sind Pläne in Frankreich, Finnland und China, Kernkraftanlagen mit dem EPR-Reaktor zu errichten.

Mehrere Reaktorkonzepte außerhalb Europas basieren auf der Brütertechnologie, nur zwei von ihnen sollen vorgestellt werden.

- Der He-gekühlte **Hochtemperaturreaktor** (HTR)
  Dieses Konzept ist nicht wirklich neu, denn es wurde in den Jahren 1960–1980 von der KFA-Jülich entwickelt. Der erste Prototyp eines HTR-Reaktors in Hamm-Uentrop nahm 1983 seinen Betrieb auf. Er wurde nach 5 Jahren wieder abgeschaltet, ohne dass während des Betriebs entscheidende technische Mängel auftraten. Seitdem wird an der Fortentwicklung des HTR-Konzepts in vielen Ländern gearbeitet, besonders in den USA, aber auch in Japan und China. Man kann davon ausgehen, dass dieser Reaktortyp die Mehrzahl der in diesen Ländern zu errichtenden Kernreaktoren bildet, denn er ist wohl der einzige Typ, bei dem eine Kernschmelze und die Freisetzung von Radioaktivität in die Umgebung prinzipiell ausgeschlossen sind.
  Das Bauprinzip eines HTR unterscheidet sich von dem eines Leichtwasserreaktors in mehreren Aspekten:
  1. Die Brennelemente sind Kugeln aus Graphit (C) mit einem Durchmesser von 60 mm. Diese Kugeln sind mit einer Schicht aus Siliziumkarbid (SiC) überzogen, in ihrem Inneren enthalten sie etwa 20.000 kugelförmige Brennstoffteilchen mit einem Durchmesser von 1 mm, siehe Abb. 5.8. Jedes Brennstoffteilchen besteht aus drei Kugelschalen, die den Kugelkern aus Kernbrennstoff (meistens UO_2 mit einem Anreicherungsgrad von mehr als 10 % ^{235}U) umgeben. Von innen nach außen bestehen diese Schalen aus Pyrokohlenstoff (C), Siliziumkarbid (SiC) und wieder Pyrokohlenstoff (C). Die Verwendung dieser Werkstoffe garantiert, dass die Brennelemente bis zu Temperaturen von 2100 °C thermisch, chemisch und mechanisch stabil bleiben und praktisch keine Spaltprodukte in die Umgebung gelangen. Der hohe Anreicherungsgrad von ^{235}U in den Brennstoffteilchen, der durch die Bauweise

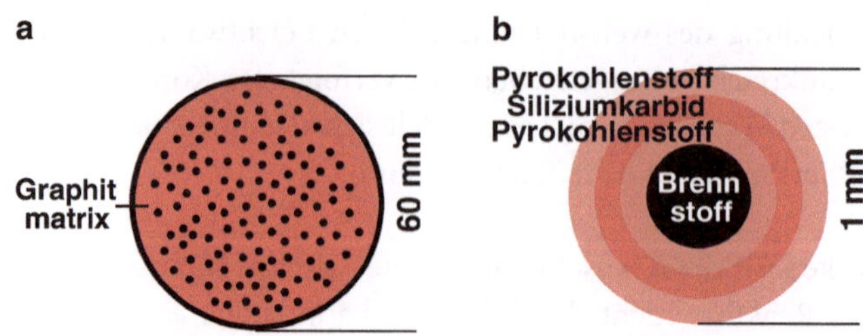

Abb. 5.8 a: Schematischer Schnitt durch ein Brennelement mit ca. 2000 Brennstoffteilchen (*schwarz*). **b**: Schematischer Schnitt durch ein Brennstoffteilchen, das nur in seinem Inneren den Brennstoff aus angereichertem Uran enthält

des HTR vorgeschrieben ist, bildet sicherlich einen Nachteil. Auf der anderen Seite ist die Gefahr der **Proliferation**, das heißt der unerlaubten Verwendung dieses Brennmaterials zur Herstellung einer **Atombombe**, äußerst gering: Um 10 kg waffenfähiges Spaltmaterial zu erhalten, müssen ca. 10^6 Brennelemente mit insgesamt $2 \cdot 10^{10}$ Brennstoffteilchen aufgearbeitet werden, ein unmögliches Unterfangen außerhalb von kontrollierten Anlagen.

2. Die Brennelemente können kontinuierlich durch eine obere Öffnung in den Reaktorkern gegeben werden und ihn nach dem Abbrand wieder durch eine untere Öffnung verlassen, siehe Abb. 5.9a. Der Reaktorkern ist umgeben von einem Reflektor aus Graphit (C), durch den die Neutronen, die den Kern verlassen haben, zu einem gewissen Teil wieder in den Reaktorkern zurückgestreut werden. Zur Abschirmung und Steuerung des Reaktors werden Absorberstäbe in den Reflektor gefahren, welche die Neutronen absorbieren und dadurch den Neutronenfluss im Reaktorkern verringern.

3. Der Reaktorkern wird gekühlt mit Helium (He), das von oben mit einem Druck von 60 bar und einer Temperatur von 250 °C in den Reaktor strömt und ihn unten mit einer Temperatur von 700 °C wieder verlässt. Die Temperatur der Brennelemente bleibt dabei unter 900 °C und der He-Strom enthält keinerlei Radioaktivität. Man könnte ihn deswegen direkt zum Betrieb einer Heißgasturbine verwenden. In dem mehr konventionellen Konzept wird die thermische Energie des Gasstroms in einem Wärmetauscher an das Wasser des Sekundärkühlkreislaufs abgegeben, das verdampft und eine normale Dampfturbine treibt. Wegen der hohen Temperaturen scheinen **Energiewirkungsgrade** von $\eta \approx 0{,}43$ für die Wandlung in elektrische Energie erreichbar. Um die inhärente Sicherheit des HTR-Reaktor zu garantieren, muss seine **Leistung** auf einen Wert unter $2{,}5 \cdot 10^9$ kWh $\cdot$ a^{-1} beschränkt bleiben. Das bedeutet: Um einen Druckwasserreaktor zu ersetzen, müssen zehn Hochtemperaturreaktoren gebaut werden. Sicherlich ist es eines der Ziele augenblicklicher Planungen, diesen Kostenfaktor zu reduzieren.

Wichtig für den Sicherheitsaspekt ist, wie sich der HTR-Reaktor bei einem Totalausfall der He-Kühlung verhält. Helium hat, verglichen mit leichtem Wasser, ein besseres Ab-

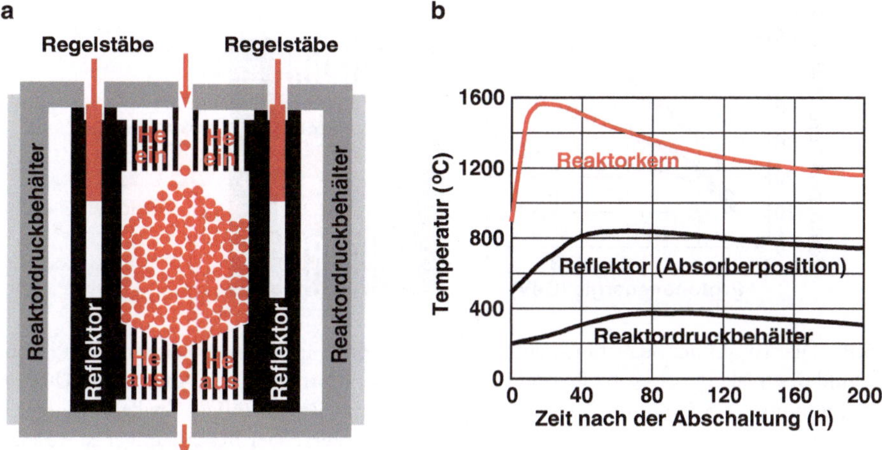

Abb. 5.9   Schnitt durch einen Hochtemperaturreaktor, der von oben mit Brennelementen beladen wird, die nach Abbrand unten wieder entnommen werden (**a**). Der Temperaturverlauf in verschiedenen Komponenten des Hochtemperaturreaktors nach dem Abschalten (**b**)

bremsvermögen. Daher bleibt der Temperaturkoeffizient der Kritikalität negativ und der HTR-Reaktor schaltet sich, im Gegensatz zum RBMK-Reaktor, beim Kühlmittelverlust automatisch ab. Bei dem folgenden Temperaturanstieg wegen der **Nachwärme** (siehe Abschn. 5.5) bleibt die Reaktortemperatur immer unterhalb einer Grenze von 1600 °C, wie in Abb. 5.9b aufgrund von Messungen gezeigt. Zur passiven Kühlung ist der Reaktor mit einem Oberflächenkühler umgeben, der die Wärme radiativ an die Umgebung abstrahlt und den Reaktor langsam abkühlt.

Darüber hinaus besitzt der HTR-Typ die Eigenschaft, dass das aus dem ^{238}U in den Brennelementen entstandene ^{239}Pu zu 99 % weiter als Kernbrennstoff verwendet werden kann, ohne dass die Brennelemente aufgearbeitet werden müssen: Sie werden von neuem durch die obere Öffnung in den Reaktor gefüllt. Daher enthalten die abgebrannten Brennelemente fast kein spaltfähiges Material mehr, das für andere Zwecke als der Energiewandlung verwendet werden könnte. Ganz analog kann durch eine Beimengung von Brennstoffteilchen mit ^{232}Th der HTR zusätzlichen Brennstoff erbrüten. Er ist daher nicht mehr so abhängig von der begrenzten Menge an verwendbarem ^{235}U, wie es die konventionellen Reaktortypen sind.

- Der Beschleuniger-getriebene **Hybridreaktor**
  Als Kernbrennstoff für den Hybridreaktor bietet sich besonders ^{232}Th an, das selbst zwar nicht spaltfähig ist, aber durch Neutroneneinfang in das spaltfähige ^{233}U verwandelt werden kann. Daher muss in diesem Reaktortyp ein ausreichender Neutronenfluss mithilfe eines Beschleunigers erzeugt werden.
  Die Vorteile dieses Th/U-Zyklus sind:

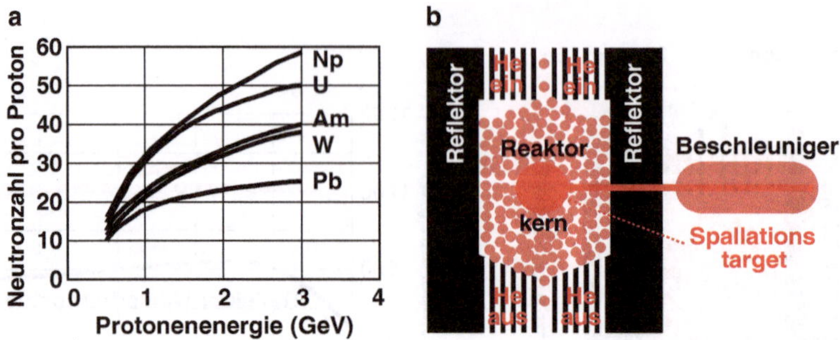

Abb. 5.10 Die Anzahl der Spallationsneutronen pro Protonen in Abhängigkeit von der Protonenenergie und des Spallationstargets. Es sind Pb = Blei, W = Wolfram, Am = Americium, U = Uran,
Np = Neptunium (**a**). Schnitt durch einen Hybridreaktor mit Beschleuniger, Spallationstarget und
Reaktorkern. Die Maßstäbe in dieser Abbildung sind sehr verzerrt: Der Beschleuniger ist wesentlich
größer als der eigentliche Reaktor (**b**)

1. Es werden wesentlich weniger langlebige und hochtoxische Transurane erzeugt als
   in einem konventionellen Reaktor, der mit ^{238}U arbeitet. Der Grund liegt in der geringeren Anzahl von Neutronen in dem ^{233}U-Kern.
2. Der Vorrat an ^{232}Th ist etwa 140mal höher als der von ^{235}U.
3. Die Kettenreaktion in einem Hybridreaktor erlischt in dem Augenblick, in dem der
   Beschleuniger abgeschaltet wird. Der Hybridreaktor ist daher immer unterkritisch.

Es gibt aber auch Nachteile, insbesondere:

Die technische Beherrschung des Th/U-Zyklus von der Herstellung der Brennelemente
bis zu ihrer Entsorgung ist praktisch nicht erprobt und Schwierigkeiten sind vorher-
sehbar. Eine ist, einen Beschleuniger zu bauen, der ohne den Einsatz von ^{238}U einen
genügend hohen Neutronenfluss erzeugt und dafür nicht mehr Energie benötigt, als
der Hybridreaktor selbst aus der Kernenergie umwandelt.

Ein Vorschlag kommt von C. Rubbia vom Europäischen Kernforschungszentrum in
Genf. Hohe Neutronenflüsse entstehen bei der **Spallation** (Zertrümmerung) von
schweren Atomkernen mithilfe hochenergetischer Protonen (Wasserstoffkerne). Die
Anzahl der erzeugten Neutronen hängt von der Massenzahl des Atomkerns und der
Protonenenergie ab, wie in Abb. 5.10b dargestellt. Die erforderlichen Protonenenergien
können nur mithilfe eines Hochenergiebeschleunigers erreicht werden.

Das Konzept eines Hybridreaktors ähnelt dem des HTR, es ist in Abb. 5.10a gezeigt. Die
beschleunigten Protonen treffen auf das Spallationstarget, Blei (Pb) oder Wolfram (W),
das von dem Reaktorkern umgeben ist. Der Reaktorkern enthält sowohl ^{232}Th wie auch
das erbrütete ^{233}U und die Moderatorkugeln aus Graphit (C). Der Reaktorkern wird,
wie beim HTR, durch einen He-Strom gekühlt.

Ob sich dieses Konzept verwirklichen lässt, muss die Zukunft erweisen. Die Bedingung
für eine positive Energiebilanz ist bekannt, sie lautet:

$$W_{\text{Prot}} \leq \eta\, W_{\text{Fiss}}\, n_{\text{Spal}}\, n_{\text{Fiss}} \frac{k}{1-k}. \tag{5.20}$$

Dabei sind

W_{Prot} (Energie des Protons) $\qquad\qquad\qquad\qquad\qquad = 10^3\,\text{MeV}$,

W_{Fiss} (bei der Spaltung freiwerdende Energie) $\qquad\qquad = 200\,\text{MeV}$,

η (Wirkungsgrad elektrische Energie $\rightarrow$ Protonenenergie) $\quad = 0{,}1$,

n_{Spal} (Anzahl der Spallationsneutronen) $\qquad\qquad\qquad = 20$,

n_{Fiss} (Anzahl der Spaltungsneutronen) $\qquad\qquad\qquad = 2$,

k (Kritikalität des Reaktorkerns) .

Werden die oben angegebenen Zahlen eingesetzt, so folgt, dass ein Hybridreaktor dann eine positive Energiebilanz besitzt, wenn seine **Kritikalität** einen Wert $k > 0{,}56$ erreicht. Soll der Hybridreaktor zum Beispiel das doppelte der Energie liefern, die zur Beschleunigung der Protonen benötigt wird, muss die Kritikalität bereits auf den Wert $k = 0{,}72$ steigen. Ob sich das erreichen lässt, hängt von der Konstruktion des Reaktorkerns ab, in dem nicht allzu viele Neutronen verloren gehen dürfen.

Weitere offene Fragen betreffen die Auslegung des Spallationstargets, in dem die Protonen ihre volle kinetische Energie in thermische Energie umwandeln. Nehmen wir an, der Protonenstrom betrage 0,1 A, dann entsteht bei den oben genannten Eigenschaften des Beschleunigers in dem Spallationstarget eine **Leistungsdichte** von $8{,}5\cdot10^9\,\text{kWh}\cdot\text{a}^{-1}\cdot\text{m}^{-3}$, die fast 10mal größer ist als die in einem Druckwasserreaktor. Es ist sehr die Frage, ob das Target und der Reaktorkern unter diesen Bedingungen mechanisch und thermisch stabil bleiben. Auf die Probleme eines Hybridreaktors werden wir im nächsten Abschnitt wieder zurückkommen, der sich mit der nuklearen Abfallentsorgung beschäftigt.

5.3   Die Entsorgung des nuklearen Abfalls

Bei allen Reaktoren, die auf der Basis der Kernspaltung arbeiten, entsteht das Problem, dass Teile der Anlage und natürlich insbesondere der Reaktorkern mit seinen Brennelementen radioaktiv verunreinigt werden. Die **Entsorgung** dieses Abfalls ist der entscheidende Nachteil dieser Technologie. Warum das so ist, damit werden wir uns jetzt befassen.

Mit dem Begriff „**radioaktive Verunreinigung**" sind Beimischungen von instabilen Atomkernen in einem sonst normalen Material gemeint. Solche Beimischungen kommen überall in der Natur vor, wie wir in Abschn. 5.5 lernen werden. Aber in einem Reaktor treten sie gehäuft und in nicht-natürlicher Zusammensetzung auf.

Instabile Atomkerne zerfallen und bei dem radioaktiven Zerfall werden Strahlen emittiert, die unter dem Sammelbegriff „**radioaktive Strahlung**" zusammengefasst sind. Warum ist die radioaktive Strahlung für den lebenden Organismus gefährlich? Der Grund ist, das radioaktive Strahlen andere Atome ionisieren können und die Ionisation sehr oft die Molekülstruktur verändert, die aus diesen Atomen aufgebaut ist. Die ionisierende Wirkung der radioaktiven Strahlung ist seit Anfang des 20. Jahrhunderts bekannt, sie wird in einem Spezialgebiet der Physik behandelt, der **Dosimetrie.**

Ausgangspunkt der Dosimetrie ist das **radioaktive Zerfallsgesetz**, welches aussagt, wie sich die zeitliche Abnahme $-\mathrm{d}n/\mathrm{d}t$ einer Menge n von instabilen Atomkernen vollzieht. Man nennt das Verhältnis $-\mathrm{d}n/\mathrm{d}t$ auch die **Aktivität** $Ak(t)$ der radioaktiven Quelle, für sie gilt

$$Ak(t) = Ak_0 e^{-t/\tau} \text{ mit der Einheit } [Ak] = \text{Bq „Becquerel“,} \tag{5.21}$$

wobei Ak_0 die Anfangsaktivität zur Zeit $t = 0$ und τ die Lebensdauer des instabilen Atomkerns ist. Die Aktivität wird in der Einheit $[Ak] = \text{Bq} = \text{s}^{-1}$ angegeben. Eine Menge radioaktiven Materials hat also die Aktivität 1 Bq, wenn 1 instabiler Kern pro Sekunde zerfällt. Dies ist eine sehr geringe Aktivität, wenn man bedenkt, dass zum Beispiel 238 g Uranerz etwa $6 \cdot 10^{23}$ Kerne enthält, von denen dann gerade einer pro Sekunde zerfallen würde.

Die ionisierende Wirkung, die radioaktive Strahlen im Gewebe erzielen, ist abhängig von der Energie, die diese Strahlen dort deponieren. Und zwar ist die Wirkung umso größer, je mehr Energie W_{abs} pro Masse m des Gewebes absorbiert wird. Man definiert daher die **Energiedosis** der radioaktiven Strahlung:

$$D_\text{W} = \frac{W_{\text{abs}}}{m} \text{ mit der Einheit } [D_\text{W}] = \text{J} \cdot \text{kg}^{-1} = \text{Gy „Gray“.} \tag{5.22}$$

Nehmen wir an, die kinetische Energie der Strahlen betrage $W_{\text{kin}} = 1\,\text{MeV} = 1{,}6 \cdot 10^{-13}\,\text{J}$, die in $m = 1\,\text{g}$ Gewebe absorbiert werde. Nehmen wir weiter an, dass diese Strahlen von einer radioaktiven Quelle mit einer Lebensdauer von $\tau = 1\,\text{s}$ emittiert werde. Dann müsste diese Quelle eine Anfangsaktivität von

$$Ak_0 = \frac{D_\text{W}}{W_{\text{kin}}} \frac{m}{\tau} = \frac{10^{-3}}{1{,}6 \cdot 10^{-13}} \approx 6 \cdot 10^9\,\text{Bq} \tag{5.23}$$

direkt in diesem Gewebe besitzen, um dort eine Energiedosis von 1 Gy zu deponieren. Befindet sich die Quelle außerhalb des Gewebes, müsste die Aktivität mit dem Quadrat des Abstands zunehmen, siehe (4.31).

Es gibt verschiedene Arten von radioaktiven Strahlen, die natürlich vorkommenden sind:

- Die γ-**Strahlen** (elektromagnetische Wellen wie das Licht),
- die β-**Strahlen** (negativ und positiv geladene Elektronen),
- die α-**Strahlen** (2fach positiv geladene Heliumkerne).

Atomkerne, welche diese Strahlen emittieren, werden **Radionuklide** genannt. Abgesehen von den γ-Strahlern (z. B. ^{232}U) sind Radionuklide für den Menschen nur gefährlich, wenn

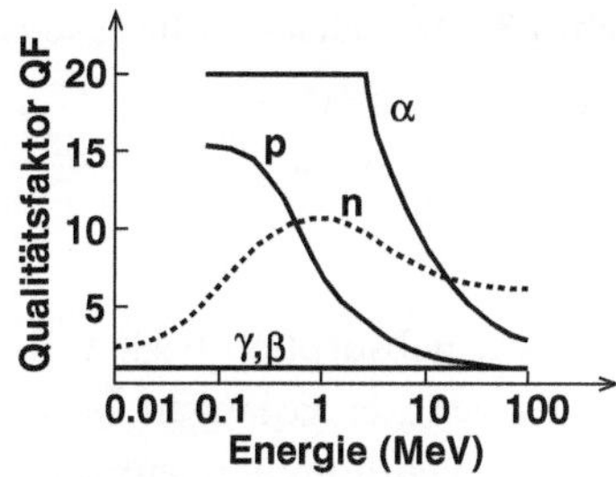

Abb. 5.11 Die Energieabhängigkeit der Qualitätsfaktoren verschiedener radioaktiver Strahlen. Die γ-, β- und α-Strahlen gehören zur der natürlichen Strahlung, die p- und n-Strahlen zu der künstlichen Strahlung

sie inkorporiert, also mit der Nahrung oder Atemluft aufgenommen werden. In diesem Fall sind die α-Strahler besonders gefährlich (z. B. ^{240}Pu).

Darüber hinaus gibt es auch künstlich radioaktive Strahlen, die besonders in einem Reaktor auftreten. Dazu zählen

- die **Protonen** p,
- die **Neutronen** n.

Selbst wenn diese Strahlen, jede für sich, eine Energiedosis von 1 Gy im Gewebe deponieren, hängt die Schädigung des Gewebes davon ab, um welche Strahlenart es sich handelt und welche Energie diese Strahlenart besitzt. Man spezifiziert diese Abhängigkeit durch einen **Qualitätsfaktor** QF, der in Abb. 5.11 gezeigt ist. Gleichzeitig wird mithilfe des Qualitätsfaktors eine neue Dosis, die **Äquivalenzdosis**, definiert

$$D_Q = QF \cdot D_W \text{ mit der Einheit } [D_Q] = \text{J} \cdot \text{kg}^{-1} = \text{Sv „Sievert".} \tag{5.24}$$

Die Äquivalenzdosis ist das eigentliche Maß für das Schädigungspotenzial einer radioaktiven Strahlung, für das oft auch das Wort „**Toxizität**" verwendet wird. Die Toxizität Tx einer radioaktiven Verseuchung lässt sich nach Gleichung 5.23 folgendermaßen abschätzen:

$$Tx = Ak_0 \tau \, 2,3 \cdot 10^{-15} \text{ Sv,}$$

wenn die Strahlungsenergie in der Einheit MeV und die Lebensdauer in s angegeben werden und die mittlere Masse eines Menschen 80 kg beträgt.

Diese Definitionen sollen uns helfen, die Gefahren besser zu verstehen, die bei der Entsorgung des radioaktiven Abfalls eines Reaktors auftreten können. Der Reaktorkern eines Leichtwasserreaktors mit einer thermischen Leistung von ca. $3,4{\cdot}10^{10}$ kWh$\cdot$a^{-1} wird einmal im Jahr mit 30 t angereicherten Brennelementen beladen und 30 t abgebrannte Brennelemente werden dem Reaktorkern entnommen. Diese Brennelemente enthalten, nach Massenprozenten aufgeschlüsselt, das in Tab. 5.8 genannte radioaktive Inventar.

Die Transurane, zu denen auch das ^{239}Pu gehört, entstehen während der Kettenreaktion aus dem ^{238}U durch ein- und mehrfache Neutronenabsorption. Das ^{239}Pu ist in Tab. 5.8 gesondert aufgeführt, weil es eine besonders große Spaltwahrscheinlichkeit nach erfolgter

Tab. 5.8 Das radioaktive Inventar eines abgebrannten Brennelements in Massenprozenten

Material	^{235}U	^{238}U	^{239}Pu	Transurane	Spaltfragmente
Anteil	0,9 %	95 %	0,9 %	0,06 %	3,3 %

Neutronenabsorption besitzt. Es sind etwa 30 % des erzeugten ^{239}Pu durch die Spaltung wieder verloren gegangen, bevor der Rest mit dem abgebrannten Brennelement dem Reaktorkern entnommen wurde.

Das Uran und alle anderen verbleibenden Abbrandstoffe müssen in einem Aufbereitungsprozess von einander getrennt werden, um

- das spaltfähige ^{235}U mit dem nicht-spaltfähigen ^{238}U zurückzugewinnen und erneut anzureichern,
- die radioaktiven Transurane und die Spaltfragmente für die Endlagerung vorzubereiten.

Im Prinzip könnte auch das spaltfähige ^{239}Pu verwendet und dem ^{235}U beigemischt werden. Für diese **MOX(Mischoxid)-Technik** wurde von der Firma Siemens in Hanau eine Anlage gebaut, die nach zahlreichen Einsprüchen allerdings nie in Betrieb gegangen ist.

Nach einer 10-jährigen Abklingzeit, während der die abgebrannten Brennelemente im Kernkraftwerk zwischengelagert und gekühlt werden, besteht ihr radioaktives Inventar aus den in Tab. 5.9 aufgeführten Isotopen, wobei nur diejenigen berücksichtigt wurden, die umweltrelevant sind und eine Lebensdauer von mehr als 10 a besitzen. Die Toxizität der abgebrannten Brennelemente wird daher nicht durch die Spaltfragmente, sondern im Wesentlichen durch die Transurane verursacht, die durch Neutroneneinfang entstanden sind.

Nach der Zusammenstellung in Tab. 5.9 und unter Berücksichtigung der dort nicht aufgeführten Spaltfragmente besitzt der nach einer einjährigen Betriebs- und 10-jährigen Abklingzeit noch vorhandene radioaktive Abfall eine Masse von ca. 500 kg und eine Aktivität von ca. $2 \cdot 10^{17}$ Bq. Dieser Abfall muss entsorgt werden und beim heutigen Stand der Technik kommt nur eine **Endlagerung** in Frage. Für die Endlagerung wird der radioaktive Abfall nach 3 Klassen getrennt:

- *Hochradioaktiver Abfall* mit einer Aktivität $> 3{,}7 \cdot 10^{14}$ Bq·m^{-3}. Zur Lagerung wird dieser Abfall in Borsilikatglas verfestigt und in Edelstahlbehälter eingeschweißt. Die andauernden radioaktiven Zerfälle erzeugen eine thermische Energie von ca. $3 \cdot 10^4$ kWh·a^{-1} pro Behälter, die Oberflächentemperatur beträgt bei passiver Kühlung etwa 300 °C. Die Behälter sind wegen der Kühlnotwendigkeit nicht beliebig stapelbar. Das gesamte radioaktive Inventar eines abgebrannten Brennelements gehört zu dieser Klasse.
- *Mittelradioaktiver Abfall* mit einer Aktivität $> 3{,}7 \cdot 10^{13}$ Bq · m^{-3}. Zur Lagerung wird dieser Abfall in Beton verfestigt und in Transportfässer verfüllt, die beliebig stapelbar sind. Diese Abfälle entstehen aus dem Hüllmaterial der Brennelemente und den Stoffen, die im Aufbereitungsprozess verwendet wurden.
- *Schwachradioaktiver Abfall* mit einer Aktivität $< 3{,}7 \cdot 10^{13}$ Bq · m^{-3}.

Tab. 5.9 Die wichtigsten radioaktiven Spaltfragmente und Transurane, die nach einer 10-jährigen Abklingzeit noch in den Brennelementen enthalten sind

	Isotop	Lebensdauer (a)	Menge (kg)	Aktivität (Bq)	Dosis (Sv)
Spaltfragmente	^{99}Tc	$3{,}04 \cdot 10^5$	24,7	$1{,}56 \cdot 10^{13}$	$1{,}22 \cdot 10^4$
	^{129}I	$2{,}27 \cdot 10^7$	5,8	$3{,}77 \cdot 10^{10}$	$4{,}15 \cdot 10^3$
	^{135}Cs	$3{,}32 \cdot 10^6$	9,4	$3{,}95 \cdot 10^{11}$	$7{,}92 \cdot 10^2$
Total			39,9	$1{,}60 \cdot 10^{13}$	$1{,}71 \cdot 10^4$
Transurane	^{237}Np	$3{,}09 \cdot 10^6$	14,5	$3{,}77 \cdot 10^{11}$	$4{,}15 \cdot 10^4$
	^{239}Pu	$3{,}48 \cdot 10^4$	166,0	$3{,}82 \cdot 10^{14}$	$9{,}55 \cdot 10^7$
	^{240}Pu	$9{,}46 \cdot 10^4$	76,7	$6{,}37 \cdot 10^{14}$	$1{,}59 \cdot 10^8$
	^{241}Pu	$2{,}06 \cdot 10^1$	25,4	$9{,}65 \cdot 10^{16}$	$4{,}54 \cdot 10^8$
	^{241}Am	$6{,}25 \cdot 10^2$	16,6	$2{,}16 \cdot 10^{15}$	$4{,}32 \cdot 10^8$
	^{243}Am	$1{,}06 \cdot 10^4$	3,0	$2{,}22 \cdot 10^{13}$	$4{,}44 \cdot 10^6$
	^{244}Cm	$2{,}61 \cdot 10^1$	0,6	$1{,}80 \cdot 10^{15}$	$2{,}88 \cdot 10^8$
Total			302,8	$1{,}02 \cdot 10^{17}$	$1{,}43 \cdot 10^9$

In Europa existieren zur Zeit nur zwei Anlagen, eine in Frankreich bei La Hague und eine in England bei Sellafield, in denen die Aufbereitung abgebrannter Brennelemente durchgeführt werden kann. Daher müssen abgebrannte Brennelemente aus Deutschland nach der Abklingzeit auf dem Kernkraftgelände dorthin transportiert und anschließend wieder zurückgebracht werden. Der deutsche Standort für eine Endlagerung ist bisher nicht bestimmt worden, vorgesehen war der Salzstock bei Gorleben. Das Endlager muss folgenden Kriterien genügen:

1. Tektonische Stabilität über lange Zeiträume wegen der langen Lebensdauer des radioaktiven Abfalls.
2. Thermische Stabilität des Gesteins wegen der beim radioaktiven Zerfall auftretenden **Nachwärme**. Dies ist ein Problem nur für die ersten 100 Jahre nach der Endlagerung. Danach hat sich die Nachwärme um einen Faktor 1000 reduziert.
3. Ausschluss von Wassereinbrüchen in das Endlager, durch welche die Radioaktivität in den menschlichen Lebensraum gelangen könnte.

Es ist prinzipiell unmöglich, die Erfüllung dieser Forderungen über einen Zeitraum von mehr als 10^5 Jahren zu garantieren. Daher werden Entsorgungsstandorte bisher nur als Zwischenlager deklariert. Es existiert bis jetzt wohl nur ein Standort, der ausdrücklich als Endlager vorgesehen ist, und zwar das **WIPP** in New Mexico/USA. Der ebenfalls vorgesehene Standort in den Yucca Mountain in Nevada/USA wurde inzwischen von der amerikanischen Regierung fallen gelassen. Dabei nimmt die Menge des radioaktiven Abfalls in der Welt jedes Jahr zu. Die Schätzungen der Abfallmenge bis zum Jahr 2010, die

Tab. 5.10 Mengenschätzung des radioaktiven Abfalls der OECD-Länder bis zum Jahr 2010

		OECD $(10^3\,\mathrm{kg})$	Europa $(10^3\,\mathrm{kg})$	USA $(10^3\,\mathrm{kg})$	Japan $(10^3\,\mathrm{kg})$
Transurane	^{237}Np	389	129	133	44
	Pu (total)	1700	565	585	191
	Am (total)	69	23	24	8
Spaltfragmente	^{99}Tc	154	51	53	17
	^{129}I	42	14	14	5
	^{135}Cs	59	20	20	7
Total		Ca. 2400			

sich allein in den OECD-Ländern angesammelt haben wird, wo die Reaktoranlagen der Kontrolle unterliegen, führen zu den Ergebnissen der Tab. 5.10.

Auf der anderen Seite sollte man nicht übersehen, dass diese Mengen keineswegs so gigantisch sind, wenn man sie mit den Mengen vergleicht, die bei der Versorgung mit biogen fossilen Energieträgern bewegt werden müssen. Zum Beispiel hat ein moderner Öltanker eine Wasserverdrängung von 200.000 BRT. Selbst wenn wir den Beitrag der Nicht-OECD-Länder mitberücksichtigen, beträgt die Menge des radioaktiven Abfalls im Jahr 2010 noch nicht einmal 5 % der Ölmenge, die dieser Tanker bei einer Fahrt über die Ozeane transportiert.

5.3.1 P-Ebene: Moderne Techniken der Entsorgung

Die Tab. 5.10 zeigt, dass das endzulagernde Inventar hauptsächlich die Transurane ^{237}Np und verschiedene Isotope des Plutoniums (Pu) und des Americiums (Am) enthält. **Transmutation** bedeutet, diese Transurane in weniger gefährliche Spaltfragmente umzuwandeln.

Die Transmutation

Viele der Transurane enden durch radioaktiven Zerfall in dem langlebigen ^{237}Np. Ein Beispiel ist in Abb. 5.12 gezeigt. Das ^{237}Np ist ein α-Strahler, um es in ein anders spaltfähiges Np-Isotop zu verwandeln, muss es mindestens ein Neutron absorbieren können und dazu sind hohe Neutronenflüsse notwendig. Aus Abb. 5.12 wird erkennbar, dass die Absorption eines Neutrons zunächst das radioaktive ^{238}Np entstehen lässt. Ist der **Neutronenfluss** nur von der Größenordnung $10^{14}\,\mathrm{m^{-2}\cdot s^{-1}}$, so folgt das ^{238}Np seinem natürlichen Schicksal und wird durch einen β-Zerfall in ^{238}Pu verwandelt, gerät also in die Pu-Kette, die schließlich zum spaltfähigen ^{239}Pu führt. Will man diesen Weg in die Pu-Aufbereitung vermeiden, so muss der Neutronenfluss auf einen Wert von mehr als $10^{15}\,\mathrm{m^{-2}\cdot s^{-1}}$ gesteigert werden. Dann entsteht aus dem spaltfähigen ^{238}Np durch Einfang eines weiteren Neutrons das ^{239}Np, das bei seiner Spaltung mehr Neutronen erzeugt als zu seiner Erzeugung aus ^{237}Np benötigt

Abb. 5.12 Zerfälle und Neutroneneinfänge von Transuranen in einer Transmutationsanlage, die entweder mit einem schwachen Neutronenfluss von $10^{14}\,\mathrm{m}^{-2} \cdot \mathrm{s}^{-1}$ oder einem starken Neutronenfluss von $> 10^{15}\,\mathrm{m}^{-2} \cdot \mathrm{s}^{-1}$ arbeitet

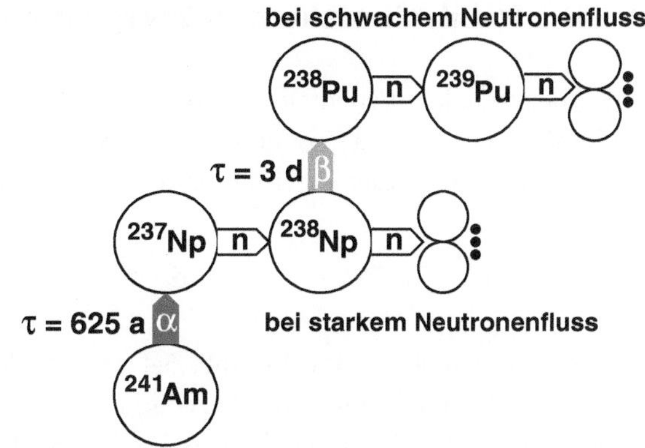

wurden. Ohne weitere Neutronenverluste wäre dies ein sich selbst erhaltender Transmutationsprozess.

In einem konventionellen Leichtwasserreaktor beträgt der Neutronenfluss nur etwa $10^{14}\,\mathrm{m}^{-2} \cdot \mathrm{s}^{-1}$, er reicht also nicht zur Transmutation, sondern vergrößert nur den ^{239}Pu-Anteil im nuklearen Abfall. Eine Steigerung des Neutronenflusses um eine Faktor 50 lässt sich nur mithilfe der **Spallation** erzielen, die wir bereits in Abschn. 5.2.1 (siehe Abb. 5.10) behandelt haben. Das bedeutet, eine Transmutationsanlage wäre einem Beschleuniger-getriebenen Hybridreaktor sehr ähnlich. Und damit entstünden für diese Anlage auch ähnliche Probleme. Zu den schwierigsten zählt die Auslegung des Spallationstargets und des Reaktorkerns, aber auch die Konstruktion eines Protonenbeschleunigers, der Protonen bei einem Strom von 0,1 A auf eine Energie von 1 GeV beschleunigt, verlangt den Einsatz aufwändiger Beschleunigertechnologie, aber scheint prinzipiell möglich.

Die Herstellung kugelförmiger Brennelemente aus dem nuklearen Abfall ist wohl nicht möglich und andere feste Brennelemente müssten wegen des hohen Neutronenflusses nach spätestens einem Tag ausgetauscht werden. Daher ist geplant, ein flüssiges Brennelement[5] aus einer ^{7}LiF-BeF$_2$-Salzschmelze zu verwenden, welchem der nukleare Abfall und als Brutstoff ^{232}Th zugemischt sind. Dieses Brennelement soll durch den Reaktorkern zirkulieren und eine Temperatur von nicht mehr als 700 °C erreichen, weil es durch schweres Wasser gekühlt wird. Die Verwendung von schwerem Wasser als Kühlmittel und Moderator scheint unausweichlich, um den hohen Neutronenfluss aufrecht zu erhalten: Schweres Wasser besitzt das beste Abbremsvermögen aller mögliche Moderatoren.

Eine derartige Transmutationsanlage verwandelt nicht nur die Transurane in Spaltfragmente, sondern sie soll auch genügend Energie liefern, um den Beschleuniger zu betreiben. Die Anlage wäre also mindestens Energie-autark. Aber man darf nicht die ungeheuren technischen Anforderungen vergessen, die bei der Konstruktion, dem Bau und dem Betrieb einer derartigen Anlage entstehen, Die erforderlichen Entwicklungsarbeiten werden Jahrzehnte dauern und ihr Erfolg ist nicht garantiert.

---

[5] Die Technologie flüssiger Brennelemente ist nicht neu: Von 1964 bis 1969 war in Oak Ridge/USA ein Reaktor (MSR) mit flüssigem Brennstoff in Betrieb, dessen Konzept ähnlich zu dem des HTR war.

5.4 Die fossil mineralischen Energien 2: Kernfusion

Die Kernenergie kann ebenfalls in eine andere Energieform umgewandelt werden, wenn zwei leichte Kerne X und Y zu einem schweren Kern K mit $A < 60$ vereinigt werden. Das Hindernis, das sich dieser Vereinigung in den Weg stellt, ist die **Coulombbarriere**

$$B_C \propto \frac{Z_X Z_Y}{r}. \tag{5.25}$$

Diese Zusammenhänge sind in Abb. 5.4 dargestellt, wobei der Abstand zwischen den Atomkernen X und Y durch die Variable r gekennzeichnet ist. Diese Kerne müssen eine genügend große kinetische Energie $W_{kin} \geq B_C$ besitzen, um die Coulombbarriere zu überwinden. Gleichung 5.25 zeigt, dass die Coulombbarriere umso kleiner ist, je kleiner die positiven Ladungen Z der Kerne sind. Am günstigsten wäre $Z_X = Z_Y = 0$, das heißt die Vereinigung von zwei Neutronen. Aber es gibt keinen gebundenen Di-Neutron-Zustand, also bei dieser Reaktion ist immer $B_S \gg B_C$. Die erste günstige Vereinigung, für die $B_S \ll B_C$ ist und gleichzeitig $Z_X = Z_Y = 1$ gilt, tritt auf bei der Vereinigung von Deuterium und Tritium zu Helium, also bei der Reaktion

$$d + t \rightarrow {}^4\text{He} + n + 17,6\,\text{MeV}. \tag{5.26}$$

Man bezeichnet diese Reaktion als Fusionsreaktion oder einfach als **Fusion**. Gleichung 5.26 besagt, dass pro kg der Wasserstoffisotope Deuterium (d) und Tritium (t) im Mischungsverhältnis $1:1$ eine Energie von $9,4 \cdot 10^7\,\text{kWh} \cdot \text{kg}^{-1}$ freigesetzt wird.

Allerdings kann diese Fusionsreaktion nicht ohne weiteres technisch realisiert werden, weil **Tritium** radioaktiv ist und in der Natur nicht vorkommt. Es muss daher zunächst erzeugt werden. Das bei der Fusionsreaktion (5.26) ebenfalls entstehende Neutron (n) wird dafür genutzt, und zwar mithilfe einer weiteren Kernreaktion

$$n + {}^6\text{Li} \rightarrow {}^4\text{He} + t + 4,8\,\text{MeV}. \tag{5.27}$$

Auch bei dieser Reaktion wird Energie freigesetzt, zusammen mit der Fusionsreaktion (5.26) sind es

$$\frac{W}{m} = 1,2 \cdot 10^8\,\text{MeV} \cdot \text{kg}^{-1}. \tag{5.28}$$

Diese Energie kann jedoch nicht vollständig in eine beliebige andere Energieform umgewandelt werden, denn ein Teil wird benötigt, um die Fusionspartner Deuterium und Tritium auf der erforderliche Energie W_{kin} zu beschleunigen. Im nächsten Abschnitt werden wir lernen, dass $W_{kin} \approx 0,6\,\text{MeV}$ sein muss. Daher hat nach der Produktregel (2.45) einer der Teilwirkungsgrade den Wert

$$\eta_1 = \frac{22,4 - 0,6}{22,4} = 0,97. \tag{5.29}$$

Erst danach könnte die restliche Energie in eine beliebige andere Energieform umgewandelt werden. Wie dies geschieht, hängt von der Konstruktion des **Fusionsreaktors** ab, in dem die Fusion von Deuterium mit Tritium bei gleichzeitiger Erbrütung des Tritiums durchgeführt wird. Der erreichbare **Wirkungsgrad** der Energiewandlung ist aber sicherlich nicht größer als der eines konventionellen Spaltreaktors, er wird eher kleiner sein:

$$\eta \approx 0{,}1. \tag{5.30}$$

Wichtig ist aber, dass Deuterium im Wasser mit einem Anteil von 0,01 % vorhanden ist, und dass auch ^{6}Li in ausreichendem Maß in der Erdkruste vorkommt, zum Beispiel als Spodumen ^{6}LiAlSi$_2$O$_6$. Daher ist die Kernenergie, die bei der Kernfusion freigesetzt wird, unbeschränkt vorhanden.

> Die Kernenergie, die bei der Kernfusion freigesetzt wird, kann im Prinzip den gesamten zukünftigen Primärenergiebedarf der Welt für einen unbegrenzten Zeitraum decken.

Es gibt für den Fusionsreaktor mehrere Konzepte, mit diesen werden wir uns im nächsten Abschnitt auf der P-Ebene beschäftigen. Allerdings ist es bisher nicht gelungen, diese Konzepte zu einer großtechnischen Anlage zu entwickeln, die mehr Energie zur Verfügung stellt als sie selbst für ihren Betrieb benötigt.

5.4.1 P-Ebene: Der Fusionsreaktor

Fast alle *ve*-Länder (Europa, USA, Russland, Japan) arbeiten an der Entwicklung eines Fusionsreaktors, und zwar nicht erst seit heute, sondern schon seit mehreren Jahrzehnten. Mit diesen Entwicklungsarbeiten befassen wir uns im nächsten Abschnitt.

Die physikalischen Grundlagen eines Fusionsreaktors
In der Fusionsforschung werden Energien nicht in den Einheiten J oder eV angegeben, sondern in der Einheit der Temperatur [T] = K. Dazu muss man wissen, dass

$$W = 1\,\text{eV einer Temperatur von } T = 7736\,\text{K entspricht.} \tag{5.31}$$

Welche „**Temperatur**" müssen also Deuterium und Tritium besitzen, um ihre Coulombbarriere B_C zu überwinden?

Für B_C gilt

$$B_\text{C} = 1{,}44 \cdot 10^{-9} \frac{Z_\text{X} Z_\text{Y}}{r} \, \text{eV} \cdot \text{m}, \tag{5.32}$$

Abb. 5.13 Die Abhängigkeit des mittleren Faktors $\langle v\sigma_{\text{fus}}\rangle$ von der Plasmatemperatur T. Die mittlere Fusionswahrscheinlichkeit $\langle Prob_{\text{fus}}\rangle$ ist proportional zu diesem Faktor

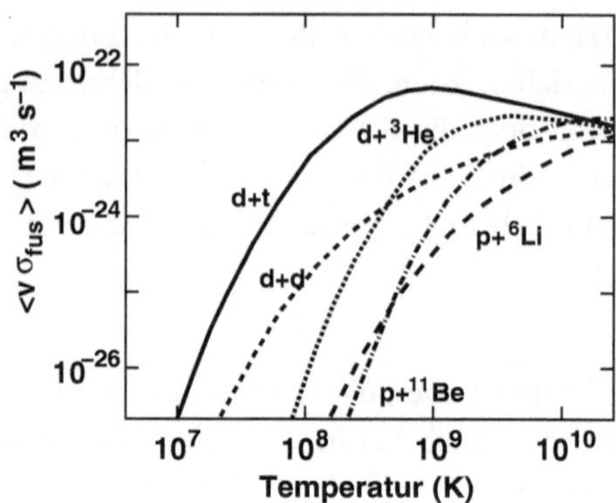

wobei sich Deuterium und Tritium bis auf einen Abstand $r \approx 3\cdot 10^{-15}$ m annähern müssen. Wird dieser Wert von r in (5.32) eingesetzt, ergibt sich als erforderliche Energie dieser Fusionspartner

$$W_{\text{kin}} = 4{,}8\cdot 10^5 \text{ eV}, \quad \text{das entspricht } T = 3{,}7\cdot 10^9 \text{ K}. \tag{5.33}$$

Ein Gasgemisch aus Deuterium und Tritium bildet bei Temperaturen von über hunderttausend (10^5) °C ein **Plasma**, das heißt, alle Deuterium- und Tritium-Atome sind ionisiert, also einfach positiv geladen. Ein Plasma würde explosionsartig expandieren, wenn es nicht auf irgendeine Art **eingeschlossen** wäre. In einem eingeschlossenen Deuterium-Tritium-Plasma finden bei einer Temperatur von $3{,}7\cdot 10^9$ K demnach Fusionsreaktionen gemäß (5.26) statt, es wird in diesem Plasma Energie freigesetzt. Natürlich treten diese Reaktionen nur mit einer gewissen Wahrscheinlichkeit $Prob_{\text{fus}}$ ein, die proportional zum **Fusionsquerschnitt** σ_{fus} und umgekehrt proportional zu der Geschwindigkeit v ist, mit der Deuterium und Tritium auf einander treffen:

$$Prob_{\text{fus}} \propto v^{-1}\,\sigma_{\text{fus}}. \tag{5.34}$$

Auch für andere mögliche Fusionsreaktionen gelten diese Überlegungen, allerdings sind die zur Fusion benötigten Temperaturen viel höher und auch die Wirkungsgrade nach (5.29) geringer, ganz abgesehen von der Frage, ob sich solche hohen Temperaturen überhaupt in einem Plasma erzielen lassen. In der Abb. 5.13 findet sich eine Zusammenstellung möglicher Fusionsreaktionen und wie sich ihre Fusionswahrscheinlichkeiten mit der Plasmatemperatur verändern.

Es ist äußerst schwierig, ein Plasma mit den nach Abb. 5.13 erforderlichen Temperaturen T zu erzeugen, und es ist noch schwieriger, den Plasmazustand unter diesen Bedingungen für eine längere Zeit aufrecht zu erhalten. Dies liegt daran, dass ein **schwarzer Körper** bei der Temperatur T gemäß (4.29) Energie abstrahlt, sich also abkühlt, wenn nicht genügend Energie W_{therm} nachgeführt wird. Daher vollzieht sich in einem Fusionsreaktor ein Wettlauf zwischen dem Energiegewinn W_{fus} durch Fusionsreaktionen und dem Energieverlust durch Abstrahlung. In der Sonne wird dieser Wettlauf offensichtlich immer von den

Tab. 5.11 Die zwei grundlegenden Techniken, die zum Erreichen des Plasmazustands mit Temperatur $T = 2 \cdot 10^8$ K in einem Fusionsreaktor verwendet werden

Methode	$n/V \, (\mathrm{m}^{-3})$	$t_{\mathrm{fus}} \, (\mathrm{s})$
Magnetischer Einschluss	10^{20}	3
Trägheitseinschluss	10^{30}	$3 \cdot 10^{-10}$

Fusionsreaktionen gewonnen, aber in einem irdischen Fusionsreaktor kann er nur für eine sehr kurze Zeit t_{fus} gewonnen werden. Wie groß der Gewinn ist, wird ausgedrückt durch den **Gütefaktor** $G = W_{\mathrm{fus}}/W_{\mathrm{therm}}$, der das Verhältnis angibt zwischen der Fusionsenergie und der zum Erreichen der Fusion erforderlichen Energie. Natürlich muss für einen funktionierenden Fusionsreaktor $G > 1$ gelten, das heißt, er muss eine positive Energiebilanz aufweisen.

Die Bedingung $G > 1$ lässt sich nur verwirklichen, wenn

- die Temperatur T hoch genug ist,
- die Plasmalebensdauer t_{fus} lang genug ist,
- die Plasmadichte n/V groß genug ist.

Aus diesen Parametern leitet sich das **Lawson-Kriterium** ab,

$$\frac{n}{V} t_{\mathrm{fus}} T > 6 \cdot 10^{28} \, \mathrm{K} \cdot \mathrm{s} \cdot \mathrm{m}^{-3}, \qquad (5.35)$$

das erfüllt sein muss, damit der Fusionsreaktor eine positive Energiebilanz aufweist. In dem Lawson-Kriterium ist die Temperatur T im Wesentlichen gegeben durch die Coulombbarriere B_{C} der Fusionsreaktion, aber die Werte von n/V und t_{fus} in Tab. 5.11 definieren die Methode, mit deren Hilfe der Plasmazustand in einem Fusionsreaktor erzeugt wird.

Unter Normalbedingungen beträgt die Anzahldichte des Wasserstoffgases $n/V = 2{,}7 \cdot 10^{25} \, \mathrm{m}^{-3}$. Beim **magnetischen Einschluss** ist daher die Plasmadichte relativ gering, dafür muss die Einschlusszeit entsprechend lang sein. Gerade umgekehrt ist es beim **Trägheitseinschluss**: Die Plasmadichte ist übernormal groß, aber das Plasma existiert nur für eine sehr kurze Zeit. Wie die technische Realisierung der beiden Methoden geschieht, werden wir in den nächsten beiden Abschnitten behandeln.

Alle bisherigen Planungen gehen von der Realisierung der Fusions- und Brutreaktion (5.26), (5.27) aus, denn die erforderliche Temperatur ist nach Abb. 5.13 die geringste aller Plasmatemperaturen. Dabei ist die $(\mathrm{d} + \mathrm{t})$-Fusion unter einem anderen Gesichtspunkt nicht sehr vorteilhaft, denn Tritium ist radioaktiv und es entstehen Neutronen bei der Fusionsreaktion (5.26). Viel sauberer wären die Fusionsreaktionen

$$\mathrm{p} + {}^6\mathrm{Li} \rightarrow {}^4\mathrm{He} + {}^3\mathrm{He} + 4{,}0 \, \mathrm{MeV}$$
$$\mathrm{p} + {}^{11}\mathrm{B} \rightarrow 3 \, {}^4\mathrm{He} + 8{,}7 \, \mathrm{MeV}. \qquad (5.36)$$

Abb. 5.14 Schematisches Bild
eines TOKAMAK-Fusions-
reaktors mir den toroidalen
Magnetfeldspulen zur Erzeugung des Ringfelds und den
Induktionsspulen zur Erzeugung des Plasmastroms

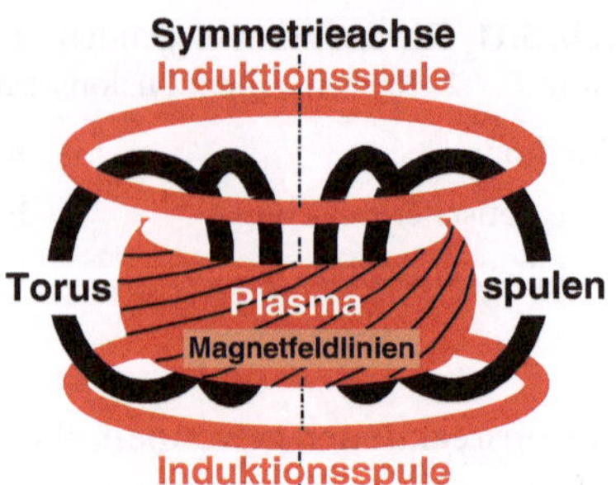

Diese setzen zwar weniger Bindungsenergie pro Reaktion frei, aber es entstehen auch keine
Neutronen und radioaktive Kerne. Leider erfordern sie eine Temperatur von über $5 \cdot 10^9$ K,
und das ist mit heutigen Mitteln nicht realisierbar.

Der Fusionsreaktor: Magnetischer Einschluss

Bei dieser Methode geschieht der Einschluss des Plasmas mithilfe eines Magnetfelds, das
von **supraleitenden Spulen** erzeugt wird[6]. Die positiv geladenen Deuterium- und Tritium-
Kerne und die negativ geladenen Elektronen bewegen sich in dem Plasma auf Spiralbahnen um die Magnetfeldlinien. Sind diese Magnetfeldlinien kreisförmig geschlossen (soge-
nannte Toruskonfiguration), so könnten diese Teilchen das Plasma niemals verlassen, das
Plasma wäre eingeschlossen. Voraussetzung dafür ist, dass das toroidale Magnetfeld überall
die gleiche Stärke besitzt, das heißt im Volumen des Plasmas ortsunabhängig ist. Tatsächlich ist aber das Magnetfeld eines **Toroids** sehr wohl ortsabhängig: Es ist in der Nähe der
Symmetrieachse stärker als weit entfernt von dieser Achse, siehe Abb. 5.14. Damit diese
Ortsabhängigkeit keinen Einfluss auf die Bahnen der Plasmateilchen hat, müssen die geschlossenen Magnetfeldlinien so verdrillt werden, dass sie an manchen Stellen nahe der
Symmetrieachse verlaufen, an anderen dagegen weit entfernt. Für die Magnetfeldverdril-
lung existieren zwei Methoden:

- Das **TOKAMAK**-Prinzip.
  In dem Plasma wird durch ein weiteres veränderliches Magnetfeld ein ringförmiger
  Plasmastrom erzeugt, dessen Magnetfeld nun durch Überlagerung mit den Magnetfeldlinien des Toroids diese in der gewünschten Weise verdrillen, so dass sie weiterhin
  geschlossen bleiben. Dies ist in der Abb. 5.14 schematisch dargestellt. Der Effekt der
  Überlagerung von zwei Magnetfeldern ist, dass die sich auf geschlossenen Spiralbahnen
  bewegenden Plasmateilchen im Mittel ein ringförmiges Magnetfeld von überall gleicher
  Stärke sehen: Sie und damit das Plasma werden durch dieses Überlagerungsfeld eingeschlossen.

---

[6] Zur Zeit müssen die Spulen noch mit flüssigem Helium gekühlt werden, um den supraleitenden
Zustand zu erreichen. Aber es besteht die Hoffnung, dass die Entwicklung der Hochtemperatur-Su-
praleiter so erfolgreich fortschreitet, dass sie in einem Fusionsreaktor eingesetzt werden können.

Das Plasma ist also stabil aber gepulst, denn es existiert nur während der Zeit, während der sich ein Plasmastrom induzieren lässt. Die Dauer der Strominduktion durch die Induktionsspulen ist nur von der Größenordnung eine Sekunde. Die Wiederholfrequenz für den Induktionspuls und damit den Plasmastrom ist sehr gering, denn der Aufbau eines genügend großen Induktionspulses erfordert Zeit. Man hat daher auch versucht, Plasmaströme mithilfe von Hochfrequenzfeldern zu erzeugen, aber offensichtlich ohne Erfolg.

Der große Vorteil des TOKAMAK-Prinzips ist auf der anderen Seite, dass infolge des induzierten Plasmastroms dieser einen inneren Heizmechanismus besitzt, der von dem Ohm'schen Widerstand verursacht wird. Dies hat zu einem deutlichen Entwicklungsvorsprung gegenüber konkurrierenden Prinzipien geführt, obwohl die Ohm'sche Heizung allein wohl nicht ausreicht, um die erforderliche Zündtemperatur für die Fusion zu erreichen. Selbst bei Plasmaströmen von $6 \cdot 10^5$ A sind bisher nur Temperaturen kleiner als 10^8 K erreicht worden. Zusätzliche Heizquellen sind erforderlich und dafür bieten sich die während der Fusion erzeugte α-Teilchen oder ungeladene Atome (Neutralteilchen) an, die mit der erforderlichen Energie in das Plasma geschossen werden.

Die Planungen für das erste wirklich einsatzfähige Fusionskraftwerk basieren auf dem TOKAMAK-Prinzip.

- Das **STELLARATOR**-Prinzip.

Beim STELLARATOR wird die Verdrillung der Magnetfeldlinien ohne die Induktion eines Plasmastroms, sondern mithilfe einer speziellen Formgebung der toriodalen Magnetfeldspulen erreicht. Die Entwicklung derartiger Spulen, die im Prinzip eine sehr lange Einschlusszeit des Plasmas gestatten, hat sehr viel Zeit in Anspruch genommen, sie wurde wesentlich im Max-Planck-Institut für Plasmaphysik vorangetrieben. Da die Notwendigkeit für einen Induktionspuls entfällt, kann in einem STELLARATOR das Plasma kontinuierlich brennen, wenn einmal die Zündtemperatur von über 10^8 K erreicht ist. Zur Zündung bietet sich, wie beim TOKAMAK, als Heizquelle der Einschuss von Neutralteilchen an. Dies ist allerdings leichter gesagt als getan. Zwar müssen Neutralteilchen nur eine kinetische Energie von etwa 10 keV besitzen, aber der Teilchenstrom muss äquivalent zu einem elektrischen Strom von 10^6 A sein. Diese Anforderungen erfordern die Entwicklung ganz neuer Methoden in der Beschleunigertechnologie.

In beiden Konzepten, TOKAMAK und STELLARATOR, gibt es Probleme, die dafür sorgen, dass auch morgen noch nicht damit zu rechnen ist, dass wir eine unerschöpfliche Quelle für unserer Versorgung mit Primärenergie besitzen. Diese Probleme entstehen hauptsächlich durch die Instabilitäten des Plasmas, die seine Lebensdauer t_{fus} begrenzen und für die es viele Ursachen gibt. Einige sind zum Beispiel:

1. In dem Plasma befindet sich nicht nur als Brennstoff das Deuterium-Tritium-Gemisch, sondern auch vielfache Verunreinigungen, welche die Dichte des Plasmas verringern und es schwieriger machen, das Lawson-Kriterium zu erfüllen.

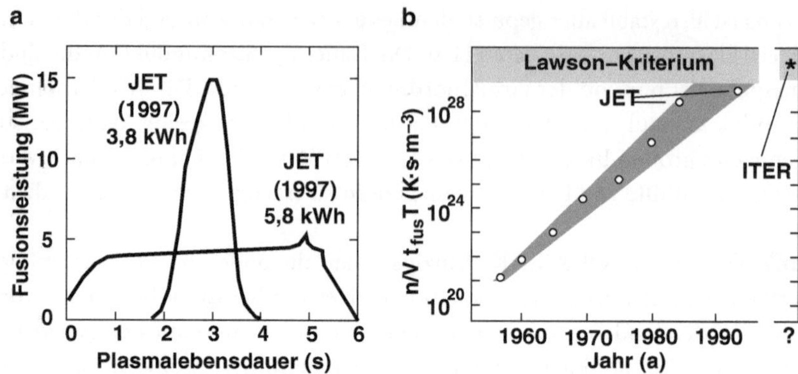

Abb. 5.15 a Die im Fusionsreaktor JET erzielten Plasmalebensdauern mit den während dieser Zeiten erreichten Fusionsleistungen. Je länger die Lebensdauer, um so geringer ist das Maximum der Fusionsleistung, aber die frei gesetzten Fusionsenergien sind in beiden Fällen ungefähr gleich groß. **b** Der zeitliche Fortschritt in der Erfüllung des Lawson-Kriteriums. Obwohl die Extrapolation erwarten lässt, dass die technischen Probleme des Fusionsreaktors bis Anfang des 21. Jahrhunderts gelöst sind, ist das bis zum Jahr 2004 noch nicht der Fall

2. Eine natürliche Verunreinigung sind die α-Teilchen, die durch die Fusion entstehen. Aber auch die Neutralteilchen, die zur Heizung in das Plasma geschossen werden, sind Verunreinigungen, beide erzeugen Plasmainstabilitäten aufgrund der starken lokalen Aufheizung.
3. Schwere Verunreinigungen sind nur teilweise ionisiert, sie können daher durch Elektronenanregungen dem Plasma Energie entziehen und die Plasmatemperatur reduzieren. Ein ähnlicher Mechanismus, die **Bremsstrahlung** freier Elektronen, sorgt dafür, dass der Reaktor zu einer Quelle harter γ-Strahlung wird mit der entsprechenden Wirkung auf die Umgebung des Plasmas.
4. Die nächste Umgebung des Plasmas ist der Plasmabehälter, der aus einer Stahllegierung gefertigt ist. Das Problem, die Wechselwirkung zwischen dem Plasma und seinem Behälter so gering zu halten, dass dieser auch über längere Zeiten mechanisch und thermisch stabil bleibt, ist nicht gelöst.
5. Und schließlich sollte man nicht die ungeheuren Kräfte vernachlässigen, denen die Struktur des Reaktors ausgesetzt ist und die durch die starken Magnetfelder verursacht werden.

Trotz dieser Schwierigkeiten hat man sich in den vergangenen Jahren mit TOKAMAK-Anlagen in Culham/England (JET) und in Princeton/USA (TFTR) immer näher an die Erfüllung des Lawson-Kriteriums herangearbeitet. Es wurden Plasmalebensdauern von bis zu 5 s mit einer totalen Energie aus der Fusion von fast 6 kWh erreicht, wie in Abb. 5.15 gezeigt. Dies ist sehr wenig! Selbst wenn diese Energie wirklich zur Verfügung stünde, ließe sich damit auch bei einem Tastverhältnis von 1 : 10 nur 0,0001 % des zukünftigen deutschen

Primärenergiebedarfs decken. Eine wesentliche Steigerung der Energiewandlung ist also notwendig.

Der nächste große Schritt soll der Bau des **ITER** (International Thermonuclear Experimental Reactor) sein, mit dem zum ersten Mal ein selbständig brennendes Plasma verwirklicht werden soll. Das ITER-Projekt wurde 1988 gestartet, an ihm beteiligen sich die EU, die USA, Russland, Indien, China und Japan. Die Teilnehmer haben sich 2005 darauf einigt, den Reaktor in Cadarache/Frankreich zu bauen. Die ist ein mehrere Milliarden Euro teures Projekt, von dem nicht sicher ist, ob es die Investitionen je erwirtschaften wird.

Der Fusionsreaktor: Trägheitseinschluss

Ohne voreingenommen zu sein, kann man wohl behaupten, dass der Trägheitseinschluss eines Deuterium-Tritium-Plasmas sich nicht aus dem Planungs- und frühem Versuchsstadium heraus entwickelt hat. Dabei ist das dahinter stehende Konzept auf den ersten Blick verblüffend einfach.

Wird anstelle eines gasförmigen ein flüssiges Deuterium-Tritium-Gemisch verwendet, so enthält ein Kügelchen mit einem Radius $r = 1{,}5$ mm etwa

$$n \approx 3 \cdot 10^{20} \tag{5.37}$$

Deuterium-Tritium-Paare. Ein derartiges Kügelchen wird *Pellet* genannt. Fusionieren alle in einem Pellet vorhandenen Deuterium-Tritium-Paare, so wird eine Energie von

$$W_{\text{Pellet}} \approx 235\,\text{kWh} \tag{5.38}$$

pro Pellet freigesetzt. Und falls schließlich jede Sekunde ein derartiger Fusionsprozess durchgeführt wird, dann besitzt ein entsprechender Fusionsreaktor eine Leistung von

$$P_{\text{fus}} \approx 7{,}4 \cdot 10^{9}\,\text{kWh} \cdot \text{a}^{-1}. \tag{5.39}$$

Selbst bei dieser sehr optimistischen Abschätzung ist das noch nicht die thermische Leistung, die ein heute im Betrieb befindlicher Druckwasserreaktor erreicht und die etwa $3{,}4 \cdot 10^{10}$ kWh $\cdot$ a^{-1} beträgt. Aber das eigentliche Problem ist, die Deuterium-Tritium-Paare in dem Pellet zur Fusion zu zwingen.

Um zu fusionieren, müssen die Deuterium-Tritium-Paare auf eine Energie von $4{,}8 \cdot 10^{5}$ eV beschleunigt werden. Bei dem Trägheitseinschluss ist diese Beschleunigung *gerichtet*, also nicht chaotisch wie beim magnetischen Einschluss, wo sie durch Temperaturerhöhung des Plasmas geschieht. Man erzielt ein gerichtete Beschleunigung, wenn man das Pellet mit einer Kugelschale aus einem schweren Material umgibt, das schlagartig verdampft wird. Die physikalischen Erhaltungssätze von Impuls und Energie garantieren, dass fast die gesamte Energie, die zur Verdampfung der äußeren Schale des Pellets dieser zugeführt wurde, auf die Deuterium-Tritium-Paare übertragen wird. Anschaulich ist dieser Verdampfungsprozess in der Abb. 5.16 dargestellt. Damit aber die Deuterium-Tritium-Paare genügend Energie erhalten, muss der Verdampfungspuls entsprechend groß sein und die

Abb. 5.16 Schematischer
Schnitt durch ein Pellet. Die
Energiepulse verdampfen die
äußere Schale, dabei wird der
Brennstoff nach innen be-
schleunigt und komprimiert

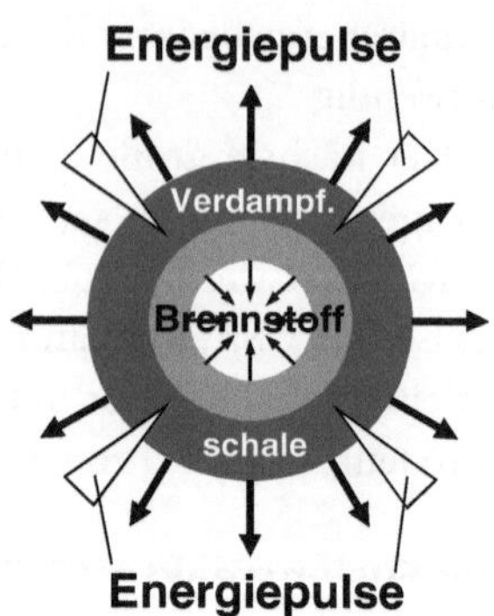

in ihm vorhandene Energie muss vollständig von der Verdampfungsschale des Pellets absorbiert werden. Da die Beschleunigung der Paare nach innen gerichtet ist, wird auch eine
Verdichtung des Deuterium-Tritium-Gemischs von $n/V = 2 \cdot 10^{28}\,\mathrm{m}^{-3}$ auf $n/V > 10^{30}$
erreicht, und damit ist das Lawson-Kriterium erfüllt.

Die Energie, die der Verdampfungspuls für eine Zeit von $3{\cdot}10^{-10}$ s besitzen muss, beträgt
ca. $6{,}4\,\mathrm{kWh} \approx 25\,\mathrm{MJ}$. Er muss räumlich so begrenzt sein, dass er das Pellet von weniger als
10 mm Durchmesser vollständig trifft und in der äußeren Schale aus Blei und einer Blei-
Lithium-Legierung vollständig absorbiert wird. Ein Fusionszyklus sieht dann folgendermaßen aus:

(1) Ein Energiepuls mit ca. 25 MJ und zeitlicher Dauer $3{\cdot}10^{-10}$ s trifft das Pellet mit Radius
$r < 5\,\mathrm{mm}$. Dadurch wird die äußere Schale des Pellets von ca. 2 mm Dicke extrem stark
aufgeheizt und verdampft instantan.
(2) Durch die Verdampfung wird der Brennstoff, ein flüssiges Deuterium-Tritium-Gemisch, nach innen beschleunigt. Dabei erhöht sich die Dichte auf Werte von $n/V >$
$10^{30}\,\mathrm{m}^{-3}$ und die Deuterium-Tritium-Paare erreichen eine Energie $W_{\mathrm{kin}} > 0{,}4\,\mathrm{MeV}$.
(3) Das Deuterium-Tritium-Gemisch zündet, die bei der Fusion entstehenden α-Teilchen
heizen das expandierende Plasma weiter auf, bis der gesamte Brennstoff fusioniert hat.

Dieser Fusions-Zyklus entspricht der Explosion einer **Mini-Wasserstoffbombe**. Falls
er so ideal funktionieren würde, besäße der Zyklus einen Gütefaktor $G \approx 35$. Einer technischen Realisierung stellen sich aber enorme Probleme in den Weg.

- *Wie erzeugt man die Energiepulse von 25 MJ über eine Zeitspanne von 0,3 ns?*
Dafür gibt es zwei Vorschläge,
(a) die Lichtpulse eines Hochleistungslasers,
(b) die Teilchenimpulse eines Schwerionenbeschleunigers.
Die Schwierigkeit besteht darin, dass beide Energiequellen eine Leistung von mehr als
10^{16} W besitzen müssen.

(a) Der bekannte Hochleistungslaser NIF (National Ignition Facility) in den USA hat eine Leistung von ca. 10^{14} W. Es kann spekuliert werden, ob nicht im Rahmen von Militärprogrammen noch leistungsstärkere Laser entwickelt wurden, die unbekannt sind. Für eine technische Anwendung ist zu berücksichtigen, dass Laser einen sehr geringen Wirkungsgrad $\eta \approx 0{,}01$ für die Wandlung in Strahlungsenergie besitzen. Daher muss der Fusionsreaktor eine Güte $G > 100$ erreichen, um diesen Nachteil auszugleichen. Unter diesen Bedingungen viel Aufwand in die Laserentwicklung zu stecken, lohnt sich offensichtlich nicht.

(b) Die Beschleunigerentwicklung hat in den letzten Jahren so große Forschritte gemacht, dass es nicht aussichtslos erscheint, die Option einer Beschleunigeranlage näher zu untersuchen. Diese müsste bei einer Beschleunigerenergie von 3 GeV eine kurzzeitigen Strom von $3 \cdot 10^6$ A liefern. Dies erscheint unmöglich zu sein, selbst wenn viele Beschleuniger parallel geschaltet werden. Möglich erscheint ein Strom von ca. 10^3 A, was natürlich bedeutet, dass die Leistung eines Fusionskraftwerks um den entsprechenden Faktor nach (5.39) zurückgeht.

- *Wie konstruiert man das Pellet?*
  Um ein Pellet zu bauen, dass bei der Verdampfung seiner äußeren Schale den Brennstoff auf das 50fache komprimiert, muss dieses Pellet und die Bestrahlungsanordnung perfekte Kugelsymmetrie besitzen. Das Pellet muss eine Temperatur von weniger als 20 K ($-253\,°$C) haben, damit die Wasserstoffisotope im flüssigen Zustand vorliegen. Beide Bedingungen sind technisch sehr schwierig zu realisieren. Es hat wohl nur Computersimulationen gegeben, um die prinzipielle Machbarkeit zu demonstrieren und die Pelletkonstruktion festzulegen.
  Die einstmals existierenden Programme zur Untersuchung der **Trägheitsfusion** scheinen, bis auf das NIF-Programm in den USA, alle eingestellt worden zu sein.

5.5 Die Risiken der Kernenergie

Eine Diskussion der fossil mineralischen Energieträger ist nicht möglich, ohne gleichfalls auf die Risiken einzugehen, die diese Energieträger darstellen. Dies ist umso notwendiger, weil die Kernenergie wegen ihrer enorm großen Energiedichte die einzige Energiequelle ist, die uns ein Leben gemäß der vertrauten Art und Weise nach dem Verlust der fossil biogenen Energiequellen ermöglichen würde. Dafür ist die bisherige Kernenergietechnik (konventionelle Kernreaktoren) nicht ausreichend, denn auch der Vorrat an ^{235}U wird über kurz oder lang erschöpft sein. Sondern es müssen neue Techniken zur Nutzbarmachung der Kernenergie entwickelt werden, und die Menschheit sollte sich klar werden, ob sie diesen Weg, bei Kenntnis seiner Risiken, gehen möchte.

Das „**Risiko**" ist ein bestimmender Faktor für das menschliche Handeln: Ist das Risiko hoch, das bei einem bestimmten Handeln entsteht, so unternimmt man besser nichts. Ist

Tab. 5.12 Die wichtigsten radioaktiven Quellen mit ihrer Toxizität, denen der Mensch in einem Jahr ausgesetzt ist

	Radioaktive Quelle	Toxizität (mSv)
Natürliche Quellen	Kosmische Strahlung in Meereshöhe	0,3
	Terrestrische Strahlung bei Aufenthalt im Freien	0,4
	Terrestrische Strahlung bei Aufenthalt in Gebäuden	1,0
	Durch Nahrung aufgenommene Strahlung	0,3
	Total	2,0
Antropogene Quellen	Medizin	2,0
	Industrieprozesse (z. B. Kohlekraftwerke)	0,01
	Strahlung in näherer Umgebung von Kernkraftwerken	0,01
	Total	4,0

es dagegen klein, so werden die meisten Menschen ohne Zaudern handeln. Dabei ist das Maß eines Risikos vollständig subjektiv und unterliegt keiner objektiven Definition, wie sie zum Beispiel für alle physikalischen Maßeinheiten existieren. Dafür ein allseits bekanntes Beispiel:

Jedes Jahr sterben von den 80 Millionen Einwohnern in Deutschland etwa 2000 Menschen im Straßenverkehr. Das Risiko, das bei der Teilnahme am Straßenverkehr entsteht, ist also hoch. Trotzdem wird das Verkehrsrisiko subjektiv als gering empfunden und fast jeder nimmt ohne Zögern am Straßenverkehr teil.

Die Anzahl der Menschen in Deutschland, die aufgrund von radioaktiven Emissionen aus Kernkraftwerken gestorben sind, ist faktisch null. Durch den Bau eines Kernkraftwerks entsteht daher nur ein geringes Risiko. Trotzdem empfinden die Mehrzahl der Menschen ein Kernkraftwerk in ihrer Umgebung als großes Risiko für ihr Leben.

Es ist daher sinnlos, dem Risikogefühl jedes Einzelnen mit rationalen Argumenten zu begegnen. Ein subjektiv empfundenes Risiko wird nur dann akzeptiert, wenn dadurch ein noch viel größeres Risiko vermieden wird. Und dieser Mechanismus kann durchaus wirksam werden, wenn es um die Fragen nach unserer zukünftigen **Energieversorgung** geht. Es ist daher nicht der Sinn dieses Abschnitts, den Leser von der Gültigkeit dieser oder jener Argumente zu überzeugen, sondern es sollen die Fakten dargestellt werden, anhand derer der Leser dann seine individuelle Entscheidung zu treffen hat. Das Risiko, das durch die Nutzung der Kernenergie entsteht, resultiert aus der Produktion radioaktiver Atomkerne. Wie sich die Wirkung der **Radioaktivität** darstellen und messen lässt, haben wir in Kapitel 5.3 unter dem Stichwort „Dosimetrie" behandelt. Das Leben mit der Radioaktivität ist für den Menschen eine von der Natur gegebene Notwendigkeit. Wir sind umgeben von radioaktiven Quellen und die Tab. 5.12 enthält die natürlichen, wie auch die vom Menschen selbst verursachten Quellen samt ihrer **Toxizität** für die Bevölkerung in Deutschland. Grob geschätzt sind wir im Mittel jährlich einer Strahlenexposition von 4 mSv ausgesetzt, von der die eine Hälfte natürlich, die andere Hälfte antropogen bedingt ist. Diese Werte können sich mit dem Standort um Faktoren verkleinern oder vergrößern. Insbesondere in der Nähe von Uranlagerstätten (zum Beispiel Menzenschwandt im Schwarzwald) ist die Exposition höher. Ein extremer Fall existiert offenbar in Ramsar/Iran, wo die jährliche Strahlenexposition der dort lebenden Menschen den Wert 200 mSv erreicht, ohne dass sich ihr Lebensrisiko statistisch signifikant von dem anderer, im Iran lebender Menschen unterscheidet.

Bei diesen Betrachtungen ist von nicht geringer Bedeutung die **Dosisleistung**, also die Toxizität pro Zeit, die ein Mensch empfängt. Zum Beispiel kann einer jährlichen Toxizität von 200 mSv eine Dosisleistung von $6{,}3 \cdot 10^{-9}$ Sv $\cdot$ s^{-1} entsprechen, wenn die Exposition gleichmäßig über das Jahr erfolgt, wie es bei der natürlichen Radioaktivität der Fall ist. Eine jährliche Toxizität von 2 mSv kann aber auch eine Dosisleistung von $2 \cdot 10^{-3}$ Sv $\cdot$ s^{-1} bedeuten, wenn die Dosis innerhalb von nur 1 Sekunde verabreicht wurde, wie es zum Beispiel bei medizinischen Anwendungen oft der Fall ist. Bei gleicher jährlicher Toxizität können also die Dosisleistungen sehr verschieden sein und je größer die Dosisleistung ist, umso größer ist die Gefahr.

Die **Gefahren durch die Radioaktivität** entstehen im Wesentlichen durch zwei Schädigungen:

1. *Körperliche Früh- und Spätschäden (das sind Krebserkrankungen mit einer Zeitverzögerung von Jahren bis Jahrzehnten).*
   In **Deutschland** sterben jährlich etwa 185.000 Menschen durch Krebs, von denen man annimmt, dass sich die Mehrzahl ihre Erkrankung auf „natürliche" Weise zugezogen hat (Alterskrebs) und nur ca. 0,5 % aufgrund der natürlichen radioaktiven Exposition. Diese Unterscheidung ist allerdings ziemlich willkürlich, denn sie kann experimentell nicht nachgewiesen werden.
2. *Genetische Schäden durch Mutationen in den Keimzellen.*
   Die Rate der spontan in den männlichen Keimzellen auftretenden Mutationen ist relativ hoch. Sie beträgt etwa 14 %, das heißt, etwa jede 7. Keimzelle wird mutieren. Verglichen damit ist die Mutationsrate gering, die durch die natürliche Radioaktivität ausgelöst wird. Sie ist von gleicher Größenordnung wie die der körperlichen Früh- und Spätschäden und beträgt ca. 0,5 %.
   Problematisch ist es, von diesen Werten auf die Risiken zu extrapolieren, die bei einer viel höheren Strahlenexposition zu erwarten sind. Denn das Risiko hängt sicherlich nicht linear von der Toxizität ab. Wenn wir mit dem Risiko die Mortalitätswahrscheinlichkeit $Prob_\mathrm{M}$ meinen, dann muss gelten

$$Prob_\mathrm{M} = R(D_\mathrm{Q})D_\mathrm{Q}, \qquad (5.40)$$

wobei der **Risikofaktor** $R(D_\mathrm{Q})$ selbst eine Funktion der Toxizität D_Q ist. Ziemlich sicher ist, dass eine kurzzeitige Bestrahlung mit Dosen oberhalb von 10 Sv innerhalb von 5 Tagen mit der Wahrscheinlichkeit $Prob_\mathrm{M} = 1$ zum Tode führt. Zwischen dieser oberen Grenze und der natürlichen Belastung ist die Abhängigkeit des Risikofaktors von der Toxizität näherungsweise logarithmisch, denn der Körper ist in der Lage, weniger

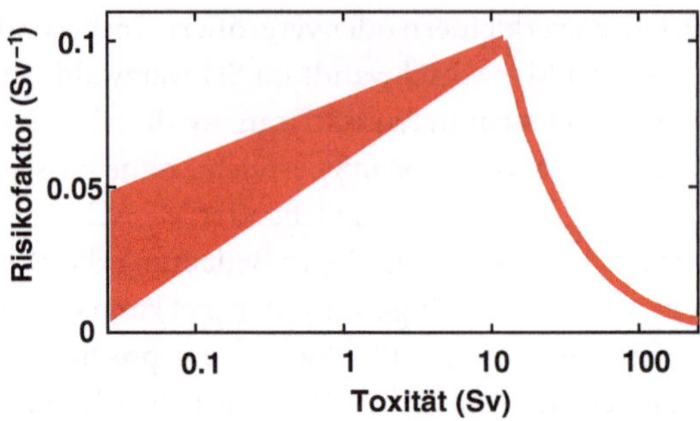

Abb. 5.17 Die Abhängigkeit des Risikofaktors R von der Toxizität einer kurzfristigen radioaktiven Belastung. Wegen der Definition in (5.40) muss der Risikofaktor für starke Toxizitäten gegen null gehen, denn die Mortalitätswahrscheinlichkeit kann nicht größer als 1 werden. Demnach erreicht der Risikofaktor seinen maximalen Wert von 0,1 Sv^{-1} bei einer Toxizität von ca. 10 Sv

schwere Schäden mit der Zeit wieder auszuheilen. In der Abb. 5.17 ist gezeigt, wie sich der Risikofaktor wahrscheinlich mit der Toxizität verändern wird. Dabei sind Informationen auch über den Reaktorunfall in Tschernobyl und den Atombombenabwurf über Hiroshima herangezogen worden.

Auf jeden Fall wird bei einem **nuklearen Störfall** wesentlich mehr Radioaktivität freigesetzt als 10 Sv. Den größtmöglich anzunehmenden Unfall bezeichnet man als **GAU**. Er besteht in der Schmelze des Reaktorkerns aufgrund der hohen Temperaturen, die sich aufbauen, wenn die Wärme nicht abgeführt wird. Bei einem konventionellen Reaktortyp wie dem DWR oder SWR wird die Kettenreaktion bei Verlust des Kühlmittels unterbrochen. Dass sich trotzdem die Reaktortemperatur stark erhöht, liegt an der **Nachwärme**, die durch den radioaktiven Zerfall der Transurane und der Spaltfragmente entsteht und die bei Verlust des Kühlmittels nicht mehr abgeführt wird. Die Nachwärmeleistung beträgt unmittelbar nach dem Aussetzen der Kettenreaktion noch ca. 6 % der normalen thermischen Leistung eines Reaktors, und nach 1 Stunde immer noch ca. 1 %.

Im Einzelnen sieht der zeitliche Ablauf eines GAUs wie folgt aus:

1. Nach dem Totalausfall der Kühlung erhöht sich die Temperatur des Reaktorkerns innerhalb von einer Stunde auf ca. 2000 bis 3000 °C.
2. Dann beginnt das Material des Reaktorkerns zu schmelzen: Zirkon, Stahl, UO_2 und die Spaltfragmente sowie Transurane bilden ein flüssiges Gemisch mit der Masse von bis zu 300 t, das durch den Einschlussbehälter des Reaktors in das Reaktorgebäude gelangen kann.
3. Außerdem reagiert das Restwasser, das sich noch im Reaktorkern befindet, mit dem Zirkon und erzeugt freien Wasserstoff, der sich mit dem Sauerstoff explosionsartig verbindet und das Reaktorgebäude zerstört. Dadurch gelangt etwa 5 % des radioaktiven Inventars in die Umgebung des Kernkraftwerks.

Tab. 5.13 Die Abnahme der Toxizität einer radioaktiven Quelle mit dem Abstand von dieser Quelle, wenn die Radioaktivität gleichmäßig im Halbraum verteilt wird

Abstand (m)	1	10	100	1000	10.000
Toxizität (Sv)	$1{,}5 \cdot 10^9$	$1{,}5 \cdot 10^6$	$1{,}5 \cdot 10^3$	$1{,}5$	$1{,}5 \cdot 10^{-3}$

Nach der Neufassung des **deutschen Atomgesetzes** vom 28.7.1994 dürfen radioaktive Stoffe nicht aus dem Reaktorgebäude in die Umgebung gelangen unabhängig davon, welche Gründe dazu führen könnten. Die durch das Gesetz festgelegten Richtlinien sind so stringent, dass sie den Neubau von Kernkraftwerken mit einem konventionellen Reaktor in Deutschland verhindert und die Entwicklung des EPR-Reaktors initiiert haben. Auf der anderen Seite hat es **Unfälle mit Kernkraftanlagen** gegeben, bei denen große Mengen an Radioaktivität in die Umgebung gelangten. Trotz der starken Belastung haben diese Unfälle nicht zu den dramatischen Folgen geführt, die man nach Abb. 5.17 erwarten würde. Dies liegt an einem Verdünnungseffekt, der besonders bei gasförmigen Radionukliden wirksam ist und dafür sorgt, dass die Toxizität innerhalb kurzer Zeit auf tolerable Werte absinkt. Als Beispiel wird in der Tab. 5.13 der Fall behandelt, dass der gesamte jährliche radioaktive Abfall eines Kernkraftwerks frei gesetzt wird, der in einem Behälter mit 3 m^3 Inhalt eingeschlossen war. In 10 km Abstand von dem Behälter erreicht die Toxizität durch den Unfall etwa den Wert, der durch die natürliche Exposition mit Radioaktivität hervorgerufen wird.

Dieser Verdünnungseffekt ist sicherlich auch dafür verantwortlich, dass bei den 3 bekannten großen Unfällen mit Kernkraftanlagen die Anzahl der Sterbefälle relativ gering war, wenn man sie mit anderen Risiken vergleicht wie zum Beispiel dem, das durch den Straßenverkehr verursacht wird. Die bekannten großen Unfälle sind:

1. **1979:** In Harrisburg/USA ereignete sich bei einem Druckwasserreaktor ein Störfall im Sekundärkühlkreislauf, der den Reaktor abschaltete. Die Nachwärme konnte durch das Notkühlsystem nicht ausreichend abgeführt werden, so dass der Reaktorkern teilweise schmolz und der Druckbehälter des Reaktors zerstört wurde. Durch die Entlüftungsanlagen gelangten etwa $5 \cdot 10^{17}$ Bq an radioaktiven Gasen (^{133}Xe und ^{85}Kr) mit einer Toxizität von 10^8 Sv in die Umgebung. Es wurden keine Todesfälle aufgrund dieser Radioaktivität beobachtet.
2. **1986:** Verursacht durch menschliches Fehlverhalten gerät einer der RBMK-Reaktoren (Block 4) der Kernkraftanlage in **Tschernobyl/Ukraine** in Brand. Der Reaktorbehälter und das Reaktorgebäude werden zerstört, ca. 30 % des Brennstoffs aus dem Reaktorkern werden herausgeschleudert. Dabei gelangen etwa 4 % des gesamtem radioaktiven Inventars mit 10^{19} Bq und einer Toxizität von 10^{11} Sv in die Umgebung. Dies ist der größte bisher aufgetretene Reaktorunfall, auf den weiter unten eingegangen wird.
3. **2011:** Ein Tsunami war Auslöser des Reaktorunfalls von **Fukushima/Japan**. Dabei versagte das Kühlwassersystem und es kam in 3 von 4 Reaktorblöcken zu einer Kernschmelze. Die Reaktordruckbehälter wurden zerstört, ca. $5 \cdot 10^{17}$ Bq an ^{131}I und ca. 10^{16} Bq an ^{137}Cs mit einer Toxizität von ca. $8 \cdot 10^{10}$ Sv wurden freigesetzt und verseuchten das um-

Tab. 5.14 Die Frühfolgen für die Personen, die durch den Reaktorunfall in Tschernobyl besonders stark mit Radioaktivität kontaminiert wurden

Exposition	Gruppenstärke	Verstorben
30–80 Sv	22 Personen	21 Personen
20–30 Sv	23 Personen	7 Personen
10–20 Sv	53 Personen	1 Person
4–10 Sv	105 Personen	0 Person

liegende Land und das Meer. Etwa 300.000 Bewohner der Umgebung mussten evakuiert werden, aber es ist bisher kein Todesfall bekannt, der sich auf diesen Unfall zurückführen ließe.

Bei dem Reaktorunfall von Tschernobyl mussten ca. 130.000 Menschen aus einem Kreis mit 30 km Radius um das Kernkraftwerk die Gegend verlassen. Diese Sperrzone besteht bis heute, sie wird inzwischen wieder von 400 bis 800 Menschen bewohnt und wurde kürzlich sogar für den Tourismus geöffnet. In der Ukraine werden ca. 2000 km^2, in Weißrussland ca. 3500 km^2 Fläche mit einer jährlichen Toxizitätsflächendichte von 20 mSv · m^{-2} radioaktiv belastet. In diesem Gebiet befinden sich auch Großstädte, wie zum Beispiel Gomel. Nach Aussagen deutscher Ärzte hat sich dort die Häufigkeit von Brustkrebs verdoppelt. Es gibt jedoch keine Aussagen, dass sich die Lebenserwartung der Bevölkerung verringert hat.

Bei den Löschversuchen waren 203 Personen beteiligt, für die Informationen über die erhaltenen Frühschäden vorliegen, siehe Tab. 5.14.

Die Spätschäden in der betroffenen Bevölkerung werden international überwacht. Man rechnet mit 1600 Krebserkrankungen zusätzlich zu den 15.000 Personen, die dort jährlich aufgrund einer „natürlichen" Ursache an Krebs erkranken. Dies würde dem 15fachen der Krebserkrankungen aufgrund der natürlich radioaktiven Belastung entsprechen. Bisher ist eine statistisch signifikante Erhöhung des Schilddrüsenkrebses bei Kindern beobachtet worden.

Betrachtet man die Auswirkungen des Unfalls insgesamt, so scheinen diese mehr in den Veränderungen der Sozial- und Industriestruktur der betroffenen Regionen zu liegen als in einer gravierenden Erhöhung der Mortalitätswahrscheinlichkeit der betroffenen Bevölkerung. Aber bleiben Sozial- und Industriestruktur unverändert, wenn eine gravierende Energieverknappung in der Welt einsetzt?

Wie groß ist die Wahrscheinlichkeit, dass sich ein Reaktorunfall wie der in Tschernobyl wiederholt? Offensichtlich nicht Null, denn nur 25 Jahre später ereignete sich der Unfall von Fukushima, wenngleich er viel glimpflicher ablief. Und aus jedem der oben genannten Unfälle hat man gelernt, wie die Sicherheit eines Kernkraftwerks verbessert werden muss. In Deutschland mit seinen 9 noch im Betrieb befindlichen Kernkraftanlagen ist seit ihrer Inbetriebnahme kein gravierender Unfall aufgetreten. Falls alle 434 Reaktoranlagen auf der Welt den **deutschen Sicherheitsstandards** genügten, dann könnte nach Berechnungen in einer dieser Anlage alle 76 Jahre ein GAU auftreten. Die Betriebsdauer eines

Kernkraftwerks beträgt allgemein etwa 40 Jahre. Nach den gleichen Berechnungen würde sich die Zeit bis zum GAU auf über 380 Jahre vergrößern, wenn alle 434 Reaktoren bereits vom EPR-Typ wären. Unter diesem Aspekt böte auch ein zukünftiger Fusionsreaktor nicht mehr Sicherheit. Denn auch ein Fusionsreaktor erzeugt Radioaktivität, allerdings keine langlebigen Transurane. Dafür ist Tritium radioaktiv und besonders gefährlich, weil es leicht flüchtig ist und eingeatmet werden kann.

5.6 Das Ende der fossilen Energieträger

Die Abb. 5.2 macht deutlich, dass die fossil biogenen Energieträger um die Mitte des 21. Jahrhunderts erschöpft sein werden. Danach müsste die Versorgung der Welt mit Primärenergie von anderen Energieträgern übernommen werden. Dafür kommen, nach Meinung der meisten Deutschen, nur erneuerbare Energien in Frage, denn auch der Beitrag, den die Kernenergie heute noch leistet, wird bald verschwunden sein, wenn schon nicht per Gesetz, dann wegen des beschränkten Vorrats an ^{235}U. Können erneuerbare Energien die fossilen Energieträger ersetzen?

Um diese Frage wirklichkeitsnah zu beantworten, muss man berücksichtigen, wie sich die zeitliche Entwicklung eines Energieträgers tatsächlich vollzieht. Es ist nicht so, dass ein Energieträger einen anderen zu einem bestimmten Zeitpunkt vollständig ersetzt, wie es noch die Abb. 5.2 suggeriert, sondern der Abbau eines Energieträgers beginnt zu einer bestimmten Zeit, erreicht zur Zeit t_{max} seinen maximalen Wert und nimmt danach wieder ab, wie am Beispiel der Nordseeölförderung in Abb. 5.18 dargestellt. Dieses Verhalten lässt sich mithilfe der Funktion $P(t) = dW(t)/dt$ modellieren, wobei $W(t)$ die **Wachstumsfunktion** genannt wird. Zur Definition: Mithilfe einer Wachstumsfunktion $X(t)$ kann das Wachstum $\delta X = (X(t + \Delta t) - X(t))/X(t)$ berechnet werden, siehe Abschn. 4.2. Die Funktion $X(t)$ ist eine der elementaren Funktionen in der Physik, dort ist sie allerdings bekannter unter dem Namen „Fermi-Funktion", denn sie beschreibt das Quantenverhalten von Teilchen mit halbzahligem Spin, den „Fermionen". Aber ebenso beschreibt sie auch die zeitliche Entwicklung einer Epidemie und deshalb findet man sie auch unter dem Namen „epidemic-growth-function". Im Beispiel des Nordseeöls beschreibt die Wachstumsfunktion $W(t)$ den kumulierten Abbau eines Energieträgers, bis seine obere Grenze W_∞ erreicht ist, die **Mächtigkeit** genannt wird. In der Modellierung geschieht der Abbau symmetrisch um t_{max}. Diese Symmetrie kann in der Wirklichkeit verletzt sein, die wesentlichen Gründe sind:

- Die Mächtigkeit nimmt mit der Zeit zu, weil neue Lagerstätten entdeckt werden.
- Existieren mehr als nur ein Energieträger, kann sich ihr Abbau gegenseitig beeinflussen, z. B. über den Energiepreis.

Dies führt zu Schwankungen im Abbau, wie sie auch in der Abb. 5.18 zu erkennen sind. Das ändert aber nichts an der generellen Aussage, dass jeder fossile Energieträger zu einer

Abb. 5.18 Der Abbau des Nordseeöls (Punkte) und seine Modellierung mithilfe der Funktion $P(t)$, welche die zeitliche Veränderung der Wachstumsfunktion $W(t)$ darstellt. Die linke Skala gilt für $P(t)$, die rechte für $W(t)$. Gezeigt sind auch die Zeit t_{max} des maximalen Abbaus und seine Reichweite τ, sowie die Mächtigkeit des Lagers an Nordseeöl

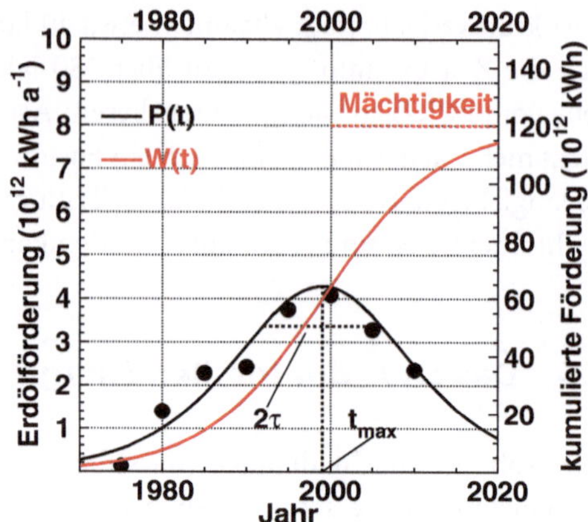

gewissen Zeit fast vollständig abgebaut sein wird, die durch seine **Reichweite** τ bestimmt ist. Auf der P-Ebene werden wir uns detaillierter mit den Eigenschaften der Wachstumsfunktion beschäftigen.

Die Wachstumsfunktion bildet die Basis für die Berechnungen zur Entwicklung des Primärenergieangebots *PEA*. Die Frage, ob das Angebot dem Bedarf folgen kann, wird im Rahmen von 2 **Optionen** untersucht. Die erste Option belastet die Umwelt, denn alle fossilen Energieträger, auch **Kohle** und die **Kernenergie**, sind zugelassen. Die zweite Option ist umweltschonend, es werden nur **Erdöl** und **Erdgas** für die Primärenergieversorgung verwendet.

In der Abb. 5.19 ist gezeigt, wie sich die verfügbaren Energieträger bis zum Jahr 2050 entwickeln müssen, um den **Primärenergiebedarf** der Welt gemäß Prognose 2 zu decken.

Zur Mitte des 21. Jahrhunderts beträgt der globale **Primärenergiebedarf**

$$PEB \approx 2,3 \cdot 10^{14}\,\mathrm{kWh} \cdot \mathrm{a}^{-1}$$

Das **Primärenergieangebot** aus fossilen Energien beträgt aber nur noch

$$PEA^{(\mathrm{foss})} \approx 0{,}54\,PEB = 1{,}2 \cdot 10^{14}\,\mathrm{kWh} \cdot \mathrm{a}^{-1}.$$

Dieses Ergebnis sollte uns nicht überraschen. In der Option 1 stehen im Jahr 2050 nur noch die Kohle und Restmengen von Erdöl, Erdgas und ^{235}U zur Verfügung. Zur Deckung des globalen Primärenergiebedarfs müssen daher die erneuerbaren Energien einen **Versorgungsgrad** $\delta \approx 0{,}5$ erreichen. Noch schlimmer sieht es mit der Option 2 aus, denn danach müssten im Jahr 2050 die erneuerbaren Energien für 80 % des gesamten Primärenergiebedarfs der Welt aufkommen, weil Erdöl und Erdgas fast nicht mehr vorhanden sind. Gelingt diese Umstellung auf erneuerbare Energien nicht, und vieles spricht dafür, so wird im Jahr

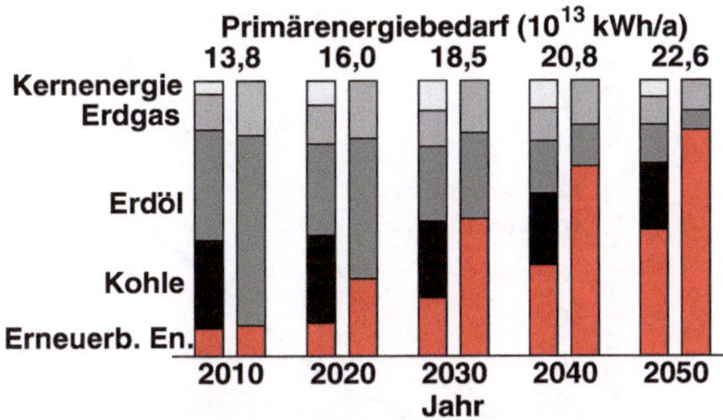

Abb. 5.19 Die zeitliche Entwicklung verschiedener Energieträger nach der Prognose 2 in den nächsten 50 Jahren. **a** sind für jedes Jahr die prozentualen Anteile nach Option 1, **b** nach Option 2 gezeigt

2050 die Kohle den größten Beitrag zur Versorgung der Welt mit Primärenergie übernehmen müssen mit voraussehbaren Auswirkungen auf den CO_2-Gehalt in der Atmosphäre.

Können die erneuerbaren Energien die zu erwartende Lücke zwischen Energiebedarf und Energieangebot füllen und den erforderlichen Beitrag leisten? Zu Anfang des 21. Jahrhunderts machte ihr Anteil etwa 7 % der Versorgung mit Primärenergie aus, das sind also ca. $0,8 \cdot 10^{13}\,\mathrm{kWh} \cdot \mathrm{a}^{-1}$. Davon entfallen die eine Hälfte auf Wasserkraftanlagen und die andere Hälfte auf die Holzwirtschaft, die besonders in den *we*-Ländern von Bedeutung ist. Dagegen spielten alle anderen erneuerbaren Energien, wie zum Beispiel Sonnen- und Wind-Kraftanlagen, mit insgesamt etwa 0,2 % nur eine untergeordnete Rolle. Die Wasserkraft und die Holzwirtschaft sind nicht wesentlich ausbaufähig: Schon jetzt regt sich bei der betroffenen Bevölkerung erheblicher Widerstand gegen den Neubau von großen Wasserkraftanlagen und der Holzeinschlag müsste eigentlich reduziert werden, um das Erdklima zu stabilisieren. Davon abgesehen werden die restlichen Mengen an erneuerbaren Energien in Zukunft steigen, aber das Fazit der Untersuchungen in Kap. 6 ist, dass der gesamte Anteil bis 2050 nicht mehr als 15 % des Primärenergiebedarfs ausmachen dürfte. Diese Entwicklung der erneuerbaren Energien ist in Abb. 5.20 als rote Fläche gezeigt. Der tatsächliche Bedarf, dargestellt als schwarze Kurven, wächst aber viel schneller, und zwar mit ca. $3,2 \cdot 10^{12}\,\mathrm{kWh} \cdot \mathrm{a}^{-2}$ etwa 6mal so schnell, wie das Angebot an erneuerbaren Energien vermutlich wachsen wird. Die sich dann entwickelnde **Energielücke** ist in der Abb. 5.20 deutlich zu erkennen: Nur bis zum Jahr 2020 wäre noch eine ausreichende Menge an Energieträgern, fossilen wie erneuerbaren, vorhanden und alle fossilen, einschließlich der Kernenergie, müssten auch genutzt werden. Die Abb. 5.20 weist sehr klar darauf hin, dass wir praktisch einen linearen Anstieg in der Nutzung erneuerbarer Energien erreichen müssen, der auch bei der Option 2 nicht anders ausfällt, aber schon um 2005 hätte einsetzen müssen.

Unter den heutigen Bedingungen wird sich daher ab dem Jahr 2020 ein immer größer werdendes Ungleichgewicht zwischen Energienbedarf und Energieangebot auftun, weil erneuerbare Energien nicht in genügender Menge zur Verfügung stehen werden.

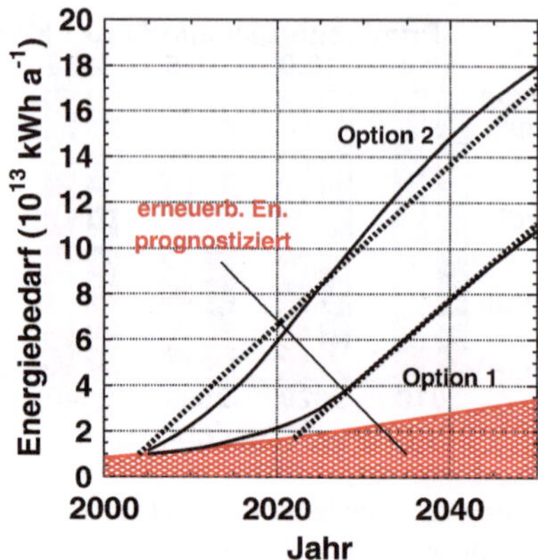

Abb. 5.20 Die Kurven zeigen die Zunahmen bei der Nutzung erneuerbarer Energien, die erreicht werden müssten, um den erwarteten Primärenergiebedarf bis zum Jahr 2050 zu decken. Die gestrichelten Geraden sind die linearen Anpassungen an diese Zuwächse, die für Option 1 und 2 sehr ähnlich sind und sich eigentlich nur um den Zeitpunkt unterscheiden, ab dem erneuerbare Energien einen wesentlichen Beitrag leisten müssen. Die rot getönte Fläche entspricht dem jährlichen Zuwachs in der Versorgung mit erneuerbaren Energien, den man bei äußerst optimistischen Annahmen vielleicht erwarten kann, siehe Kap. 6

5.6.1 P-Ebene: Die zukünftige Entwicklung der fossilen Energieträger

Die Basis für die Berechnung dieser Entwicklung bildet die **Wachstumsfunktion**, mit deren Eigenschaften wir uns jetzt auseinandersetzen wollen.

Die Wachstumsfunktion

Man nennt diese Funktion auch die „epidemic-growth-function" und dieser Name macht deutlich, welche Form der Entwicklung von dieser Funktion beschrieben wird: Die epidemische Ausbreitung einer Krankheit innerhalb einer Gemeinschaft von n_∞ Menschen. Die Gesetzmäßigkeiten der Ausbreitung lassen sich durch sehr plausible Annahmen beschreiben.

- Am Beginn der Krankheit ist die zeitliche Veränderung dn/dt der angesteckten Personen proportional zu der Anzahl n von Personen, die sich bereits angesteckt haben. Denn sie übertragen die Krankheit auf die noch gesunden Personen.
- Am Ende der Krankheit ist die zeitliche Veränderung dn/dt der angesteckten Personen proportional zu der Anzahl $n_\infty - n$ von Personen, die sich noch nicht angesteckt haben. Denn die bereits angesteckten Personen können sich nicht mehr anstecken.

Diese Annahmen führen zu einer **Differentialgleichung**, welche die zeitliche Entwicklung der Epidemie beschreibt und welche die Form

$$\frac{dn}{dt} = \frac{n}{n_\infty} \frac{n_\infty - n}{\tau} \tag{5.41}$$

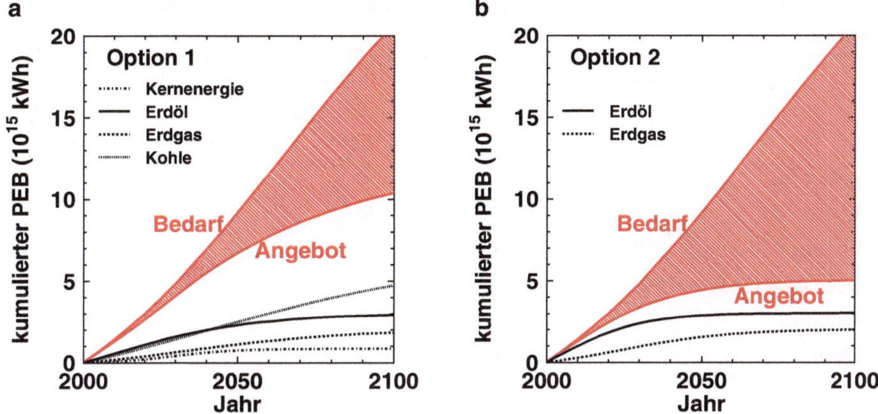

Abb. 5.21 Die Entwicklung des kumulierten Primärenergiebedarfs der Welt seit dem Jahr 2000 nach Prognose 2. Die Kurven zeigen die Anteile der fossilen Energieträger, die gestrichelte Fläche den Anteil, den erneuerbare Energien zu leisten hätten. **a** zeigt die Ergebnisse der Option 1 gezeigt, **b** die der Option 2. Man vergleiche mit der Abb. 5.2

besitzt. Dabei ist τ eine Zeitkonstante, welche die Schnelligkeit der Ausbreitung angibt. Betrachten wir anstelle der Epidemie die zeitliche Entwicklung im **Abbau eines Energieträgers** und übertragen wir auf diesen die Rahmenbedingungen, die hinter den obigen Annahmen stehen, so lautet die entsprechende Entwicklungsgleichung

$$\frac{dW}{dt} = \frac{W}{W_\infty} \frac{W_\infty - W}{\tau} \qquad (5.42)$$

und τ wird jetzt die **Reichweite des Energieträgers** genannt. Entsprechend ist W_∞ jetzt die **Mächtigkeit des Energieträgers** auf der Erde.

(5.42) ist eine Differentialgleichung 1. Ordnung, für die eine Anfangsbedingung festgelegt werden muss, damit sich eine eindeutige Lösung ergibt. Als Anfangsbedingung legen wir fest, wie groß die bereits abgebaute Menge W_0 der Energie zur Zeit $t_0 = 2000\,\text{a}$, also am Beginn des 21. Jahrhunderts, war. Dann ergibt sich als Lösung von (5.42)

$$W(t) = \frac{W_0}{R + (1 - R)\exp((2000 - t)/\tau)}, \qquad (5.43)$$

wobei $R = W_0/W_\infty$ das Verhältnis der bereits abgebauten Energie zur Mächtigkeit dieser Energie ist. Für unsere Berechnungen haben wir die in Tab. 5.15 angegebenen Werte zugrunde gelegt.

Die Ergebnisse sind in Abb. 5.21 dargestellt. Die Bilder zeigen, wie der Abbau aller fossilen Energieträger innerhalb des 21. Jahrhunderts den maximal möglichen Wert erreicht, das heißt, es sind die kumulierten Energien dargestellt, wie in der Abb. 5.2. Die Rate, mit

Tab. 5.15 Die Eingabedaten zur Berechnung der zeitlichen Entwicklung des Abbaus fossiler Energien nach der Wachstumsfunktion

	Erdöl	Erdgas	Kohle	Kernenergie	Erneuerbare Energie
R	0,41	0,21	0,26	0,05	0,07
Reichweite τ (a)					
Option 1	23	26	40	10	
Option 2	13	18	–	–	
Verbleibende Zeit (a)					
Option 1	56	87	125	50	
Option 2	26	61	–	–	

der die einzelnen fossilen Energieträger abgebaut werden, ergibt sich aus der zeitlichen Ableitung der Funktion (5.43). Diese Ableitung lautet:

$$\frac{\mathrm{d}W}{\mathrm{d}t} = P(t) = \frac{1-R}{\tau}\,\frac{W^2(t)}{W_0}\,\exp((2000-t)/\tau). \tag{5.44}$$

(5.44) beschreibt eine Glockenkurve, wie wir es erwartet haben. Die Breite der Glockenkurve und der Zeitpunkt $t_{\max}$, zu dem sie ihr Maximum erreicht, erlauben eine Abschätzung der Zeit Δt, die ab dem Jahr 2000 noch vorhanden ist, bis dieser Energieträger auf 10 % seiner Mächtigkeit abgebaut sein wird:

$$\Delta t = t_{\max} + 2{,}2\tau. \tag{5.45}$$

Diese Zeitabschätzungen sind in der Tab. 5.15 in der Zeile „Verbleibende Zeit" angegeben. Man erkennt aus den Daten in dieser Zeile, dass auf jeden Fall die Reserven an Erdöl, Erdgas und Kernenergie im Laufe des 21. Jahrhunderts erschöpft sein werden. Allein die Kohle verfügt aufgrund ihrer viel größeren Mächtigkeit über eine längere Reichweite, wobei der Abbau der Kohlevorräte aber mit dem wachsenden Energiebedarf nicht Schritt halten kann.

Wie sicher sind diese Prognosen, wie genau geben sie die tatsächliche Entwicklung des Energiebedarfs und seiner Deckung im 21. Jahrhundert wieder? Da sie auf elementaren Funktionen basieren, welche wiederum die Lösungen von häufig in der Natur vorkommenden Differentialgleichungen sind, ist ihr mathematisches Fundament sehr sicher. Unsicherheiten entstehen im wesentlichen nur durch Funktionsparameter, welche an die Gegebenheiten in der Welt angepasst werden müssen. Es ist zu hoffen, dass diese Anpassung zur Zeit des Referenzjahrs 2000 wirklichkeitstreu erfolgte. Immerhin sind seit dieser Zeit fast 10 Jahre vergangen, welche einen Vergleich zwischen der prognostizierten und der tatsächlichen Entwicklung gestatten. Dieser Vergleich wird in dem Begleitmanuskript „Energie3" vorgenommen, er sollte in Zukunft auch jährlich anhand neuer Daten wiederholt werden.

Daraus ergibt sich für uns die entscheidende Frage: Besitzen erneuerbare Energien aus physikalischer Sicht das erforderliche Potenzial, um unsere zukünftige Energieversorgung zu garantieren?

Die erneuerbaren Energien 6

In diesem Kapitel werden wir die Fähigkeit der **erneuerbaren Energien** untersuchen, einen wesentlichen, wenn nicht gar den dominanten Beitrag zur zukünftigen Energieversorgung der Welt zu leisten. Unter erneuerbaren Energien verstehen wir alle Energieressourcen, deren Mächtigkeit praktisch unerschöpflich ist, für die also im Prinzip $W_\infty = \infty$ gilt. Damit ist allerdings noch keine Aussage gemacht über den Wert oder das **Potenzial**, den oder das eine Energieressource W für unsere Versorgung mit Energie besitzt. Denn $W_\infty = \infty$ ist nur eine hinreichende Bedingung, notwendige Bedingungen sind aber:

1. Die Energie muss eine genügend große **Energiedichte** besitzen.
2. Die Energie muss **leicht und zu jeder Zeit verfügbar** sein.
3. Die Energie muss mit einem hohen **Wirkungsgrad** in andere Energieformen wandelbar sein.

Unglücklicherweise verlangen die Untersuchungen, ob der Energieträger W diese Bedingungen erfüllt, auf beiden Ebenen ein naturwissenschaftliches und insbesondere physikalisches Wissen, das vielleicht nicht alle Leser besitzen werden. Es wird versucht, dieses Wissen auf der P-Ebene zu ergänzen oder zu vermitteln. Diese Ebene bildet daher einen wichtigen Teil des Kap. 6 wie auch der Kap. 8 und 9.

Beginnen wir mit der Zusammenstellung in Abb. 6.1, die alle uns zugänglichen erneuerbaren Energieressourcen zeigt. Auf der linken Seite dieses Bilds sehen wir die Eingangsenergien W_i, auf der rechten Seite die erneuerbaren Energien $W^{(\mathrm{ernb})}$, in welche erstere über viele Prozesse gewandelt werden. Die meisten dieser Prozesse besitzen als Eingangsenergie die Sonnenstrahlung (**Solarenergie**). Dies ist auch die Energieressource, an die wir zu allererst denken, wenn wir von erneuerbaren Energien sprechen. Aber auch die thermische Energie des Erdinneren (**Erdwärme**) stellt eine praktisch unerschöpfliche Energieressource dar, wie auch die Bewegung des Monds um die Erde (**Gravitationsenergie**).

D. Pelte, *Die Zukunft unserer Energieversorgung*, DOI 10.1007/978-3-658-05815-9_6, 157
© Springer Fachmedien Wiesbaden 2014

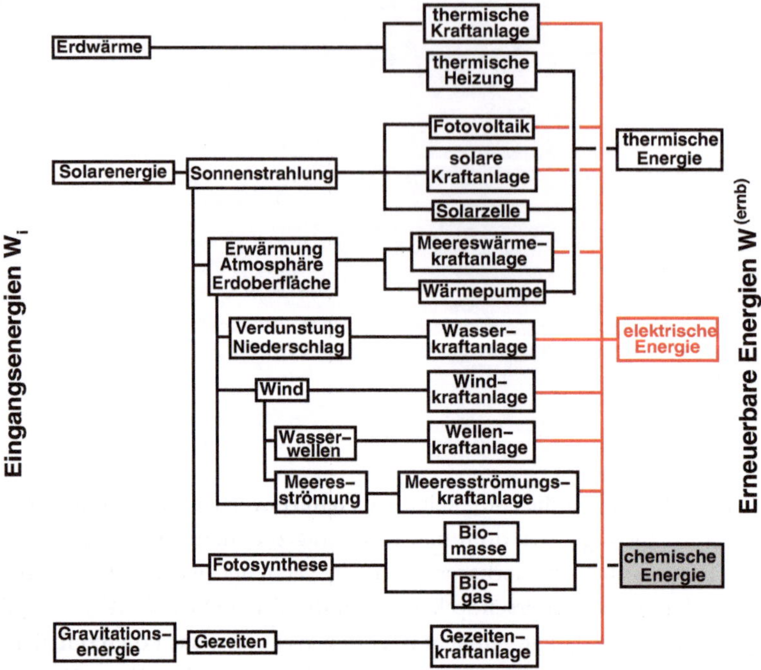

Abb. 6.1 Die Wege erneuerbarer Energien von ihren Eingangsformen (*links*) bis zu ihren Endformen (*rechts*). Chemische Energie ist heute die dominante Form der Primärenergie

Die Sonnenstrahlung ist eine besondere Energieform, denn von allen anderen Energieformen zeichnet sie sich dadurch aus, dass sie eigentlich eine **Energieströmung** ist[1]. Daher wird die Solarenergie durch die **Energiestromdichte** I charakterisiert, für die wir in Abschn. 4.5.1 auch das Wort „**Intensität**" benutzt hatten, und die verschieden ist von der Energie- oder Leistungsdichte, mit deren Hilfe wir in Abschn. 5.2.1 die Spaltreaktoren gekennzeichnet hatten. Zwischen der Energiestromdichte I und der **Energiedichte** w besteht die Beziehung

$$I = v\,w, \tag{6.1}$$

wobei v die Strömungsgeschwindigkeit der Energie ist, also die Lichtgeschwindigkeit $c = 3 \cdot 10^8\,\mathrm{m} \cdot \mathrm{s}^{-1}$ im Fall der Solarenergie. Daraus ergibt sich sofort, dass die Energiedichte der **Solarenergie** extrem gering ist, wenn man sie mit der Energiedichte der Kernenergie vergleicht. Sie beträgt für den von der Erde absorbierten Anteil nach (4.33) nur

$$w_\oplus = \frac{I_\oplus}{c} = 2{,}02 \cdot 10^{-13}\,\mathrm{kWh} \cdot \mathrm{m}^{-3}. \tag{6.2}$$

---

[1] Siehe Fußnote 2 in Abschn. 1.1.1.

Tab. 6.1 Die prozentualen Anteile erneuerbarer Energien (Elektrizität) am gesamten Primärenergiebedarf einzelner Länder (alphabetisch gemäß internationaler Kennung) im Jahr 2010

Land	AT	DE	DK	ES	GB	IS	NO	SE	Welt
Wasserkraft	8,5 %	0,5 %	–	2,3 %	0,1 %	20,8 %	21,3 %	10,1 %	2,27 %
Windkraft	0,5 %	0,9 %	3,2 %	2,4 %	0,4 %	–	0,2 %	0,1 %	0,23 %
Solarenergie	–	0,1 %	–	0,4 %	–	–	–	–	0,08 %
Erdwärme	–	–	–	–	–	7,4 %	–	–	0,04 %
Total	9,1 %	1,5 %	3,2 %	5,1 %	0,5 %	28,2 %	21,5 %	10,6 %	2,56 %

> Die thermische Energie, die pro Jahr von einem Druckwasserreaktor aus der Kernenergie gewandelt wird, ist größer als das Millionenfache der Solarenergie, die unter idealen Bedingungen in die gleiche Fläche eingestrahlt wird.

Dies ist ein gewaltiger Unterschied, der zur Folge hat, dass für die Nutzung der Solarenergie sehr viel größere Flächen oder Zeiten benötigt werden. Die sehr viel längeren Zeiten standen zur Verfügung, als die Solarenergie vor Millionen von Jahren mittels **Fotosynthese** in fossil biogene Energieträger umgewandelt wurde, die wir heute noch abbauen. Stehen diese Zeiten nicht mehr zur Verfügung, weil die fossil biogenen Energieträger abgebaut sind, dann müssen sie durch die entsprechend größeren Flächen ersetzt werden. Und dies ist das eigentliche Problem der Solarenergie, das sich nicht mit Gesetzen und Subventionen aus der Welt schaffen lässt, weil seine Ursache die Natur selbst ist, in diesem besonderen Fall beschrieben durch die Physik des schwarzen Körpers und der Energieströmungen.

Das **Angebot an erneuerbaren Energien** ist keineswegs gleichmäßig über die Erde verteilt, sondern es gibt Länder, die besitzen einen besonders leichten Zugang zu erneuerbaren Energien, wobei es sich meistens um **Wasserkraftwerke** handelt. Einen besonderen Status nimmt Island ein, das über große und leicht zugängliche Reserven an **Erdwärme** verfügt. Betrachten wir nur die Gegebenheiten in **Europa**, so sind in Tab. 6.1 die Länder mit einem besonders hohen Anteil von erneuerbaren Energien am gesamten Primärenergiebedarf aufgezählt[2]. Zum Vergleich kann man dieser Tabelle auch die Situation entnehmen, in der sich **Deutschland** befindet.

Island kann daher 28 % seines Primärenergiebedarfs aus erneuerbaren Energien decken, für **Deutschland** ergaben sich im Referenzjahr 2010 gerade einmal 1,5 % (ohne Beiträge aus der Biomasse). In all diesen Fällen spielt die direkte Umwandlung der Sonnenstrahlung in elektrische Energie (**Fotovoltaik**) keine Rolle, dieser Anteil ist vernachlässigbar klein.

Die Abb. 6.1 zeigt aber, dass es sehr viel mehr Wandlungsmöglichkeiten in erneuerbare Energien gibt. Mit einigen dieser Möglichkeiten wollen wir uns in den folgenden

---

[2] Daten von der „Energy Information Administration" (EIA).

Abschnitten ausführlich beschäftigen. Da es sich hierbei um den Vergleich verschiedener Wandlungstechnologien handelt, ist der entscheidende Parameter der global gültige Wirkungsgrad η_{Wd}, mit dem sich Solarenergie, Gravitationsenergie und Erdwärme in die erneuerbaren Energien $W^{(\mathrm{ernb})}$ wandeln lassen. Die erst genannten Eingangsenergien W_i lassen sich nicht unmittelbar mit der heute dominanten Form der Primärenergie $W^{(\mathrm{foss})}$ vergleichen, sondern erst nach der Wandlung $W^{(\mathrm{ernb})} = \eta_{\mathrm{Wd}}\, W_i$. Dies ist eine allgemein übliche und akzeptierte Methode, sie verlangt:

Um das Primärenergieäquivalent $W^{(\mathrm{ernb})}$ der Eingangsenergien W_i zu berechnen, wird in diesem Buch die **Wirkungsgradmethode** verwendet:

$$W^{(\mathrm{ernb})} = \eta_{\mathrm{Wd}}\, W_i$$

Um das tatsächliche Versorgungspotenzial erneuerbarer Energien zu bestimmen, ist dagegen nicht der Wirkungsgrad η_{Wd} entscheidend, sondern der Standort abhängige Nutzungsgrad ζ_{Wd}, wie es in Abschn. 2.4.1 beschrieben ist.

Nicht alle Prozesse in Abb. 6.1 sind bis zu einer technischen Anwendung entwickelt worden, wahrscheinlich wegen der damit verbundenen Schwierigkeiten und des geringen Wirkungsgrads. Wir werden die Prozesse behandeln, über die bereits Erfahrungen bei ihrem praktischen Einsatz vorliegen.

6.1 Die Solarenergie: Verfügbarkeit

Die Sonne versorgt uns mit Solarenergie, und zwar mithilfe der elektromagnetischen Strahlung (**Sonnenstrahlung**), die jeder Körper bei einer Temperatur T aussendet. Dies haben wir in Abschn. 4.5.1 besprochen. Die Sonne verhält sich wie ein **schwarzer Körper**, daher gelten für sie auch die physikalischen Emissionsgesetze eines derartigen Körpers. Die **spektrale Intensitätsverteilung** $S^{\mathrm{SK}}(\lambda, T)$ ist durch das Plank'sche Strahlungsgesetz gegeben, siehe (2.41)

$$S^{\mathrm{SK}}(\lambda,T) = \frac{\mathrm{d}I^{\mathrm{SK}}}{\mathrm{d}\lambda} = \frac{8\pi\, hc^2}{\lambda^5}\left(\mathrm{e}^{W_{\mathrm{Photon}}/kT} - 1\right)^{-1}. \tag{6.3}$$

Das auf der Erdoberfläche empfangene Intensitätsspektrum hat allerdings nur noch wenig Ähnlichkeit mit dieser theoretischen Form, siehe Abb. 6.2. Dafür gibt es zwei Gründe:

- Die **Absorption** der Sonnenstrahlung in der Sonnenatmosphäre. Dieser Prozess ist für uns von geringer Bedeutung.
- Die **Absorption** der Sonnenstrahlung in der Erdatmosphäre. Dieser Prozess ist für uns von sehr großer Bedeutung.

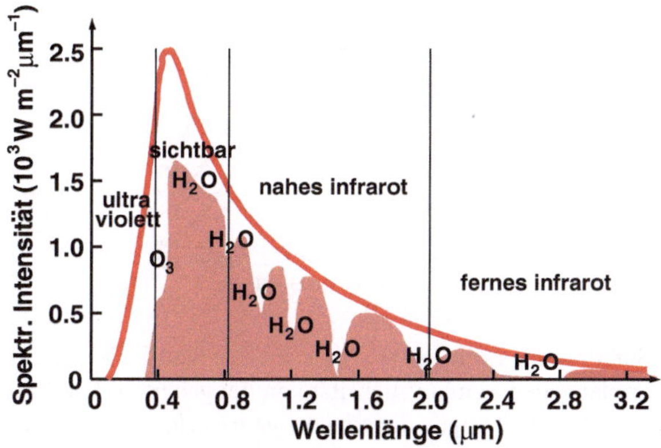

Abb. 6.2 Die *rot ausgezogene Kurve* zeigt die von der Sonne emittierte spektrale Intensitätsverteilung, die *hellrote Fläche* die auf der Erdoberfläche empfangene Verteilung. Grund für die Veränderungen sind Moleküle (O_3 und H_2O) mit ihren Absorptionsbanden, deren Lage ebenfalls eingezeichnet ist

Die Erdatmosphäre enthält Gase, die die Sonnenstrahlung in bestimmten Spektralbereichen besonders stark absorbieren. Die wichtigsten Gase sind **Ozon** (O_3), das im ultravioletten Spektralbereich von $\lambda = 0{,}2\,\mu$m bis $\lambda = 0{,}4\,\mu$m absorbiert, und der **Wasserdampf** (H_2O), der ausgeprägte Absorptionsbanden bei den Wellenlängen $\lambda = 0{,}72, 0{,}81, 1{,}13, 1{,}37$ und $1{,}85\,\mu$m besitzt. Der mit unserem **Auge** sichtbare Spektralbereich erstreckt sich etwa von $\lambda = 0{,}4\,\mu$m bis $\lambda = 0{,}8\,\mu$m. Wir haben über die Wirkung der Strahlungsabsorption durch die Erdatmosphäre bereits in Abschn. 4.5.1 gesprochen, sie bewirkt eine Verringerung der von der Erdoberfläche empfangenen Sonnenintensität auf einen Wert

$$I'_{\oplus} = 165\,\mathrm{W} \cdot \mathrm{m}^{-2}. \tag{6.4}$$

Dieser Wert stellt einen räumlichen und zeitlichen Mittelwert dar, denn tatsächlich ist die empfangene Sonnenintensität stark abhängig von dem Breitengrad auf der Erde und von der Tages- und Jahreszeit. Die Gründe dafür sind:

1. *Die Bewegung der Erde im Raum.*
   Die Erde dreht sich einmal pro Tag um eine Achse durch den Erdmittelpunkt.
   Die Erde bewegt sich auf einer planaren Ellipsenbahn einmal im Jahr um die Sonne.
2. *Die Orientierung der Erde im Raum.*
   Die Erdachse bildet einen festen Winkel von 23,5° gegen ihre Bahnnormale (**Ekliptik**).

Die Folge ist, dass jeweils nur eine Hälfte der **Erde** von der **Sonne** beleuchtet wird und dass sich die beleuchtete Fläche im Laufe eines Jahrs von Norden nach Süden und wieder zurück von Süden nach Norden verschiebt. Wir haben also einen Winter auf der Nordhalb-

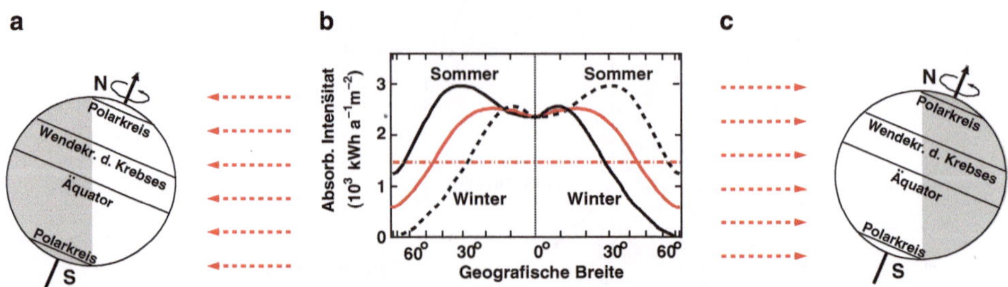

Abb. 6.3 **a** zeigt die Stellung der Erde bei Sommer auf der Nordhalbkugel, **c** bei Winter. **b** zeigt
die Abhängigkeit der empfangenen Sonnenintensität von der geografischen Breite, die *schwarz ausgezogene Kurve* gilt für die Nordhalbkugel, die *schwarz gestrichelte Kurve* für die Südhalbkugel. Die
rot ausgezogene Kurve zeigt den zeitlichen Mittelwert der Intensität, die *Gerade* den zeitlichen und
räumlichen Mittelwert

kugel, wenn es Sommer auf der Südhalbkugel ist, und umgekehrt. Und außerdem empfangen wir, wie uns allen geläufig ist, während der Nachtzeit überhaupt keine Sonnenintensität.

Die Abhängigkeiten von dem **Breitengrad** und der **Jahreszeit** sind in Abb. 6.3 dargestellt. Um die Breitenabhängigkeit allein zu quantifizieren, wird im Allgemeinen der über
ein Jahr gemittelte Wert der empfangenen Sonnenintensität angegeben. Diese zeitlichen
Mittelwerte betragen zum Beispiel

- für Deutschland: $\langle I \rangle \approx 1000\,\text{kWh} \cdot \text{a}^{-1} \cdot \text{m}^{-2}$,
- für die Sahara: $\langle I \rangle \approx 2500\,\text{kWh} \cdot \text{a}^{-1} \cdot \text{m}^{-2}$.

Hierbei sind nicht nur die oben erläuterten Eigenschaften der Erde im Raum von Bedeutung, sondern auch die Absorption durch die unterschiedlichen Bewölkungen und andere
lokale Effekte.

Die lokalen Effekte beziehen sich auf das Phänomen, dass das Sonnenlicht in der Atmosphäre nicht nur absorbiert, sondern auch gestreut wird. Bei der Streuung handelt es
sich um eine diffuse Reflexion. Mit beiden Phänomenen, der **Absorption** und der **Reflexion** von Sonnenlicht, werden wir uns auf der P-Ebene im nächsten Abschnitt eingehender
beschäftigen. Verantwortlich für die Lichtstreuung sind die Luftmoleküle, aber auch Ae-
rosol- und Staubteilchen in der **Atmosphäre**. Auf die Erdoberfläche gelangt daher nicht
nur die **direkte Strahlung** von der Sonne, das ist die ungestreute Komponente der Sonnenstrahlung, sondern auch **diffuses Sonnenlicht**. Das ist die gestreute Komponente der
Sonnenstrahlung und sie ist weniger wertvoll als die direkte Komponente.[3] Die Anteile
zwischen direkter und diffuser Strahlungskomponente verändern sich im Laufe eines Jahrs,
wie es zum Beispiel für einen Standort im Süden von Deutschland in Abb. 6.4 gezeigt ist.

---

[3] Bei der diffusen Streuung sinkt die „Lichttemperatur" von 5800 K auf ca. 1100 K, also wird ein Teil
der Exergie in Anergie verwandelt.

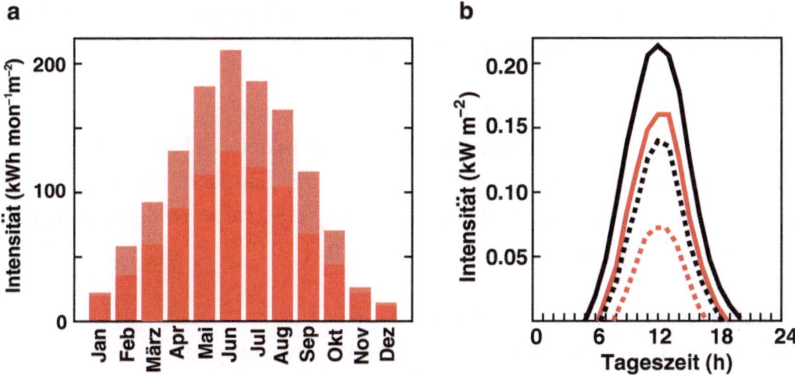

Abb. 6.4 **a** Die monatliche Veränderung der diffusen (*dunkelrot*) und der direkten (*hellrot*) Komponente der Sonnenstrahlung an einem Standort im Süden Deutschlands. **b** Für den gleichen Standort die tägliche Veränderung der empfangenen Strahlung im Dezember (*rot gestrichelt*), März (*schwarz gestrichelt*), Juni (*schwarz*) und September (*rot*)

Die **Eigenrotation der Erde** um ihre Achse verursacht natürlich die stärksten **zeitlichen Schwankungen**, wie ebenfalls in Abb. 6.4 gezeigt. In den Zeiten um Mitternacht empfangen wir überhaupt keine Sonnenintensität, in der Mittagszeit erreicht diese dagegen ihre größte Stärke, der Wert hängt aber ab von der Jahreszeit. Diese ausführliche Beschreibung der Verfügbarkeit von Solarenergie soll uns bewusst machen, dass wir ein Energiespeicherproblem erhalten, wenn unsere Energieversorgung allein auf der Solarenergie aufbaut, wir aber zu jeder Zeit mit Energie versorgt sein wollen. Daraus ergibt sich:

> Falls die dem Verbraucher gelieferte Endenergie allein aus Solarenergie umgewandelt wird, dann muss innerhalb der Versorgungskette die Umwandlung in eine speicherfähige Energieform stehen.

Mit dem Problem der **Energiespeicherung** werden wir uns in einem eigenen Kap. 8 beschäftigen. Zunächst wollen wir jetzt das entscheidend wichtige Problem untersuchen, mit welchen Methoden die auf die Erdoberfläche eingestrahlte Solarenergie in andere Energieformen umgewandelt werden kann.

6.1.1 P-Ebene: Die Umwandlung der Solarenergie

Bei allen Methoden ist es notwendig, dass die Solarenergie von Materie absorbiert wird. Die physikalischen Gesetze der Lichtabsorption bilden also die Grundlage aller Wandlungs-

techniken, diese Gesetze wollen wir im nächsten Abschnitt kennen lernen, soweit sie für
das Verständnis einer Wandlungstechnik erforderlich sind.

Die Absorption von Licht in Materie

Die Luft, in der sich das Licht ausbreitet, und die Materie, in der das Licht absorbiert werden
soll, bilden eine **Grenzfläche**, durch die das Licht von der Luft in die Materie eintritt. Wir
wollen annehmen, dass diese Grenzfläche **ideal** ist, das heißt, sie ist vollkommen glatt. Beim
Eintritt in die Grenzfläche kann Folgendes geschehen:

Das Licht wird an der Grenzfläche reflektiert

Wir charakterisieren die Reflexion durch das **Reflexionsvermögen**

$$R = \frac{I_\mathrm{r}}{I_\mathrm{e}}, \tag{6.5}$$

wobei I_e die einfallende Lichtintensität ist und I_r die reflektierte Lichtintensität. Da die
Grenzfläche ideal ist, nennen wir diesen Typ der Reflexion „direkt". Das Phänomen der
„diffusen" Reflexion kann an einer idealen Grenzfläche nicht auftreten. Beide Typen treten
aber in der Natur auf und sind uns in der Tab. 4.2 schon begegnet: Die Reflexion des Lichts
an einer Wasseroberfläche ist direkt, die Reflexion an einer Schneeoberfläche ist diffus. Im
ersten Fall kann man sein Spiegelbild bei der Reflexion erkennen, im zweiten nicht.

Das Licht wird in der Materie teilweise absorbiert

Wir charakterisieren die Absorption des Lichts in der Materie durch das **Absorptionsvermögen**

$$A = \frac{I_\mathrm{a}}{I_\mathrm{e}}. \tag{6.6}$$

Dabei ist I_a die von der Materie absorbierte Lichtintensität. Wir wissen aber, dass es noch
eine dritte Möglichkeit gibt.

Das Licht wird durch die Materie teilweise hindurchgelassen

Wir charakterisieren die Durchlässigkeit der Materie für das Licht durch das **Transmissionsvermögen**

$$T = \frac{I_\mathrm{t}}{I_\mathrm{e}}. \tag{6.7}$$

Dabei ist I_t die von der Materie transmittierte Lichtintensität.

Alle die eben definierten Größen sind abhängig von der **Wellenlänge**[4] λ. Und sie müssen wegen der Energieerhaltung der Bedingung

$$R(\lambda) + A(\lambda) + T(\lambda) = 1 \tag{6.8}$$

---

[4] Gemeint ist die Wellenlänge des einfallenden Lichts, denn in der Materie besitzt dasselbe Licht eine
kleinere Wellenlänge.

genügen. Wie groß jede dieser Größen ist, hängt, wie schon gesagt, von der Wellenlänge und den Eigenschaften der Materie ab. Zu diesen Eigenschaften zählt zum Beispiel auch die Schichtdicke der Materie. Denn die absorbierte Lichtintensität nimmt mit wachsender Schichtdicke l zu nach dem **Absorptionsgesetz**

$$I_a = I_{t,0} \left(1 - e^{-\gamma l}\right),\tag{6.9}$$

wobei $I_{t,0}$ die in die Schicht eintretende Intensität und γ der Absorptionskoeffizient ist. Damit die Lichtintensität möglichst vollständig in der Materieschicht absorbiert wird, muss gelten $l \gg 1/\gamma$. Man kann daher folgende Fragen stellen, wobei λ auf den sichtbaren Bereich des Lichts beschränkt sein soll:

1. Gibt es den vollkommenen **Lichtabsorber** mit $A(\lambda) = 1$?
   Ja, den gibt es. Und zwar ist nicht, wie man zunächst vermuten könnte, jede Materie bei genügend großer Schichtdicke der perfekte Absorber, denn sie erfüllt nicht die Bedingung $R(\lambda) = 0$. Sondern der perfekte Absorber ist der **schwarze Körper**, der das Licht weder reflektiert noch transmittiert. Dass ein schwarzer Körper bei der Temperatur T auch Licht emittiert, hat damit nichts zu tun, denn die Lichtemission ist zu unterscheiden von der Lichtreflexion.
2. Gibt es den vollkommenen **Lichtreflektor** mit $R(\lambda) = 1$?
   Ja, auch den gibt es. Und zwar sind alle elektrischen Leiter fast vollkommene Lichtreflektoren. Wir kennen das von dem Spiegel, der in unserem praktischen Leben fast immer eine ideale Aluminiumoberfläche ist.
3. Gibt es den vollkommenen **Lichttransmitter** mit $T(\lambda) = 1$?
   Nein, den gibt es nicht. Und das liegt daran, dass das Licht beim Eintritt in Materie sprunghaft seine Ausbreitungsgeschwindigkeit c (und seine Wellenlänge λ) verändert, sie werden kleiner nach dem **Brechungsgesetz**

$$c_n = \frac{c}{n},\tag{6.10}$$

wobei $n > 1$ die Brechzahl ist, die durch die elektronische Struktur der Materie gegeben ist. An der Grenzfläche wird daher die Brechzahl von ihrem Wert in Luft $n = 1$ auf einen Wert $n > 1$ in Materie verändert. Und das hat immer zur Folge, dass ein Teil des einfallenden Lichts an der Grenzfläche reflektiert wird. Wie groß dieser Anteil ist, hängt von n und dem Winkel Θ ab, unter dem das Licht auf die Materie einfällt.

Wir wollen zwei Fälle der Transmission und der Absorption genauer untersuchen, die später noch von Bedeutung sein werden und deren Behandlung einigen mathematischen Aufwand erfordert.

Das Transmission des Lichts durch eine oder mehrere Platten

Wir betrachten den in der Abb. 6.5 dargestellten Fall: Licht trifft unter dem Winkel Θ auf eine plan-parallele Platte und wird von dieser sowohl reflektiert wie auch absorbiert und

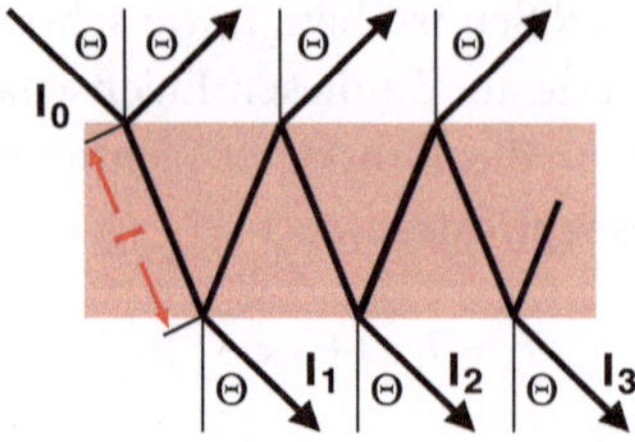

Abb. 6.5 Der Weg eines Lichtstrahls in einer plan-parallelen Platte. Das Licht fällt unter dem Winkel Θ auf die Platte und es wird sowohl an der oberen wie der unteren Grenzfläche reflektiert. Die gesamte transmittierte Intensität ist $I_t = I_1 + I_2 + I_3 + \dots$

transmittiert. Der Weg des Lichts in der Platte ist aber kompliziert, weil die Platte zwei Grenzflächen besitzt, nämlich die Ober- und die Unterseite. Berechnen wir die transmittierte Lichtintensität, wenn der Lichtstrahl zum 1. Mal durch die Platte geht und sowohl an der Ober- wie auch Unterseite reflektiert wird. Diese Intensität ist

$$I_1 = I_e(1 - R(\lambda))^2 e^{-\gamma l}, \tag{6.11}$$

wobei I_e die einfallende Lichtintensität und $e^{-\gamma l}$ der relative Anteil der Lichtintensität ist, der die Unterseite noch erreicht.

Nachdem der Lichtstrahl die Platte 3mal durchquert hat, beträgt der Beitrag dieses Lichtstrahls zur transmittierten Intensität

$$I_2 = I_e(1 - R(\lambda))^2 R^2(\lambda) e^{-3\gamma l}, \tag{6.12}$$

wobei der zusätzliche Faktor $R^2(\lambda)$ darauf zurückzuführen ist, dass das Licht zweimal an den Grenzflächen reflektiert werden muss, um die Unterseite der Platte wieder zu erreichen. Dieses Gesetz lässt sich auf $2j - 1$ Lichtdurchgänge verallgemeinern und ergibt für den Teilbeitrag zur transmittierten Intensität

$$I_j = I_e(1 - R(\lambda))^2 R^{2(j-1)}(\lambda) e^{-(2j-1)\gamma l}. \tag{6.13}$$

Daraus folgt für die gesamte transmittierte Intensität

$$I_t = \sum_{i=1}^{j} I_i = I_e(1 - R(\lambda))^2 e^{-\gamma l} \sum_{i=0}^{j} \left(R^2(\lambda) e^{-2\gamma l} \right)^i. \tag{6.14}$$

Für $j \to \infty$ hat diese Summe aus Potenzen einen Grenzwert, falls jeder der Summanden < 1 ist. Dies können wir voraussetzen, falls die Platte das einfallenden Licht nur wenig reflektiert ($R(\lambda) \ll 1$) und wenig absorbiert ($\gamma l \approx 0$). Dann ergibt sich aus (6.14) wegen $e^{-2\gamma l} \approx 1$ der Grenzwert

$$I_t = I_e \frac{(1 - R(\lambda))^2 e^{-\gamma l}}{1 - R^2(\lambda) e^{-2\gamma l}} \approx I_e \frac{1 - R(\lambda)}{1 + R(\lambda)} e^{-\gamma l}. \tag{6.15}$$

Abb. 6.6 Die Winkelabhängigkeit des Transmissionsvermögens von k = 1, 2, 3 und 4 plan-parallelen Platten, die eine Brechzahl n = 1,526 wie Glas besitzen. Fällt das Licht streifend auf die Platten ($\Theta \approx 90°$), so wird praktisch keine Lichtintensität transmittiert

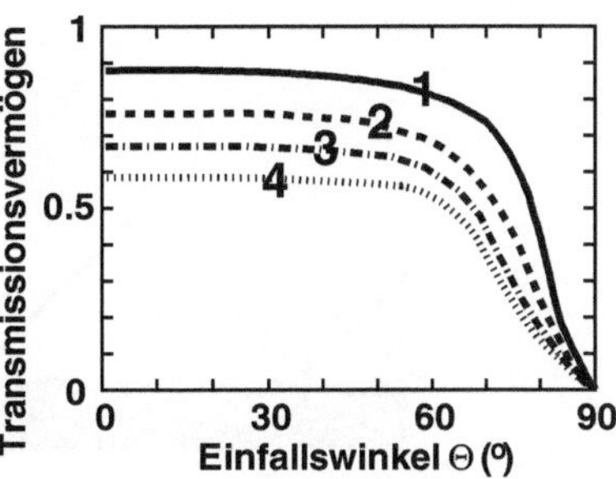

Wir benötigen diese Intensität, um das Transmissionsvermögen für eine oder auch mehrere plan-parallele Platten angeben zu können. Ist die Anzahl der Platten k, so finden wir

$$T_k(\lambda) = \left(\frac{1 - R(\lambda)}{1 + R(\lambda)}\right)^k e^{-ky l}. \tag{6.16}$$

Das **Transmissionsvermögen** ist also immer kleiner als eins, weil $R(\lambda)$ niemals null sein kann.[5] Der Wert von $R(\lambda)$ hängt vom Einfallswinkel des Lichts und von der Brechzahl der Platte ab. In Abb. 6.6 ist gezeigt, wie sich $T_k(\lambda)$ des Sonnenlichts für verschiedene Plattenzahlen $1 \le k \le 4$ bei einer Brechzahl n = 1,526 und $y l$ = 0,05 mit dem Einfallswinkel verändert.

Hinter den Transmissionsplatten befindet sich in einer Wandlungsanlage für Solarenergie dann der Lichtabsorber und wir wollen diesen Fall als nächsten behandeln.

- Die Absorption des Lichts nach Transmission durch eine Deckplatte.

In Abb. 6.7 ist dieser Fall schematisch dargestellt. Wir haben dabei einige Vereinfachungen vorgenommen:

1. In dem Absorber soll das Licht nicht transmittiert werden können ($T(\lambda)$ = 0). Daher gilt nach (6.8) für den Absorber $R(\lambda) = 1 - A(\lambda)$.
2. Nur das Licht, das an der Unterseite der Deckplatte reflektiert wird, soll auf den Absorber zurückfallen. Unter diesen Annahmen beträgt die Intensität der absorbierten Lichtstrahlen 1 bis j

$$I_1 = I_t A(\lambda)$$
$$I_2 = I_t A(\lambda)(1 - A(\lambda))\, R(\lambda)$$
$$\dots$$
$$I_j = I_t A(\lambda)((1 - A(\lambda))R(\lambda))^{j-1}. \tag{6.17}$$

---

[5] Diese Aussage sollte auf das unpolarisierte Licht beschränkt werden, das wir von der Sonne empfangen.

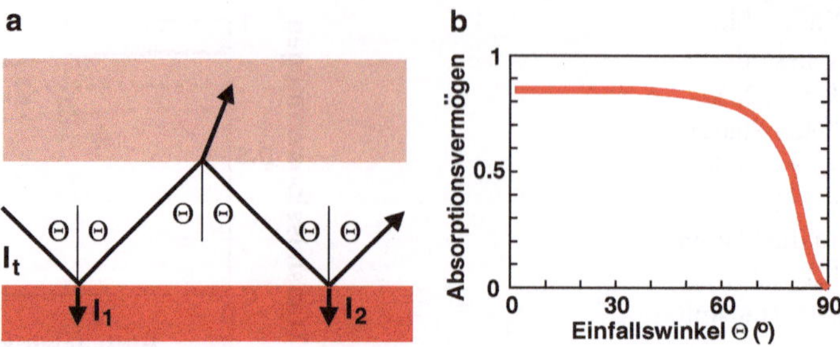

Abb. 6.7 **a** Der Fall, dass das Licht zwischen der Deckplatte und dem Absorber her- und hinreflektiert wird. Die gesamte absorbierte Lichtintensität beträgt $I_a = I_1 + I_2 + \ldots$. **b** Die Abhängigkeit des Absorptionsvermögens eines Absorbers von dem Einfallswinkel des Lichts, wenn der Absorber von einer einzelnen Deckplatte abgedeckt ist

Man beachte, dass sich $A(\lambda)$ auf den Absorber bezieht, $R(\lambda)$ aber auf die Deckplatte. Die gesamte absorbierte Lichtintensität ergibt sich aus dem Grenzfall $j \to \infty$ zu

$$I_a = I_t A(\lambda) \sum_{i=0}^{\infty} \left((1 - A(\lambda))R(\lambda)\right)^i = I_t \frac{A(\lambda)}{1 - (1 - A(\lambda))R(\lambda)}$$
$$\implies \text{Absorptionsvermögen } A_2(\lambda) = \frac{I_a}{I_t} = \frac{A(\lambda)}{1 - (1 - A(\lambda))R(\lambda)}. \tag{6.18}$$

Dabei ist vorausgesetzt, dass $(1 - A(\lambda))R(\lambda) < 1$ ist. Davon kann man ausgehen, da für den Absorber immer $A(\lambda) \approx 1$ gelten wird. Insofern ist auch $I_a \approx I_t$ und die Winkelabhängigkeit der absorbierten Lichtintensität folgt im Wesentlichen der Winkelabhängigkeit von I_t, wie in Abb. 6.7 dargestellt. Es ist nicht notwendig, dass Deckplatte und Absorber durch eine Luftschicht voneinander getrennt sind. (6.18) gilt auch, wenn die Deckplatte direkt auf dem Absorber liegt.

Aus Abb. 6.7 erkennen wir, dass der Einfallswinkel des Sonnenlichts auf den Absorber nicht größer als 75° sein sollte. Die Anzahl der Stunden, in denen diese Bedingung während eines Tags erfüllt ist, hängt ab von

- der geografischen Breite Φ des Absorberstandorts,
- der Deklination der Sonne, die sich im Laufe eines Jahrs von $\delta = -23,45°$ nach $\delta = +23,45°$ und zurück verschiebt,
- der Ausrichtung α der Absorbernormalen relativ zur Normalen auf die Erdoberfläche.

In allen Fällen muss die Absorbernormale in der Süd-Nord-Ebene der Erde liegen, bezüglich ihrer **Ausrichtung** lassen sich die folgenden besonderen Situationen definieren:

1. $\alpha = 0°$: Absorber- und Erdoberfläche liegen parallel zueinander.
2. $\alpha = \Phi$: Die Absorberfläche steht senkrecht auf der Äquatorebene der Erde.
3. $\alpha = 90°$: Absorber- und Erdoberfläche stehen senkrecht aufeinander.

Abb. 6.8 a Die 3 Möglichkeiten einer Ausrichtung der Absorbernormalen bezüglich der Normalen der Erdoberfläche. In allen Fällen liegt die Absorbernormale in der Süd-Nord-Ebene der Erde. **b** Die Anzahl der Stunden, in denen die *direkte* Komponente des Sonnenlichts bei obigen Ausrichtungen auf dem Breitengrad $\Phi = 50°$ absorbiert werden kann

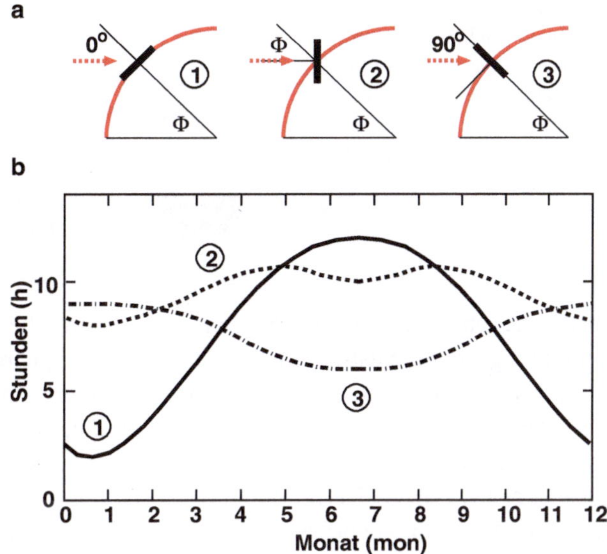

Diese Ausrichtungen sind in der Abb. 6.8 skizziert. Für $\Phi = 50°$, das ist etwa die geografische Breite von **Deutschland**, ergibt sich dann eine Anzahl von verfügbaren Stunden, wie es für ein Jahr ebenfalls in Abb. 6.8 gezeigt ist. Soll der Absorber besonders viel direktes Sonnenlicht während der Sommermonate empfangen, dann sollte er nach 1 (Flachdach) ausgerichtet sein. Sollte der Empfang möglichst wenig während eines Jahrs schwanken, dann ist die Ausrichtung 2 (Steildach) vorzuziehen. Ineffektiv ist die Ausrichtung 3 (senkrechte Wand), weil dann der Empfang für die Wintermonate optimiert wird, also zu einer Zeit, während der in Deutschland die Sonne meistens hinter Wolken verschwunden ist.

Wie bereits gesagt, gelten diese Überlegungen für die **direkte Komponente** des Sonnenlichts. Die **diffuse Komponente** besitzt eine richtungsunabhängige Intensität, daher ist zum optimalen Empfang dieser Komponente die Ausrichtung 1 des Absorbers die beste Lösung.

> Soll die Solarenergie mithilfe eines Absorbers auf der Erdoberfläche mit größtmöglichem Wirkungsgrad in eine andere Energieform umgewandelt werden, dann muss der Absorber so **ausgerichtet** sein, dass sein Absorptionsvermögen während des gewünschten Zeitraums am größten ist.

Darüber hinaus ist es natürlich vorteilhaft, für den Absorber einen vollkommenen Absorber mit $A(\lambda) = 1$ zu wählen. Es ist jedoch nicht möglich, einen perfekt schwarzen Körper technisch zu realisieren. Normalerweise werden geschwärzte Platten oder Röhren als Absorber verwendet, die immer noch einen kleinen Bruchteil des einfallenden Lichts an ihrer

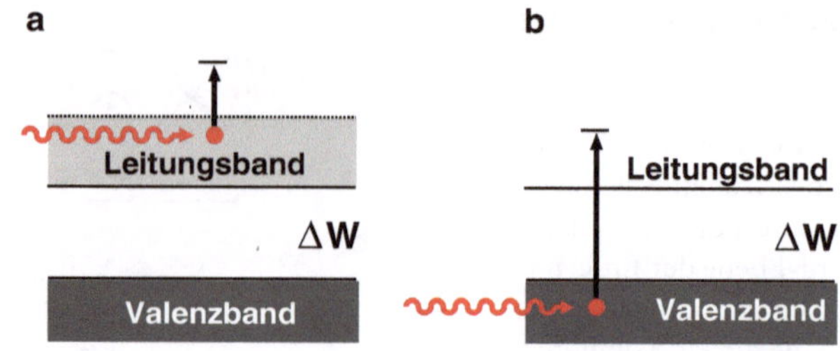

Abb. 6.9 Schematische Darstellung der Lichtabsorption in einem metallischen Leiter (**a**) und in einem Halbleiter (**b**). Nur im Halbleiter müssen die Elektronen die Bandlücke ΔW überwinden

Oberfläche reflektieren. Und außerdem wandelt ein schwarzer Körper die elektromagnetische Energie der Lichtstrahlung in thermische Energie um, wobei in den meisten Fällen ein Verlust an **Exergie** auftritt. Lässt sich ein besserer Umwandlungsprozess finden?

In der Natur wird die Energie der Lichtstrahlung mithilfe der Fotosynthese in chemische Energie umgewandelt. Im nächsten Abschnitt werden wir uns damit beschäftigen. Es gibt aber bisher kein großtechnisches Verfahren, das diesen natürlichen Prozess nachahmt. Dagegen gibt es ein technisches Verfahren, die Energie der Lichtstrahlung in elektrische Energie umzuwandeln, das man nun ähnlich in der Natur nicht findet. Dieses Verfahren benutzt die elektronische Struktur von Festkörpern und wir wollen uns am Ende dieses Abschnitts noch kurz mit den Eigenschaften von Festkörpern befassen.

Ein **Festkörper** wird gebildet, wenn sich seine Atome regelmäßig zu einem **Gitter** zusammenlagern. Aufgrund dieser regelmäßigen Atomanordnung verwandeln sich die elektronischen Zustände eines freien Atoms in die eines Festkörpers. Die Elektronen, die am schwächsten an den Atomkern gebunden sind, besetzen im Festkörper Zustände, die energetisch sehr nahe beieinander liegen, und die man deswegen als die Zustände eines **Energiebands** bezeichnet. Innerhalb eines Energiebands können sich die Elektronen fast frei bewegen, was zur elektrischen Leitung führt. Dieses Energieband wird daher auch „**Leitungsband**" genannt. Energetisch etwas tiefer und durch eine **Bandlücke** ΔW vom Leitungsband getrennt, befindet sich das „**Valenzband**". Die Anzahl der Elektronen im Leitungsband bestimmt die elektronischen Eigenschaften eines Festkörpers.

- Ist das Leitungsband vollständig mit Elektronen gefüllt, so ist der Festkörper ein elektrischer **Nichtleiter**.
- Ist das Leitungsband zur Hälfte mit Elektronen gefüllt, so ist der Festkörper ein elektrischer **Leiter**.
- Ein Sonderfall tritt ein, wenn das Leitungsband bei der Temperatur $T = 0\,K$ keine Elektronen enthält. Bei einer kleinen Bandlücke ΔW reicht dann oft die thermische Energie bei Temperatur $T > 0\,K$, damit Elektronen einen Übergang vom Valenzband in das Leitungsband machen können. Festkörper, bei denen dieses möglich ist, bezeichnet man als **Halbleiter**.

Die Halbleiter sind die Festkörper, die es erlauben, die Energie der Sonnenstrahlung direkt in elektrische Energie umzuwandeln, wie es in der Abb. 6.9 schematisch dargestellt ist.

Abb. 6.10 Der Absorptionskoeffizient γ für Licht in verschiedenen Halbleitern in Abhängigkeit von der Wellenlänge des Lichts. Bei großen Wellenlängen wird Licht nicht mehr absorbiert ($\gamma \to 0$), weil die Photonen die Bandlücke ΔW nicht überwinden können

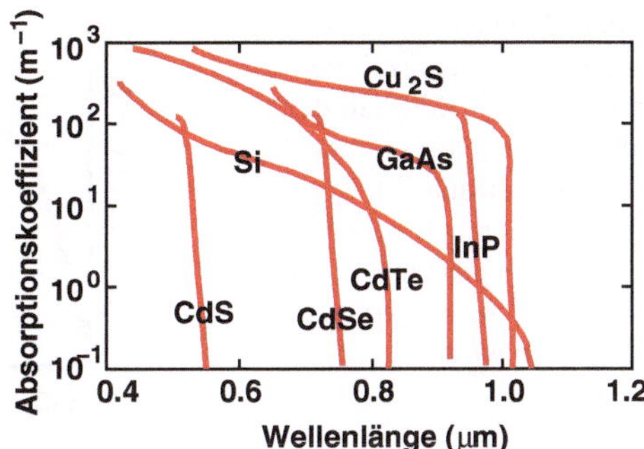

Denn durch den Transfer eines Elektrons vom Valenz- in das Leitungsband wird in dem Halbleiter ein elektrischer Strom erzeugt, der einer elektrischen Energie entspricht. Notwendig ist natürlich, dass die Energie der Lichtstrahlung ausreicht, damit das Elektron die Bandlücke ΔW überwinden kann. Wir wissen heute, dass die Energie des Lichts gequantelt ist, jedes Lichtquant (**Photon**) besitzt die Energie

$$W_{\mathrm{Photon}} = \frac{hc}{\lambda}, \tag{6.19}$$

wobei $h = 4{,}136 \cdot 10^{-15}\ \mathrm{eV \cdot s^{-1}}$ das Planck'sche Wirkungsquantum ist. (6.19) bedeutet, dass nur solche Photonen einen Strom in dem Halbleiter erzeugen können, deren Wellenlänge

$$\lambda < \frac{hc}{\Delta W} \tag{6.20}$$

ist. Je größer die Bandlücke ist, um so kleiner muss die **Wellenlänge** der Photonen sein und umso weniger dieser Photonen befinden sich in der spektralen Verteilung des Sonnenlichts, siehe Abb. 6.2.

Entscheidend für den Wirkungsgrad, mit dem in einem Halbleiter die Solarenergie in elektrische Energie umgewandelt werden kann, ist also die Größe der Bandlücke zwischen Valenz- und Leitungsband. Die Größe von ΔW ist von Halbleiter zu Halbleiter verschieden und daher ändern sich auch die Wellenlängen, die das Licht besitzen muss, um den Strom im Halbleiter zu erzeugen. In Abb. 6.10 sind die Wellenlängenbereiche gezeigt, mit denen in verschiedenen Halbleitern die Umwandlung von Solarenergie in elektrische Energie möglich ist. Bei der Besprechung der Fotovoltaik werden wir auf diese Eigenschaft der Halbleiter zurückkommen.

6.2   Die Solarenergie: Biomasse und Abfälle

Biomasse und Abfälle gehören energetisch zusammen, sie sind beide die Träger derselben Energieform, der **chemischen Energie**. Ihre Quelle sind entweder die Fotosynthese

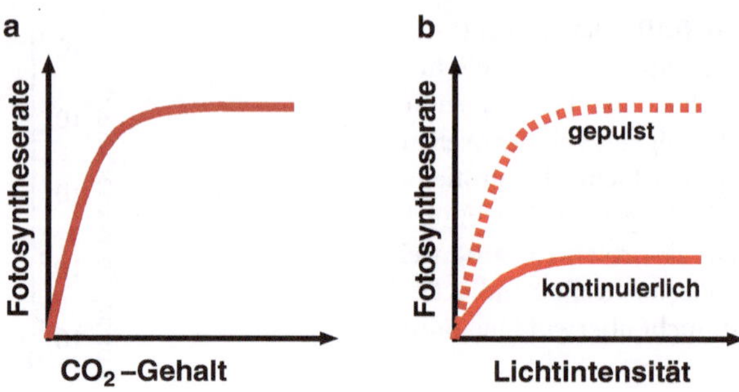

Abb. 6.11 Die Fotosyntheseraten in Abhängigkeit von dem Kohlendioxidgehalt der Erdatmosphäre (**a**) und von der Lichtintensität (**b**). Die Fotosyntheserate lässt sich erhöhen, wenn das Licht nicht kontinuierlich, sondern gepulst eingestrahlt wird

oder das Erdöl, wobei letzteres durch ersteres ersetzt werden muss, wenn die Erdölquellen in Zukunft versiegen werden. In diesem Sinn verstehen wir unter den Abfällen alle organischen und anorganischen Reststoffe, die am Ende einer Versorgungskette entstehen, an derem Anfang die Biomasse oder Produkte der **Petrochemie** standen. Zu letzteren zählen z.B. Kunststoffe, die ebenfalls Träger von chemischer Energie sind.

Zunächst aber wollen wir uns die physikalischen Grundlagen der **Fotosynthese** anschauen. Mithilfe der Fotosynthese wird die Solarenergie in chemische Energie umgewandelt, die in der Biomasse gespeichert ist. Dieser Prozess ist auch verantwortlich für die Schaffung der **fossil biogenen Energieträger**, die nichts anderes sind als die über Millionen von Jahren gespeicherte Biomasse. Die Fotosynthese war und ist für uns immer noch der wichtigste Energiewandlungsprozess überhaupt. Trotzdem sind bis heute nicht alle Einzelheiten dieses Prozesses, der in den Pflanzen abläuft, verstanden.

Prinzipiell werden zur Fotosynthese die Moleküle Wasser (H_2O) und Kohlendioxid (CO_2) benötigt, die sich unter dem Einfluss des Lichts in Kohlenwasserstoffe und Sauerstoffmoleküle verwandeln. Dabei wirkt das **Chlorophyll** in den Pflanzen als **Katalysator**, der auch dafür verantwortlich ist, dass die Anzahl n der Kohlenstoffatome in den Kohlenwasserstoffen größer als eins wird:

$$nH_2O + nCO_2 + x\,W_{\text{Photon}} \rightarrow (CH_2O)_n + nO_2. \tag{6.21}$$

Zum Beispiel entsteht für n = 6 die **Glukose** $C_6H_{12}O_6$ und gleichzeitig werden 6 Sauerstoffmoleküle (O_2) von der Pflanze freigesetzt. Die Energie des Lichts ist gequantelt,

$$W_{\text{Photon}} = h\nu = \frac{hc}{\lambda}, \tag{6.22}$$

wobei ν die **Frequenz** des Lichts ist. Dass damit nicht alle Bedingungen für die Erzeugung von Biomasse genannt sind, erkennt man schon daran, dass Pflanzen zur Durchführung der Fotosynthese auch Phosphor (P) und Stickstoff (N) benötigen, die ihnen im **Dünger** zugeführt werden.

Nach (6.21) sieht es so aus, als ob Pflanzen beliebige Mengen des Kohlendioxids in Kohlenwasserstoffe und Sauerstoff verwandeln könnten. Sie wären dann ideal geeignet, um den **Kohlendioxidgehalt** der Erdatmosphäre zu reduzieren und Klimaveränderungen zu verhindern. Diese Eigenschaften besitzen die Pflanzen leider nicht, wie Untersuchungen gezeigt haben, deren Ergebnisse in Abb. 6.11 gezeigt sind. Mit wachsendem CO_2-Gehalt erreicht die Fotosyntheserate einen Sättigungswert, das heißt, die Anzahl der Reaktionen nach (6.21) wird konstant. Die Fotosyntheserate wird experimentell bestimmt durch die Menge des bei der Fotosynthese produzierten Sauerstoffs. Auch eine erhöhte Zufuhr von Photonen mit der Energie von 1,8 eV führt nicht zu einer Erhöhung der Fotosyntheserate, wie ebenfalls in Abb. 6.11 gezeigt ist. Dabei ist sehr interessant, dass der erreichbare Sättigungswert der Fotosyntheserate davon abhängt, wie die Photonen zugeführt werden: Ist die Zufuhr kontinuierlich, ist der Sättigungswert klein, erfolgt die Zufuhr aber gepulst, also in kurzen Intervallen, dann lässt sich der Sättigungswert vergrößern. Dies wird damit erklärt, dass sich bei den komplizierten Reaktionen, die durch (6.21) nur symbolisiert werden, auch solche befinden, die nur im Dunklen ohne Licht stattfinden können.

Das Molekül CH_2O stellt den eigentlichen Speicher für die chemische Energie dar, denn seine chemische **Bindungsenergie** beträgt

$$W_{\text{Bind}} = 4,95\,\text{eV}. \tag{6.23}$$

Um dieses Molekül aus H_2O und CO_2 zu bilden, werden $x = 8$ Photonen mit einer Wellenlänge $\lambda = 0,7\,\mu\text{m}$ benötigt. Diesen Photonen entspricht daher eine **Exergie**[6] von

$$E_{\text{Photon}} = 8\,\frac{hc}{\lambda} = 8(1,8\,\text{eV}) = 14,4\,\text{eV}. \tag{6.24}$$

Damit diese Exergie von den Pflanzen absorbiert werden kann, besitzt das in ihren Blättern eingelagerte Chlorophyll ausgeprägte Absorptionsbanden in den Wellenlängenbereichen von 0,65–0,7 µm und von 0,4 0,5 µm, siehe Abb. 6.12. Im Wellenlängenbereich von 0,5– 0,65 µm wird das Licht von den Blättern fast vollständig reflektiert und deswegen sind die Blätter grün.

Mithilfe dieser Fakten lassen sich die bei der Fotosynthese zu erzielenden Wirkungsgrade berechnen. Dabei ist zu berücksichtigen, dass sich die Fotosynthese überwiegend nicht im direkten Sonnenlicht, sondern im diffusen Streulicht des Himmels vollzieht, das durch eine „Lichttemperatur" von 1100 K gekennzeichnet ist. Nach dem **Carnot-Prozess** ist der dabei maximal erreichbare Energiewirkungsgrad

$$\eta_{\text{Carnot}} = 1 - \frac{T_0}{T} = 1 - \frac{300}{1100} = 0,73, \tag{6.25}$$

während der zur Bildung von CH_2O berechnete Exergiewirkungsgrad nur

$$\eta_E = \frac{W_{\text{Bind}}}{E_{\text{Photon}}} = \frac{4,95}{14,4} = 0,34 \tag{6.26}$$

---

[6] Licht mit einer festen Wellenlänge besitzt keine „Temperatur", die Photonenenergie hat daher einen Exergiegehalt $\varepsilon_{\text{Photon}} = 1$ und lässt sich vollständig in andere Energieformen umwandeln, wie es zum Beispiel beim Fotoeffekt beobachtet wird.

Abb. 6.12 Die Wellen-
längenabhängigkeit des
Absorptionsvermögens von
Chlorophyll. Das Sonnenlicht
(gelb) wird in der Natur absorbiert, das Kunstlicht (violett) in
Gewächshäusern

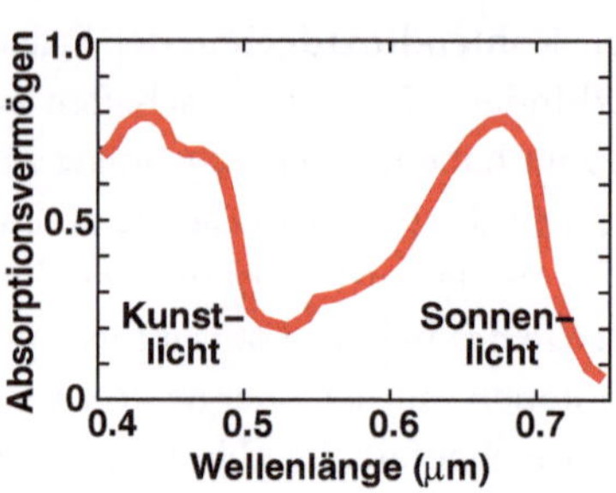

beträgt. Das Verhältnis von End- zur Anfangsexergie bei der Fotosynthese ist daher

$$\frac{\varepsilon_f}{\varepsilon_i} = \frac{\eta_E}{\eta_{\text{Carnot}}} = \frac{0,34}{0,73} = 0,47 \tag{6.27}$$

und damit wesentlich kleiner als eins. Das lässt den Schluss zu, dass bei der Fotosynthese nicht nur die Umwandlung in chemische Energie (Exergie) stattfindet, sondern auch ein großer Teil der anfänglich vorhandenen Exergie in Anergie verwandelt wird. Das ist auch verständlich.

> Die Pflanze ist ein Lebewesen, das seinen Grundumsatz an Solarenergie überwiegend zur Lebenserhaltung verwendet.

Die bei diesem Prozess gewandelte Anergie wird als latente Wärme im Wasserdampf an die Umgebung abgegeben. Dafür muss mindestens doppelt so viel Wasser von der Pflanze verdunstet werden, als sie für die eigentliche Fotosynthese benötigt. Diese energetischen Verhältnisse bei den Pflanzen existieren ganz ähnlich auch für den Menschen, auch unser Grundumsatz wird überwiegend als Anergie wieder an die Umgebung zurückgegeben, die Gründe haben wir in Abschn. 3.1 besprochen.

Da die in der Biomasse gespeicherte Energie weiter gewandelt werden muss, ist der für die Erzeugung der Biomasse maßgebliche Wert gegeben in (6.26). Der tatsächlich erreichbare Wert ist allerdings wesentlich kleiner. Dafür sind mehrere Gründe verantwortlich:

1. Pflanzen nutzen nur einen Teil ($\lambda = 0,7$ μm) des gesamten Sonnenspektrums:

$$\eta_1 = 0,3.$$

2. Die Pflanzenblätter reflektieren auch einen Teil des nutzbaren Lichts:

$$\eta_2 = 0,8.$$

3. Die Fotosynthese wird ineffizient wegen mangelnder Versorgung der Pflanzen oder weil sie ihren Sättigungswert erreicht:

$$\eta_3 = 0{,}5.$$

4. Etwa die Hälfte des Sonnenlichts wird zur Wasserverdunstung durch die Blätter verwendet:

$$\eta_4 = 0{,}5.$$

5. Ein großer Teil der Blätter befindet sich im Schatten der anderen Blätter und die Blätter werden im Herbst abgeworfen:

$$\eta_5 = 0{,}2.$$

Aufgrund der Produktregel (2.33) ist der **Gesamtwirkungsgrad**

$$\eta_{Wd} = \eta_E \prod_{i=1}^{5} \eta_i \approx 0{,}004. \tag{6.28}$$

Dieser Wert stimmt überein mit dem **Wirkungsgrad**, den man zum Beispiel bei einer Analyse der **Waldnutzung** erhält. Dazu ein Beispiel, das charakteristisch für die Verhältnisse in **Deutschland** ist:

Der Holzertrag in einem Wald beträgt:	$0{,}8\,\mathrm{kg} \cdot \mathrm{a}^{-1} \cdot \mathrm{m}^{-2}$ Trockenmasse.
Der spezifische Heizwert der Trockenmasse ist:	$5\,\mathrm{kWh} \cdot \mathrm{kg}^{-1}$.
Die Sonneneinstrahlung beträgt:	$1000\,\mathrm{kWh} \cdot \mathrm{a}^{-1} \cdot \mathrm{m}^{-2}$.

Daraus ergibt sich für die Wandlung der Solarenergie in Biomasse ein Wirkungsgrad von[7]

$$\eta_{Wd} = 0{,}8 \frac{5}{1000} - 0{,}004. \tag{6.29}$$

Dies ist ein typischer Wert, den wir auch in den Tab. 4.6 und 4.7 verwendet haben. Für Deutschland allerdings ist dieser Wert zu groß, denn:

Der Kapazitätsfaktor des Biomasseanbaus in Deutschland beträgt $\kappa \approx 0{,}61$, so dass sich hier der Nutzungsgrad dieser Form der erneuerbaren Energien zu $\zeta_{Wd} \approx 0{,}0025$ ergibt.

Trotz dieses geringen Nutzungsgrads hatten die Biomasse und Abfälle mit fast 67 % im Jahr 2010 den Löwenanteil an der Nutzung erneuerbarer Energien in Deutschland. Dies ist nicht erstaunlich, denn beide haben zwei große Vorteile gegenüber anderen Formen der erneuerbaren Energien:

---

[7] Hierbei sind nicht die Energien berücksichtigt, die zur Bewirtschaftung des Walds benötigt werden. Der eigentliche Nutzungsgrad ist noch geringer.

Tab. 6.2 Der Anteil von Biokraftstoffen (Bioethanol und Biodiesel) am Primärenergiebedarf einzelner Länder (alphabetisch gemäß internationaler Kennung) im Jahr 2010

Land	BR	CN	DE	ES	FR	GB	IN	US	Welt
Ethanol	5,00 %	0,04 %	0,11 %	0,15 %	0,19 %	0,07 %	0,03 %	1,03 %	0,35 %
Diesel	0,71 %	0,01 %	0,68 %	0,50 %	0,65 %	0,09 %	0,02 %	0,04 %	0,13 %

Tab. 6.3 Die erreichten Wirkungsgrade für die Wandlung der Solarenergie in Biomasse mit verschiedenen Anbautechniken

Ökosystem	Wirkungsgrad
Intensive Landwirtschaft (zum Beispiel Zuckerrohr)	0,01–0,025
Landwirtschaft, feuchte Wiesen und Wälder, seichte Seen	0,003–0,01
Tiefsee (Algen)	0,001
Trockengebiete	0,0005

- Sie können relativ leicht gespeichert und transportiert werden.
- Sie sind, im Prinzip, eine Form der chemischen Energie und lassen sich als einzige relativ leicht in flüssige Kraftstoffe wandeln.

Die Wandlung in Biokraftstoffe ist daher die bevorzugte Methode und die Tab. 6.2 zeigt, wie groß ihr prozentualer Anteil am gesamten Primärenergiebedarf in einigen Ländern, einschließlich der bevölkerungsreichsten China und Indien, im Jahr 2010 war.

Dies ist sicherlich nicht ausreichend und steht außerdem in Konkurrenz zur Nahrungsmittelproduktion. Mit anderen Anbaumethoden lassen sich aber in ausgesuchten Gebieten größere Wirkungsgrade erzielen, wie in Tab. 6.3 zusammengestellt. Oft lohnt sich die Erzeugung von Biomasse zum Zweck der Energiewandlung nur mit einer intensiven Landwirtschaft, die oft auch unter dem Schlagwort „**Energieplantage**" geführt wird. Einige Bemerkungen dazu.

Bei hohen Lichtintensitäten können einige Pflanzen in der Fotosynthese auch Kohlenwasserstoffe bilden, die einen größeren Kohlenstoffanteil besitzen, als das bei den in Deutschland vorkommenden Feld- und Waldpflanzen der Fall ist. Diese Pflanzen bezeichnet man als C_4-Pflanzen, das bekannteste Beispiel für eine derartige Pflanze ist Zuckerrohr. In unserem Klima wichtiger ist Mais oder das schnell wachsende **Riesen-Chinaschilf** (Miscanthus). Mit ihm lassen sich die hohen Wirkungsgrade erreichen, die schon in Tab. 6.3 berücksichtigt sind. In Feldversuchen hat man gefunden, dass sich mit Miscanthus etwa $4\,\mathrm{kg} \cdot \mathrm{a}^{-1} \cdot \mathrm{m}^{-2}$ Biomasse produzieren lassen, die einen spezifischen Heizwert von $5\,\mathrm{kWh} \cdot \mathrm{kg}^{-1}$ besitzt. Daraus errechnet man einen Wirkungsgrad von $\eta_{\mathrm{Wd}} = 0{,}02$, der also fünfmal größer ist als der, der mit dem Holz aus Wäldern erreicht wird. Die zum Anbau von C_4-Pflanzen erforderlichen Energieplantagen besitzen aber ökologische und ökonomische Nachteile, die es zweifelhaft erscheinen lassen, ob solche Plantagen je realisiert werden. Die Nachteile sind:

- Sie benötigen Böden sehr guter Qualität und stehen damit in direkter Konkurrenz zur Nahrungsmittelproduktion für eine wachsende Weltbevölkerung.
- Sie benötigen für das Pflanzenwachstum große Mengen an Wasser und Mineraldünger, sowie Pestizide und Fungizide zur Abwehr von Schädlingen und Krankheiten, die beim Intensivlandbau gehäuft auftreten. Dadurch entstehen **Probleme** mit den Böden und dem Grundwasser.
- Der Boden einer Energieplantage ist nach einigen Jahren vollständig ausgelaugt und für jede andere landwirtschaftliche Nutzung verdorben. Energieplantagen müssen daher regelmäßig ihre Standorte wechseln und hinterlassen landwirtschaftliche Brachflächen.

Da Acker- und Weideflächen auch in Zukunft, wie schon jetzt, der Nahrungsmittelversorgung vorbehalten bleiben sollten, stehen nur die Waldgebiete der Erde zur Verfügung, um dort Biomasse zu „ernten". Wie groß könnten dieses Gebiete sein, die sich dafür verwenden ließen? Auf der P-Ebene werden wir uns mit dem natürlichen **Kohlenstoffkreislauf** der Erde beschäftigen und verstehen, dass dieser viel zu langsam abläuft, um auf natürliche Weise einen merklichen Beitrag zu unserer Energieversorgung leisten zu können. Durch **Waldwirtschaft** muss dieser Kreislauf beschleunigt werden. Eine realistische Annahme geht davon aus, dass bei vollständiger Waldbewirtschaftung nicht mehr als 2 % des gesamtem Waldgebiets auf der Erde genutzt werden kann, also jedes Jahr 2 % des Walds abgeholzt und als Biomasse verwendet wird[8]. Diese Holzmenge könnte folgenden Beitrag zur Primärenergieversorgung der Welt liefern:

$$P_{\text{Wald}} = 0{,}004 \left(1{,}45 \cdot 10^3 \,\text{kWh} \cdot \text{a}^{-1} \cdot \text{m}^{-2}\right) \left(28 \cdot 10^{10} \,\text{m}^2\right)$$
$$\approx 2 \cdot 10^{12} \,\text{kWh} \cdot \text{a}^{-1}. \tag{6.30}$$

Dies sind weniger als 1 % des prognostizierten Primärenergiebedarfs für das Jahr 2050, ist also ein sehr geringer Beitrag. Etwa noch einmal die Hälfte (ca. 0,5 %) kommt hinzu, falls auch das Abfallholz aus den Wäldern und der Holz-verarbeitenden Industrie zusammen mit ihren Abnehmern berücksichtigt wird. Auf jeden Fall ist es bereits sehr optimistisch, den maximal möglichen Beitrag der Biomasse zur **Energieversorgung** mit ca. 2 % anzusetzen.

Neben den Abfällen aus der Biomasse können auch andere Abfälle als Energieträger herangezogen werden. Wir trennen diese Abfälle nach organischen und anorganischen Abfällen.

Organische Abfälle

Darunter verstehen wir Abfälle aus der Landwirtschaft (Gülle, Kot, etc) und den privaten Haushalten sowie den Kleinverbrauchern (Exkremente, Nahrungsreste, etc), die entweder am Entstehungsort oder in Deponien gelagert werden. Meistens sind dies Abfälle aus der tierischen/menschlichen Verwertung der Biomasse, ihr Nutzungsgrad für die Umwandlung von Solarenergie in andere Energieformen ist notwendigerweise geringer als der,

---

[8] Diese Annahme geht davon aus, dass das mittlere Lebensalter eines Baums 50 a beträgt.

welcher für die Fotosynthese charakteristisch ist, denn die Versorgungskette ist länger geworden. Dass Abfallstoffe überhaupt in diesem Zusammenhang von Bedeutung sind, liegt daran, dass Abfallstoffe immer anfallen, gesammelt und deponiert werden müssen. Allerdings sollte unser Ziel eher sein, die Menge der Abfälle jeglicher Art zu vermindern!

Das bei der Vergärung in einem Faulturm oder in einer Deponie entstehende **Biogas** oder Deponiegas enthält Methan (CH_4) mit einem Anteil von 60 %, der Rest ist CO_2 und H_2O. Um zu berechnen, welche Beiträge zur Energieversorgung sich damit erreichen lassen, ist die folgende Information von Bedeutung:

$$1 \text{ Stück } \textbf{Großvieh} \text{ (Rind oder Milchkuh) produziert:} \quad 1\,m^3 \cdot d^{-1} CH_4.$$

Bei einer Heizwertdichte von $10\,kWh \cdot m^{-3}$ für CH_4 errechnet sich daraus ein jährlicher Primärenergiebeitrag von $3650\,kWh \cdot a^{-1}$. Das ist nicht sehr viel. Um die Größenordnung zu verdeutlichen: Soll der Primärenergiebedarf der Welt in der Mitte des 21. Jahrhunderts allein durch Biogas gedeckt werden, dann müsste jeder der dann lebenden Menschen mindestens 6 Stück Großvieh besitzen. Das anzunehmen, ist vollkommen unrealistisch.

In **Deutschland** leben zur Zeit 8 Millionen Rinder und Milchkühe, 25 Millionen Schweine und 90 Millionen Stück Kleinvieh, meistens Hühner. Diesen Mengen entsprechen $10,5 \cdot 10^6$ Großvieheinheiten, also „besitzt" jeder Deutsche im Mittel 0,13 Stück Großvieh. Deren Abfälle könnte etwa zur Hälfte energiewirtschaftlich verwertet werden, die andere Hälfte dient der Düngung oder wird nicht deponiert, weil die Betriebe zu klein sind. Man könnte mit dem verwertbaren Abfall ein Energieaufkommen von $1,9 \cdot 10^{10}\,kWh \cdot a^{-1}$ erzielen, also ca. 0,5 % des jetzigen deutschen **Primärenergiebedarfs** decken. Tatsächlich ist das Aufkommen 10mal geringer.

Der **Grundumsatz** von einem Stück Großvieh beträgt etwa $1,5 \cdot 10^4\,kWh \cdot a^{-1}$, der Grundumsatz ist 10mal größer als der eines Menschen, da er mit der Masse skaliert. Man kann also das Energieaufkommen eines Großviehs auch auf seinen Grundumsatz beziehen: Etwa 12 % des Grundumsatzes lassen sich energetisch weiter verwenden. Deutsche Verhältnisse vorausgesetzt, werden in der Mitte des 21. Jahrhunderts etwa $1,3 \cdot 10^9$ Stück Großvieh auf der Erde leben, die ein Energiepotenzial von etwa $2,5 \cdot 10^{12}\,kWh \cdot a^{-1}$ darstellen. Das ist nur wenig mehr als 1 % des prognostizierten Energiebedarf von $2,3 \cdot 10^{14}\,kWh \cdot a^{-1}$. Etwa die gleiche Energiemenge besitzen die organische Abfälle der dann lebenden Menschen, organische Abfälle imsgesamt könnten also mit 2–3 % zur Primärenergieversorgung beitragen.

Anorganische Abfälle

Darunter ist im Wesentlichen die **Müllverbrennung** zu verstehen. Die Bereitstellung von Energie aus der Müllberbrennung ist eigentlich nur ein „Abfallprodukt" der thermischen Müllbehandlung, sie ist bisher nicht ihr Hauptzweck. Seit dem 1.11.1986 dürfen in Deutschland nur noch solche Müllabfälle deponiert werden, die sich weder vermeiden noch wiederverwenden (rezykeln) noch verbrennen lassen. Verbrannt werden in Deutschland etwa 30 % des Hausmülls, im Durchschnitt sind es 20 % in der EU, es gibt aber auch Länder wie Schweden (40 %) oder die Schweiz (80 %), in denen ist der Anteil der Müllver-

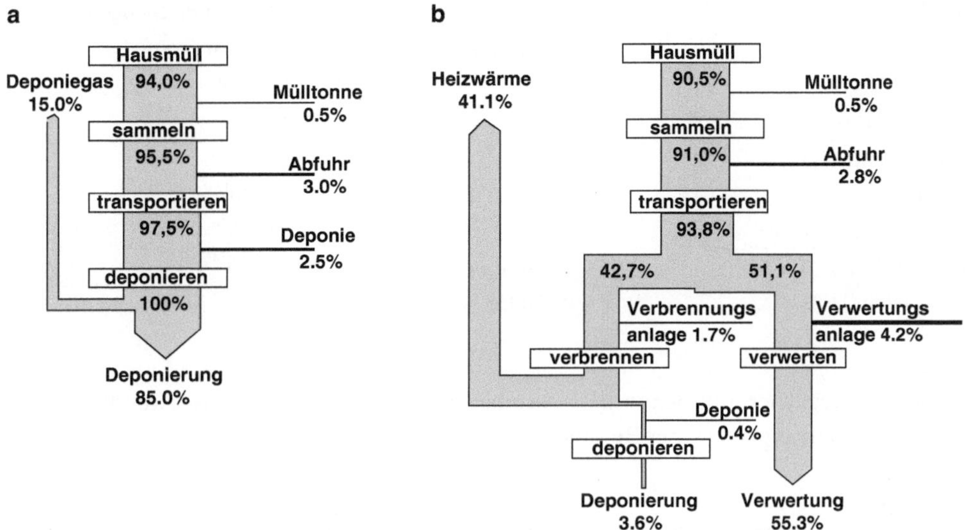

Abb. 6.13 Die Energieflussdiagramme für den Hausmüll bei Entsorgung in einer Deponie (**a**) und bei Entsorgung in einer Müllverbrennungsanlage (**b**)

brennung größer. Vom energetischen Standpunkt aus betrachtet, ist es allemal günstiger, den Hausmüll zu verbrennen, als ihn zu deponieren. Die entsprechenden Energieflüsse sind in der Abb. 6.13 gezeigt. Aber auch vom Standpunkt der Umwelt betrachtet ist die Müllverbrennung vorzuziehen, denn die festen Verbrennungsrückstände lassen sich leichter entsorgen (zum Beispiel im Straßenbau) und wegen der vom Gesetz geforderten **Filteranlagen** werden die gasförmigen Rückstände fast vollständig zurückgehalten.

Der spezifische Heizwert von Hausmüll beträgt etwa $2{,}5\,\text{kWh} \cdot \text{kg}^{-1}$, mit einem jährlichen Hausmüllaufkommen von $4 \cdot 10^{10}\,\text{kg} \cdot \text{a}^{-1}$ lässt sich demnach in Deutschland ein Primärenergiebeitrag von $3 \cdot 10^{10}\,\text{kWh} \cdot \text{a}^{-1}$ erreichen, das sind etwa 1 % des deutschen Primärenergiebedarfs. Dies ließe sich noch steigern, wenn mehr Hausmüll verbrannt würde. Gegen einen Ausbau der Müllverbrennungsanlagen wenden sich immer noch Umweltinitiativen, obwohl die Umwelt durch solche Anlagen gerade entlastet wird. Der Hausmüll repräsentiert ein attraktives und sicheres **Energiepotenzial**, denn er ist bereits in einer für die Energieumwandlung geeigneten Form vorhanden. Er könnte, wie die organischen Abfälle, mit 2 bis 3 % zur Energieversorgung in der Mitte des 21. Jahrhunderts beitragen.

Die Biomasse und Reststoffe, das sind organische und anorganische Abfälle, besitzen das Potenzial, zur Mitte des 21. Jahrhunderts etwa 5 bis 6 % des Primärenergiebedarfs zu decken.

Tab. 6.4 Die gasförmigen Bestandteile der Luft nach pronzentualen und absoluten Mengen

Stoff	Anteil (%)	Menge $\widetilde{n}$ (mol)
Stickstoff (N_2)	78,08	$1,3 \cdot 10^{20}$
Sauerstoff (O_2)	20,95	$3,6 \cdot 10^{19}$
Wasserdampf (H_2O)	1,70	$2,9 \cdot 10^{18}$
Argon (Ar)	0,934	$1,6 \cdot 10^{18}$
Kohlendioxid (CO_2)	0,035	$5,9 \cdot 10^{16}$
Methan (CH_4)	0,00017	$2,9 \cdot 10^{14}$
Wasserstoff (H_2)	0,00005	$8,5 \cdot 10^{13}$

Dies ist, verglichen mit dem relativ geringen Wirkungsgrad der Energiewandlung aus Solarenergie, ein angemessener Beitrag.

6.2.1　P-Ebene: Die Kohlenstofffixierung durch Fotosynthese

Wichtig für die Größe des Beitrags, den Biomasse zur Energieversorgung liefern kann, ist das Vorhandensein von Kohlenstoff. Die Mengen des verfügbaren Kohlenstoffs werden geregelt durch den natürlichen Kohlenstoffkreislauf.

Der natürliche Kohlenstoffkreislauf

Die Produktion von Biomasse wird gesteuert von Transportvorgängen, welche die für das Leben wichtigsten Elemente **Wasserstoff** (H_2), **Kohlenstoff** (C) und **Sauerstoff** (O_2) betreffen. Diese Elemente treten allein oder zu verschiedenen Molekülen vereint in der Atmosphäre und der Biosphäre auf. Unter der **Biosphäre** versteht man den mit organischem Leben angefüllten Raum, also die Erdoberfläche samt ihrer Humusschicht und die Oberflächenwasser, also im Wesentlichen die oberflächlichen Wasserschichten der Ozeane. In der Biosphäre sind die oben genannten Elemente in charakteristischen Mengen vorhanden.

Wir werden im Folgenden die **Stoffmengen** mit der physikalischen Basismessgröße $\widetilde{n}$ angeben, deren Einheit das mol ist. Die Menge $\widetilde{n} = 1\,mol$ enthält $6 \cdot 10^{23}$ Bestandteile, dabei kann es sich um Atome oder Moleküle handeln, je nachdem, ob Atome zu Molekülen gebunden sind oder nicht. Gleiche oder ungleiche Atome können sich zu Molekülen binden, zu der ersten Klasse gehört das O_2, zu der zweiten Klasse das CO_2.

Die **Zusammensetzung der Luft** mit ihren prozentualen Mengen sind in der Tab. 6.4. gezeigt.

Aus der Tab. 6.4 ergeben sich die folgenden Tatsachen:

- Die Menge des Sauerstoffs in der Luft ist so riesig, dass sie durch das Geschehen in der Biosphäre, auch wenn es anthropogen verursacht ist (zum Beispiel durch Verbrennung der fossil biogenen Energieträger), praktisch nicht verändert wird.

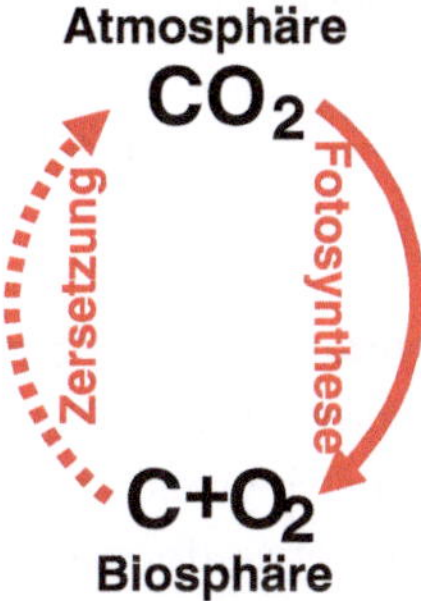

Abb. 6.14 Der natürliche Kohlenstoffkreislauf zwischen Biosphäre und Atmosphäre. In der Biosphäre wird der Kohlenstoff fixiert zu den Kohlenwasserstoffen, in der Atmosphäre ist der Kohlenstoff frei als Kohlendioxid. Wichtig ist: Wieviel Kohlenstoff ist in der Biosphäre, wieviel in der Atmosphäre, und wie groß sind die Flüsse zwischen diesen Lokalitäten

- Der Anteil des Wasserdampfs in der Luft ist gegeben durch den Sättigungsdampfdruck des Wassers bei einer Temperatur von $T \approx 15\,°C$. Dieser Anteil wird durch ständige Verdunstung und Niederschlag praktisch konstant gehalten.
- Der Anteil des Kohlendioxids ist aber so gering, dass er durch das Geschehen in der Biosphäre verändert werden kann. Zwar lässt der natürliche Lebenszyklus der Pflanzen diesen Anteil bis auf kurzfristige Schwankungen konstant, aber der Mensch hat durch die Verbrennung der fossil biogenen Energieträger für einen Anstieg des CO_2-Anteils gesorgt. Wird der natürliche Kohlenstoffzyklus beschleunigt, wird auch dies zu einem Anstieg führen.
- Der Methananteil (und auch der Wasserstoffanteil) ist so winzig, dass er bis jetzt ohne Einfluss auf den Kohlenstoffzyklus zwischen Atmosphäre und Biosphäre ist. Das wird sich unter Umständen ändern, wenn Methan vermehrt in die Luft gelangt, zum Beispiel durch den Abbau von **Methanhydrat**.

Bei dem natürlichen Kohlenstoffkreislauf handelt es sich um den kurzzeitigen Austausch von Kohlenstoff zwischen der **Biosphäre** und der **Atmosphäre**. Kurzzeitig ist so zu verstehen, dass das einmalige Durchlaufen des Kreislaufs eine nicht wesentlich längere Zeit als ca. 100 Jahre verlangt und für viele Prozesse sogar innerhalb einer Zeitspanne von weniger als 10 Jahren stattfindet. Schematisch lässt sich dieser Kreislauf so darstellen, wie es in Abb. 6.14 gezeigt wird. Das CO_2 der Atmosphäre wird durch die Fotosynthese zu C umgewandelt und in den Pflanzen fixiert, wobei gleichzeitig freies O_2 entsteht, das in die Atmosphäre gelangt. Bei der Zersetzung der Pflanzen verbindet sich das atmosphärische O_2 wieder mit dem C zu freiem CO_2. Dieser Kreislauf ist mengenneutral und sorgt für einen konstanten CO_2-Gehalt der Atmosphäre, wobei immer eine bestimmte Menge des Kohlenstoffs in der Biosphäre fixiert bleibt. Das augenblickliche Gleichgewicht zwischen fixiertem und freiem Kohlenstoff, das auf der natürlichen Zersetzung beruht, wird gestört, wenn der Mensch Kohlenstoff aus dem Inventar der Biosphäre verbrennt.

Tab. 6.5 Das Kohlenstoffinventar in der Biosphäre

Lokalität	Biomasse	Humus	Oberflächenwasser
Menge $\widetilde{n}$ (mol)	$5{,}0 \cdot 10^{16}$	$1{,}1 \cdot 10^{17}$	$6{,}3 \cdot 10^{16}$

Wie groß ist das **Kohlenstoffinventar** der Biosphäre? Dazu die Angaben in Tab. 6.5. Daraus ergibt sich, dass in der Biomasse, die zu 80 % aus dem Holz der Wälder besteht, und in dem Oberflächenwasser etwa gleich große Mengen von Kohlenstoff fixiert sind. In dem Humus befindet sich dagegen die etwa doppelte Menge wie in jeder dieser beiden Lokalitäten.

Wichtig für die Einschätzung, in welchen Maßen der Mensch zum Zwecke seiner Energieversorgung an diesem Kreislauf partizipieren kann, sind nicht die Inventare, sondern die Flüsse zwischen den Lokalitäten, insbesondere der Fluss zwischen Atmosphäre, Biomasse und Humus. Von der Biomasse werden durch die Fotosynthese jedes Jahr ca. $1 \cdot 10^{16}$ mol $\cdot$ a^{-1} Kohlenstoff gebunden, von denen durch die Pflanzenatmung wieder $0{,}5 \cdot 10^{16}$ mol $\cdot$ a^{-1} direkt in die Atmosphäre zurück gelangen. Die restliche Menge von $0{,}5 \cdot 10^{16}$ mol $\cdot$ a^{-1} Kohlenstoff findet ihren Weg in den Humus und wird dort deponiert, bevor auch sie infolge der natürlichen Zersetzung zurück in die Atmosphäre gelangt. Bei diesem Prozess ist es wichtig, zwischen den Grünpflanzen, in denen sich die Fotosynthese vollzieht, und dem Stammholz der Wälder zu unterscheiden. Letzteres nimmt nur mit einem Anteil von 1 % an dem Kohlenstofffluss teil. Das heißt, Stammholz verlangt eine viel längere Zeit für seinen Aufbau und bleibt auch für eine längere Zeit im Humus fixiert. Das ist in der Tat ein Teil unserer praktischen Erfahrung: Bäume leben, verglichen mit Grünpflanzen, sehr lange und es dauert sehr lange, bis sie sich im Boden zersetzt haben und ein abgestorbener Baum auf natürliche Weise durch einen neuen Baum ersetzt ist.

Der Kohlenstofffluss auf seinem Weg durch das Stammholz der Wälder beträgt daher nur

$$j_{\text{Wald}} \approx 5 \cdot 10^{13}\,\text{mol} \cdot \text{a}^{-1} \tag{6.31}$$

und dem entspricht nach Tab. 2.5 eine Energiemenge pro Jahr von

$$P_{\text{Wald}} \approx 5 \cdot 10^{12}\,\text{kWh} \cdot \text{a}^{-1}. \tag{6.32}$$

Auf natürliche Weise könnten sämtliche Wälder theoretisch etwa 2 % des Energiebedarfs der Welt zur Mitte des 21. Jahrhunderts decken.

Soll dieser Beitrag zur Primärenergieversorgung der Welt praktisch realisiert und sogar vergrößert werden, gibt es prinzipiell zwei Wege:

1. Man kann die Geschwindigkeit des Kohlenstoffkreislaufs erhöhen, indem Waldgebiete durch Energieplantagen ersetzt werden. Auf die ökologischen Nachteile dieses Wegs sind wir in Abschn. 6.2 eingegangen.
2. Man kann durch eine intensive Waldwirtschaft die Verweildauer des Kohlenstoffs im Humus verkürzen. Das bedeutet aber, dass durch die energetische Verwertung der Wäl-

der der Anteil des fixierten Kohlenstoffs im Humus verkleinert wird zugunsten der CO_2-Gehalts in der Atmosphäre.

Noch schlimmer, heute besteht die Waldwirtschaft, insbesondere in den *we*-Ländern, in einer Vernichtung der Wälder durch Rodung und Verbrennung. Etwa $1{,}3 \cdot 10^{14}$ mol $\cdot$ a^{-1} an CO_2 werden auf diese Art pro Jahr in die Atmosphäre entlassen und das sind immerhin fast 30 % des CO_2-Eintrags, der augenblicklich durch die Verbrennung der fossilen Energieträger verursacht wird.

Bei einer intensiven Waldbewirtschaftung, selbst wenn sie nachhaltig ist, sollten daher folgende Punkte berücksichtigt werden:

- Durch die höhere Kreislaufgeschwindigkeit wird der Gehalt an unfixiertem Kohlenstoff, also das CO_2, in der Atmosphäre vergrößert und der Gehalt an fixiertem Kohlenstoff im Humus verkleinert, weil die mittlere Verweilzeit eines Baums in der Biossphäre verringert wird.
- Die Wälder spielen eine weitere wichtige Rolle in unserer Umwelt: Sie entziehen den tieferen Bodenschichten das Wasser und transportieren es durch die Blätter per **Verdunstung** in die Atmosphäre. Die dabei umgesetzten Mengen an Wasser und Verdunstungswärme sind ganz erstaunlich. Etwa die Hälfte der eingestrahlten Solarenergie wird dafür benötigt und etwa 70 % des sich in der Atmosphäre befindenden Wasserdampfs entstehen auf diese Weise, wenn wir eine Pflanzendichte wie in Europa voraussetzen. Eine verringerte mittlere Lebenszeit des Baumbestands in den Wäldern würde diesen Wasserkreislauf empfindlich stören, selbst wenn der Wald immer wieder aufgeforstet wird.

Ein einfaches Kreislaufmodell

Wir wollen mithilfe eines einfachen Modells berechnen, um wieviel sich die Kohlenstoffinventare von Atmosphäre und Biosphäre verändern, wenn die Wälder bei einer **nachhaltigen Bewirtschaftung** dazu benutzt werden, um den gesamten Primärenergiebedarf der Welt im Jahr 2050 zu decken. Nachhaltig bedeutet, dass das Kohlenstoffinventar des Walds von $\widetilde{n}_B \approx 5 \cdot 10^{16}$ mol nicht verändert wird, ebenso bleibt das gesamte Kohlenstoffinventar von $\widetilde{n}_0 = \widetilde{n}_A + \widetilde{n}_B + \widetilde{n}_H \approx 22 \cdot 10^{16}$ mol unverändert, weil es einem strengen Erhaltungsgesetz unterliegt. Unter Normalbedingungen betragen dann die Kohlenstoffinventare der Atmosphäre $\widetilde{n}_A \approx 6 \cdot 10^{16}$ mol und des Humus $\widetilde{n}_H \approx 11 \cdot 10^{16}$ mol. Ein Schaubild der zwischen diesen Inventaren bestehenden Flüsse ist in der Abb. 6.15 gezeigt.

Die in dieser Abb. 6.15 auftretenden Kohlenstoffflüsse haben die Größen:

$$j_{A>B} \approx 1{,}0 \cdot 10^{16} \text{ mol} \cdot \text{a}^{-1}$$
$$j_{B>A} = j_{B>H} = j_{H>A} \approx 0{,}5 \cdot 10^{16} \text{ mol} \cdot \text{a}^{-1}. \tag{6.33}$$

Ein Fluss $j_{X>Y}$ aus dem Inventar $\widetilde{n}_X$ ist proportional zur Größe dieses Inventars:

$$j_{X>Y} = f_{X>Y}\, \widetilde{n}_X \tag{6.34}$$

Abb. 6.15 Die Kohlenstoffinventare der Atmosphäre $\tilde{n}_A$, der Waldgebiete $\tilde{n}_B$, des Humus $\tilde{n}_H$ und die Kohlenstoffflüsse $j_{X>Y}$, die vom Inventar $\tilde{n}_X$ in das Inventar $\tilde{n}_Y$ führen

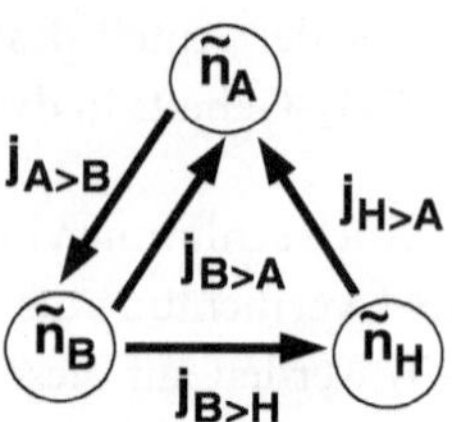

mit der Flusskonstanten $f_{X>Y}$, welche die Einheit $[f_{X>Y}] = \mathrm{a}^{-1}$ besitzt und charakteristisch für den Fluss von $\tilde{n}_X$ nach $\tilde{n}_Y$ ist.

Die zeitlichen Veränderungen in den Inventaren ergeben sich aus den Differentialgleichungen

$$\frac{\mathrm{d}\tilde{n}_A}{\mathrm{d}t} = j_{B>A} + j_{H>A} - j_{A>B}$$

$$\frac{\mathrm{d}\tilde{n}_B}{\mathrm{d}t} = j_{A>B} - j_{B>A} - j_{B>H} \qquad (6.35)$$

$$\frac{\mathrm{d}\tilde{n}_H}{\mathrm{d}t} = j_{B>H} - j_{H>A}.$$

Im Zustand des Gleichgewichts, wenn sich die Inventare nicht mehr verändern, muss gelten

$$\frac{\mathrm{d}\tilde{n}_A}{\mathrm{d}t} = \frac{\mathrm{d}\tilde{n}_B}{\mathrm{d}t} = \frac{\mathrm{d}\tilde{n}_H}{\mathrm{d}t} = 0. \qquad (6.36)$$

Mithilfe dieser Gleichung und der Gleichungen (6.34), (6.35) ergibt sich für das variable Kohlenstoffinventar des Humus

$$\tilde{n}_H = \frac{j_{H>A}}{f_{H>A}} = \frac{j_{B>H}}{f_{H>A}} = \frac{j_{A>B}}{f_{H>A}}\left(1 - \frac{j_{B>A}}{j_{A>B}}\right) \qquad (6.37)$$

und für das variable Kohlenstoffinventar der Atmosphäre

$$\tilde{n}_A = \tilde{n}_0 - \tilde{n}_B - \frac{j_{A>B}}{f_{H>A}}\left(1 - \frac{j_{B>A}}{j_{A>B}}\right). \qquad (6.38)$$

In den Gleichungen (6.37), (6.38) sind alle Größen bekannt mit Ausnahme der Flusskonstanten vom Humus in die Atmosphäre, die sich aber mithilfe von (6.34) berechnen lässt:

$$f_{H>A} = \frac{j_{H>A}}{\tilde{n}_H} = \frac{0{,}5 \cdot 10^{16}}{11 \cdot 10^{16}} = 0{,}0455\,\mathrm{a}^{-1}. \qquad (6.39)$$

Wird der Fluss $j_{B>A}$ auf Kosten des Flusses $j_{B>H}$ auf einen Wert

$$j_{B>A} = 0{,}68 \cdot 10^{16}\,\mathrm{mol} \cdot \mathrm{a}^{-1} \qquad (6.40)$$

erhöht, um den Primärenergiebedarf von $2 \cdot 10^{14}\,\mathrm{kWh} \cdot \mathrm{a}^{-1}$ insgesamt zu decken, so erhöht sich das Kohlenstoffinventar der Atmosphäre auf einen Wert

$$\widetilde{n}_A = \left(22 - 5 - \frac{1}{0{,}0455}\left(1 - \frac{0{,}68}{1}\right)\right) \cdot 10^{16} = 10 \cdot 10^{16}\ \mathrm{mol}, \qquad (6.41)$$

das heißt, es wird 67 % mehr **Kohlendioxid** in der Atmosphäre sein, als es heute der Fall ist, und der Kohlenstoffgehalt des Humus wird um 36 % zurückgegangen sein.

Dies ist natürlich der Extremfall und er stellt wegen der nachhaltigen Waldbewirtschaftung einen neuen Gleichgewichtszustand zwischen Atmosphäre und Biosphäre her. Darin unterscheidet sich die Waldbewirtschaftung von der Verbrennung der fossil biogenen Energieträger, die den CO_2-Gehalt der Atmosphäre so lange ansteigen lässt, bis alle Energieträger verbrannt sind.

6.3   Die Solarenergie: Fotovoltaik

Die direkte Umwandlung der Solarenergie in elektrische Energie findet in der Natur nicht statt. Dieser Wandlungsmechanismus ist vom Menschen entdeckt worden. Die Entdeckung basiert auf der Existenz von Halbleitern, die Wandlungstechnik benutzt die Eigenschaften der Halbleiter. Halbleiter sind die Elemente in der 4. Hauptgruppe des **periodischen Systems**, die bekanntesten sind Silizium (Si) und Germanium (Ge). Darüberhinaus kann man auch Mischhalbleiter aus Elementen der 3. und 5. Hauptgruppe herstellen, ein Beispiel ist das Galliumarsenid (GaAs). In dem Abschn. 6.1.1 haben wir die Eigenschaften von Halbleitern kurz beschrieben. Wichtige Eigenschaften sind:

- Durch Lichtabsorption wird ein **Elektron** aus dem Valenzband in das Leitungsband transportiert.
- Durch den Elektronentransport bleibt ein Elektrondefizit (**Elektronloch**) in dem Valenzband zurück.
- Das Elektron ist im Leitungsband, das Elektronloch ist im Valenzband frei beweglich.

Aufgrund ihrer Beweglichkeit würden Elektron und Loch nach kurzer Zeit rekombinieren und das vorher absorbierte Photon wieder emittieren. Damit aus den Elektronen und den Löchern elektrische Ströme entstehen können, muss ihre **Rekombination** verhindert werden. Und das geschieht mithilfe eines **elektrischen Felds**, das durch den Halbleiter in dem Halbleiter erzeugt wird. Dazu werden zwei Halbleiter mit Fremdatomen dotiert, und zwar der eine Halbleiter mit Atomen, die Elektronen aufnehmen (zum Beispiel Bor (B): p-Dotierung), der andere Halbleiter mit Atomen, die Elektronen abgeben (zum Beispiel Phosphor (P): n-Dotierung). Bringt man die so dotierten Halbleiter in elektrischen Kontakt, so wandern Elektronen aus dem n-dotierten in das p-dotierte Material und es entsteht eine Zone mit wenig frei beweglichen Ladungsträgern, die **Sperrzone**. In der Sperrzone

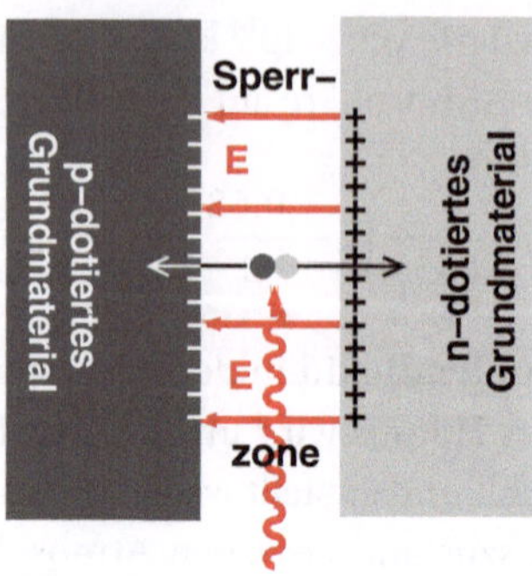

Abb. 6.16 Der schematische Schnitt durch eine Fotodiode. Links befindet sich das p-dotierte Grundmaterial, rechts das n-dotierte, zwischen beiden die Sperrzone mit ihrem elektrischen Feld E. Wird durch Lichtabsorption in der Sperrzone ein Elektron-Loch-Paar erzeugt, wandert wegen des elektrischen Felds das Elektron in das n-dotierte Material, das Loch in das p-dotierte Material

sorgen die unbeweglichen, aber geladenen Rumpfatome des Halbleiters für den Aufbau des gewünschten elektrischen Felds. Werden frei bewegliche Elektronen und Löcher innerhalb der Sperrzonen durch Lichtabsorption erzeugt, so werden sie durch das elektrische Feld der Sperrzone sofort getrennt, wie es in Abb. 6.16 schematisch gezeigt ist. Einen elektrischen Kontakt zwischen einem p- und n-dotierten Halbleiter nennt man eine **Halbleiterdiode**, wird diese zur Erzeugung eines elektrischen Stroms mittels Lichtabsorption benutzt, nennt man sie eine **Fotodiode**.

Legt man eine Spannung[9] U an eine Halbleiterdiode, so fließt durch die Diode ein elektrischer Strom I, wenn sich der positive Pol der Spannung an der p-dotierten Seite und der negative Pol an der n-dotierten Seite der Halbleiterdiode befindet (Durchlassrichtung). Vertauscht man die Polaritäten, fließt kein Strom (Sperrrichtung). Auf der P-Ebene werden wir uns detaillierter mit dieser Eigenschaft einer Halbleiterdiode beschäftigen. In einer Fotodiode tritt zusätzlich folgendes Phänomen auf: Werden Elektron-Loch-Paare in der Sperrzone erzeugt, fließt auch in Sperrrichtung ein Strom, der Fotostrom I_F, dessen Stärke den maximalen Wert $I_{F,0}$ bei der Spannung $U_F = 0$ erreicht (Kurzschlussstrom) und den minimalen Wert $I_F = 0$ für die Spannung $U_F = U_{F,0}$ (Leerlaufspannung). Die vollständige Strom-Spannungs-Kennlinie einer Fotodiode ist in Abb. 6.17 gezeigt, sie gehorcht der Gleichung

$$I = I_0 \left(1 - \exp\left(-\frac{eU}{kT} \right) \right) + I_{F,0}. \tag{6.42}$$

Dabei ist $e = -1{,}6 \cdot 10^{-19}$ C die **Ladung eines Elektrons**. Die Leerlaufspannung einer Fotodiode hat daher den Wert

$$U_{F,0} \approx -\frac{kT}{e} \ln\left(\frac{I_{F,0}}{I_0} \right), \tag{6.43}$$

---

[9] Der Konvention folgend, verwenden wir für die elektrische Spannung nicht mehr das Symbol der Potentialdifferenz $\Delta\phi$, sondern das geläufigere Symbol U.

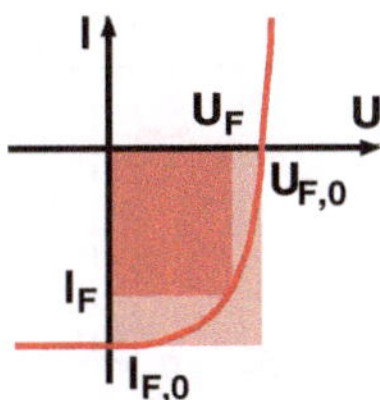

Abb. 6.17 Die Strom-Spannungs-Kennlinie einer Fotodiode, die mit Licht bestrahlt wird. Die Fotodiode liefert einen negativen Strom I_F bei positiver Spannung U_F in dem *dunkel gefärbten Bereich*. Der *hell gefärbte Bereich* entspricht der maximal möglichen Leistung $U_{F,0}\,I_{F,0}$ bei rechteckiger Kennlinie

wobei $I_0 < 0$ und $I_{F,0} \ll I_0$ ist. Im Arbeitsbereich einer Fotodiode entsteht bei negativem Strom I_F eine positive Spannung U_F an der Diode, ohne dass eine äußere Spannung U angelegt werden muss. Die maximale elektrische Leistung, die eine Fotodiode aus der Solarenergie umwandeln kann, ergibt sich zu

$$P_{el} = -U_F I_F = -c_f U_{F,0} I_{F,0}, \tag{6.44}$$

wobei $c_f = (U_F I_F)/(U_{F,0} I_{F,0})$ der **Füllfaktor** ist. Der Füllfaktor sollte einen Wert nahe eins besitzen, dazu müsste die Strom-Spannungs-Kennlinie der Fotodiode in ihrem Arbeitsbereich eine Form haben, die einem rechten Winkel möglichst nahe kommt. Dies lässt sich nicht erreichen, daher besitzen Fotodioden typische Füllfaktoren $c_f \approx 0{,}6$.

Wie groß sind Kurzschlussstrom $I_{F,0}$ und Leerlaufspannung $U_{F,0}$? *Beide* sollten möglichst groß sein, aber es ist unmöglich, beide Größen gleichzeitig zu maximieren. Denn $I_{F,0}$ wird umso größer, je *kleiner* die Bandlücke ΔW des Halbleiters ist, und $U_{F,0}$ wird umso größer, je *größer* ΔW ist. Also muss ein Kompromiss für den Wert von ΔW gefunden werden, und dieser optimale Wert $\Delta W_{optimum}$ hängt von der spektralen Intensitätsverteilung des Sonnenlichts ab, siehe Abb. 6.2.

Was bedeuten diese Gegebenheiten für den Wirkungsgrad einer Fotodiode? Die Sonnenleistung, die eine Fotodiode in elektrische Leistung umwandelt, beträgt bei einer Sperrzone mit der bestrahlten Oberfläche A_F nach (4.30)

$$P'_\oplus = I'_\oplus A_F \tag{6.45}$$

und daraus ergibt sich ein **Wirkungsgrad**

$$\eta_F = \frac{P_{el}}{P'_\oplus} = -c_f \frac{U_{F,0} I_{F,0}}{I'_\oplus A_F}. \tag{6.46}$$

Da auch der Fotostrom $I_{F,0}$ proportional zu A_F ist, ist (6.46) unabhängig von A_F, aber abhängig von der Größe der Bandlücke ΔW. Diese Abhängigkeit ist in Abb. 6.18 gezeigt, η

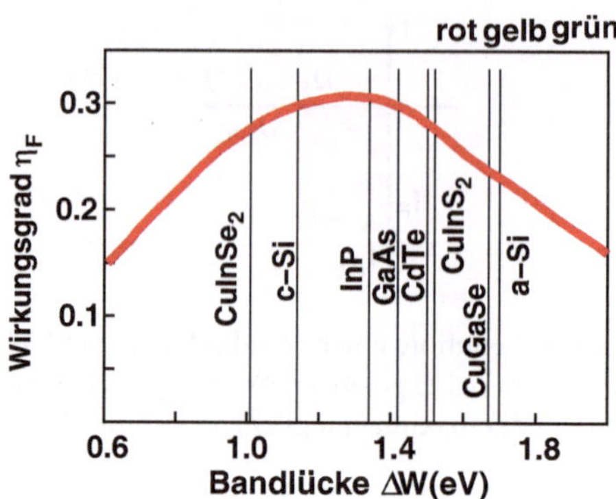

Abb. 6.18 Die Abhängigkeit des theoretischen Wirkungsgrads einer Fotodiode von der Bandlücke ΔW des Halbleitermaterials. Die Größe der Bandlücke für einige Halbleiter ist ebenfalls gezeigt (c-Si = kristallines Silizium, a-Si = amorphes Silizium).*Oben rechts* ist ungefähr die Lage des sichtbaren Spektralbereichs gezeigt, das Maximum des Wirkungsgrad liegt also im Infraroten

erreicht seinen maximalen Wert von $\eta_F \approx 0{,}3$ für $\Delta W = \Delta W_{\text{optimium}}$. Der maximal mögliche Wirkungsgrad ist im Wesentlichen bestimmt durch den Füllfaktor, aber er ist kleiner als c_f aus folgenden Gründen:

1. Die Dicke l der Sperrzone ist zu klein, so dass nicht alle auf A_F einfallenden Photonen in dieser Zone absorbiert werden, siehe (6.9).
2. Die Photonenenergie ist zu klein, $h\nu < \Delta W$, so dass keine Elektron-Loch-Paare erzeugt werden, sondern die Fotodiode nur erwärmt wird.
3. Die Photonenenergie ist zu groß, $h\nu > \Delta W$, so dass die Elektron-Loch-Paare ihre überschüssige kinetische Energie in thermische Energie umsetzen: Die Fotodiode wird erwärmt.
4. Die Elektron-Loch-Paare rekombinieren, bevor sie durch das elektrische Feld voneinander getrennt sind. Dieser Verlustmechanismus hängt von den Halbleitereigenschaften ab, auch er führt zur Erwärmung der Fotodiode.
5. Die Erwärmung der Fotodiode reduziert die maximal mögliche Fotospannung $U_{F,0} = -\Delta W/e$, siehe Abschn. 6.3.1.

Diese Phänomene sind dafür verantwortlich, dass der in Abb. 6.18 gezeigte **Wirkungsgrad** nur etwa halb so groß ist, wie Bandlücke und Füllfaktor allein erwarten ließen, nämlich $\eta_{Wd} \approx 0{,}15$. Deutschland allerdings ist bei der Nutzung der Fotovoltaik benachteiligt, denn:

Der Kapazitätsfaktor für die Fotovoltaik in **Deutschland** beträgt $\kappa \approx 0{,}1$, so dass sich hier der Nutzungsgrad dieser Form der erneuerbaren Energien zu $\zeta_{Wd} \approx 0{,}015$ ergibt, welche im Jahr 2010 nur 0,1 % des Primärenergiebedarfs lieferte.

Abgesehen von den ungünstigen Wetterbedingungen über Deutschland sind noch andere Mechanismen dafür verantwortlich. Zum Beispiel reflektiert die Oberfläche der Fotodiode das einfallende Licht zu einem gewissen Teil, der auch abhängig von der **Ausrichtung** ist. Fast alle Fotodioden besitzen in der Praxis eine feste Ausrichtung gegen die Erdoberfläche, die oft noch nicht einmal so optimal ist, wie es in Abschn. 6.1.1 diskutiert wurde. Die Ausrichtung der Fotodioden der Stellung der Sonne nachzuführen, ist zu aufwändig und mit hohen **Kosten** verbunden. Der technische Aufwand, den praktischen Nutzungsgrad von Fotodioden zu vergrößern, steht meistens in keinem Verhältnis zu den Kosten, die damit verbunden sind. In letzter Zeit hat sich die Erkenntnis durchgesetzt, mehr Mühen in die Reduktion ihre Produktionskosten zu stecken als in die Vergrößerung ihrer Nutzungsgrade, um so Fotodioden billiger und damit konkurrenzfähig zu machen. Beide Ziele sind jedoch nicht wirkliche Alternativen: Die Vergrößerung des Nutzungsgrads verringert die erforderlichen Flächen, die mit Fotodioden belegt werden müssten, um Sonnenleistung in eine vorgegebene elektrische Leistung zu wandeln. Kostenreduktionen tun das nicht.

Es ist daher davon auszugehen, dass die Fotovoltaik auf absehbare Zeit nur eine Nischentechnik ist, wenn es um ihren Beitrag zu einer zukünftigen Energieversorgung der Welt geht. Weltweit trug der Anteil der Fotovoltaik im Jahr 2010 nur ca. 0,02 % der Versorgung mit Primärenergie. Dieser Beitrag ließe sich im Prinzip vergrößern, wenn die dafür benötigten Flächen zur Verfügung stünden, wie es aus den Tabellen 4.6 und 4.7 ersichtlich ist. Solche Flächen sind zwar vorhanden, zum Beispiel in den Wüstengebieten der Erde, ihre Nutzung verlangt aber, neben der Beschäftigung mit den vielen technischen Problemen der Energiespeicherung und des Energietransports, auch die politische Einsicht für eine globale Lösung, die an Staatsgrenzen nicht haltmacht. Bis zum Jahr 2050 werden solche Lösungen wohl nicht zu erreichen sein. Und außerdem reicht die verbleibende Zeit nicht, um technische Anlagen der geforderten Größe aufzubauen. Es bleibt daher nur die Schlussfolgerung:

> In der Mitte des 21. Jahrhunderts wird die Fotovoltaik mit weniger als 1 % zur Deckung des dann vorhandenen Primärenergiebedarfs beitragen, sie stellt damit keine Lösung für unsere zukünftigen Probleme bei der Energieversorgung dar.

Diese Schlussfolgerung macht auch den Unterschied zwischen dem natürlichen Verfahren „Fotosynthese" und dem technischen Verfahren „Fotovoltaik" deutlich. Beide besitzen nur einen geringen Wirkungsgrad für die Energiewandlung, aber: Für ersteres sind die Flächen bereits von der Natur angelegt, für letzteres müssen sie erst vom Menschen entwickelt werden.

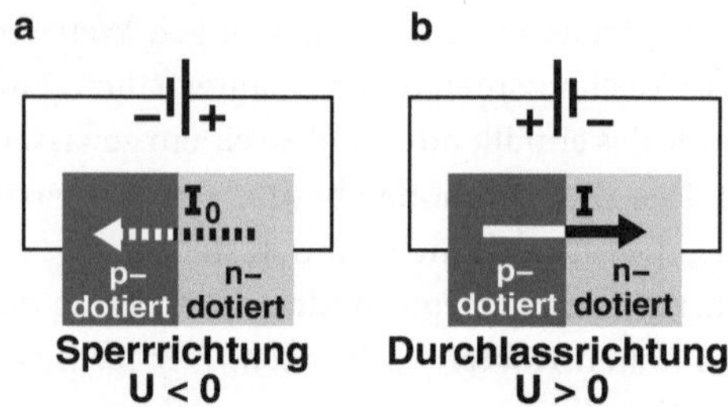

Abb. 6.19 Die Spannungspolung an einer Halbleiterdiode in Sperrrichtung (**a**) und in Durchlassrichtung (**b**). In Sperrrichtung fließt nur der minimale Dunkelstrom I_0, dessen Stärke temperaturabhängig ist

6.3.1 P-Ebene: Die Eigenschaften einer Fotodiode

Grundlage für die Fotovoltaik ist die mit Licht bestrahlte Halbleiterdiode. Auf ihre physikalischen Eigenschaften wollen wir kurz eingehen.

Die Halbleiterdiode als Fotodiode

Die **Halbleiterdiode** hat die Eigenschaft, dass im Prinzip ein elektrischer Strom nur fließt, wenn die Spannung U mit der richtigen Polarität, das heißt $U > 0$, an die Diode gelegt wird, siehe Abb. 6.19. Der Grund ist offensichtlich: Ist die Spannung an der Diode in Durchlassrichtung gepolt, so werden die aus dem n-dotierten Material in das p-dotierte Material driftenden Elektronen kontinuierlich aus dem negativen Pol der Spannungsquelle ersetzt und von dem positiven Pol der Spannungsquelle entfernt. Bei Vertauschung der Polarität ist das nicht möglich: Nachdem einige Elektronen vom n-dotierten in den p-dotierten Bereich gedriftet sind, wird der Stromfluss unterbrochen, weil die aus dem n-dotierten Bereich abgewanderten Elektronen nicht ersetzt werden.

Natürlich fließt auch für $U < 0$ ein sehr kleiner Strom, der **Sperrstrom** I_0, durch die Diode, der von Elektron-Loch-Paaren stammt, die in der Sperrzone bei der Temperatur T thermisch erzeugt werden. Der Sperrstrom ist daher temperaturabhängig

$$I_0 = I_{0,\mathrm{max}} \exp\left(-\frac{\Delta W}{kT}\right). \tag{6.47}$$

Obwohl I_0 sehr klein ist, ist $I_{0,\mathrm{max}}$ sehr groß, denn der exponentielle Faktor ist für $\Delta W = 1$ eV bei Zimmertemperatur T_0 von der Größenordnung

$$\exp\left(-\frac{\Delta W}{kT_0}\right) \approx 10^{-17}. \tag{6.48}$$

Die Anzahl der in der Sperrzone gebildeten Elektron-Loch-Paare wird aber dramatisch erhöht, wenn die Sperrzone beleuchtet wird und die Paare durch die Absorption des Lichts entstehen.

Die **Strom-Spannungs-Kennlinie** einer Halbleiterdiode ohne und mit Beleuchtung sieht schematisch so aus, wie es in der Abb. 6.20 gezeigt ist. Dabei ist die Kennlinie bewusst

Abb. 6.20 Die Strom-
Spannungs-Kennlinie einer
Halbleiterdiode (*gestri-
chelt*) und einer Fotodiode
(*ausgezogen*). Der Wert des
Dunkelstroms I_0 ist sehr stark
übertrieben

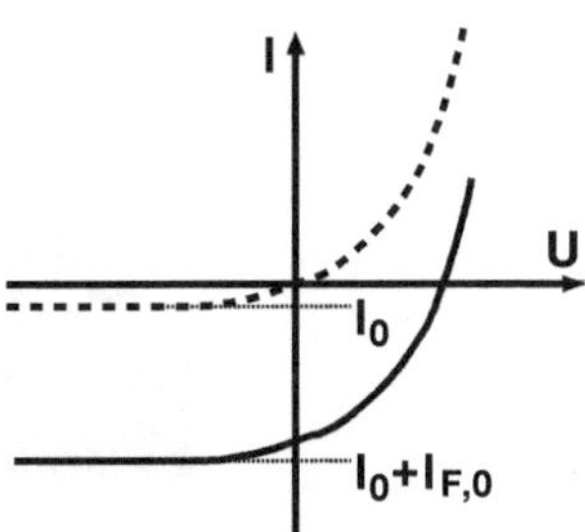

verzerrt worden, denn der Sperrstrom I_0 ist im Vergleich zum Fotostrom $I_{F,0}$ eigentlich
viel kleiner als dargestellt. Die Diodenkennlinie folgt dem Gesetz

$$I = I_0 \left(1 - \exp\left(-\frac{eU}{kT_0}\right)\right) + I_{F,0}, \tag{6.49}$$

wobei $I_0 < 0$ und $I_{F,0} \ll I_0$ nur dann, wenn die Halbleiterdiode beleuchtet wird. Betrachtet man für diesen Fall die Kennlinie bei positiven Spannungen, so lässt sich die maximal
erreichbare Fotospannung, die **Leerlaufspannung** $U_{F,0}$, abschätzen. Für den Leerlauffall
$I = 0$ gilt nämlich

$$U_{F,0} = -\frac{kT}{e} \ln\left(\frac{I_{F,0}}{I_0} + 1\right) \approx -\frac{kT}{e} \ln \frac{I_{F,0}}{I_0}. \tag{6.50}$$

Wenn wir (6.47) für I_0 einsetzen, ergibt sich daraus

$$U_{F,0} = \frac{1}{|e|} \left(\Delta W - kT \ln \frac{I_{0,\max}}{I_{F,0}}\right). \tag{6.51}$$

Daraus folgt:

- Für $T = 0\,\mathrm{K}$ ist $U_{F,0} = \Delta W/|e|$, das heißt, die Fotospannung ist gegeben durch die
  Bandlücke zwischen Valenzband und Leitungsband.
- Für $T > 0\,\mathrm{K}$ ist die praktisch erreichbare Fotospannung immer kleiner als die maximal
  mögliche Fotospannung, da $|I_{0,\max}| > |I_{F,0}|$.

Zum Beispiel besitzt eine Si-Fotodiode eine Bandlücke $\Delta W = 1{,}1\,\mathrm{eV}$, bei Zimmertemperatur
beträgt ihre Leerlaufspannung aber nur $U_{F,0} \approx 0{,}6\,\mathrm{V}$. Für grobe Abschätzungen kann man
daher die Beziehung

$$U_{F,0} \approx \frac{\Delta W}{2|e|} \tag{6.52}$$

verwenden. Die von einer Fotodiode gelieferte Gleichspannung ist also sehr gering. Um die
Spannung und auch den Strom zu vergrößern, müssen viele Fotodioden in einer kombi-
nierten Parallel- und Reihenschaltung zusammengeschaltet werden, wie es in Abb. 6.21 mit
12 Fotodioden gezeigt ist. Um noch größere Spannungen zu erreichen, werden daher viele

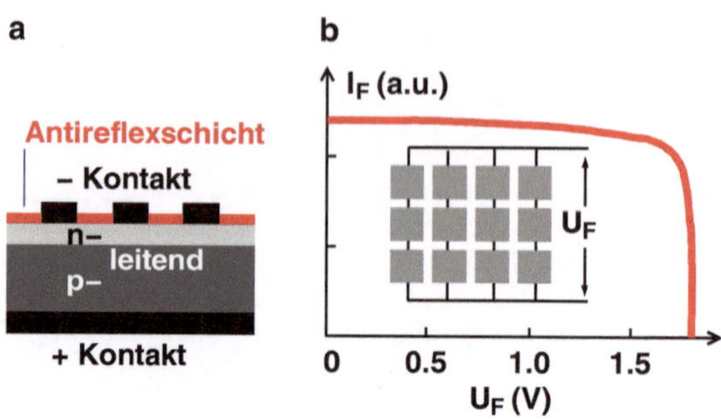

Abb. 6.21 **a** Schnitt durch eine Fotodiode mit dem –-Kontakt (Kathode) und dem +-Kontakt (Anode). **b** Parallel- und Reihenschaltung von 12 Si-Fotodioden zur Vergrößerung von Strom und Spannung. Die Strom-Spannungs-Kennlinie dieser Schaltung ist auch gezeigt: Wird die Fotodiode mit einem zu großen Strom belastet, bricht die Spannung von 1,8 V auf 0 V zusammen

Fotodioden zu einem **Modul** vereint und die von diesem Modul gelieferte Gleichspannung wird mithilfe eines Wechselrichters in eine Wechselspannung mit einer Frequenz von 50 Hz umgewandelt. Diese kann dann mit einem Transformator auf beliebige andere Wechselspannungswerte transformiert und in das Netz eingespeist werden. Diese elektronischen Schaltungen führen zu weiteren Verlusten in der Größenordnung von 3 bis 5 %.

Wie ist eine Fotodiode mechanisch aufgebaut? Das Konstruktionsprinzip ist in der Abb. 6.21 gezeigt. Das Sonnenlicht muss durch die Deckschicht, die sich aus dem Kathodengitter und dem n-dotierten Halbleitermaterial zusammensetzt, in die Sperrzone eindringen. Insbesondere die Kathode, aber auch die Reflexionen an der Halbleiterschicht, tragen zu den Wirkungsgradverlusten bei. Daher ist die Halbleiterschicht sonnenseitig mit einer Antireflexschicht versehen, die das Reflexionsvermögen der Fotodiode herabsetzt. Weiterhin werden die Kontakte des Kathodengitters so dünn als möglich ausgebildet, wobei die Ohm'schen Verluste in den Kontakten eine untere Grenze festlegen.

6.4 Die Solarenergie: Lichtkonzentratoren

Wir haben am Beginn des Kap. 6 gelernt, dass Sonnenlicht eine außerordentlich geringe **Energiedichte** $w_{\oplus} = 2{,}02 \cdot 10^{-13}\ \text{kWh} \cdot \text{a}^{-1}$ besitzt. Man kann die Energiedichte vergrößern, indem man das Licht, das auf eine große Fläche A_e eingestrahlt wird, auf eine viel kleinere Fläche A_a konzentriert. Durch einen Lichtkonzentrator wird also nicht die Fläche A_e verkleinert, die zum Empfang der Solarenergie auf der Erde bereit gestellt werden muss, aber es kann die Fläche A_a verkleinert werden, die der **Absorber** besitzen muss, welcher die Solarenergie in eine andere Energieform umwandelt. Das hat folgende Vorteile:

- Da der Absorber kleiner wird, kann er im Prinzip kostengünstiger hergestellt werden.

- Da die Energiedichte im Absorber größer wird, werden dort auch höhere Temperaturen erzielt. Damit steigt nach (2.31) der maximal mögliche Wirkungsgrad der Energiewandlung.

Als Lichtkonzentratoren kommen **Spiegel** oder **Linsen** in Betracht. Mit den physikalischen Grundlagen dieser optischen Instrumente werden wir uns auf der P-Ebene beschäftigen. Prinzipiell wird durch einen Lichtkonzentrator die Sonne auf eine kleine, stationäre Fläche abgebildet. Und daraus ergibt sich unmittelbar für die Lichtkonzentratoren folgende Einschränkung:

> Lichtkonzentratoren konzentrieren nur die direkte Komponente der Solarenergie. Ihr Anwendungsbereich ist daher auf den **Sonnengürtel** der Erde vom südlichen 35. bis zum nördlichen 35. Breitengrad beschränkt.

Deutschland und **Europa**, mit Ausnahme des südlichen Spaniens, gehören nicht dazu. Dort, wo derartige Anlage errichtet wurden, liegt ihr Kapazitätsfaktor zwischen $0,2 < \kappa < 0,3$.

Da die Sonne im Laufe eines Tags ihre Position kontinuierlich verändert, muss die **Ausrichtung** der Lichtkonzentratoren diesen Positionsänderungen folgen, um große Kapazitätsfaktoren zu erzielen. Das bedeutet, die optischen Instrumente müssen so aufgebaut werden, dass sie um zwei Achsen beweglich sind. Diese Bedingung macht die Anlagen zur Lichtkonzentration technisch aufwändig und mehr als kompensiert die **Kostenvorteile**, die sich unter Umständen durch den kleineren Absorber erreichen lassen. Zur Kostenreduktion wurden daher auch Anlagen entworfen, bei denen die Ausrichtung nach dem Stand der Sonne nur um eine Achse möglich ist. Dies ist aber immer mit einer Reduktion der maximal möglichen Konzentration c verbunden, wie es in Abschnitt (6.4.1) erklärt wird.

Sowohl sphärische Glaslinsen wie auch Parabolspiegel lassen sich zur Lichtkonzentration verwenden, aber in der Praxis haben sich weitgehend die Spiegelkonzentratoren durchgesetzt. Wir wollen jetzt die am häufigsten verwendeten Konstruktionsprinzipien für derartige Konzentratoren vorstellen.

1. Der **Heliostat.**
   Beim Heliostaten wir das Sonnenlicht mithilfe einer Vielzahl von beweglichen, planaren Spiegeln auf einen stationären Turmabsorber konzentriert, wie es schematisch in der Abb. 6.22 gezeigt ist. Die Lichtintensität am Absorber beträgt typischerweise $800\,\text{kW} \cdot \text{m}^{-2}$, das heißt die Solarenergie wird, verglichen mit (4.32), auf etwa $c \approx 600$ konzentriert. Mit dieser konzentrierten Solarenergie werden im Absorber Temperaturen von etwa 1000 K (Gebrauchsanlage) bis zu 4000 K (Versuchsanlage) erreicht. Von den bis 2010 errichteten und ins Netz intergrierten Anlagen befinden sich je 3 in Spanien und in China, 1 in den USA. Bei weiteren Anlagen in Europa (z. B. in Frankreich)

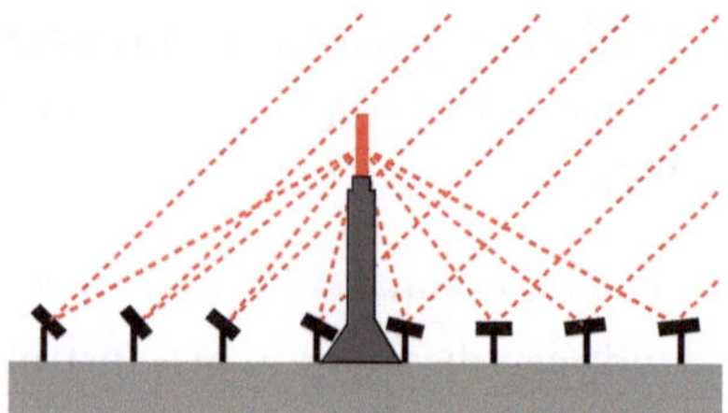

Abb. 6.22 Der prinzipielle Aufbau eines Heliostaten, bei dem mithilfe einer Vielzahl planarer Spiegel, die um 2 Achsen beweglich sind, das Sonnenlicht auf einen stationären Absorber an der Turmspitze konzentriert wird

handelt es sich um Versuchsanlagen, mit deren Hilfe verschiedene technische Probleme, wie zum Beispiel die Konstruktion eines Hochtemperaturabsorbers, untersucht werden. Als die Wärme aufnehmendes Medium im Absorber wird in vielen Fällen Wasser oder Thermoöl verwendet. Aber auch Nitratsalze, die im Bereich zwischen 350 K und 550 K schmelzen, sind benutzt worden. Als besonders interessantes Verfahren bietet sich die **thermische Zersetzung** von gasförmigen Molekülen an, die sich erst bei sehr hohen Temperaturen im Absorber vollzieht. Dafür kommen etwa die folgenden Reaktionen in Frage:

$$CH_4 + H_2O \rightarrow CO + 3\,H_2$$
$$2\,NH_3 \rightarrow N_2 + 3\,H_2 \tag{6.53}$$
$$2\,H_2O \rightarrow O_2 + 2\,H_2$$

Auf die Eigenschaften der dritten Reaktion in der obigen Liste, der thermischen Zersetzung von Wasser, kommen wir im Abschn. 8.2.1 zurück. Die Verfahren, die auf der Umsetzung der Reaktionen (6.53) basieren, sind deswegen so attraktiv, weil die Solarenergie direkt in chemische Energie umgewandelt wird, die sich speichern und transportieren lässt. Damit sind die Standortnachteile von Heliostaten nicht so gravierend wie in den Fällen, in denen die Solarenergie zunächst in elektrische Energie umgewandelt wird, wobei die Umwandlung in einem den Heliostaten angeschlossenem Kraftwerk geschieht. Erst weitere Entwicklungsarbeiten werden zeigen, ob sich die vorgeschlagenen Verfahren zur direkten Wandlung in chemische Energie auch technisch realisieren lassen.

2. Der **Parabolschüsselkonzentrator**.

Dieser Spiegelkonzentrator besteht aus einem einzigen Parabolspiegel mit kreisförmigen Umfang, wie er in Abb. 6.23 dargestellt ist. Im Brennpunkt dieses Spiegels befindet sich der Absorber. Dadurch werden im Absorber sehr hohe Temperaturen erzielt, die auf Wasserstoff- oder Heliumgas übertragen werden. Die heißen Gase mit einer Temperatur von ca. 900 K treiben sehr oft einen **Stirling-Motor** (Heißluftmotor) an, der an einen elektrischen Generator gekoppelt ist. Wegen der hohen Temperaturen erreicht eine derartige Anlage einen Wirkungsgrad $\eta_{Wd} \approx 0{,}3$ bei der Wandlung in elektrische Energie. Bei einem Spiegeldurchmesser $d_L = 17\,\mathrm{m}$ lassen sich damit **elektrische Leistungen** von bis zu $4 \cdot 10^5\,\mathrm{kWh} \cdot \mathrm{a}^{-1}$ erzielen, und das ist etwa doppelt so viel wie sich unter sonst gleichen Bedingungen (senkrechter Sonneneinfall) mithilfe der Foto-

Abb. 6.23 Der prinzipielle Aufbau eines Parabolschüsselkonzentrators, der aus einem ausrichtbaren Parabolspiegel und einem Absorber im Brennpunkt dieses Spiegels besteht

voltaik erzielen ließe. Allerdings ist die Technik, mit welcher der Spiegel immer zur Sonne ausgerichtet wird, auch viel komplizierter und wartungsbedürftiger. Mögliche Anwendungen ergeben sich in sonnenreichen Gegenden, die ohne Anschluss an ein elektrisches Netz sind, aber über genügend Infrastruktur zur Bewältigung der technischen Anforderungen verfügen. Ansonsten sind ähnliche, aber technisch nicht so aufwändige Anlagen auch als Kochstellen in den sonnenreichen Ländern vorgeschlagen worden, in denen ein akuter Mangel an Feuerholz besteht.

3. Der **Parabelrinnenkonzentrator**.

Der Parabelrinnenkonzentrator konzentriert das Sonnenlicht in nur eine Richtung und besitzt daher eine wesentlich geringere Konzentration als die beiden davor behandelten Konzentratortypen. Dementsprechend besitzt der Spiegel nicht mehr einen kreisförmigen Umfang, sondern hat die Form einer langgestreckten Rinne mit parabelförmigen Querschnitt, wie in Abb. 6.24 dargestellt. Der Vorteil dieser Konstruktion ist, dass die Ausrichtung des Spiegels nur in eine Richtung erfolgen muss. Dann wandert das Bild der Sonne auf der Brenngeraden parallel zur Rinnenoberfläche, wenn die andere Achse der Rinne auf den Sonnenzenith fest ausgerichtet wurde. Der **Absorber** besteht daher aus einem Rohr in der Brenngeraden des Rinnenspiegels. In dem Absorber wird ein Thermoöl auf Temperaturen von bis zu 600 K erhitzt. Die thermische Energie wird mit dem Öl über einen Wärmetauscher an Wasserdampf übertragen und dann in einem Kraftwerk in elektrische Energie umgewandelt.

Die meisten Anlagen befindet sich in den USA und Spanien, ihre installierte elektrische Leistung betrugen 2011 jeweils ca. $5 \cdot 10^9$ kWh $\cdot$ a^{-1}. Nehmen wir als Beispiel die spanische Anlage „Andasol": Sie erzeugt auf einer Fläche von ca. $5{,}1 \cdot 10^5$ m^2 eine **elektrische Leistung** von ca. $1{,}6 \cdot 10^8$ kWh $\cdot$ a^{-1}, was einem Nutzungsgrad $\zeta_{\text{Wd}} \approx 0{,}15$ und einem Wirkungsgrad $\eta_{\text{Wd}} \approx 0{,}59$ entspricht. Diese Anlage ist seit 2009 in Betrieb, sie besitzt einen thermischen Energiespeicher (siehe Abschn. 8.2.1 zum Tag-/Nachtausgleich), und speist seither ihre Energie in das spanische Elektrizitätsnetz ein. Die Gesamtfläche der Anlage ist allerdings 4mal größer als die Spiegelfläche. Insgesamt ge-

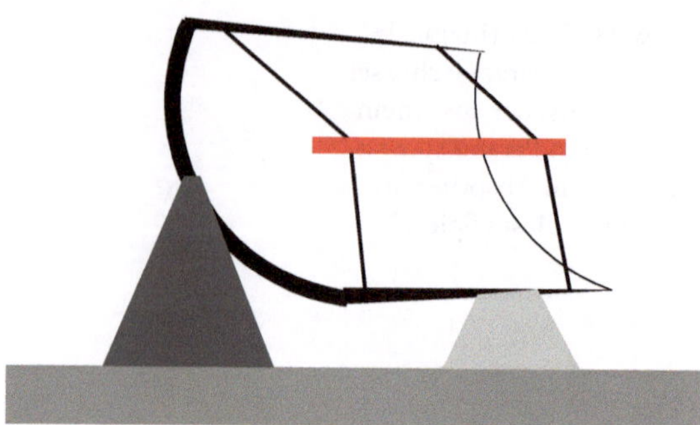

Abb. 6.24 Der prinzipielle Aufbau eines Parabelrinnenkonzentrators, der aus einer parabelförmigen Spiegelrinne besteht, die sich nur um eine Achse parallel zur Erdoberfläche ausrichten lässt. Der Absorber befindet sich auf der Brenngeraden des Spiegels

Tab. 6.6 Die wichtigen Parameter von Lichtkonzentratoren

	Typische Temperatur T (K)	Typische Konzentration c	Geschätzter Nutzungsgrad ζ_{Wd}	Standorte
Heliostat	1000–4000	1000	0,2	Spanien, USA, China
Parabolschüsselkonzentrator	900	2000	0,1	sonnenreiche Regionen
Parabelrinnenkonzentrator	600	100	0,2	Spanien, USA

sehen ist dies aber ein Verfahren, das sich praktisch bewährt hat und einen wesentlich höheren Wirkungsgrad besitzt als die Fotovoltaik. Der Nachteil ist, das es nur in Ländern mit einem hohen Anteil an direkter Sonnenstrahlung eingesetzt werden kann und erst dann einen merklichen Beitrag zur Energieversorgung der Welt leisten wird, wenn die Probleme der Energiespeicherung, auch über längere Zeiten, und des Energietransports gelöst sind.

Aus diesen Gründen ist es auch nur schwer möglich, die Größe des Beitrags zur Energieversorgung zu prognostizieren, der von Lichtkonzentratoren in der Mitte des 21. Jahrhunderts kommen kann. Er wird wahrscheinlich nicht größer sein als der, den man von der Fotovoltaik erwarten darf.

Diese, unsere Einschätzung resultiert aus der bereits erwähnten Bedingung, dass die Aufstellung und der Betrieb von großen Anlagen mit Lichtkonzentratoren die Existenz einer technischen Infrastruktur voraussetzt, die in vielen Ländern, in denen sich die Aufstellung lohnte, nicht vorhanden ist.

Die wichtigsten Parameter[10] der behandelten Lichtkonzentratoren sind noch einmal in der Tab. 6.6 zusammengestellt. Der Heliostat ist erst dann interessant, wenn sich die hohen Temperaturen im Absorber erreichen lassen und damit Solarenergie direkt in chemische Energie umgewandelt werden kann, wie es auch in der Fotosynthese geschieht, allerdings mit sehr viel kleinerem Nutzungsgrad. Neben der Konstruktion des Absorbers, der bei den erforderlichen Temperaturen thermisch und mechanisch stabil bleiben muss, ist die Auslegung der Spiegelelemente von großer Bedeutung.

6.4.1   P-Ebene: Die optischen Eigenschaften von Linsen und Spiegeln

Das entscheidende Element in einem Lichtkonzentrator ist der Spiegel oder die Linse, mit deren Abbildungseigenschaften wir uns im nächsten Abschnitt beschäftigen wollen.

Spiegel und Linse als Lichtkonzentrator

Wir werden zunächst den theoretischen, maximal möglichen Grenzwert $c_{\mathrm{max}}^{(2)}$ der **Lichtkonzentration** eines Flächenkonzentrators berechnen. Dieser ergibt sich aus der Energieerhaltung, wenn die Strahlungsintensität der Sonne mit der Oberfläche $A_\odot = 4\pi\, r_\odot^2$ auf eine im Sonnenmittelpunkt zentrierte Kugelfläche mit Abstand d fällt. Ist $d > r_\odot$, so wird die Intensität reduziert auf einen Wert $I_d = I_\odot\,(r_\odot/d)^2$. Ein Flächenkonzentrator kann diese Reduktion im günstigsten Fall rückgängig machen, das heißt für die maximale Lichtkonzentration ergibt sich

$$c_{\mathrm{max}}^{(2)} = \left(\frac{d}{r_\odot}\right)^2. \tag{6.54}$$

Das konzentrierte Licht fällt auf einen Absorber, der im Grenzfall ein **thermisches Gleichgewicht** mit der Sonne erreicht. Das bedeutet, er verhält sich wie ein **schwarzer Körper**, der die gleiche Energiemenge, die er von der Sonne erhält, auch an diese wieder zurückgibt und dessen Temperatur daher gleich der Sonnentemperatur ist: $T_a = T_\odot$. Die Beziehung 6.54 gilt für einen Flächenkonzentrator, bei dem die Konzentration in 2 Dimensionen erfolgt. Erfolgt die Konzentration nur in einer Dimension mithilfe eines Linienkonzentrators, dann gilt entsprechend

$$c_{\mathrm{max}}^{(1)} = \sqrt{c_{\mathrm{max}}^{(2)}} = \frac{d}{r_\odot}. \tag{6.55}$$

Wir nehmen jetzt an, dass sich die Erde im Abstand d vom Sonnenmittelpunkt befindet. Aus der Geometrie des Erde-Sonne-Systems, wie es in Abb. 6.25 dargestellt ist, ergibt sich

$$\frac{d}{r_\odot} = \frac{1}{\sin \Phi_\odot}. \tag{6.56}$$

---

[10] In Abschn. 6.5 lernen wir, dass wegen der Leistungsverluste der Wirkungsgrad mit steigender Absorbertemperatur abnimmt und relativ um so weniger Leistung dem Absorber entnommen werden kann, je höher seine Temperatur ist.

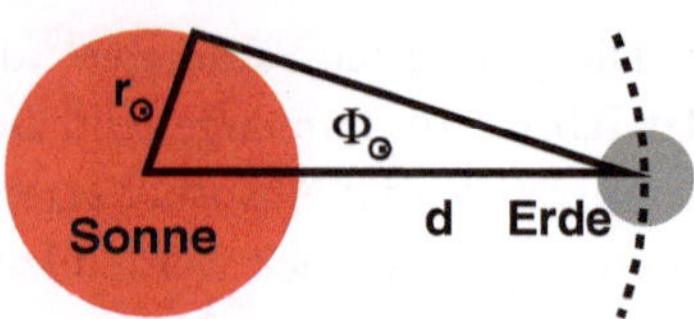

Abb. 6.25 Die geometrischen Verhältnisse bei der Betrachtung der Sonne von der Erde aus

Der Winkel $\Phi_\odot = 0{,}27°$ ist der Winkel, unter dem wir die Sonnenscheibe von der Erde aus sehen. Daher erhalten wir

$$c^{(1)}_{\max} = 212, \quad c^{(2)}_{\max} = 45.000. \tag{6.57}$$

Dies sind die maximalen Lichtkonzentrationen, die ein Linienkonzentrator bzw. ein Flächenkonzentrator auf der Erde erreichen können.

Aber natürlich erreicht ein technischer Flächenkonzentrator diesen Wert nur in den seltensten Fällen, seine Konzentration ist meistens geringer. Sie ergibt sich aus der Oberfläche des Konzentrators A_e und der Oberfläche des Absorbers A_a zu

$$c^{(2)} = \frac{A_e}{A_a} = x^2 c^{(2)}_{\max} \quad \text{mit} \quad x \le 1. \tag{6.58}$$

Für einen Linienkonzentrator gilt entsprechend

$$c^{(1)} = x c^{(1)}_{\max}. \tag{6.59}$$

Wie groß ist die Verringerung der maximal möglichen Konzentration aufgrund des Vorfaktors x?

Der Wert des Vorfaktors x ergibt sich aus den Eigenschaften der optischen Abb. 6.26, die wir mithilfe des Schnitts durch eine bikonvexe Linse diskutieren wollen. Das Ergebnis dieser Diskussion gilt aber auch für die Abbildung mithilfe eines Parabolspiegels. Die wichtigen Parameter einer bikonvexen Linse sind ihre **Brennweite** f und ihr Durchmesser d_L. Diese beiden Linsengrößen definieren die **Blendenzahl**

$$z = \frac{f}{d_L}. \tag{6.60}$$

Ein Gegenstand, zum Beispiel die Sonne, mit Abstand $d \approx \infty$ von der Linse wird in die Brennebene der Linse abgebildet. Dabei ergibt sich die Bildgröße B in dieser Ebene zu

$$B \approx 2f \sin \Phi_\odot, \tag{6.61}$$

wie ersichtlich ist aus der Abb. 6.26. Die Fläche des Empfängers, also der Linse, beträgt $A_e = (\pi d_L^2)/4$, die des Absorbers, also des Bilds, $A_a = (\pi B^2)/4$. Daraus ergibt sich eine tatsächlich erzielte **Konzentration** von

$$c^{(2)} = \left(\frac{d_L}{B}\right)^2 = \left(\frac{1}{2z}\right)^2 c^{(2)}_{\max} \quad \text{also} \quad x = \frac{1}{2z}. \tag{6.62}$$

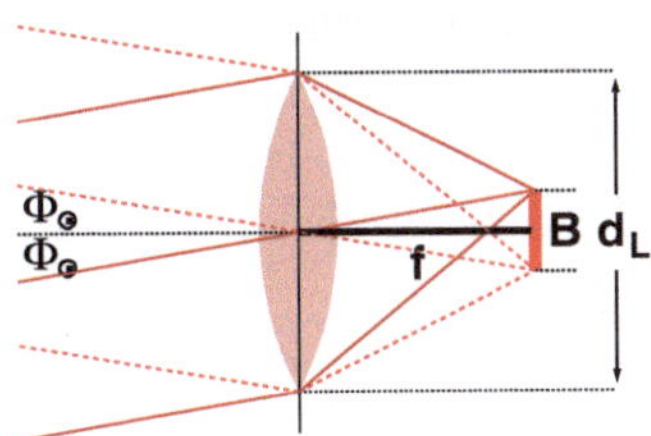

Abb. 6.26 Der Strahlengang von Parallelstrahlen durch eine bikonvexe Linse. Das Bild **B** des Gegenstands befindet sich in der Brennebene der Linse

Die gleiche Beziehung gilt auch dann, wenn wir anstelle der Linse einen Parabolspiegel betrachten. Um möglichst hohe Temperaturen im Absorber zu erreichen, darf dessen Ausdehnung nicht viel größer als $B \approx 0{,}009\,f$ sein, auch dies ist eine schwer zu erfüllende Bedingung.

Das Ergebnis (6.62) besagt, dass $c^{(2)} = c^{(2)}_{\max}$ nur dann, wenn $z = 0{,}5$ ist, also die Brennweite der Linse oder des Spiegels halb so groß ist wie der Durchmesser von Linse oder Spiegel. Das ist meistens nicht der Fall und daher ist die Lichtkonzentration geringer als theoretisch möglich. Zum Beispiel sind in der Abb. 6.27 zwei Fälle gezeigt, in denen $z \approx 1$ ist. Dies würde eine Konzentration $c^{(2)} \approx 10.000$ ergeben. Allerdings müssen dafür die optischen Instrumente ohne Abbildungsfehler sein, was praktisch nie der Fall ist: Es ist schwierig, einen vollkommenen Parabolspiegel mit einem Durchmesser von $d_L = 17$ m herzustellen. Insbesondere ist es schwierig, die Bedingung $z = 0{,}5$ mit einem Heliostaten zu erfüllen, bei dem der Parabolspiegel durch viele kleine planare Spiegel ersetzt wird. Daher sind die erreichbaren Konzentrationen immer kleiner als durch (6.62) gegeben, sie erreichen nur die typischen Werte in der Tab. 6.6.

Ist die Blendenöffnung des Spiegels d_L von ähnlicher Größe wie seine Brennweite f, kann der Parabolspiegel durch einen leichter zu fertigenden sphärischen Spiegel ersetzt werden, ohne dass die Abbildungsfehler übermäßig ins Gewicht fallen. Die geometrischen Verhältnisse für eine sphärische Linse und einen sphärischen Spiegel sind in der Abb. 6.27 dargestellt. Die **Brennweite** der bikonvexen Linse ergibt sich aus dem Krümmungsradius

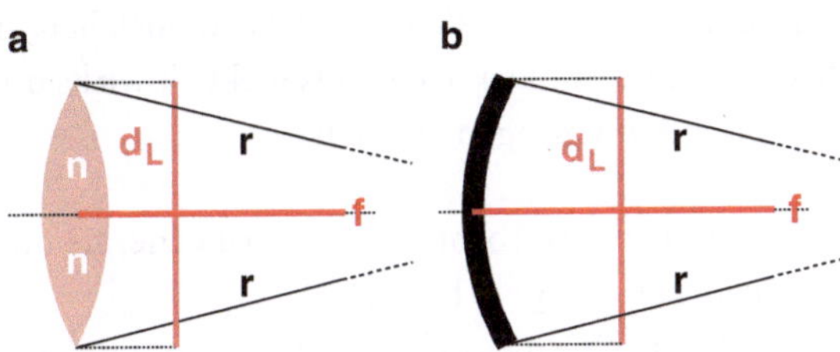

Abb. 6.27 **a** Schnitt durch einen Linsenkonzentrator mit der Brennweite $f = r/(2(n-1))$, wobei n die Brechzahl des Linsenmaterials ist. **b** Schnitt durch einen Spiegelkonzentrator mit der Brennweite $f = r/2$

r der Linsenoberfläche zu

$$f = \frac{r}{2(n-1)},\tag{6.63}$$

wobei n die Brechzahl des Linsenmaterials ist. Ein sphärischer Spiegel hat die **Brennweite**

$$f = \frac{r}{2},\tag{6.64}$$

wenn die Spiegeloberfläche den Krümmungsradius r besitzt.

6.5 Die Solarenergie: Thermische Solarzellen

In der thermischen Solarzelle wird die Solarenergie ohne Lichtkonzentration in Wärmeenergie umgewandelt und daher sind solche Zellen technisch wesentlich einfacher: Sie bestehen eigentlich nur aus dem Absorber. Aber auch thermische Solarzellen sind, wie die Lichtkonzentratoren, auf die direkte Komponente der Sonnenstrahlung angewiesen. Daher bietet die Installation thermischer Solarzellen nur in den Gegenden einen Vorteil, in denen die Sonne sehr oft scheint, wie zum Beispiel in Israel, wo thermische Solarzellen fast auf jedem Haus anzutreffen sind.

Da der Lichtkonzentrator fehlt, muss die thermische Solarzelle eine entsprechend große Fläche $A_a = A_e$ besitzen. Dies hat zur Folge, dass die Temperaturen im **Absorber** nur Werte um $T_a \approx 350\,\text{K}$ erreichen. Der Grund ist, dass eine große Absorberfläche nach (6.74) auch verantwortlich ist für einen weitaus höheren **Leistungsverlust** als wir ihn bei den Lichtkonzentratoren finden. Diese Leistungsverluste bewirken auch, dass der Wirkungsgrad thermischer Solarzellen mit wachsender Absorbertemperatur T_a immer kleiner wird und bei einer bestimmten Temperatur $T_{a,\max}$ den Wert $\eta_{Wd} = 0$ erreicht. Auf der P-Ebene werden wir die physikalischen Grundlagen für dieses Verhalten untersuchen.

Damit die Absorbertemperatur überhaupt Werte $T_a > T_0$ erreicht, wobei T_0 die Umgebungstemperatur ist, müssen die Leistungsverluste soweit als möglich reduziert werden. Man verwendet dazu ein Verfahren, das auch die Erde verwendet, um die Umgebungstemperatur auf einen mittleren Wert $T_0 \approx 15\,°\text{C}$ (288 K) einzustellen, und das unter dem Namen „**Treibhauseffekt**" bekannt ist. Der Treibhauseffekt ist wirksam, wenn thermische Solarzellen die folgenden zwei Bedingungen erfüllen:

- Die Solarenergie wird mithilfe eines Absorbers in Wärmeenergie umgewandelt, der die Eigenschaften eines **schwarzen Körpers** besitzt.
- Die vom Absorber emittierte Wärmestrahlung muss mithilfe selektiv beschichteter Deckplatten wieder auf den Absorber zurück reflektiert werden.

Selektiv beschichtet bedeutet hier, dass die **Deckplatte** für die Sonnenstrahlung im Wellenlängenbereich $\lambda_\odot$ transparent ist, das heißt, ein **Transmissionsvermögen** $T(\lambda_\odot) = 1$ besitzt. Die Wärmestrahlung vom Absorber im Wellenlängenbereich λ_a muss aber von der

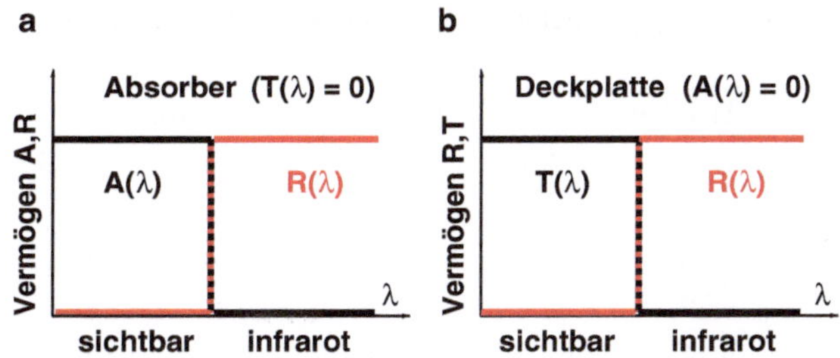

Abb. 6.28 Das ideale Absorptions-, Reflexions- und Transmissionsvermögen für den Absorber (**a**) und die Deckplatte (**b**) einer thermischen Solarzelle. Der Wellenlängenbereich $\lambda_\odot$ ist „sichtbar", Wellenlängenbereich λ_a ist „infrarot"

Deckplatte vollständig reflektiert werden, das heißt, die Deckplatte muss für diese Wellenlängen ein **Reflexionsvermögen** $R(\lambda_\text{a})$ = 1 besitzen. Damit der Absorber in diesem Wellenlängenbereich erst gar keine Strahlung emittiert, sollte er sich für λ_a *nicht* wie ein schwarzer Körper verhalten. Dies ist dann gewährleistet, wenn sein Reflektionsvermögen $R(\lambda_\text{a})$ = 1 beträgt.

Deckplatte und Absorber müssen daher mit ihren Eigenschaften aufeinander angepasst sein. Diese Eigenschaften müssen sich für $\lambda_\odot$ und λ_a so verhalten, wie es für den Idealfall in der Abb. 6.28 dargestellt ist. Dabei muss für jeden der Wellenlängenbereiche die fundamentale Beziehung (6.8) erfüllt sein, das heißt, es muss gelten

$$R(\lambda) + A(\lambda) + T(\lambda) = 1. \tag{6.65}$$

Gibt es Materialien für den Absorber und die Deckplatte, die diese Anforderungen erfüllen? In der Tab. 6.7 sind die gängigsten Materialien aufgeführt, die in thermischen Solarzellen verwendet werden. Offensichtlich existieren die idealen Materialien nicht, alle Materialien besitzen ein Absorptionsvermögen $A(\lambda)$, ein Transmissionsvermögen $T(\lambda)$ und ein Reflexionsvermögen $R(\lambda)$, welche die idealen Werte nur genähert erreichen. Insbesondere erkennen wir, dass **Fensterglas** kein besonders geeignetes Material für die Deckplatte ist, obwohl es häufig verwendet wird, zum Beispiel in Gewächshäusern.

Der prinzipielle Aufbau einer thermischen Solarzelle ergibt sich aus der Forderung, den Treibhauseffekt zu nutzen. Dieser Aufbau ist in der Abb. 6.29 gezeigt. Er besteht aus dem flachen Absorber und k Deckplatten, die sich sonnenseitig parallel vor dem Absorber befinden und die das Sonnenlicht mit dem durch (6.16) gegebenen Transmissionsvermögen $T_k(\lambda_\odot)$ hindurchlassen. In dem Absorber wird die restliche Solarenergie mit dem durch (6.18) gegebenen Absorptionsvermögen $A_2(\lambda_\odot)$ in Wärme umgewandelt. Da das Sonnenlicht nur von der Vorderseite auf den Absorber fällt, muss die Rückseite des Absorbers gegen den Leistungsverlust P_V an die Umgebung geschützt sein. Dieser Leistungsverlust stellt eine der Ursachen für die Temperaturabhängigkeit des Wirkungsgrads einer thermischen Solarzelle dar.

Tab. 6.7 Eigenschaften der gängigen Materialien für den Absorber und die Deckplatte von thermischen Solarzellen

Material	Sichtbar			Infrarot		
	$A(\lambda)$	$T(\lambda)$	$R(\lambda)$	$A(\lambda)$	$T(\lambda)$	$R(\lambda)$
Absorber						
Schwarznickel	0,88	0	0,12	0,07	0	0,93
Schwarzchrom	0,87	0	0,13	0,09	0	0,91
Aluminiumgitter	0,70	0	0,30	0,07	0	0,93
Ti_2O_2N	0,95	0	0,05	0,05	0	0,95
Deckplatte						
Glas (In_2O_3)	0,10	0,85	0,05	0,15	0	0,85
Glas (ZnO_2)	0,20	0,79	0,01	0,16	0	0,84
Fensterglas	0,02	0,97	0,01	0,94	0	0,06

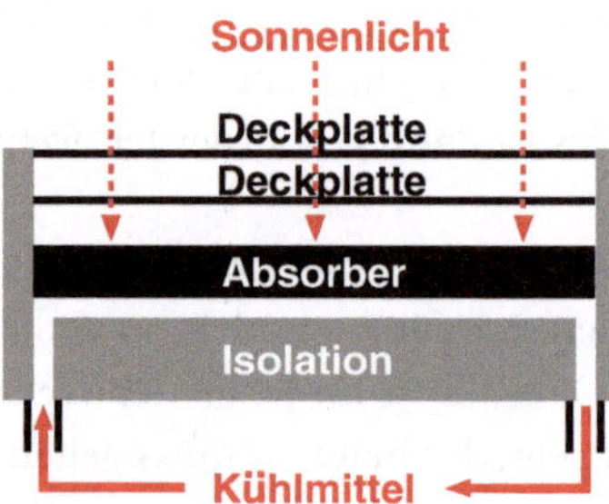

Abb. 6.29 Der prinzipielle Aufbau einer thermischen Solarzelle. Das Sonnenlicht fällt von oben durch zwei Deckplatten auf den Absorber, wo es in thermische Energie umgewandelt und vom Kühlmittel wegtransportiert wird. Damit die Leistungsverluste gering sind, ist der Absorber thermisch gegen seine Umgebung isoliert

Betrachten wir zunächst den Idealfall $P_V = 0$. Es wird eine vom **Breitengrad** des Standorts abhängige maximale Sonnenintensität I_{max} eingestrahlt, die einer von der thermischen Solarzelle empfangenen Leistung $P_{max} = A_a I_{max}$ entspricht. Der Absorber kann diese Leistung mit einem maximalen **Wirkungsgrad**

$$\eta_{max} = \frac{P}{P_{max}} \tag{6.66}$$

in Wärmeleistung P umwandeln. Im Idealfall wird der Leistungsverlust ausschließlich verursacht durch das Transmissionsvermögen $T_k(\lambda_\odot)$ der Deckplatten und das Absorptionsvermögen $A_2(\lambda_\odot)$ des Absorbers:

$$\eta_{max} = T_k(\lambda_\odot)A_2(\lambda_\odot). \tag{6.67}$$

Abb. 6.30 Die Temperaturabhängigkeit des Wirkungsgrads einer thermischen Solarzelle, die von drei verschiedenen Sonnenintensitäten I_max bestrahlt wird. Die Temperaturdifferenz besteht zwischen der Absorbertemperatur T und der Umgebungstemperatur T_0

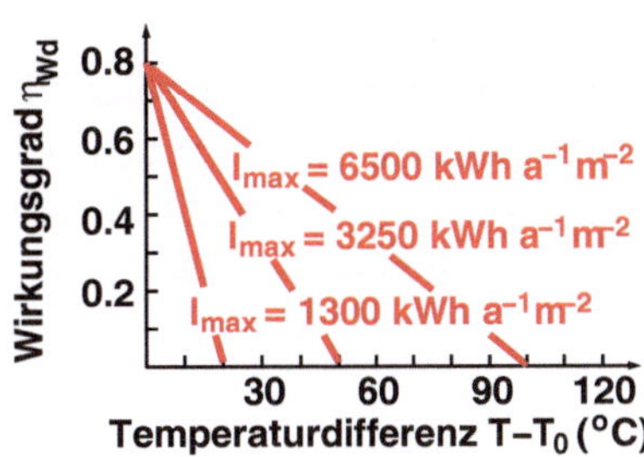

Ein Blick auf Tab. 6.7 lehrt uns, dass η_max in jedem Fall nicht größere Werte als $\eta_\mathrm{max} = 0{,}8$ erreicht. Mit steigender Absorbertemperatur wird der tatsächliche Wirkungsgrad wegen der zusätzlichen Leistungsverluste immer kleiner. Das heißt, die tatsächlich im Absorber gewandelte Wärmeleistung beträgt

$$P = \eta_\mathrm{max} P_\mathrm{max} - P_\mathrm{V}, \tag{6.68}$$

oder der tatsächliche Wirkungsgrad beträgt

$$\eta_\mathrm{Wd} = \frac{P}{P_\mathrm{max}} = \eta_\mathrm{max} - \frac{P_\mathrm{V}}{A_\mathrm{a} I_\mathrm{max}}. \tag{6.69}$$

Wie stark der Leistungsverlust auf den Wirkungsgrad η_Wd einer thermischen Solarzelle wirkt, das hängt also von der Sonnenintensität ab, die sich mit dem Standort der Zelle verändert, siehe Abb. 6.3. Diese und die Abhängigkeit von der Absorbertemperatur sind in der Abb. 6.30 dargestellt. In **Deutschland** können wir während der Sonnenscheindauer mit einer Sonnenintensität von $I_\mathrm{max} \approx 2000\,\mathrm{kWh \cdot a^{-1} \cdot m^{-2}}$ rechnen. Das bedeutet, in einfachen thermischen Solarzellen erreicht der Absorber keine größeren Temperaturdifferenzen zur Umgebung als $T_\mathrm{a,max} - T_0 \approx 30\,°\mathrm{C}$ (30 K). Dies lässt sich natürlich verbessern und auf welche Weise diese Verbesserung erreicht wird, darauf werden wir im nächsten Abschnitt eingehen.

Obwohl thermische Solarzellen nur den Bedarf an thermischer Energie decken, sollte ihre Bedeutung nicht unterschätzt werden. Denn laut Abb. 3.6 wird etwa 34 % der dem Abnehmer gelieferten Endenergie in Raumwärme umgewandelt. Die Bereitstellung von **Raumwärme** geschieht heute noch fast ausschließlich aus Primärenergie und dies ist, darauf ist in Abschn. 2.3 hingewiesen worden, ein sehr verschwenderischer Umgang mit Primärenergie. Thermische Solarzellen könnten diese Aufgabe übernehmen und damit ca. 30 % des zukünftigen Primärenergiebedarfs decken. Allerdings nur unter der Voraussetzung, dass ein genügend großer Wärmespeicher zur Verfügung steht. Denn das ist das eigentliche Problem: Thermische Solarzellen wandeln Solarenergie in Wärme nur zu Zeiten und an Orten mit direkter Sonneneinstrahlung, wo diese Energieform am wenigsten benötigt wird. Daher ist es offensichtlich effizienter, den Bedarf an Raumwärme durch entsprechende Gebäudekonstruktionen zu reduzieren, also den Energiebedarf in diesem Sektor möglichst einzusparen, siehe Abschn. 10.1.

Der Einsatz thermische Solarzellen beschränkt sich auf den Sonnengürtel der Erde und erfordert große Wärmespeicher. Ihr Anteil an einer zukünftigen Energieversorgung ist als eher gering einzuschätzen, da geeignete Energiesparmaßnahmen eine bessere Alternative bieten.

6.5.1 P-Ebene: Physikalische Grundlagen thermischer Solarzellen

Thermische Solarzellen besitzen nur einen beschränkten Anwendungsbereich, der durch ihre einfache Konstruktion bedingt ist. Die Gründe dafür wollen wir uns jetzt klar machen.

Der Wirkungsgrad thermischer Solarzellen

Ein Körper, zum Beispiel der Absorber einer thermischen Solarzelle, mit der Temperatur $T > T_0$ verliert thermische Energie an seine Umgebung. Für diesen Wärmeverlust sind folgende Prozesse verantwortlich:

1. **Wärmestrahlung,**
2. **Wärmeleitung,**
3. **Wärmekonvektion.**

Der dritte Prozess ist immer mit einem Massetransport verbunden. Er wird benutzt, um mithilfe des Kühlmittels die Wärme aus dem Absorber zum Abnehmer zu transportieren. Auf diesem Prozess basiert daher das Funktionsprinzip einer thermischen Solarzelle, während die beiden anderen Prozesse nur einen Leistungverlust P_V der Zelle bewirken und möglichst klein gehalten werden sollten. Wie kann das geschehen?

Der Leistungsverlust durch Wärmestrahlung ist gegeben durch die **spektrale Intensitätsverteilung** $S^K(\lambda,T)$, die ein beliebiger Körper mit Temperatur T abstrahlt. Für diese Intensitätsverteilung gilt das **Kirchhoff'sche Gesetz**

$$S^K(\lambda,T) = A(\lambda)S^{SK}(\lambda,T), \qquad (6.70)$$

das $S^K(\lambda,T)$ mit der spektralen Intensitätsverteilung $S^{SK}(\lambda,T)$ eines **schwarzen Körpers** (siehe (6.3)) verknüpft. Mit $A(\lambda)$ wird das Absorptionsvermögen des beliebigen Körpers charakterisiert, das heißt, dieser Körper bleibt dann ohne Leistungsverlust durch Abstrahlung, wenn

$$A(\lambda) \equiv 0 \qquad (6.71)$$

ist. Eine hinreichende Bedingung dafür ist ein Reflexionsvermögen $R(\lambda) \equiv 1$, denn für alle Körper muss stets die Gleichung

$$A(\lambda) + T(\lambda) + R(\lambda) = 1 \qquad (6.72)$$

Abb. 6.31 Die Abhängigkeiten des Wirkungsgrads thermischer Solarzellen von der Temperaturdifferenz $T - T_0$ und der Sonnenintensität I_{max} bei einer Deckplatte (*voll*), bei mehreren Deckplatten (*gestrichelt*) und beim Vakuumeinbau (*gepunktet*)

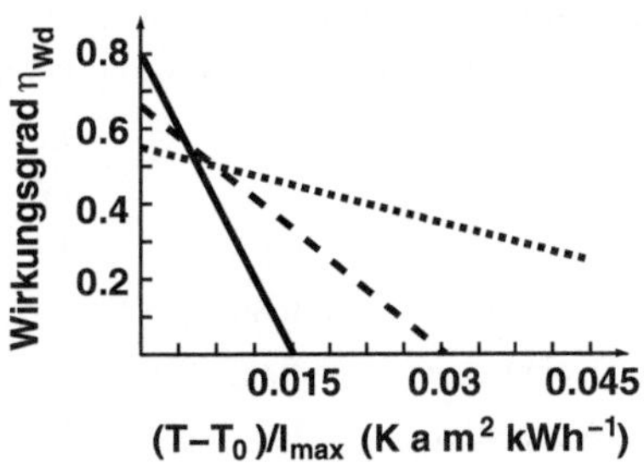

erfüllt sein. Ist in einem gewissen Wellenlängenbereich $R(\lambda) \equiv 1$, so ist in demselben Wellenlängenbereich $A(\lambda) = T(\lambda) \equiv 0$, das heißt, bei diesen Wellenlängen emittiert der Körper keine Wärmestrahlung. Er verhält sich also nicht wie ein schwarzer Körper. Der Absorber einer thermischen Solarzelle sollte im Wellenlängenbereich λ_a diese Eigenschaft besitzen.

Der Leistungsverlust durch Wärmeleitung beruht auf der Eigenschaft aller Körper, mehr oder minder gut die Wärme von einem Ort hoher Temperatur T zu einem Ort niedrigerer Temperatur T_0 zu leiten. Diese Eigenschaft wird gekennzeichnet durch den **Wärmeverlustkoeffizienten** k_V, der wiederum von der **Wärmeleitfähigkeit** Λ und der Schichtdicke d des Materials abhängt, durch das die Wärmeleitung erfolgt:

$$k_V = \frac{\Lambda}{d}. \qquad (6.73)$$

Der Leistungsverlust, den dadurch der Absorber einer thermischen Solarzelle erleidet, ergibt sich zu

$$P_V = k_V A_a (T - T_0), \qquad (6.74)$$

wobei A_a die effektive Oberfläche des Absorbers ist, durch welche die Wärme am stärksten abgeleitet wird. Zwischen dem Absorber und den Deckplatten befinden sich in vielen Zellen eine Luftschicht und Luft besitzt nur eine geringe Wärmeleitfähigkeit. Auf der Rückseite des Absorbers befindet sich eine Isolationsschicht, deren Wärmeleitfähigkeit durch die richtige Materialwahl noch stärker reduziert werden kann. Man darf annehmen, dass in einer normalen thermischen Solarzelle mit nur einer Deckplatte der Wärmeverlustkoeffizient von der Größe

$$k_V \approx 6\,\mathrm{W} \cdot \mathrm{K}^{-1} \cdot \mathrm{m}^{-2} \qquad (6.75)$$

ist. Dann ergibt sich nach den Gleichungen (6.69) und (6.74) der Wirkungsgrad einer thermischen Solarzelle zu

$$\eta_{Wd} = \eta_{max} - k_V \frac{T - T_0}{I_{max}}. \qquad (6.76)$$

Die Abhängigkeiten von $T - T_0$ und von I_{max} sind in der Abb. 6.31 dargestellt, sie zeigen uns, dass sich thermische Solarzellen auf den Breitengraden nur beschränkt verwenden

Tab. 6.8 Die wichtigsten Parameter verschiedener Typen von thermischen Solarzellen, ihr Herstellungsaufwand und ihr Anwendungsgebiet

	η_{max}	k_V $(W \cdot K^{-1} \cdot m^{-2})$	$T - T_0$ (°C)	Aufwand der Herstellung	Typische Anwendung
Einfachabsorber	0,92	12–17	0–30	Klein	Freibad
1 Deckplatte	0,80–0,85	5–7	20–80	Mittel	Warmwasser
2 Deckplatten	0,65–0,70	4–6	20–80	Mittel	Warmwasser
3 Deckplatten	0,75–0,81	3,3–4,0	20–80	Mittel	Warmwasser, Raumheizung
Vakuum-Flachab- sorber	0,72–0,80	2,4–2,8	50–120	Groß	Warmwasser, Raumheizung
Vakuum-Röhren- absorber	0,64–0,80	1,5–2,0	50–120	Sehr groß	Warmwasser, Raumheizung

lassen, auf denen **Deutschland** liegt, weil hier der Wirkungsgrad sehr rasch mit der Temperaturdifferenz $T - T_0$ abnimmt.

Höhere Wirkungsgrade unter sonst gleichen örtlichen Gegebenheiten sind möglich, wenn der Wärmeverlustfaktor k_V verringert wird. Dafür gibt es prinzipiell zwei Möglichkeiten:

- Vergrößerung der Anzahl k von **Deckplatten**.
  Dadurch wird aber das Transmissionsvermögen $T_k(\lambda_\odot)$ verringert und damit der maximale Wirkungsgrad η_{max}.
- Verringerung der Wärmeleitfähigkeit der **Isolation** durch Vakuumeinbau.
  Hierbei muss in der Regel die Dicke der oberen Deckplatte vergrößert werden, weil sie jetzt dem Luftdruck standhalten muss. Auch dies hat wiederum eine noch größere Reduktion des Transmissionsvermögens und damit von η_{max} zur Folge. Außerdem ist der Vakuumeinbau aufwändig und entsprechend teuer. Die mit diesen beiden Maßnahmen zu erzielenden Verbesserungen im Wirkungsgrad η_{Wd} sind in Abb. 6.31 gezeigt. Weiterhin befindet sich in Tab. 6.8 eine Zusammenfassung über die wichtigsten Parameter und die Einsatzgebiete von thermischen Solarzellen in **Deutschland**. Verglichen mit der Fotovoltaik ist der maximal erreichbare Wirkungsgrad η_{max} groß, was thermische Solarzellen sehr attraktiv macht. Auf die Nachteile, die bei der praktischen Anwendung dieser Zellen auftreten, haben wir bereits im vorigen Abschnitt hingewiesen, sie betreffen die Notwendigkeit eines Wärmespeichers.

6.6   Die Strömungsenergie: Verfügbarkeit

Nach Abb. 4.15 wird etwa 1 % der auf die Erde eingestrahlten Solarenergie in **Strömungsenergie** umgesetzt. Diese Energiemenge ist, verglichen mit dem prognostizierten Primärenergiebedarf des Jahrs 2050 von $P(2050) \approx 2 \cdot 10^{14}\,\mathrm{kWh} \cdot \mathrm{a}^{-1}$ immer noch gewaltig, denn sie beträgt

$$P = 1{,}5 \cdot 10^{16}\,\mathrm{kWh} \cdot \mathrm{a}^{-1} \approx 75\,P(2050). \tag{6.77}$$

Allerdings lässt sich nur ein ganz geringer Bruchteil von P für unsere Versorgung mit Primärenergie verwenden. Warum das so ist, das ist das Thema der folgenden Abschnitte.

Die aus der Solarenergie gewandelte Strömungsenergie auf der Erde steckt in Wesentlichen in den

- **Luftströmungen,**
- **Meeresströmungen,**
- **Meereswellen.**

Dabei handelt es sich in allen Fällen um **kinetische Energie**, das heißt, durch die Strömung wird Masse bewegt. Meeresströmungen an der Oberfläche und Meereswellen entstehen durch die Wechselwirkung von Luftströmungen mit der Meeresoberfläche, sie sind also sekundärer Natur. Tiefe Meeresströmungen haben eine andere Ursache, da sie aber für eine Energieversorgung nicht zur Verfügung stehen, werden wir uns mit diesen Ursachen nicht weiter beschäftigen. Die in von (6.77) angegebene Strömungsenergie ist daher primär in den Luftströmungen zu finden.

Darüber hinaus existieren aber eine Reihe von weiteren Wasserströmungen, deren Ursache nicht die Wechselwirkung mit den Luftströmungen ist. Die eigentliche Ursache für ihre Existenz ist die **Gravitationskraft** zwischen Massen. Da sind zum einen die Fließwasser, die durch Unterschiede in der potenziellen Energie das Wassers entstehen. Dadurch werden Flüsse, Bäche, etc gebildet, oder es werden Fallrohre gebaut, in denen das Wasser unter dem Einfluss der Gravitationskraft von einem höheren zu einem tieferen Standort strömt. Mit der Strömung erreicht das Wasser die Strömungsgeschwindigkeit v, welche die Energiedichte w_{kin} bestimmt, die in der Strömung enthalten ist:

$$w_{\mathrm{kin}} = \rho_{\mathrm{m}} \frac{v^2}{2}, \tag{6.78}$$

wobei $\rho_{\mathrm{m}} = \Delta m / \Delta V$ die **Massendichte** der strömenden Masse Δm mit dem Volumen ΔV ist. Luft- und Wasserströmungen unterscheiden sich sowohl durch die Werte von ρ_{m} wie auch von v.

Betrachten wir zum Beispiel eine **Meeresströmung** in flachem Wasser, also in küstennahen Regionen, in denen Anlagen zur Energiewandlung aufgebaut werden könnten. Für eine derartige Wasserströmung gilt:

$$\rho_{\mathrm{m}} = 1 \cdot 10^3\,\mathrm{kg} \cdot \mathrm{m}^{-3} \quad v \approx 5 \cdot 10^{-3}\,\mathrm{m} \cdot \mathrm{s}^{-1}$$
$$\text{ergibt Energiedichte} \quad w_{\mathrm{kin}} \approx 3{,}5 \cdot 10^{-9}\,\mathrm{kWh} \cdot \mathrm{m}^{-3}. \tag{6.79}$$

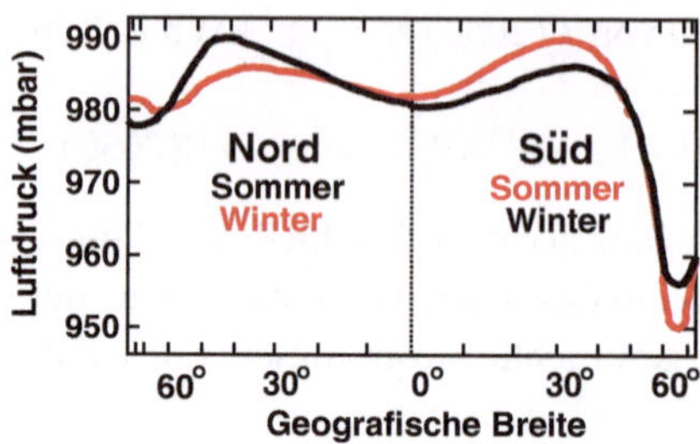

Abb. 6.32 Die Werte des mittleren Luftdrucks auf der Nord- und Südhalbkugel der Erde zur Sommerzeit und zur Winterzeit. Die Angabe der Jahreszeit bezieht sich auf die entsprechende Halbkugel, wenn also auf der Nordhalbkugel Sommer ist, dann ist auf der Südhalbkugel Winter

Dagegen müssen **Luftströmungen**, damit sie in andere Energieformen gewandelt werden können, folgende Anforderungen erfüllen:

$$\rho_\mathrm{m} = 1{,}3\,\mathrm{kg}\cdot\mathrm{m}^{-3} \quad v = 4\,\mathrm{m}\cdot\mathrm{s}^{-1}$$
$$\text{ergibt Energiedichte} \quad w_\mathrm{kin} = 2{,}8\cdot10^{-6}\,\mathrm{kWh}\cdot\mathrm{m}^{-3}. \tag{6.80}$$

Da die **Energiedichte** der Meeresströmung im Flachwasser etwa 1000mal geringer ist als die der Luftströmung, kommen erstere wegen ihrer geringen Strömungsgeschwindigkeiten nicht für eine Energieversorgung in Betracht. Die Strömungsgeschwindigkeit im Fließwasser ist dagegen meist sehr viel höher und das macht sie geeignet für eine Energieversorgung. Aber auch im küstennahen Meer existieren Strömungen mit hohen Geschwindigkeiten, die Gezeiten, deren Ursache ebenfalls die Gravitationskraft ist. Auf die Möglichkeit, die Gezeitenströmungen für eine Energieversorgung zu nutzen, kommen wir in Abschn. 6.10 zurück.

Bei den Meereswellen handelt es sich, obwohl der Beobachter eine Strömung zu erkennen glaubt, nicht um eine lineare Strömung, sondern um eine phasenverschobene **Wasserzirkulation**, mit der wir uns in Abschn. 6.9 beschäftigen. Tatsächlich ist die Zirkulationsgeschwindigkeit etwa um zwei Größenordnungen stärker, als in (6.79) angegeben, und daher können auch Meereswellen im Prinzip für eine Energieversorgung genutzt werden. Meereswellen, wie auch Meeresströmungen, haben ihre Ursache in den Luftströmungen und daher wollen wir uns zunächst mit diesen, das heißt, mit der Entstehung von Winden, befassen.

Winde entstehen durch regionale Unterschiede im **Luftdruck**. Der Luftdruck P ist gekoppelt an die **Atmosphärentemperatur** T, es gilt nach dem Gesetz über das Verhalten idealer Gase $P \propto T$. Dieser Zusammenhang zwischen Luftdruck und Lufttemperatur ist uns sehr geläufig: Aus Erfahrung verbinden wir die Zeiten tiefen Luftdrucks mit kühlen Perioden, also tiefen Temperaturen. Umgekehrt signalisiert uns ein hoher Luftdruck, dass wir warme Zeiten mit hohen Temperaturen erwarten dürfen. Daher bewirkt jeder Temperaturunterschied ΔT in der Erdatmosphäre, wie er zum Beispiel zwischen der Nord- und

Abb. 6.33 Die vorherrschenden Windrichtungen auf der Erde. Vom 0. bis zum 30. Breitengrad wehen die Passatwinde, vom 30. bis zum 60. Breitengrad sind Westwinde dominant. Diese Zone wird allerdings häufig von wandernden Tief- und Hochdruckgebieten gestört

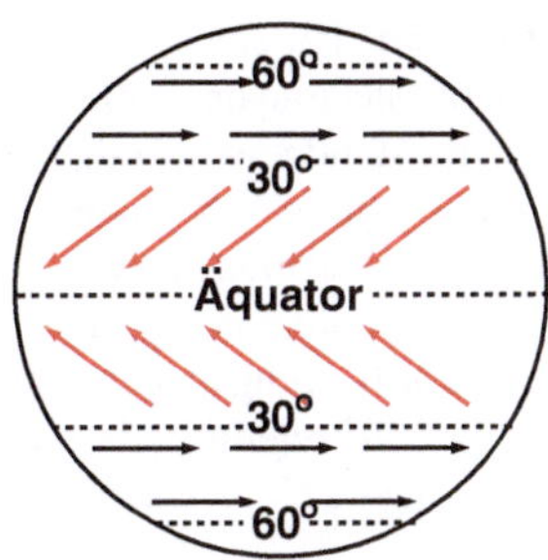

Südhalbkugel zu verschiedenen Jahreszeiten vorhanden ist, einen Druckunterschied ΔP. Dieses Verhalten des Luftdrucks ist in Abb. 6.32 dargestellt. Druckdifferenzen in der Atmosphäre sind nicht stabil, sondern sie versuchen sich auszugleichen. Der Ausgleich zwischen Regionen verschiedenen Luftdrucks führt zur Entstehung von Winden.

Wind entsteht, wenn eine Kraft auf die Luftmoleküle wirkt, deren Ursache der Druckunterschied ist. Ändert sich der Luftdruck im Volumen ΔV längs einer Richtung Δx um den Wert ΔP, so wird in diesem Volumen eine Kraft

$$\frac{\Delta F}{\Delta V} = \frac{\Delta P}{\Delta x} \tag{6.81}$$

auf die Luftmoleküle erzeugt, die den in diesem Volumen vorhandenen Luftmolekülen Δn eine gerichtet Geschwindigkeit v gibt und so in diesem Volumen die Energiedichte

$$w_{\mathrm{kin}} = \frac{\Delta n}{\Delta V} W_{\mathrm{kin}} \tag{6.82}$$

erzeugt, wobei jedes Luftmolekül die kinetische Energie W_{kin} besitzt. Man könnte aufgrund von (6.81) vermuten, dass Luftströmungen immer senkrecht zu den Orten gleichen Luftdrucks, den **Isobaren**, verlaufen, weil dies die Richtung von $\Delta P/\Delta x$ ist. Dies ist jedoch nicht der Fall. Wegen der Eigenrotation der Erde um ihre Mittelpunktachse werden die Luftströmungen aus dieser Richtung abgelenkt und folgen den Isobaren, das heißt, sie können den Druckunterschied so nicht ausgleichen. Dabei werden die vorherrschenden Windrichtungen durch folgende Regeln festgelegt:

- Auf der Nordhalbkugel liegen
  - **Tiefdruckgebiete** links von der Windrichtung,
  - **Hochdruckgebiete** rechts von der Windrichtung.
- Auf der Südhalbkugel liegen
  - **Hochdruckgebiete** links von der Windrichtung,
  - **Tiefdruckgebiete** rechts von der Windrichtung.

Aufgrund dieser Regeln stellt sich ein globales Windmuster ein, das in der Abb. 6.33 sehr schematisch dargestellt ist. In der Nähe der 30. Breitengrade findet man ein ausgeprägtes

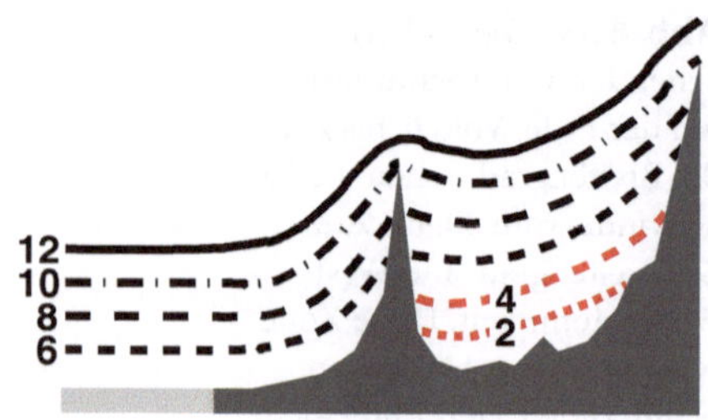

Abb. 6.34 Die schematische Darstellung der Linien gleicher Windgeschwindigkeiten (in m · s^{-1}) in einem unebenen Gelände. In der küstenahen Region sind die Windgeschwindigkeiten 2 und 4 m · s^{-1} so bodennah, dass sie nicht eingezeichnet wurden

Hochdruckgebiet (**subtropischer Hochdruckgürtel**), das durch häufige Windstillen gekennzeichnet ist (**Rossbreiten**). In den Breiten von 0° bis zu 30° finden wir eine relativ konstante Luftströmung, die **Passatwinde**, die auf der Nordhalbkugel aus Nordost, auf der Südhalbkugel aus Südost kommen. Zu größeren Breiten hin ergeben sich zwei Gebiete, je eines auf der Nord- und Südhalbkugel, mit vorherrschender Windrichtung aus Westen (**Westwinddrift**). Allerdings wird in diesen Gebieten die dominante Windrichtung durch wandernde Tief- und Hochdruckgebiete oft gestört, die unter Umständen zur Ausbildung von Stürmen oder Orkanen führen.

Erst durch die Wechselwirkung der Luftströmungen mit der Erdoberfläche, insbesondere durch die Reibung mit dem Erdboden, entsteht eine erdnahe Strömungskomponente von dem Hochdruckgebiet in das Tiefdruckgebiet, die den Druckunterschied zwischen diesen Gebieten versucht auszugleichen. Generell ist von Bedeutung, dass wegen der Bodenreibung die Windgeschwindigkeit mit der Höhe über dem Boden zunimmt. Und zwar wird bei einer bestimmten Höhe die **Windgeschwindigkeit** um so geringer, je größer die Reibungsverluste aufgrund der Bodenhindernisse vorher waren. Daher sind im Inland die mittleren Geschwindigkeiten von abländisch gerichteten Winden kleiner als an der Küste, wo die glatte Meeresoberfläche nur zu geringen Reibungsverlusten geführt hat. Eine schematische Darstellung dieses Sachverhalts findet sich in der Abb. 6.34.

Für die Entscheidung, ob an einem ausgesuchten Ort und in welcher Höhe eine Windkraftanlage errichtet werden kann, sind die Geschwindigkeitsprofile des Winds an diesen Ort ausschlaggebend. Die Windverhältnisse lassen sich durch die **Summenhäufigkeiten** darstellen. Darunter versteht man die Häufigkeit, mit der die Windgeschwindigkeit in der Höhe h unterhalb eines vorgegebenen Werts v liegt. In der Abb. 6.35 sind die Summenhäufigkeiten für zwei Standorte in Deutschland gezeigt. Die Darstellung *links* gehört zu einem inländischen Standort, die Darstellung *rechts* zu einem küstenahen Standort. Wie bereits erwähnt, muss die Windgeschwindigkeit mindestens einen Wert v_{min} = 4 m · s^{-1} besitzen, damit sich die Aufstellung einer **Windkraftanlage** lohnt. Gehen wir von einer Höhe h = 40 m für die Anlage aus, so kann man für einem küstenahen Standort damit rechnen, dass die Windgeschwindigkeit mit 75 % Häufigkeit höhere Werte als v_{min} erreichen wird. Bei dem ausgesuchten Standort im Inland beträgt diese Häufigkeit nur ca. 25 %. Der Bau einer Windkraftanlage mit einer Höhe von 40 m würde sich an diesem Standort nicht lohnen. Die Küsteregionen der Erde sind daher besonders geeignet zur Aufstellung

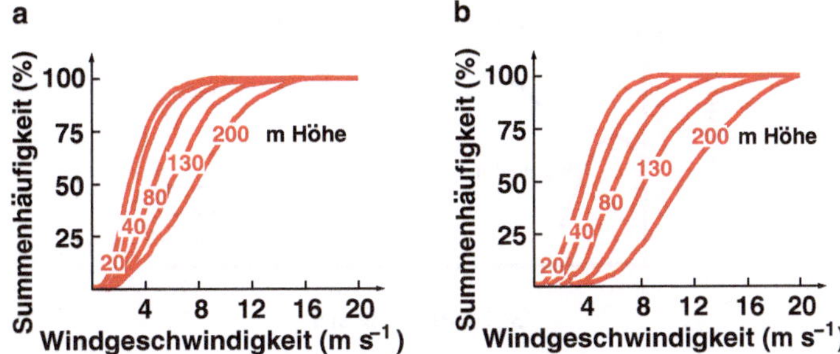

Abb. 6.35 Die Summenhäufigkeiten der Windgeschwindigkeit in Abhängigkeit von der Höhe für einen inländischen Standort (**a**) und einen küstenahen Standort (**b**) in Deutschland

von Windkraftanlagen. Im Inland lohnt sich die Aufstellung nur, wenn dafür Standorte auf größeren Höhen, also zum Beispiel auf Bergen, zur Verfügung stehen, oder man muss eine Windkraftanlage mit der entsprechend großen Höhe im Flachland aufstellen.

6.7 Die Strömungsenergie: Windkraftanlagen

Eine **Windkraftanlage** besteht im Prinzip aus einem Turm, der möglichst hoch sein sollte, und einem in der Turmspitze installierten **Rotor** mit einem oder mehreren Flügelblättern, deren Länge r möglichst groß sein sollte. Ist r groß, dann ist auch die Fläche $A = \pi r^2$ groß, die der Rotor bei seiner Drehung mit seinen Flägelblättern überstreicht. Die Fläche A ist einer der Parameter, welcher die Leistung bestimmen, die eine Windkraftanlage aus der kinetischen Energie des Winds in andere Energieformen umwandeln kann.

Nach (6.1) ergibt sich die Windintensität bei einer Windgeschwindigkeit v zu

$$I_{\text{kin}} = v\, w_{\text{kin}} = \frac{\rho_{\text{m}}}{2}\, v^3 \tag{6.83}$$

und daraus die Windleistung auf einer Fläche A zu

$$P_{\text{kin}} = A\, I_{\text{kin}} = A\, \frac{\rho_{\text{m}}}{2}\, v^3. \tag{6.84}$$

Die Windkraftanlage wandelt diese Leistung mit dem Wirkungsgrad η_0 in die Leistung P_{WKA} um, die anschließend auf einen Generator übertragen und in elektrische Leistung P umgewandelt wird:

$$P = \eta_{\text{Wd}}\, P_{\text{kin}}. \tag{6.85}$$

Wichtig ist, dass die **Leistung** P_{WKA} des Rotors allein linear von der Fläche A abhängt und mit der 3. Potenz der Windgeschwindigkeit zunimmt. Die Errichtung einer Windkraftanlage lohnt, wegen der starken Abhängigkeit von v, erst dann, wenn die Windgeschwindigkeit

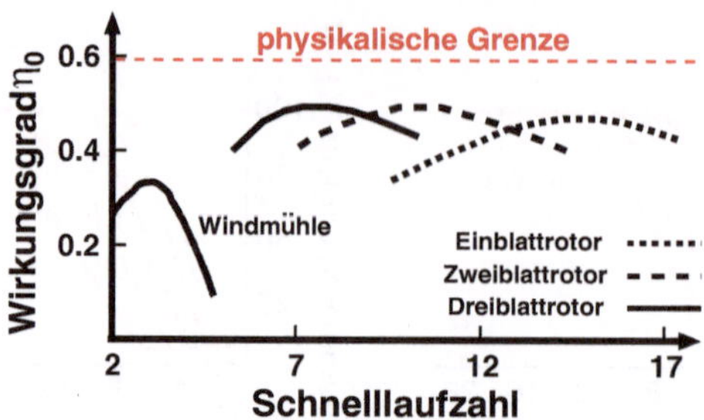

Abb. 6.36 Die Abhängigkeit des Wirkungsgrads η_0 einer Windkraftanlage von der Schnelllaufzahl. Die Windmühle erreicht den maximalen Wirkungsgrad bei einer relativ geringen Umlaufgeschwindigkeit des Rotors, moderne Windräder drehen sich bei gegebener Windgeschwindigkeit um so schneller, je weniger Flügelblätter der Rotor besitzt

einen minimalen Wert $v_{\min} = 4\,\text{m} \cdot \text{s}^{-1}$ übersteigt. Mit steigender Windgeschwindigkeit nimmt die gewandelte Leistung dann sehr schnell zu und kann bei $v > 25\,\text{m} \cdot \text{s}^{-1}$ so hohe Werte erreichen, dass die Anlage abgeschaltet werden muss, weil sie anderenfalls zerstört würde. Aber schon bei Windgeschwindigkeiten ab $v \approx 12\,\text{m} \cdot \text{s}^{-1}$ wird der Umwandlungsprozess so gesteuert, dass P_{WKA} den maximal zulässigen Wert nicht übersteigt.

Auf der P-Ebene werden wir berechnen, dass der Wirkungsgrad einer Windkraftanlage aufgrund der Strömungsphysik nicht größer als

$$\eta_{\max} = 0{,}59 \tag{6.86}$$

sein kann. Die tatsächlich erreichbaren Werte sind immer kleiner, sie hängen über die **Schnelllaufzahl** s von der Windgeschwindigkeit und der Anzahl der Flügelblätter des Rotors ab, wie es in Abb. 6.36 gezeigt ist. Unter der Schnelllaufzahl versteht man das Verhältnis von der maximalen Umlaufgeschwindigkeit v_U des Rotors und der Windgeschwindigkeit v:

$$s = \frac{v_U}{v}. \tag{6.87}$$

Je größer die Schnelllaufzahl, um so weniger Flügelblätter besitzt der Rotor einer Windkraftanlage. Das Maximum des Wirkungsgrads, der mit einem gegebenen Rotortyp erreicht werden kann, liegt bei

$$\eta_0 \approx 0{,}5. \tag{6.88}$$

Dieser maximale Wirkungsgrad wird durch zusätzliche Anlagekomponenten reduziert, die für den Betrieb der Anlage und die Umwandlung in elektrische Energie benötigt werden.

Diese Komponenten und die durch sie verursachten Leistungsverluste sind:

Die Rotorausrichtung nach

Windrichtung und Windstärke: Verlust ca. 4 % $\rightarrow \eta_1 = 0{,}96$

Das Rotorgetriebe: Verlust ca. 4 % $\rightarrow \eta_2 = 0{,}96$

Der elektrische Generator: Verlust ca. 8 % $\rightarrow \eta_3 = 0{,}92$

Der elektrische Transformator: Verlust ca. 2 % $\rightarrow \eta_4 = 0{,}98$

Daraus ergibt sich der **Gesamtwirkungsgrad** der Anlage zu

$$\eta_{\mathrm{Wd}} = \eta_0 \eta_1 \eta_2 \eta_3 \eta_4 = 0{,}42. \tag{6.89}$$

Dies ist der berechnete Wirkungsgrad, mit dem eine Windkraftanlage unter optimalen Bedingungen die kinetische Energie des Winds in elektrische Energie umwandelt. Er ist etwa 3-mal so hoch wie der Wirkungsgrad der Fotovoltaik, die Solarenergie direkt in elektrische Energie umwandelt.

Bei der Untersuchung, welchen Beitrag Windkraftanlagen für die zukünftige Energieversorgung der Welt leisten können, ist wiederum die Frage nach den benötigten und den zur Verfügung stehenden Flächen von ausschlaggebender Bedeutung. Sicherlich sind viele Küsteregionen der Erde und auch inländische Standorte mit häufigen Windgeschwindigkeiten $v > v_{\min}$ geeignet. Die Größe dieser Regionen kann auf 10 % der gesamten Landfläche, also auf insgesamt $1{,}5 \cdot 10^{13}$ m^2 abgeschätzt werden. Darin sind auch die Gebiete im Flachwasser von Küsteregionen enthalten, die sogenannten „off-shore" Gebiete. Aber nur etwa 2 % all dieser Gebiete lassen sich für die Aufstellung von Windkraftanlagen wirklich verwenden, weil diese Gebiete eine wesentliche Bedingung für die Aufstellung erfüllen müssen:

> Windkraftanlagen müssen in wenig besiedelten Gebieten, aber in der Nähe von Industrie- und Bevölkerungszentren errichtet werden.

Diese Bedingung berücksichtigt, dass die elektrische Energie in vorhandene oder noch zu errichtende Netze eingespeist werden muss. Zum Beispiel ist ganz Grönland mit einer Fläche von ca. $2 \cdot 10^{12}$ m^2 hervorragend für die Aufstellung von Windkraftanlagen geeignet. Trotzdem käme niemand auf die Idee, sie dort zu errichten, denn dort existiert fast kein Bedarf an elektrischer Energie. Die Bedingung, die elektrische Energie auch in ein Netz einspeisen zu können, reduziert die vorhandenen Flächen auf $A_{\mathrm{tot}} = 3 \cdot 10^{11}$ m^2, die sich für die Errichtung von Windkraftanlagen wirklich eignen. Wieviel Energie ließe sich mit diesen Anlagen in elektrische Energie umwandeln?

Der **Flächenbedarf** A_{WKA} einer Windkraftanlage richtet sich nach der Fläche A, die der Rotor mit seinen Flügelblättern bei der Drehung überstreicht. Windkraftanlagen dürfen nicht zu eng aufgestellt werden, sonst behindern sie sich gegenseitig bei der Energiewandlung, denn „der Wind muss sich immer wieder erholen können". Selbst bei dichter Aufstellung gilt die Forderung

$$A_{\mathrm{WKA}} = 20\,A. \tag{6.90}$$

Die Anzahl der möglichen Windkraftanlagen ist daher

$$n_{\mathrm{WKA}} = \frac{A_{\mathrm{tot}}}{A_{\mathrm{WKA}}} = \frac{A_{\mathrm{tot}}}{20\,A} \tag{6.91}$$

und mit diesen ließe sich eine Gesamtleistung

$$P_{\mathrm{tot}} = n_{\mathrm{WKA}}\,P = \eta_{\mathrm{Wd}}\frac{A_{\mathrm{tot}}}{20}\frac{\rho_{\mathrm{m}}}{2}\,\langle v\rangle^3 \tag{6.92}$$

wandeln. Wir gehen von einer mittleren Windgeschwindigkeit $\langle v\rangle = 6\,\mathrm{m\cdot s^{-1}} = 21{,}6\,\mathrm{km\cdot h^{-1}}$ aus. Dies ist der Wert, mit dem der Wind ohne Unterbrechung über die gesamte Fläche A_{tot} wehen würde. Bei dieser Windgeschwindigkeit ergibt (6.92) eine **Gesamtleistung** aller Windkraftanlagen von

$$P_{\mathrm{tot}} = 0{,}42\cdot 10^{10}\,\frac{1{,}9}{2}\,6^3 = 8{,}6\cdot 10^{11}\,\mathrm{W} = 7{,}5\cdot 10^{12}\,\mathrm{kWh\cdot a^{-1}} \tag{6.93}$$

und dies ist, verglichen mit dem prognostizierten Energiebedarf für das Jahr 2050, nicht sehr viel. Trotzdem ist er größer als der, welcher von der Fotovoltaik erwartet werden darf. Diese Einschätzung entspricht im Übrigen auch den Verhältnissen im Jahr 2010. Auf der Welt wurden zu dieser Zeit etwa 0,3 % des Primärenergiebedarfs mithilfe der Windenergie gedeckt.

In **Deutschland** stellte die Windkraft im Jahr 2010 einen Beitrag von 0,9 % des Primärenergiebedarfs, der Kapazitätsfaktor betrug $\kappa \approx 0{,}17$, woraus sich ein Nutzungsgrad von $\zeta_{\mathrm{Wd}} \approx 0{,}07$ ergibt.

Die Windenergie hat in Deutschland zur Zeit eine Bedeutung, die etwa 10mal so groß ist wie die der Fotovoltaik. Die Gründe dafür sind leicht erkennbar:

- **Windkraftanlagen** besitzen einen höheren Wirkungsgrad der Energiewandlung als die **Fotovoltaik.**
- In **Deutschland** gibt es mehr Gebiete, die sich für die Aufstellung von Windkraftanlagen eignen, als Gebiete, die für die Fotovoltaik geeignet sind.

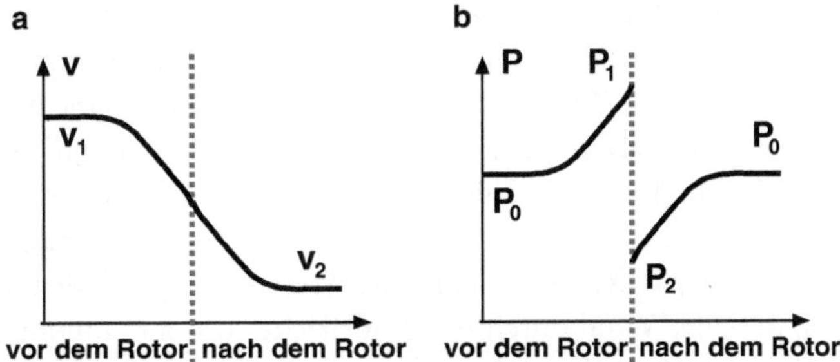

Abb. 6.37 Die örtlichen Veränderungen der Windgeschwindigkeit v vor und nach der Rotorfläche (**a**) und die dazu gehörende Veränderung des Luftdrucks P (**b**)

Diese Gegebenheit gilt übrigens auch für die Welt insgesamt. Denn die Industriezentren befinden sich meistens in Regionen mit moderater Sonneneinstrahlung, ihre nähere Umgebung ist besser geeignet für Windkraftanlagen als für die Fotovoltaik. Trotzdem wächst der Widerstand der betroffenen Bevölkerung gegen die Errichtung von weiteren Windkraftanlagen in ihrer Nachbarschaft, und zwar wegen der folgenden Argumente:

- Windkraftanlagen stören das **Landschaftsbild.**
- Windkraftanlagen sind geräuschvoll und der drehende Rotor erzeugt bei Sonnenschein einen kontinuierlich wiederkehrenden Schatten.

Beide Argumente behindern insbesonders die Entwicklung des Tourismus in der Nähe von Bevölkerungszentren. Daher wird der Aufbau von neuen Windkraftanlagen auf dem Land zurückgehen, dagegen wird ihre Errichtung in den „off-shore" Gebieten gefördert. Windkraftanlagen auf dem Land werden aber unter Umständen dann wieder akzeptabler, wenn im Laufe des 21. Jahrhunderts eine wirkliche Verknappung der fossilen Energiereserven einsetzt. Unter heutigen Bedingungen aber gilt:

In der Mitte des 21. Jahrhunderts könnten Windkraftanlagen etwa 3 % des erwarteten Primärenergiebedarfs der Welt decken.

6.7.1 P-Ebene: Die Energiewandlung mithilfe einer Windkraftanlage

Auch bei Windkraftanlagen ist der erreichbare Wirkungsgrad der Energiewandlung ein entscheidender Faktor, mit dem wir uns im nächsten Abschnitt beschäftigen wollen.

Der Wirkungsgrad von Windkraftanlagen

Eine Windkraftanlage wandelt zunächst die kinetische Energie der Luftströmung W_{kin} in die Rotationsenergie $W_{\text{rot}} = (J/2)\omega^2$ des Rotors um, die ebenfalls eine besondere Form der kinetischen Energie ist. Das Trägheitsmoment des Rotors ist durch J gegeben, seine Winkelgeschwindigkeit durch ω. Damit der Rotor einen Zuwachs an kinetischer Energie erhält, muss die Strömungsenergie geringer werden. Das heißt, die Windgeschwindigkeit nimmt von ihrem Wert v_1 vor dem Rotor auf einen Wert $v_2 < v_1$ nach dem Rotor ab. Dies geschieht dadurch, dass der Wind durch die Rotorfläche $A = \pi r^2$ hindurchläuft. In der Rotorfläche selbst hat der Wind die mittlere Geschwindigkeit $v = (v_1 + v_2)/2$, die örtliche Veränderung der **Windgeschwindigkeit** ist in der Abb. 6.37 dargestellt.

Mit der Windgeschwindigkeit verändert sich nach dem **Bernouille'schen Gesetz** auch der **Luftdruck** beim Durchlaufen der Rotorfläche A. Beträgt der normale Luftdruck[11] P_0, so erreicht er kurz vor der Rotorfläche den maximalen Wert P_1 und kurz nach der Rotorfläche den minimalen Wert P_2. Die Veränderung des Luftdrucks ist ebenfalls in der Abb. 6.37 dargestellt. Nach dem Bernouille'schen Gesetz gilt

$$\Delta P = P_1 - P_2 = \frac{\rho_{\text{m}}}{2}\left(v_1^2 - v_2^2\right) \tag{6.94}$$

und diese Druckdifferenz erzeugt eine Kraft

$$F = A\,\Delta P \tag{6.95}$$

auf den Rotor, die ihn in Rotation versetzt. Die dabei von dem Wind auf den Rotor übertragene Leistung ergibt sich nach (6.84) zu

$$P = Fv = \eta A \frac{\rho_{\text{m}}}{2} v_1^3. \tag{6.96}$$

Dabei ist η der Wirkungsgrad, mit der die Windenergie in die Rotationsenergie des Rotors umgewandelt wird. Es handelt sich also um den Wirkungsgrad einer idealen Anlage, er entspricht zum Beispiel dem **Wirkungsgrad** η_0 in der Abb. 6.36.

Aus (6.96) lässt sich ableiten

$$\begin{aligned}
Fv = A\Delta Pv &= A\frac{\rho_{\text{m}}}{2}\left(v_1^2 - v_2^2\right)\frac{v_1 + v_2}{2} \\
&= A\frac{\rho_{\text{m}}}{2} v_1^3 \left(1 - \frac{v_2^2}{v_1^2}\right)\left(1 + \frac{v_2}{v_1}\right)\frac{1}{2}.
\end{aligned} \tag{6.97}$$

Das bedeutet, eine ideale Windkraftanlage hat den Wirkungsgrad

$$\eta = \frac{1}{2}\left(1 - \frac{v_2^2}{v_1^2}\right)\left(1 + \frac{v_2}{v_1}\right). \tag{6.98}$$

---

[11] Man verwechsle im Folgenden nicht den Druck P mit der Leistung P, beide werden unglücklicherweise mit demselben Buchstaben gekennzeichnet.

Abb. 6.38 Die Abhängigkeit des Wirkungsgrads einer idealen Windkraftanlage von dem Verhältnis der Windgeschwindigkeiten nach (v_2) und vor (v_1) der Rotorfläche

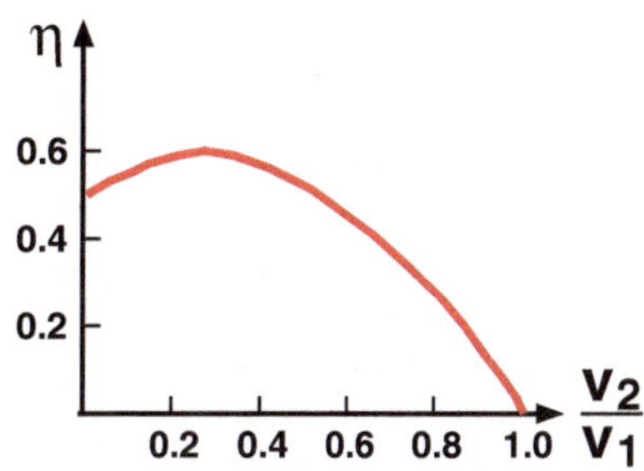

Dieses ist eine Funktion des Verhältnisses v_2/v_1, sie ist in der Abb. 6.38 dargestellt und besitzt einen maximalen Wert

$$\eta_{\max} = 0{,}59 \quad \text{für} \quad \frac{v_2}{v_1} = \frac{1}{3}. \tag{6.99}$$

Der berechnete maximale Wirkungsgrad hängt daher allein von dem Verhältnis der Windgeschwindigkeiten nach und vor dem Rotor ab, er ist zum Beispiel unabhängig davon, mit welcher Winkelgeschwindigkeit ω sich der Rotor dreht. In der Praxis allerdings ist die **Schnelllaufzahl** des Rotors $s = v_U/v = r\omega/v$ für die Größe des Wirkungsgrads von Bedeutung, wie auch die Form und Anzahl seiner Flügelblätter. Die Gründe dafür ergeben sich aus den physikalischen Gesetzen der Aerodynamik eines Flügels, auf die wir hier nur kurz eingehen wollen.

Voraussetzung für die Existenz von **Auftriebskräften** an einem angeströmten **Flügel** ist, dass der Flügel ein asymmetrisches Profil besitzt, wie es in Abb. 6.39 dargestellt ist. Dadurch wird beim Anströmen die Luftgeschwindigkeit $v_1 > v$ auf der Flügeloberseite größer als die Luftgeschwindigkeit $v_2 < v$ auf der Unterseite. Die Folge ist, dass auf der Oberseite ein Unterdruck P_1 entsteht, auf der Unterseite aber ein Überdruck P_2. Die Druckdifferenz $\Delta P = P_2 - P_1$ ergibt die Auftriebskraft

$$F_A = \Delta P A = \frac{\rho_m}{2} \left(v_1^2 - v_2^2 \right) A, \tag{6.100}$$

wobei die Flügelfläche A bestimmt wird durch die Flügellänge r und die mittlere Flügelbreite b. Der Unterschied in den Geschwindigkeiten v_1 und v_2 ist aber nicht allein gegeben durch das asymmetrische Profil des Flügels, sondern es wird maßgeblich bestimmt durch die **Zirkulation** $\Gamma = \oint v\,ds \propto vb$, die sich bei dem geschlossenen Umlauf s um das Flügelprofil bildet. Diese Zirkulation entsteht am Beginn des Anströmens, wenn sich an der Flügelhinterkante ein Wirbel ablöst, der Drehimpuls mit sich fortträgt. Dieser Anfahrwirbel ist beobachtbar beim Start eines Flugzeugs, seine Existenz erzwingt, dass zwischen aufeinander folgenden Starts immer genügend Zeit vergeht, bis der Wirbel abgewandert ist.

Wegen der Drehimpulserhaltung muss sich ein entgegengesetzt rotierender Wirbel, die Zirkulation, um den Flügel ausbilden, der die Strömungsgeschwindigkeit auf der Flügelo-

Abb. 6.39 (*Oben*): Die Geschwindgkeits- und Druckverhältnisse an einem angeströmten Flügel, die zur Auftriebskraft F_A und zur Widerstandskraft F_W führen. (*Unten*): Die Strömungslinien um einen Flügel, die den Anfahrwirbel hinter den Flügel und die Zirkulation um den Flügel zeigen

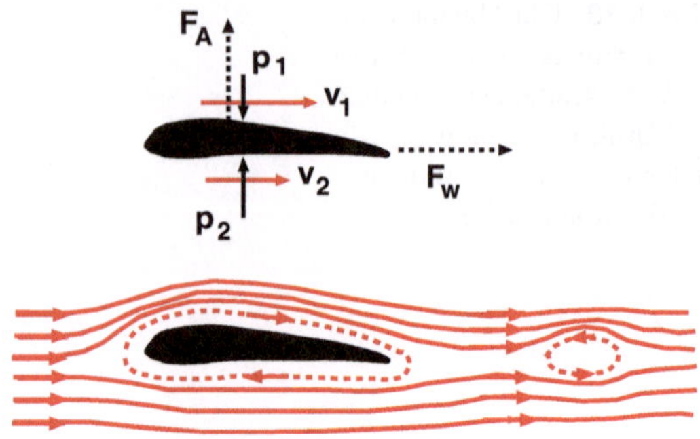

berkante verstärkt und auf der Flügelunterkante vermindert, wie es in der Abb. 6.39 dargestellt ist. Bei Berücksichtigung der Zirkulation ergibt sich bei einer Anströmgeschwindigkeit v der Luft die **Auftriebskraft**

$$F_A = \Gamma \rho_m v r \quad \text{mit} \quad \Gamma = \frac{c_A}{2} v b. \tag{6.101}$$

Dabei ist c_A der Auftriebbeiwert, dessen Größe von der Flügelform und dem Anstellwinkel γ des Flügels gegen die Anströmrichtung abhängt. Wegen $A = br$ ergibt sich aus (6.101) die Beziehung für die Auftriebskraft

$$F_A = c_A \frac{\rho_m}{2} v^2 A. \tag{6.102}$$

Neben der Auftriebskraft wirkt auf den Flügel auch die **Widerstandskraft**

$$F_W = c_W \frac{\rho_m}{2} v^2 A. \tag{6.103}$$

mit dem Widerstandbeiwert c_W, der ebenfalls von der Flügelform und dem Anstellwinkel γ des Flügels gegen die Anströmrichtung abhängt. Daher werden für eine gegebene Flügelform c_A und c_W als Funktionen von γ in einem Diagramm dargestellt, wie es in der Abb. 6.40 geschehen ist. Dieses Diagramm wurde von Otto Lilienthal zum ersten Mal benutzt, um die Strömungsverhältnisse an einem Tragflügel darzustellen.

Bei einer Windkraftanlage haben wir es allerdings nicht mit einem starren Tragflügel zu tun, sondern die Flügel eines Rotors rotieren im Luftstrom wie ein Propeller um die Symmetrieachse des Rotors. Daher ändern sich auch die Auftriebs- und Widerstandskräfte an diesem Flügel. Man beschreibt die neue Situation am besten nicht in dem Koordinatensystem, in dem der Wind mit der Windgeschwindigkeit v weht und sich der Rotor mit der Winkelgeschwindigkeit ω dreht, sondern in einem Koordinatensystem, in dem der Rotor ruht: Man führt eine Koordinatentransformation von dem Ruhesystem der Windkraftanlage in das Ruhesystem des Rotors durch. Dadurch erhält die Windgeschwindigkeit eine zusätzliche Komponente $-v_l = -\omega l$, die proportional zum Abstand $0 \leq l \leq r$ eines Punkts

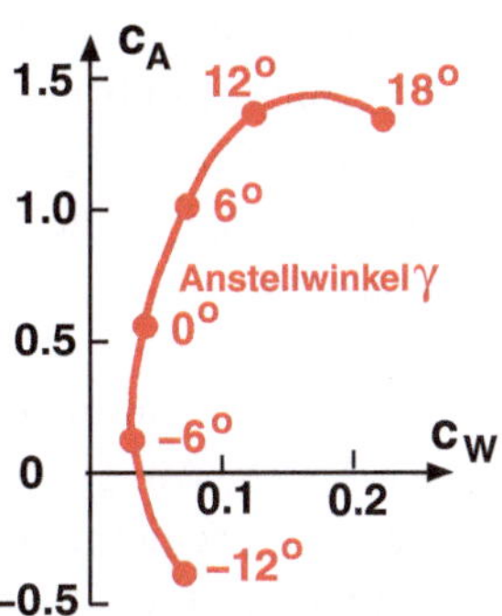

Abb. 6.40 Die Abhängigkeiten des Auftriebbeiwerts c_A und des Widerstandbeiwerts c_W von dem Anstellwinkel γ des Flügelblatts gegen die Luftströmung bei einer gegebenen Flügelform

auf dem Flügel von der Rotorachse ist und die senkrecht gerichtet ist zur Windgeschwindigkeit v. In der Abb. 6.41 sind die geometrischen Verhältnisse schematisch dargestellt, diese Abbildung zeigt auch die Kraftkomponenten $F_{\mathrm{A},1}$ und $F_{\mathrm{W},1}$, welche für die Rotation des Rotors um seine Achse allein verantwortlich sind. Die dazu senkrechten Kraftkomponenten müssen von dem Lager des Rotors und dem Turm der Windkraftanlage aufgenommen werden. Diese müssen entsprechend belastbar ausgeführt sein.

Aus der Abb. 6.41 ergibt sich für die wirksamen Kraftkomponenten

$$F_{\mathrm{A},1} = F_\mathrm{A}\cos\alpha \quad F_{\mathrm{W},1} = -F_\mathrm{W}\sin\alpha, \tag{6.104}$$

wobei der Winkel α definiert ist durch $\tan\alpha = v_l/v = (\omega/v)l$ und sich daher mit dem Abstand l verändert. Und zwar ist für $l = 0$ die Geschwindigkeitskomponente $v_l = 0$ und daher $\alpha = 0$. Auf der anderen Seite ist für $l = r$ die Geschwindigkeitskomponente $v_l = v_\mathrm{U} \gg v$ und daher $\alpha \approx 90°$. Die gesamte Kraft auf den Drehflügel in Drehrichtung ist gegeben durch

$$F_l = (c_\mathrm{A}\cos\alpha - c_\mathrm{W}\sin\alpha)\,\frac{\rho_\mathrm{m}}{2}\,v^2 A \tag{6.105}$$

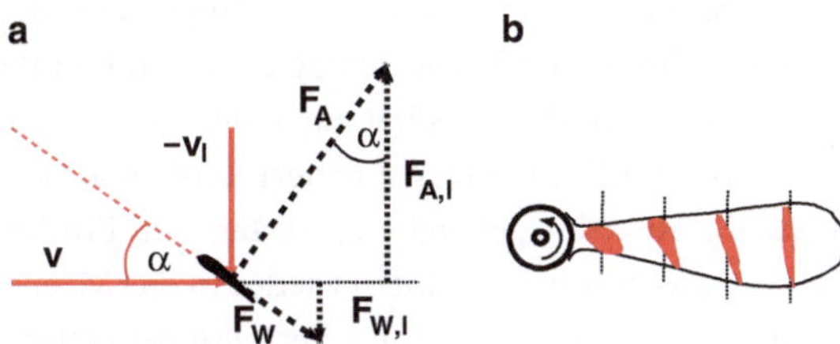

Abb. 6.41 **a** Die Geschwindigkeitskomponenten des Winds und die Komponenten der durch ihn erzeugten Drehkräfte auf einen Rotor in dem System, in dem der Rotor ruht. Der Index A kennzeichnet die Auftriebskräfte, der Index W die Widerstandskräfte. Die Komponente $F_{\mathrm{A},1}$ verstärkt die Rotation, die Komponente $F_{\mathrm{W},1}$ behindert die Rotation, denn sie ist entgegengesetzt gerichtet. **b** Das optimale Profil eines rotierenden Flügels. Die gezeigten Flügelquerschnitte ergeben sich, wenn man auf den Flügel von rechts schaut und der Wind von vorne auf den Flügel bläst

und verändert sich längs des Flügels mit dem Abstand l. Die Kunst, einen möglichst effizienten Drehflügel zu bauen, besteht nun darin, den Faktor $(c_A \cos \alpha - c_W \sin \alpha)$ in (6.105) so zu optimieren, dass für die verschiedenen Werte von α der Auftriebbeiwert c_A so groß wie möglich, dagegen der Widerstandbeiwert c_W so klein wie möglich ist. Betrachten wir die Grenzfälle:

- Ist $\alpha = 0°$, so dominiert der Auftrieb und der Anstellwinkel des Flügels gegen v sollte nach Abb. 6.40 in der Nähe von $\gamma \approx 15°$ liegen.
- Ist $\alpha \approx 90°$, so dominiert der Widerstand und der Anstellwinkel des Flügels gegen v_U sollte nach Abb. 6.40 in der Nähe von $\gamma \approx 0°$ liegen, so dass noch ein Auftrieb vorhanden ist.

Daraus ergibt sich ein längs der Flügellänge verdrilltes Flügelprofil, wie es so charakteristisch für die Flügelblätter von Windkraftanlagen ist und wie es schematisch in der Abb. 6.41 gezeigt ist.

6.8 Die Strömungsenergie: Wasserkraftwerke

Neben dem Kohlenstoffkreislauf, den wir in Abschn. 6.2.1 behandelt haben, besitzt die Erde auch einen Wasserkreislauf, der von der **Verdunstung** des Wassers auf der Erdoberfläche und der **Kondensation** des Wasserdampfs in der Erdatmosphäre angetrieben wird. Die Verdunstung, wie auch die Kondensation bezeichnen Phasenübergänge zwischen dem flüssigen und gasförmigen **Aggregatzustand** des Wassers. Für ersteren wird thermische Energie ΔQ_D benötigt, die bei der Kondensation in der Atmosphäre wieder an diese zurückgegeben wird und mitverantwortlich ist für die Einstellung der Lufttemperatur. Die Kondensation führt zum Niederschlag, das Wasser erreicht als Regen aus der Erdatmosphäre wieder die Erdoberfläche.

Verdunstung und Niederschlag spielen sich sowohl auf und über den Landflächen wie auch auf und über den Meeresflächen der Erde ab. Allerdings überwiegt die Verdunstung auf den Meeresoberflächen, während der Niederschlag über den Landflächen größer ist als die Verdunstung auf der Landoberfläche. Das hat zur Folge, dass Wasser aus den Meeren über die Atmosphäre zu den Landflächen transportiert wird, von wo es entweder durch Verdunstung wieder in die Atmosphäre gelangt oder unter dem Einfluss der Gravitationskraft in Flüssen, Bächen und anderen Wasserläufen wieder in das Meer zurückfließt. Dieser **Wasserkreislauf** führt dazu, dass sich ein globales Verteilungsmuster von Verdunstungs- und Niederschlagsgebieten auf der Erde einstellt, das in der Abb. 6.42 gezeigt ist. Besonders häufige und starke Niederschläge finden wir daher in den Tropenregionen der Erde und in der Zone des Westwinddrifts, zu der auch Europa gehört. Dagegen ist die Zone der Passatwinde ein ausgesprochenes Trockengebiet, zu ihr gehört zum Beispiel die Sahara.

Fragt man, wo sich das Wasser bzw. der Wasserdampf befinden und wieviel von beiden, dann ergibt sich die Zusammenstellung in Tab. 6.9. Auch in dieser Tabelle haben wir, wie

Abb. 6.42 (*Oben*): Die Abhängigkeiten der Verdunstung (*gestrichelt*) und des Niederschlags (*ausgezogen*) von der geografischen Breite auf der Erde. Die Wassermenge pro Jahr ist als Säulenhöhe in der Einheit m · a^{-1} angegeben

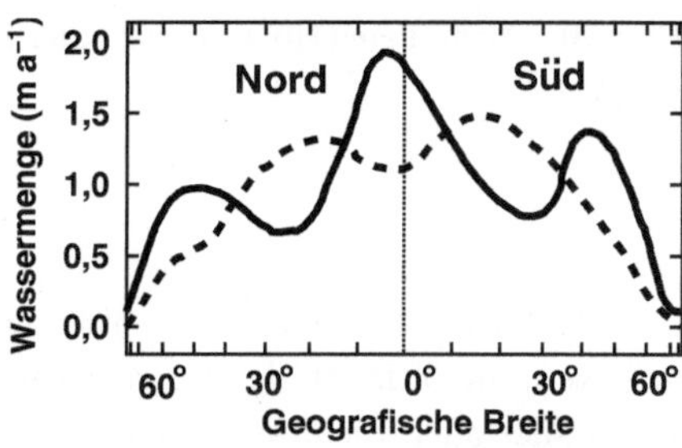

Tab. 6.9 Die Mengen des Wassers in mol und ihre relativen Anteile in %, die sich zu jedem Zeitpunkt an den verschiedenen Lokalitäten der Erde befinden

Lokalität	Menge (mol)	Anteil (%)
Flüsse und Bäche	$5,6 \cdot 10^{16}$	0,0001
Wasserdampf in der Atmosphäre	$2,9 \cdot 10^{18}$	0,004
Süßwasserseen	$7,0 \cdot 10^{18}$	0,009
Grundwasser	$4,6 \cdot 10^{20}$	0,61
Polareis und Gletscher	$1,6 \cdot 10^{21}$	2,15
Meere und Ozeane	$7,4 \cdot 10^{22}$	97,2

schon in den Tab. 6.4 und 6.5, die **Mengen** durch die vorgeschriebene SI-Einheit $[\widetilde{n}]$ = mol angegeben, auch weil diese Angabe unabhängig von dem Aggregatzustand des Wassers ist. Im flüssigen Aggregatzustand entspricht einer Wassermenge $\widetilde{n}$ = 1 mol eine Masse m = $18 \cdot 10^{-3}$ kg und ein Volumen $V = 18 \cdot 10^{-6}$ m^3.

Aus der Tab. 6.9 erkennen wir, dass sich nur ein ganz geringer Bruchteil des Wassers als Wasserdampf in der Atmosphäre befindet. Wie bereits erwähnt, wird für den Phasenübergang vom flüssigen in den gasförmigen Aggregatzustand des Wassers thermische Energie benötigt, die **latente Wärme** pro $\widetilde{n}$ = 1 mol

$$\Delta Q_{\mathrm{D}} = 0{,}011\,\mathrm{kWh} \cdot \mathrm{mol}^{-1}. \tag{6.106}$$

Daher ist eine Energie von $3,2 \cdot 10^{16}$ kWh notwendig, um die in der Tab. 6.9 angegebene Menge an Wasserdampf in der Atmosphäre zu erzeugen. Nach der Abb. 4.15 wird aber pro Jahr 23 % der Sonnenenergie, das sind $3,2 \cdot 10^{17}$ kWh · a^{-1}, in latente Wärme umgewandelt. Daraus ziehen wir den Schluss:

Innerhalb des Wasserkreislaufs wird in einem Jahr der Wasserdampf der Atmosphäre 10mal vollständig ausgetauscht. Und pro Jahr fließt dann eine gesamte Wassermenge von $\widetilde{n} = 5,6 \cdot 10^{17}$ mol · a^{-1} durch die Wasserläufe von dem Land in das Meer zurück.

Tab. 6.10 Die mittleren Höhen der Landfläche auf der Erde und von einigen ausgesuchten Regionen

Region	Erde	Europa	Amerika	Asien
Mittlere Höhe (m)	500	300	700	950

Diese Menge an Fließwasser, also die Menge des strömenden Wassers, ist nicht sehr groß, wenn man sie mit der gesamten auf der Erde vorhandenen Wassermenge vergleicht. Es ist daher auch nicht so überraschend, dass dieser Menge nur eine geringe Menge an Strömungsenergie entspricht.

Um ein Gefühl für die im Ablaufwasser enthaltene Energiemenge zu erhalten, vernachlässigen wir alle Reibungskräfte, die beim Fließen des Wassers auftreten können. Dann ist die kinetische Energie der Wasserströmung gegeben durch die potenzielle Energie, welche das Wasser am Beginn der Strömung besaß. Diese **potenzielle Energie** ergibt sich zu

$$W_{\mathrm{pot}} = mgh, \qquad (6.107)$$

wobei $m = 1 \cdot 10^{16}$ kg die Masse des fließenden Wassers und $g \approx 10 \, \mathrm{m} \cdot \mathrm{s}^{-2}$ die Erdbeschleunigung ist. Für die mittlere Höhe des Wasseroberlaufs nehmen wir einen Wert $h = 100$ m über dem Meeresspiegel an. Dann macht (6.107) folgende Aussagen

$$W_{\mathrm{pot}} = 1 \cdot 10^{19} \, \mathrm{J} \implies$$
$$\text{Leistung} \quad P = 2{,}8 \cdot 10^{12} \, \mathrm{kWh} \cdot \mathrm{a}^{-1}, \qquad (6.108)$$

denn in den korrekten SI-Einheiten besitzt die Wassermenge eine Durchflussmasse von $\dot{m} = 3{,}2 \cdot 10^{8} \, \mathrm{kg} \cdot \mathrm{s}^{-1}$.

Verglichen mit dem prognostizierten Primärenergiebedarf der Welt um das Jahr 2050 ist die in (6.108) angegebene **Leistung** sehr gering. In der Tat ist die von uns angenommene mittlere Höhe h ebenfalls sehr gering. Die mittleren Höhen (über dem Meeresspiegel) der Landflächen auf der Erde und von einigen ihrer Regionen sind in der Tab. 6.10 aufgeführt. Diese Höhen sind im Mittel 5mal größer als angenommen. Die Leistung, die sich aus der Strömungsenergie des Fließwassers wandeln lässt, hängt nach (6.107) linear von der Höhe ab und könnte demnach auch 5mal größer sein.

Auf der anderen Seite haben wir bei der Berechnung die Reibungsverluste der Strömung und den Wirkungsgrad der Energiewandlung vollständig vernachlässigt. Auf der P-Ebene werden wir uns davon überzeugen, dass durch die Anlageform von Wasserkraftwerken die Reibungsverluste minimiert werden können, und dass der **Wirkungsgrad** von der Größe $\eta_{\mathrm{Wd}} \approx 0{,}75$ ist. Dies ist, verglichen mit den Wirkungsgraden der Wandlung aus den anderen, bisher besprochenen Formen erneuerbarer Energien, ein extrem hoher Wert und macht die Wasserkraft zur herausragenden Form erneuerbarer Energie. Leider gibt es andere Faktoren, die ihren optimalen Ausbau beschränken:

- Ökologische Gründe, wie zum Beispiel der **Landschaftsschutz** oder die Erhaltung einer hohen Fließgeschwindigkeit, verbieten die Anlage von Wasserkraftwerken.

Tab. 6.11 Die 6 größten Wasserkraftwerke auf der Erde

Kraftwerk	Land	Baujahr	Fläche (10^9 m^2)	Installierte Leistung (10^{10} kWh $\cdot$ a^{-1})	Kapazitäts-faktor κ
Yang Tse	China	2003	1,085	15,9	0,53
Itaipu	Brasilien	1983	1,305	12,3	0,77
Guri	Venezuela	1986	4,250	7,8	0,52
Tucurui	Brasilien	1984	2,875	7,0	0,30
Grand Coulee	USA	1941	0,337	6,0	0,35
Sajan	Russland	1980	0,621	5,6	0,45

- Wasserläufe dienen der Flussschifffahrt ebenfalls als Transportmittel oder sie stellen ein Trinkwasserreservoir für die Bevölkerung dar. Diese Aufgaben stehen oft im Konflikt mit der Anlage von Wasserkraftwerken.
- Flüsse überschreiten oft **Staatsgrenzen** und die Anliegerstaaten können sich nicht über die Anlage und die Nutzung von Wasserkraftwerken einigen.

Im Jahr 2010 betrug der Anteil der Wasserkraftwerke an der Deckung des Primärenergie-bedarfs der Welt etwa 2,3 %. Dieser Wert ist sehr nah zu dem Ergebnis, das in (6.108) zitiert wurde.

In **Deutschland** war der Anteil mit nur ca. 0,5 % deutlich geringer, der Kapazitäts-faktor deutscher Wasserkraftanlagen betrug κ = 0,55. Der Anteil der Wasserkraft war damit nur etwa halb so groß wie der Anteil der Windkraft.

Ein Blick auf Tab. 6.10 macht verständlich, warum fast alle der größten **Wasserkraft-werke** (siehe Tab. 6.11) nicht in Europa liegen. Das Land in **Europa** mit dem stärksten Anteil an elektrischer Energie aus Wasserkraftwerken ist Norwegen, dort beträgt die von allen Anlagen gewandelte Leistung $P \approx 12 \cdot 10^{10}$ kWh $\cdot$ a^{-1}, also etwa so viel, wie in China allein das Yang-Tse-Kraftwerk wandelt. Der Anteil, den Wasserkraftwerke insgesamt an der **Energieversorgung** der Welt erreichen können, wenn die notwendigen Planungen und Investitionen umgehend vorgenommen werden, wird auf $P = 8 \cdot 10^{12}$ kWh $\cdot$ a^{-1} geschätzt. Daraus folgt:

In der Mitte des 21. Jahrhunderts können Wasserkraftwerke einen Anteil von 4 % an der Versorgung der Welt mit Primärenergie übernehmen.

6.8.1   P-Ebene: Physikalische Grundlagen von Wasserkraftwerken

Wir wollen in diesem Abschnitt näher untersuchen, mit welchem Wirkungsgrad Wasserkraftwerke die Strömungsenergie des Wassers in elektrische Energie umwandeln.

Der Wirkungsgrad von Wasserkraftwerken

Die Wasserströmung entsteht durch die Wirkung der Gravitationskraft auf das Wasser, wenn der Anfangsort der Strömung höher liegt als der Ausgangsort, also die Höhendifferenz $h \neq 0$ ist. Daher lässt sich die kinetische Leistung der Strömung

$$P_{\text{kin}} = \frac{\dot{m}}{2} v_{\text{i}}^2 \tag{6.109}$$

am Ende der Strömungsstrecke auch durch die potenzielle Leistung am Anfang ausdrücken:

$$P_{\text{kin}} = P_{\text{pot}} = \dot{m}gh. \tag{6.110}$$

Dabei ist $\dot{m}$ die Wassermasse, die pro Zeiteinheit vom Anfangsort zum Ausgangsort strömt. Dabei ist weiterhin vollständig vernachlässigt, dass

- die Strömung auf ihrem Weg l **Reibungskräfte** überwinden muss, die einem Leistungsverlust

$$- P_{\text{R}} = -c_{\text{W}} \frac{\dot{m}}{2} \langle v^2 \rangle\, G \tag{6.111}$$

entsprechen, wobei $\langle v \rangle$ die mittlere Strömungsgeschwindigkeit ist und G ein den Weg charakterisierender Geometriefaktor,

- die kinetische Leistung P_{kin} nicht vollständig von dem Kraftwerk in elektrische Leistung P gewandelt wird, da das Wasser aus dem Kraftwerk mit der Geschwindigkeit v_{f} strömt, der ein Verlust an Leistung

$$- P_{\text{V}} = -\frac{\dot{m}}{2} v_{\text{f}}^2 \tag{6.112}$$

entspricht.

Daher beträgt die maximal mögliche **Leistung**, die ein Wasserkraftwerk wandeln kann

$$P = \dot{m}h \left(g - c_{\text{W}} \frac{\langle v^2 \rangle}{2h} G - \frac{v_{\text{f}}^2}{2h} \right). \tag{6.113}$$

Die beiden Verlusttherme mit negativem Vorzeichen können allerdings in ihrer Bedeutung stark reduziert werden. Das liegt zum einem daran, dass der Reibungsverlust wegen des Geometriefaktors G umso größer ist, je größer die Länge des Strömungswegs l und je kleiner der Durchmesser d der Strömung ist. Ist die Strecke zwischen Eingangs- und Ausgangsort der Strömung klein, so wird der Verlust klein. Aus diesem Grunde wird das

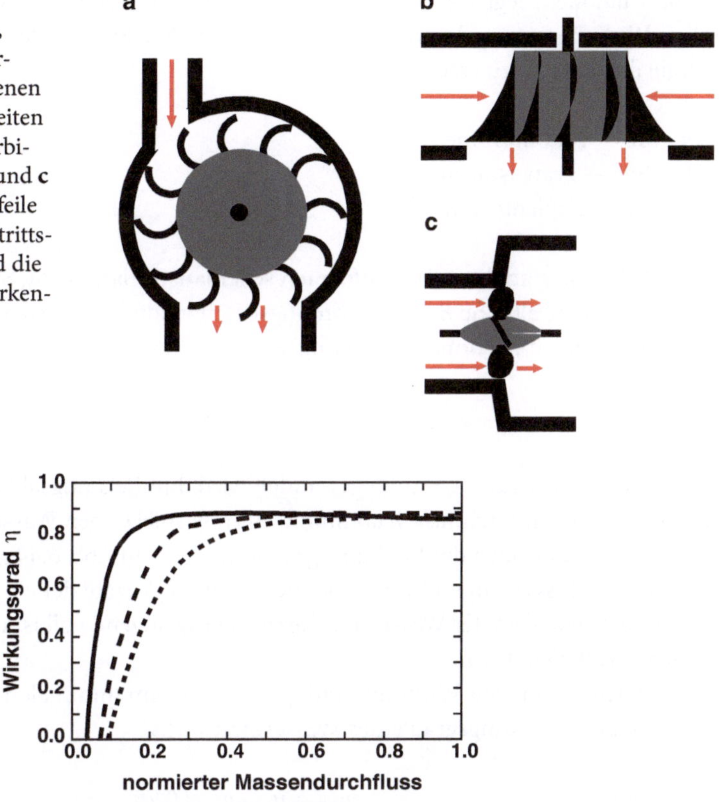

Abb. 6.43 Die drei Typen von Wasserturbinen, die ihren maximalen Wirkungsgrad bei verschiedenen Strömungsgeschwindigkeiten erreichen. **a** die Peltonturbine, **b** die Francisturbine und **c** die Kaplanturbine. Die Pfeile lassen Eintritts- und Austrittsrichtung des Wassers und die Wassergeschwindigkeit erkennen

Abb. 6.44 Die Abhängigkeit des Wirkungsgrads von dem normierten Massendurchfluss bei einer Peltonturbine (*durchgezogen*), einer Kaplanturbine (*gestrichelt*) und einer Francisturbine (*gepunktet*). Der normierte Massendurchfluss ist das Verhältnis von aktuellem Durchfluss und optimalem Durchfluss, bei dem der Wirkungsgrad maximal ist

Fließwasser gestaut und unmittelbar hinter der Staustufe das Kraftwerk errichtet. Zum anderen kann eine Wasserturbine so konstruiert werden, dass das ausströmende Wasser eine möglichst kleine Geschwindigkeit v_f besitzt. Wie eine Turbine zu konstruieren ist, hängt von der Durchflussmasse $\dot{m}$ und der Fallhöhe h in (6.113) ab. Man kann, um eine gewünschte Leistung P zu wandeln, zwei extreme Fälle unterscheiden:

- $\dot{m}$ klein, aber h groß.
  Zu diesen Anlagen gehören Stausee- und Speicherseekraftwerke.
- $\dot{m}$ groß, aber h klein.
  Zu diesen Anlagen gehören Flusskraftwerke.

Die Fallhöhe h legt fest, wie die **Wasserturbine** aussehen muss, um einen möglichst hohen Wirkungsgrad η der Wandlung von kinetischer Energie des Wassers in Rotationsenergie der Turbine zu erreichen. Es gilt:

- h groß → Peltonturbine.
- h mittel → Francisturbine.
- h klein → Kaplanturbine.

In der Abb. 6.43 sind die Turbinenformen schematisch dargestellt. Sie alle besitzen bei der entsprechenden Fallhöhe h oder Strömungsgeschwindigkeit v_i (siehe Gleichungen (6.110) und (6.109)) einen maximalen Wirkungsgrad

$$\eta_{max} \approx 0{,}85, \tag{6.114}$$

mit dem die gewünschte Leistung gewandelt wird. Ein Leistungsabfall tritt auf, wenn nach (6.113) der Massendurchfluss $\dot{m}$ abnimmt, zum Beispiel wegen Wassermangels in der Staustufe. Dann nimmt auch der Wirkungsgrad η ab, wie es in Abb. 6.44 gezeigt ist. Daher sollte der Wasserzufluss zu einem Kraftwerk und damit die Anzahl der eingeschalteten Turbinen so ausgelegt sein, dass der Wasserspeicher immer genügend voll ist und die optimale Wassermenge zufließen kann.

Mit einem optimalen Wirkungsgrad η_{max} und einem minimalen Leistungsverlust $\eta_V \approx 0{,}9$ beträgt der Wirkungsgrad eines Wasserkraftwerks

$$\eta_{Wd} = \eta_{max}\eta_V \approx 0{,}75 \tag{6.115}$$

und dieser Wert ist gültig über einen sehr weiten Bereich der zufließenden Wassermenge.

6.9   Die Strömungsenergie: Wellenkraftwerke

Die Möglichkeit, die Energie von **Meereswelle** in elektrische Energie zu wandeln, wird seit mehr als 40 Jahren untersucht, ohne dass große Fortschritte bei der technischen Realisierung dieser Möglichkeit gemacht wurden. Die Untersuchungen zur Nutzung der Wellenenergie wurden besonders in **Großbritannien** vorangetrieben, wo zwischen den Jahren 1989 bis 1999 ein Forschungs- und Entwicklungsprogramm von der Regierung finanziert wurde. Nach 10 Jahren wurde dieses Programm beendet, es führte immerhin zum Bau eines **Wellenkraftwerks** auf der Insel Islay an der Westküste Schottlands, das die Wellenenergie in eine elektrische Leistung von $6{,}57 \cdot 10^5 \, \text{kWh} \cdot \text{a}^{-1}$ wandelte. Eine schematische Darstellung des Arbeitsprinzips dieses Kraftwerks zeigt die Abb. 6.45. Durch das rhythmische Auf und Ab der Welle wird die Luft in dem Wellenraum des Kraftwerks komprimiert und dekomprimiert, wodurch eine Luftströmung entsteht, die den Rotor einer Turbine antreibt. Dieser wiederum ist an einen elektrischen Generator gekoppelt. Dies ist das Prinzip

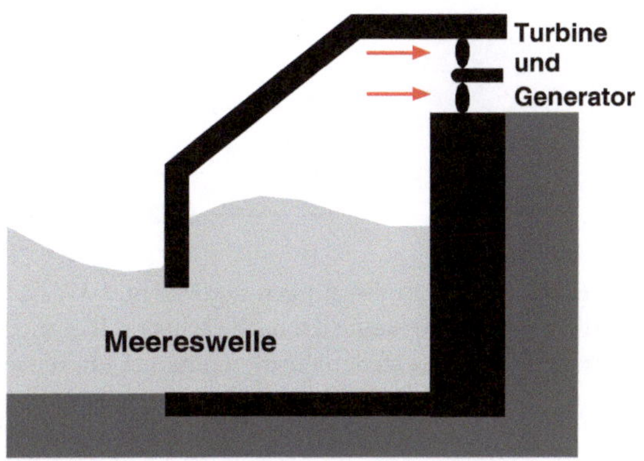

Abb. 6.45 Der schematische Aufbau des Meereswellenkraftwerks auf der schottischen Insel Islay. Die Wellenbewegung presst Luft durch die Flügelblätter einer Turbine, die einen elektrischen Generator antreibt

eines Windkraftwerks, wobei hier der Wind durch die Wellenbewegung erzeugt wird und sich mit der Frequenz der Welle Windrichtung und Windgeschwindigkeit verändern. Der Wirkungsgrad eines Wellenkraftwerks ist daher kleiner als der eines Windkraftwerks, siehe (6.89).

Die Gründe dafür, dass nur dieses eine Wellenkraftwerk errichtet wurde, basieren auf der Erkenntnis, dass der zu erwartende Beitrag für eine zukünftige Energieversorgung der Welt in keinem vertretbaren Verhältnis steht zu den erforderlichen Arbeits- und Investitionskosten. Auf der P-Ebene werden wir uns überlegen, warum das so ist. Allgemein zeigen diese Überlegungen, dass sich die Errichtung von Wellenkraftwerken nur an Standorten lohnt, an denen die Wellen über das Jahr hinweg eine mittlere Höhe von mehr als 5 m erreichen.

Die höchsten Wellen findet man an den Westküsten der Landflächen zwischen dem 40. und 60. Breitengrad, sowohl auf der nördlichen wie auch der südlichen Halbkugel. Die Leistung dieser Wellen liegt zwischen 2,5 und $6,0 \cdot 10^5$ kWh $\cdot$ a^{-1} $\cdot$ m^{-1}. Maximale Leistungen von $8,5 \cdot 10^5$ kWh $\cdot$ a^{-1} $\cdot$ m^{-1} werden erreicht im Atlantik südwestlich von Irland, im Südlichen Ozean um die Antarktis herum und im Seegebiet um Kap Horn. Wollte man mit Wellen dieser Höhe auch nur 1 % des Primärenergiebedarfs der Welt decken, wäre eine Küstenlänge von 12.000 km notwendig, vorausgesetzt, die Wandlungsanlage hätte einen Wirkungsgrad von $\eta_{Wd} = 0,2$. Dies entspricht mehr als 1/4 des Erdumfangs und verdeutlicht, dass Meereswellen als zukünftige Träger erneuerbarer Energie wohl keine große Bedeutung haben werden.

Wellenkraftwerke werden zur Mitte des 21. Jahrhunderts einen vernachlässigbaren Beitrag zur Versorgung der Welt mit Primärenergie liefern.

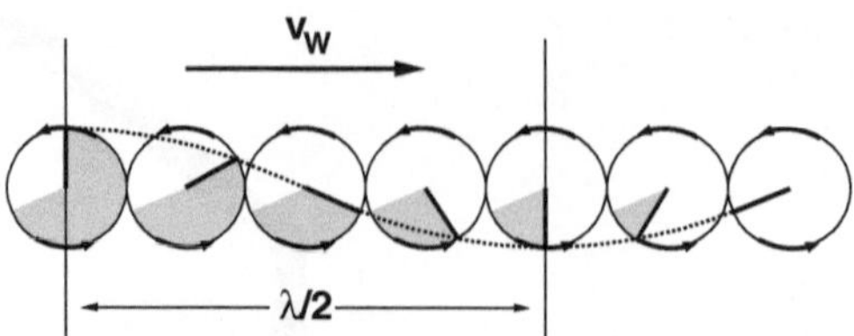

Abb. 6.46 Die Kreisbewegungen äquivalenter Wasserpartikel längs einer Welle zur Zeit t_0. Die sinusförmige Welle bewegt sich nach rechts (x-Richtung) mit der Geschwindigkeit v_W, die grau getönten Kreissegmente stellen die momentanen Phasenverschiebungen dar

Dieses Ergebnis mag enttäuschend sein, beruht aber auf den physikalischen Gesetzen, denen die Meereswellen unterliegen, und mit denen wir uns jetzt auseinandersetzen werden.

6.9.1   P-Ebene: Die physikalischen Grundlagen von Wellenkraftwerken

Auch hier besteht die Aufgabe darin zu berechnen, wie groß die Leistung einer Meereswelle ist und von welchen Parametern diese Leistung abhängt.

Die Energie von Meereswellen

Wellen entstehen durch den Wind infolge der Reibung mit der Wasseroberfläche. Das Senken und Heben großer Wassermassen durch die Wellenbewegung bedeutet eine periodische Veränderung der potenziellen Energie des Wassers, die im Prinzip in andere Energieformen umgewandelt werden kann. Dies geschieht in einem Wellenkraftwerk, eine der Wandlungsmöglichkeiten ist in der Abb. 6.45 dargestellt. Wir werden uns jetzt zunächst mit der Frage beschäftigen, wie groß die Veränderungen der **potenziellen Energie** sind, wenn sich Wasser vom Wellenkamm in das Wellental und umgekehrt bewegt.

Eine Welle, die sich längs der Richtung x mit der Geschwindigkeit v_W ausbreitet, lässt sich darstellen als die kreisförmigen Bewegungen der Wasserpartikel, die eine von x abhängig Phasenverschiebung besitzen. Dies ist in der Abb. 6.46 gezeigt, wobei die x-Abhängigkeit der Phasenverschiebung zu einer bestimmten Zeit t_0 so anzusetzen ist, dass eine in x und t sinusförmige Welle entsteht. Wo sich unter dieser Prämisse die Orte äquivalenter Wasserpartikel zur Zeit t_0 auf den Kreisen befinden, das ist in der Abb. 6.46 gezeigt. Obwohl sich also diese Wasserpartikel lokal auf einem Kreis bewegen, entsteht durch die Phasenverschiebung der Eindruck einer sich in x-Richtung fortbewegenden Welle.

Die Bewegung auf dem Kreis geschieht mit der Geschwindigkeit $v_K = \pi d \nu$, wobei ν die Frequenz ist, also die Anzahl der Kreisumläufe, welche die Wasserpartikel in 1 s durchführen. Mit der Größe d ist der Durchmesser des Kreises gemeint. Die Wellengeschwindigkeit v_W hat in einem Wellental die gleiche Richtung wie v_K, auf einem Wellenkamm sind diese

Geschwindigkeiten aber entgegengesetzt gerichtet. Daher gilt:

$$\text{In einem Wellental:} \quad v_1 = v_W + v_K.$$
$$\text{Auf einem Wellenkamm:} \quad v_2 = v_W - v_K. \tag{6.116}$$

Die **kinetische Energie** der Wasserpartikel mit Masse m ist gegeben durch die Beziehung $W_{kin} = (m/2)v^2$, wobei $v = v_1$ oder $v = v_2$ ist. Daher tritt zwischen Wellental und Wellenkamm ein Verlust an kinetischer Energie ΔW_{kin} auf, der gerade dem Zugewinn an potenzieller Energie ΔW_{pot} entspricht. Für den Verlust und für den Gewinn an Energie erhalten wir:

$$\Delta W_{kin} = \frac{m}{2}\left(v_1^2 - v_2^2\right) = 2m v_W v_K = 2\pi m v_W dv,$$
$$\Delta W_{pot} = mgd. \tag{6.117}$$

Daraus ergibt sich für die Wellengeschwindigkeit, weil $\Delta W_{kin} = \Delta W_{pot}$ gelten muss

$$v_W = \frac{g}{2\pi v}. \tag{6.118}$$

Die **Wellengeschwindigkeit** ist daher unabhängig von der **Wellenhöhe** d, sondern hängt nur ab von der Wellenfrequenz v, also der Anzahl der Wellen, die innerhalb einer Sekunde an einem festen Punkt vorbeilaufen. Die Wellengeschwindigkeit lässt sich auch durch die Wellenlänge λ, also den Abstand zwischen zwei benachbarten Wellenkämmen ausdrücken. Denn wie für alle Wellen gilt auch für die Wasserwelle

$$v\lambda = v_W \quad \Longrightarrow \quad v_W = \sqrt{\frac{g\lambda}{2\pi}}, \quad v = \sqrt{\frac{g}{2\pi\lambda}}. \tag{6.119}$$

Lange Wellen haben daher eine höhere Geschwindigkeit als kurze Wellen, erstere laufen den letzteren davon. Nehmen wir ein Beispiel:

$$\lambda = 10\,\text{m} \quad \Longrightarrow \quad v_W = 4\,\text{m}\cdot\text{s}^{-1}$$
$$\lambda = 100\,\text{m} \quad \Longrightarrow \quad v_W = 12{,}5\,\text{m}\cdot\text{s}^{-1}.$$

Der Wind kann Wellen mit sehr unterschiedlichen Wellenlängen erzeugen, überleben werden nur die schnellsten. Die langsamen Wellen verlieren ihre Energie, die in der Kreisbewegung steckt, durch turbulente Reibung an das Wasser, sie erwärmen das Wasser. Wie groß ist die Energie der überlebenden Wellen?

Dazu müssen wir berücksichtigen, dass sich die Wasserpartikel nicht nur entweder auf dem Wellenkamm oder in dem Wellental befinden, sondern dass bei der Kreisbewegung der Wellenteilchen eine ganze „Wellenwalze" mit dem Radius $0 \leq r \leq d/2$ rotiert und der Mittelwert der Hebung zwischen Wellental und Wellenkamm nicht d sondern y_S ist, dem Abstand zwischen den Massenmittelpunkten der oberen und unteren Hälfte der Walze, wie

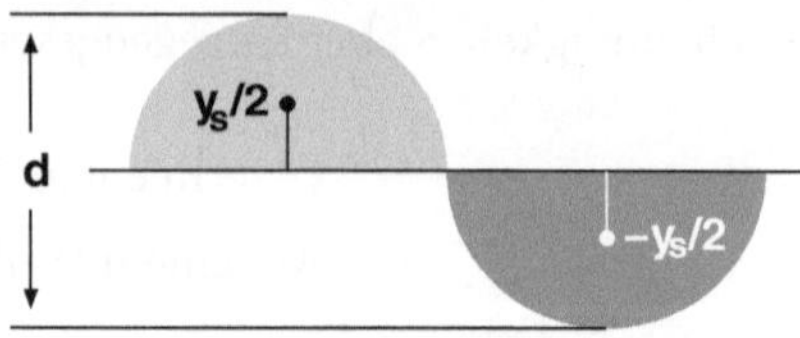

Abb. 6.47 Die Lage $y_S/2$ der Massenmittelpunkte der oberen und der unteren Hälfte einer Wellenwalze

es in Abb. 6.47 gezeigt ist. Für diesen Abstand erhält man nach einiger Rechnung, die wir nicht im Detail vorführen wollen:

$$y_S = \frac{4d}{3\pi} \approx 0{,}42d. \tag{6.120}$$

Besitzt die Wellenwalze eine Breite l, so ist die totale Masse in jeder ihrer Hälften

$$m = \rho_m(H_2O)\frac{\pi d^2}{8}l, \tag{6.121}$$

wobei $\rho_m(H_2O)$ die Massendichte von Wasser ist. Daher erhalten wir für die **Leistung** der Welle pro Breite l

$$\begin{aligned}
\frac{P}{l} &= mgy_Sv = \rho_m(H_2O)g\frac{d^3}{6}v \\
&= \frac{\rho_m(H_2O)\sqrt{g^3}}{6\sqrt{2\pi}}\frac{d^3}{\sqrt{\lambda}} \approx 1{,}84\cdot 10^4 \frac{d^3}{\sqrt{\lambda}}\text{kWh}\cdot a^{-1}\cdot m^{-1}.
\end{aligned} \tag{6.122}$$

Die Angabe des numerischen Vorfaktors in (6.122) verlangt, dass alle Größen, also die Wellenhöhe d und die Wellenlänge λ, in SI-Einheiten angegeben werden. Nehmen wir als Beispiel die deutsche Nordseeküste. Dort finden wir mittlere Wellenhöhen $d = 1\,$m und eine Wellenlänge $\lambda = 50\,$m. Dies ergibt eine Wellenleistung

$$\frac{P}{l} \approx 2{,}6\cdot 10^3\,\text{kWh}\cdot a^{-1}\cdot m^{-1} \tag{6.123}$$

und dies ist sicherlich sehr wenig. Wellen an der deutschen Nordseeküste besitzen nicht genügend Leistung, um einen wesentlichen Beitrag zu unserer Energieversorgung zu geben. Selbst bei Ausbau der gesamten Küste auf einer Länge von 500 km betrüge die Gesamtleistung nur $1{,}3\cdot 10^9\,\text{kWh}\cdot a^{-1}$, also gerade einmal 0,04 % des augenblicklichen Bedarfs. Allerdings hängt die Wellenleistung in dritter Potenz von der Wellenhöhe ab und bereits Wellenhöhen von 5 m ergeben bei gleicher Wellenlänge eine Leistung von $3{,}2\cdot 10^5\,\text{kWh}\cdot a^{-1}\cdot m^{-1}$. Dieser Wert ist in der Größenordnung der Leistungen, die im vorigen Abschnitt für einige ausgewählte Ozeangebiete angegeben wurden und in denen sich der Bau von Wellenkraftwerken lohnen könnte.

6.10   Die Strömungsenergie: Gezeitenkraftwerke

Das Phänomen der **Gezeiten** wird verursacht durch die Bewegung des Monds um die Erde und durch die **Gravitationskraft**, die zwischen dem Mond und dem Meereswasser auf der Erde existiert. Im Prinzip wirkt diese Kraft zwischen der **Masse** des **Monds** und den Massen auf der **Erde** insgesamt, sie ist verantwortlich dafür, dass sich der Mond mit einer fast konstanten Geschwindigkeit innerhalb von 28 d einmal um die Erde dreht. So sieht es für uns aus, aber eigentlich drehen sich Erde und Mond zusammen um ihren **Massenmittelpunkt** S, der einen Abstand r_S vom Mittelpunkt der Erde hat, wie es in der Abb. 6.48 dargestellt ist.

Während die unbeweglichen Landmassen von der Gravitation zwischen Erde und Mond nur wenig beeinflusst werden, ist der Einfluss auf die beweglichen Wassermassen durchaus spürbar. Denn das Wasser ist flüssig und die Wassermassen können leicht verschoben werden. Und genau das geschieht: Unter dem Einfluss der Gravitationskraft verschiebt sich die Wassermasse zu der Seite der Erde, die dem Mond genau gegenüber liegt, wie es in der Abb. 6.48 stark übertrieben angedeutet ist.

Merkwürdigerweise werden die Wassermassen ebenso auf die genau entgegengesetzte Seite verschoben, so dass wir auf beiden Seite der Erde einen Überfluss an Wasser erhalten, das aus den Regionen dazwischen abgeflossen ist. Während der Überfluss an der mondzugewendeten Seite primär durch die Gravitationskraft verursacht wird, entsteht er auf der mondabgewendeten Seite im Wesentlichen durch die **Zentrifugalkraft**, die durch die Drehung von Mond und Erde um ihren Massenmittelpunkt S verursacht wird. Diese Kraft ist am stärksten an dem Ort auf der Erde, die von S am weitesten entfernt ist, und das ist gleichzeitig der vom Mond am weitesten entfernte Ort.

Durch die Gravitationskraft und die Zentrifugalkraft wird also der Meeresspiegel in zwei gegenüberliegenden Orten angehoben und in den dazwischen liegenden Orten abgesenkt. Der Unterschied in den Meereshöhen bedeutet gleichzeitig ein Unterschied in den **potenziellen Energien** der Wassermassen, der sich in andere Energieformen umwandeln lässt. Dabei ist es wichtig zu berücksichtigen, dass sich die Erde zusätzlich innerhalb eines Tags um ihre eigene Achse dreht. Dadurch dreht sich die Erde praktisch unter den verschobe-

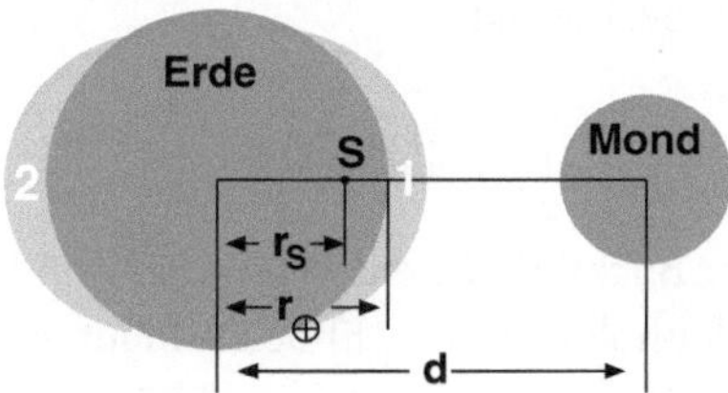

Abb. 6.48 Die Erde und der Mond, die sich um ihren Massenmittelpunkt S drehen. Durch die Drehung und die Gravitationskraft zwischen Erde und Mond entstehen die Wasserwülste, die *hellgrau* und stark übertrieben eingezeichnet sind

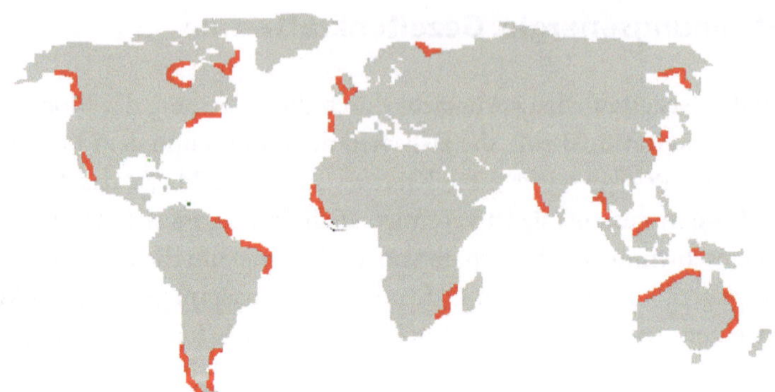

Abb. 6.49 Die *rot gezeichneten* Gegenden auf der Erde, wo ein großer Tidenhub aufgrund von Resonanzphänomenen zu beobachten ist

nen Wassermassen weg mit der Folge, dass alle 12 h 25 min ein Punkt auf dem Meer einen hohen Meeresspiegel besitzt[12]. In den Zeiten genau dazwischen ist die Höhe des Meeresspiegels minimal. Das Aufeinanderfolgen von hohen und tiefen Meeresspiegeln wird durch das Wort „Gezeiten" gekennzeichneten, die Gezeiten bestehen aus der **Flut** (Zeit mit hohem Meeresspiegel) und der **Ebbe** (Zeit mit tiefem Meeresspiegel).

Wir werden auf der P-Ebene berechnen, dass der Tidenhub, also die Differenz der Meereshöhen bei Flut und Ebbe, im Allgemeinen so gering ist, dass er sich nicht für die Energieversorgung benutzen lässt. An einigen Küsten auf der Erde kann der Tidenhub allerdings Höhen von bis zu 10 m und mehr erreichen. Dann lässt sich die damit verbundene Veränderung der potenziellen Energie zur Energieversorgung nutzen. Die Küste muss an solchen Orten eine Bucht besitzen, die so beschaffen ist, dass die wegen der Gezeiten ein- und ausströmenden Wassermassen gerade ca. 6 h zur Füllung und Entleerung der Bucht benötigen. Dann kommt es zu einer Resonanz zwischen der Periode der Gezeiten und der Füllung/Entleerung der Bucht und ein derartiges Resonanzphänomen muss sich ausbilden können, damit der Tidenhub sehr große Werte erreichen kann. Die Orte auf der Erde, wo die Küstenform Resonanzen zulässt, sind als rote Regionen auf der Weltkarte in Abb. 6.49 markiert.

Die potenzielle Energie, die sich durch den **Tidenhub** δ ergibt und die sich in andere Energieformen umwandeln ließe, beträgt

$$W_{\text{pot}} = \rho_{\text{m}}(\text{H}_2\text{O})gA\frac{\delta^2}{2}. \tag{6.124}$$

Dabei ist A die Oberfläche der Bucht, in die das Wasser ein- und ausströmt. Der Faktor 1/2 tritt auf, weil der mittlere Tidenhub zwischen Ebbe und Flut genau $\delta/2$ beträgt.

Wie wir aus (6.124) ersehen, ist die Energie linear abhängig von A, aber quadratisch abhängig von δ. Daher ist es wichtiger, Buchten mit einem sehr großem Tidenhub zu finden

---

[12] Dass diese Zeitspanne nicht genau 12 h beträgt, liegt an der Drehung von Erde und Mond um ihren Massenmittelpunkt S.

Tab. 6.12 Die wichtigsten Parameter verschiedener Gezeitenkraftwerke, die entweder bereits im Betrieb sind oder sich im Planungsstadium befinden

Standort	Fläche A (km^2)	Tidenhub δ (m)	Dammlänge (km)	Installierte Leistung (kWh $\cdot$ a^{-1})	Kapazitätsfaktor κ
Rance (Fr)	22	13	0,75	$2,1 \cdot 10^9$	0,28
Chausey (Fr)	610	9	23,5	$15 \cdot 10^9$	
Severn (GB)	520	7	?	$10 \cdot 10^9$	
Fundy (Can)	1500	7	8	$14 \cdot 10^9$	
Mezen (GUS)	2300	9	86	$30 \cdot 10^9$	

als solche mit einer großen Oberfläche. Bisher ist auf der Welt nur ein großes Gezeitenkraftwerk errichtet worden, und zwar im Mündungsdelta der Rance bei Saint-Malo in Frankreich. Das Delta ist durch einen Damm von dem Meer abgetrennt, beim Ein- und Ausströmen der Gezeiten muss das Wasser durch 24 Rohre mit eingebauten Turbinen, die eine elektrische Leistung von insgesamt $2,1 \cdot 10^9$ kWh $\cdot$ a^{-1} wandeln können. Allerdings sind die Turbinen zu 75 % der verfügbaren Zeit abgeschaltet wegen der Korrosionschäden, die durch das salzhaltige Meerwasser hervorgerufen werden. Die Parameter dieses Gezeitenkraftwerks und weitere Kraftwerke, die sich noch in Planung oder vielleicht auch schon im Bau befinden, sind in der Tab. 6.12 zusammengefasst.

Dass der Bau dieser Kraftwerke nur langsam vorangeht, liegt an den technischen Schwierigkeiten, die ausgesuchten Buchten mithilfe des Damms vom Meer abzutrennen und den hohen Investitionskosten, die einen längeren Volllastbetrieb verlangen, als er von dem Kraftwerk in Saint-Malo erreicht wird. Dieses sollte man eigentlich noch als Versuchsanlage betrachten.

Es existiert neben dem Dammprinzip auch die Vorstellung, die Turbinen direkt in dem Meerwasser aufzustellen und von der Gezeitenströmung antreiben zu lassen, so wie der Wind die Turbine in einem Windkraftwerk antreibt. Im Meereskraftwerk sind Strömungsgeschwindigkeiten von mehr als v_{min} = 2 m $\cdot$ s^{-1} erforderlich, die in Meerengen auftreten können. **Deutschland** besitzt eine Meerenge am Jadebusen bei Wilhelmshaven, es gibt aber keine Planungen, dort ein Meereskraftwerk zu errichten.

Gezeiten- oder Meereskraftwerke in Deutschland werden bei der zukünftigen Energieversorgung keine Rolle spielen, und ihre Bedeutung auf der Erde insgesamt ist wegen der Betriebsunsicherheit und der hohen Investitionskosten als eher gering einzuschätzen.

6.10.1   P-Ebene: Physikalische Grundlagen von Gezeitenkraftwerken

Im Gegensatz zu Wind-, Wasser-[13] und Wellenkraftwerken wandeln Gezeitenkraftwerke die Energie zu festen Zeiten, sie liefern im Prinzip einen planbaren Beitrag zu einer Energieversorgung. Aber wie groß ist dieser Beitrag?

Die Energie der Gezeiten

Die Gezeiten werden durch die **Gravitationskraft** und die **Zentrifugalkraft** verursacht. Zunächst wollen wir die Wirkung der letzteren vernachlässigen und allein die Gravitationskraft untersuchen. Diese wirkt zwischen zwei **Massen** m_1 und m_2, die sich im Abstand d voneinander befinden, sie ergibt sich zu

$$F_{\mathrm{G}} = -\Gamma\frac{m_1 m_2}{d^2}. \tag{6.125}$$

Das negative Vorzeichen weist darauf hin, dass die Gravitationskraft immer anziehend ist, der Vorfaktor ist die Gravitationskonstante $\Gamma = 6{,}672 \cdot 10^{-11}\,\mathrm{m^3 \cdot kg^{-1} \cdot s^{-2}}$.

Da wir die Zentrifugalkraft vernachlässigen, bewegt sich das Erde-Mond-System nicht, aber der Mond hat einen festen Abstand d von der Erde, wie es in der Abb. 6.48 dargestellt ist. Weiterhin betrachten wir den hypothetischen Fall, dass die gesamte Erdoberfläche mit Wasser überzogen ist, diese Wassermasse ist frei beweglich. Unter dem Einfluss der Gravitation zwischen Mond und den Wassermassen wird sich der Wasserspiegel auf der dem Mond zugewandten Seite 1 um die Höhe δ' anheben, während er auf der dem Mond abgewandten Seite 2 maximal um $-\delta'$ absinken wird. Wir wollen δ' berechnen.

Durch das Heben der Wassermassen m_{W} auf der Seite 1 und das Absenken auf der Seite 2 bildet sich ein neuer Gleichgewichtszustand, das bedeutet, die Summe aller Kräfte auf das Wasser muss verschwinden. Auf das Wasser wirken nach seiner Verschiebung an den Punkten 1 und 2 folgende Kräfte, die durch die Erde ($\oplus$) und den Mond ($\oslash$) verursacht werden:

$$\begin{aligned}
F_1^{(\oplus)} &= -\Gamma\frac{m_{\mathrm{W}} m_{\oplus}}{(r_{\oplus} + \delta')^2} & F_2^{(\oplus)} &= -\Gamma\frac{m_{\mathrm{W}} m_{\oplus}}{(r_{\oplus} - \delta')^2} \\[2mm]
F_1^{(\oslash)} &= -\Gamma\frac{m_{\mathrm{W}} m_{\oslash}}{(d - (r_{\oplus} + \delta'))^2} & F_2^{(\oslash)} &= -\Gamma\frac{m_{\mathrm{W}} m_{\oslash}}{(d + (r_{\oplus} - \delta'))^2}.
\end{aligned} \tag{6.126}$$

Die Veränderung $\Delta F^{(\oplus)} = F_1^{(\oplus)} - F_2^{(\oplus)}$ widersetzt sich der Wasserverschiebung, die Veränderung $\Delta F^{(\oslash)} = F_1^{(\oslash)} - F_2^{(\oslash)}$ bewirkt sie. Tritt das neue Gleichgewicht mit dem Mond als Nachbarn ein, muss

$$\Delta F^{(\oplus)} + \Delta F^{(\oslash)} = 0 \tag{6.127}$$

---

[13] Auch ein Wasserkraftwerk wandelt keine Energie mehr, wenn das Wasser wegen fehlender Niederschläge versiegt.

gelten. Man kann diese Gleichung näherungsweise lösen, weil $\delta' \ll r_\oplus < d$ ist. Die Lösung lautet, ohne die Rechnung im Detail auszuführen,

$$\Gamma \frac{m_W m_\oplus}{r_\oplus^3} 4\delta' - \Gamma \frac{m_W m_\oslash}{d^3} 4 r_\oplus = 0. \tag{6.128}$$

Also ergibt sich näherungsweise für die Größe der Verschiebung

$$\delta' = \frac{m_\oslash}{m_\oplus} \frac{r_\oplus^4}{d^3}. \tag{6.129}$$

Für das Weitere sind folgende geometrischen Größen von Bedeutung:

- Die Erde besitzt einen **Radius** $r_\oplus = 6{,}378 \cdot 10^6$ m.
- Die Erde besitzt eine **Masse** $m_\oplus = 5{,}977 \cdot 10^{24}$ kg.
- Die Mond besitzt eine **Masse** $m_\oslash = 7{,}350 \cdot 10^{22}$ kg.
- Der **Abstand** zwischen Erde und Mond beträgt $d = 3{,}82 \cdot 10^8$ m.
- Der **Massenmittelpunkt** des Erde-Mond-Systems liegt bei $r_S = 4{,}64 \cdot 10^6$ m.
- Die **Winkelgeschwindigkeit** des Erde-Mond-Systems beträgt $\omega = 2{,}66 \cdot 10^{-6}$ s^{-1}.

Demnach würde der **Tidenhub**, wenn sich Erde und Mond nicht um ihren Massenmittelpunkt drehen, den Wert

$$\delta = 2\,\delta' = 0{,}74\,\text{m} \tag{6.130}$$

erreichen. Da sich aber die Erde um den Punkt S mit der Winkelgeschwindigkeit ω dreht, wirkt auf das Wasser auch die Zentrifugalkraft $F^{(R)} = m_W r \omega^2$, die in den Punkten 1 und 2 die folgenden Bechleunigungen

$$a_1^{(R)} = \frac{F_1^{(R)}}{m_W} = \left(r_\oplus + \delta' - r_S \right) \omega^2 = 1{,}23 \cdot 10^{-5}\,\text{m} \cdot \text{s}^{-2},$$
$$a_2^{(R)} = -\frac{F_2^{(R)}}{m_W} = -\left(r_\oplus - \delta' + r_S \right) \omega^2 = -7{,}80 \cdot 10^{-5}\,\text{m} \cdot \text{s}^{-2} \tag{6.131}$$

hervorruft. Die durch die Drehung der Erde verursachten Zentrifugalbeschleunigungen auf das Wasser sind entgegengesetzt gerichtet, wie es verlangt werden muss: Diese Beschleunigungen weisen immer von der Drehachse weg. Zusätzlich wirken auf das Wasser die Gravitationsbeschleunigung durch die Erde, die in den Punkten 1 und 2 fast gleich groß, aber entgegengesetzt gerichtet sind: Diese Beschleunigungen kompensieren sich. Dagegen haben die Gravitationsbeschleunigungen durch den Mond in den Punkten 1 und 2 dieselbe Richtung, sie sind auf den Mond zu gerichtet, aber sie haben etwas verschiedene Größen

$$a_1^{(\oslash)} = -\frac{F_1^{(\oslash)}}{m_W} = 3{,}47 \cdot 10^{-5}\,\text{m} \cdot \text{s}^{-2},$$
$$a_2^{(\oslash)} = -\frac{F_2^{(\oslash)}}{m_W} = 3{,}25 \cdot 10^{-5}\,\text{m} \cdot \text{s}^{-2}. \tag{6.132}$$

Insgesamt wirken also auf der mondzugekehrten und der mondabgekehrten Seite der Erde folgende Beschleunigungen auf die Wassermassen

$$a_1 = a_1^{(\oslash)} + a_1^{(R)} = 4{,}70 \cdot 10^{-5}\,\mathrm{m} \cdot \mathrm{s}^{-2},$$
$$a_2 = a_2^{(\oslash)} + a_2^{(R)} = -4{,}55 \cdot 10^{-5}\,\mathrm{m} \cdot \mathrm{s}^{-2}. \tag{6.133}$$

Diese Gesamtbeschleunigungen sind fast gleich groß, aber entgegengesetzt gerichtet. Daher wird sowohl auf der mondzugekehrten wie auch der mondabgekehrten Seite das Wasser angehoben, wie es in der Abb. 6.48 gezeigt ist. Die mittlere Beschleunigung in den Punkten 1 und 2 hat eine Größe

$$\langle |a| \rangle = 4{,}63 \cdot 10^{-5}\,\mathrm{m} \cdot \mathrm{s}^{-2} \approx 1{,}38 \left\langle a^{(\oslash)} \right\rangle . \tag{6.134}$$

Aufgrund der Drehung des Erde-Mond-Systems

- hebt sich das Wasser auf den gegenüberliegenden Seiten der Erde,
- vergrößert sich der Tidenhub auf $1{,}38\,\delta \approx 1\,\mathrm{m}$.

Dieser berechnete Tidenhub ist von der Größe, wie wir ihn im Mittel an den deutschen Küsten antreffen. Aber dieser Tidenhub ist nach (6.124) nicht groß genug, um ihn für ein Gezeitenkraftwerk zu verwenden.

6.11 Die Kernenergie: Geothermie

Unter der **Geothermie** versteht man die Nutzung der im Erdinneren gespeicherten Wärme. Der Ursprung dieser thermischen Energie ist nicht, wie man vermuten könnte, die Entstehung der Erde aus einem heißen Gasball, sondern ihr Ursprung liegt in der **Kernenergie**, die einige der im Erdinneren vorhandenen Atomkerne veranlasst, spontan zu zerfallen. Man kann davon ausgehen, dass die bei der Entstehung der Erde ursprünglich vorhandene Wärme in den vergangenen $4{,}5 \cdot 10^9$ Jahren vollkommen in den Weltraum abgestrahlt wurde, wie ja auch die von der Sonne empfangene Wärme wieder vollständig in den Weltraum zurückgestrahlt wird, siehe Abschn. 4.5.

Heute wird das Erdinnere durch die Energie aufgeheizt, die beim Zerfall **radioaktiver Kerne** freigesetzt wird. Von diesem Standpunkt aus betrachtet kann man das Erdinnere auch vergleichen mit einer Kernschmelze, die beim **GAU** einer Kernreaktoranlage auftreten kann, siehe Abschn. 5.5. Die wichtigsten radioaktiven Isotope, die zur Erwärmung des Erdinneren führen, sind

$$^{40}\mathrm{K},\ ^{232}\mathrm{Th},\ ^{235}\mathrm{U},\ ^{238}\mathrm{U}, \tag{6.135}$$

also im Wesentlichen die Atomkerne, die auch in der Reaktortechnik eine Rolle spielen. Zum Glück ist bei der Erde die **Kernschmelze** eingeschlossen und versiegelt durch den außen liegenden Teil, die Erdkruste.

Die Erde lässt sich grob in drei Zonen einteilen,

Abb. 6.50 Der Verlauf der
mittleren Erdtemperatur mit
der Tiefe entlang des Erdradius. Der Temperaturgradient
bis zu einer Tiefe von 10 km
beträgt $\mathrm{d}T/\mathrm{d}s = 0{,}03\,\mathrm{K}\cdot\mathrm{m}^{-1}$

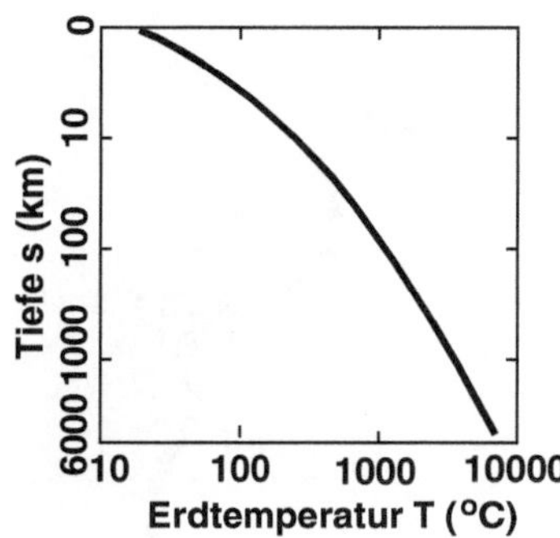

- den **Erdkern** mit $0 < r < 3500\,\mathrm{km}$,
  (Er besteht im Wesentlichen aus geschmolzenem Eisen und Nickel.)
- den **Erdmantel** mit $3500\,\mathrm{km} < r < 6300\,\mathrm{km}$,
  (Er besteht im Wesentlichen aus geschmolzenen Silikaten.)
- die **Erdkruste** mit $6300\,\mathrm{km} < r < r_{\oplus}$.
  (Er besteht im Wesentlichen aus festen Silikaten.)

Der geschmolzene Erdkern besitzt in seinem Inneren eine Temperatur von $T \approx 7000\,\mathrm{K}$,
nach außen nimmt diese Temperatur stetig ab und erreicht an der Erdoberfläche die
Umgebungstemperatur von $T_0 \approx 288\,\mathrm{K}$. Der Temperaturverlauf in der Erde ist in der
Abb. 6.50 doppelt-logarithmisch dargestellt.

Der Temperaturverlauf zeigt die mittlere Temperatur, die man messen würde, wenn man
irgendwo die Erde bis zu einer Tiefe s anbohren würde. In Tiefen bis zu 10 km beträgt der
mittlere **Temperaturgradient**

$$\frac{\mathrm{d}T}{\mathrm{d}s} = 0{,}03\,\mathrm{K}\cdot\mathrm{m}^{-1}. \tag{6.136}$$

Es gibt aber auch Regionen auf der Erde, die **geothermischen Anomalien**, wo bereits nur
wenig unterhalb der Erdoberfläche, also in der Erdkruste, Gesteinsschichten mit Temperaturen von ca. 600 K angetroffen werden. Die geothermischen Anomalien befinden sich
hauptsächlich in den Erdbebenzonen, wo sich auch aktive Vulkane befinden, in denen die
geschmolzenen Silikate, das Magma, direkt an die Erdoberfläche treten. Erdbebenzonen
treten dort auf, wo die tektonischen Platten aufeinander treffen, diese Gebiete sind in der
Weltkarte Abb. 6.51 rot markiert.

Das Erdinnere stellt ein ungeheuer großes Wärmereservoir dar, die dort gespeicherte
Energie hat die Größe

$$Q_{\oplus,\mathrm{tot}} = 2{,}8 \cdot 10^{24}\,\mathrm{kWh}. \tag{6.137}$$

Davon befinden sich allerdings nur ein geringer Teil von

$$Q_{\oplus} = 1{,}7 \cdot 10^{20}\,\mathrm{kWh} \tag{6.138}$$

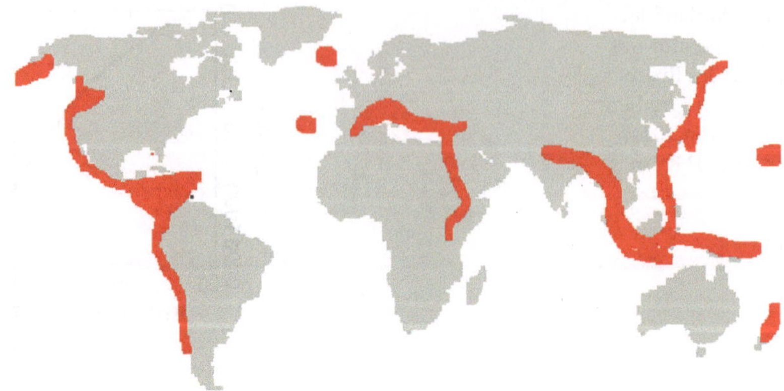

Abb. 6.51 Die *rot gezeichneten* Gegenden auf den Landflächen der Erde, wo geothermische Anomalien auftreten. Dies sind die Gegenden, wo die tektonischen Platten aufeinander treffen

in der Erdkruste, und davon liegen wiederum nur

$$Q_{\oplus,\text{Land}} = 5 \cdot 10^{19} \text{ kWh} \tag{6.139}$$

unter den Landflächen und kann durch Tiefbohrungen erschlossen werden. Aber selbst diese Energiemenge ist noch so gigantisch, dass sie ausreichen würde, den Weltbedarf an Primärenergie im Jahr 2050 für etwa die folgenden 250.000 Jahre zu decken. Allerdings ist dieser Vorrat nicht leicht zugänglich, wenn man von den Gebieten mit geothermischen Anomalien einmal absieht. Denn das Gestein der Erdkruste besitzt nur eine sehr geringe **Wärmeleitfähigkeit**

$$\Lambda \approx 3\,\text{W} \cdot \text{K}^{-1} \cdot \text{m}^{-1}. \tag{6.140}$$

Für eine Nutzung der Geothermie ist das unvorteilhaft, das werden wir uns auf der P-Ebene überlegen. Auf der anderen Seite ist dieser kleine Wert von Λ dafür verantwortlich, dass die Wärme im Inneren der Erde gespeichert bleibt und der thermische Leistungsfluss in die Atmosphäre nur $0{,}0065\,\text{W} \cdot \text{m}^{-2}$ beträgt und mit nur $0{,}018\,\%$ am **Energiehaushalt** der Erde teilnimmt, siehe Abb. 4.15.

Die Wandlung der Erdwärme in elektrische Energie ist nur dann mit einem akzeptablen Wirkungsgrad möglich, wenn das Gestein eine Temperatur von über $450\,\text{K}$ besitzt und heißer Wasserdampf mit diesen Temperaturen der Erdkruste entnommen werden kann. Auf die Verfahren der Dampfentnahmen werden wir weiter unten eingehen. Sind die Gesteinstemperaturen nicht so hoch, dann kann die Geothermie nur eingesetzt werden zur Heizung von Anlagen, beginnend bei Wohngebäuden bis zu Schwimmbädern. Wir wollen diese beiden Möglichkeiten nacheinander behandeln.

- Wandlung der **Hochtemperaturwärme** in elektrische Energie.
  Bei diesem Verfahren wird die Erdwärme der Erdkruste mithilfe von Wasserdampf entnommen.

Abb. 6.52 Der schematische Aufbau eines geothermischen Kraftwerks. Um die HDR-Formation zu erreichen, müssen Bohrlöcher mit bis zu 3000 m Tiefe und mehr gebohrt werden. In dem Sekundärkreislauf wird als Arbeitsmedium entweder Wasser oder eine organische Flüssigkeit benutzt, deren Dampf die Turbine antreibt

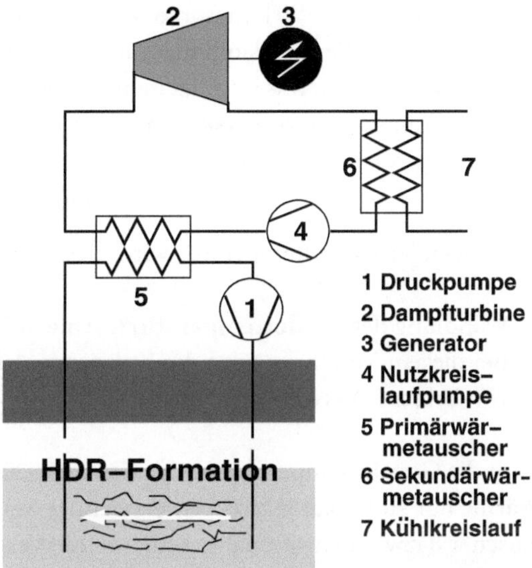

In den geothermischen Anomalien finden sich oft **Aquifere** (das sind wasserführende Gesteinsschichten) mit den erforderlichen hohen Temperaturen, wo der Wasserdampf von selbst aus dem Erdboden tritt. Beispiele dafür sind die Geysire auf **Island** oder in den **USA**.

Führen die Gesteinsschichten kein Wasser oder kann der Wasserdampf nicht an die Oberfläche treten, dann muss mit Tiefbohrungen das Gestein erschlossen werden. Abhängig von der Beschaffenheit der Erdkruste sind dazu Bohrlöcher mit bis zu 3000 m Tiefe oder mehr erforderlich. Durch diese Bohrlöcher wird kaltes Wasser unter hohem Druck in das heiße Gestein gepresst, das dabei permanente Spalten bildet, in denen das Wasser verdampft und der Dampf durch ein zweites Bohrloch an die Oberfläche gelangt. Man bezeichnet dieses Verfahren als das „Hot-Dry-Rock" **HDR-Verfahren**, seine technische Realisierung befindet sich zur Zeit noch in der Entwicklung. In Europa befindet sich zum Beispiel eine Versuchs-HDR-Anlage bei Soultz-sous-Forêt in französischen Teil des Rheingrabens.

Im Allgemeinen ist der Wasserdampf aus geothermischen Quellen so stark mit Mineralien, zum Beispiel Schwefel, verunreinigt, dass er nicht direkt in die Turbine geleitet werden kann, sondern in einem Wärmetauscher seine thermische Energie an ein sekundäres Arbeitsmedium abgibt. Ist die Dampftemperatur des Primärkreislaufs hoch genug, kann der Sekundärkreislauf ebenfalls ein Wasserkreislauf sein. Bei tieferen Temperaturen wird als Arbeitsmedium eine organische Flüssigkeit verwendet, die schon unterhalb von 373 K siedet, wie zum Beispiel Isobutan. Ein schematisches Bild der gesamten HDR-Anlage ist in der Abb. 6.52 gezeigt.

Unabhängig vom Arbeitsmedium ist der Wirkungsgrad einer geothermischen Wandlungsanlage immer geringer als der Carnot'sche Wirkungsgrad η_{Carnot} und beträgt bei einer Dampftemperatur $T = 450\,\mathrm{K}$ nach der am Ende das Abschn. 2.3 gegebenen Faustregel nur $\eta_1 \approx 0{,}32$. Der Wirkungsgrad wird weiter reduziert durch den Wärmetauscher mit $\eta_2 \approx 0{,}95$, wenn die Rücklauftemperatur aus dem Wärmetauscher höher ist als die Umgebungstemperatur T_0, was im Allgemeinen der Fall ist. Daher hat unter diesen Bedingungen die Wandlungsanlage von geothermischer Energie in elektrische Energie einen typischen **Wirkungsgrad** von

$$\eta_{\mathrm{Wd}} \approx 0{,}3. \tag{6.141}$$

Mit sinkender Dampftemperatur wird dieser Wirkungsgrad immer kleiner.

- Wandlung der **Niedertemperaturwärme** in Heizenergie.
  Bei diesem Verfahren wird die Erdwärme der Erdkruste im Allgemeinen in der Form von heißem Wasser entnommen.

Liegt die Gesteinstemperatur in der Nähe von 373 K oder darunter, so kann die anfallende Wärme nur zu Heizungszwecken verwendet werden. Auch hier muss sehr oft ein Wärmetauscher dazwischen geschaltet sein, um die Verunreinigungen des primären Heißwassers zurückzuhalten. Die Wirkungsgrade des Wärmetauschers liegen nur wenig unterhalb von 1, so dass diese Heizungsmethode außerordentlich effizient ist und sich geradezu anbietet, wenn geothermische Quellen leicht anzubohren sind und in der Nähe von Abnehmern liegen. Selbst wenn die Gesteinstemperatur nur wenig oberhalb der Umgebungstemperatur liegt, so ist diese Methode der Heizung immer effizienter als die Heizung durch Verbrennung fossiler Brennstoffe oder durch Einsatz elektrischer Energie, auch wenn die Investitionskosten zunächst höher liegen sollten. Im Übrigen gibt es immer die Möglichkeit, zu geringe primäre Wassertemperaturen mithilfe einer **Wärmepumpe** zu erhöhen. Auf diese Möglichkeit werden wir in Abschn. 10.1.1 zurückkommen.

Trotz dieser Vorteile, und weitere werden wir gleich erwähnen, ist der Beitrag geothermischer Quellen zur Versorgung mit Primärenergie weltweit nur gering. Die Situation um das Jahr 2010 ergibt sich aus der Tab. 6.13.

Insgesamt erreichte der Beitrag eine Größe von $1{,}89 \cdot 10^{11}\,\mathrm{kWh} \cdot \mathrm{a}^{-1}$ und das waren gerade einmal 0,13 % des Primärenergiebedarfs im Jahr 2010. Geothermische Energiequellen mit einer Leistung von ca. $0{,}6 \cdot 10^{11}\,\mathrm{kWh} \cdot \mathrm{a}^{-1}$ müssten jährlich neu erschlossen werden, damit sich dieser Beitrag auf 1 % im Jahr 2050 erhöht. Zur Zeit ist der jährliche Zuwachs weniger als halb so groß, trotzdem erscheint das 1 %-Ziel erreichbar.

> In der Mitte des 21. Jahrhunderts könnte die Geothermie etwa 1 % des Primärenergiebedarfs der Welt decken.

Voraussetzung ist, dass sich das HDR-Verfahren technisch und global durchsetzt. Deutschland zum Beispiel verfügt über keine geothermischen Anomalien, aber es existieren heiße Gesteinszonen in geringer Tiefe im norddeutschen Becken, in der Molasse

Tab. 6.13 Die jeweils 5 Länder mit der größten installierten Leistung aus Geothermieanlagen im Jahr 2010, den zugehörigen Kapazitätsfaktoren und dem prozentualen Beitrag zur Versorgung mit Primärenergie. (Ländernamen gemäß internationaler Kennung)

Land	Installierte Leistung $(10^9\,\text{kWh}\cdot\text{a}^{-1})$	Kapazitätsfaktor κ	*PEB* %
Elektrische Energie			
US	27,10	0,61	0,058
PH	16,68	0,62	2,89
ID	10,49	0,92	0,54
MX	8,39	0,84	0,33
IT	7,39	0,75	0,25
Heizungsenergie			
US	110,5	0,14	0,055
CN	77,95	0,27	0,071
SE	39,07	0,32	1,93
NO	28,91	0,24	1,28
DE	21,78	0,16	0,87

Region in Süddeutschland und im Rheingraben. Denn die Geothermie besitzt gegenüber vielen anderen erneuerbaren Energien zwei unschätzbare Vorteile:

- Die Nutzung der Geothermie ist zeitlich nicht gebunden, sie steht im Prinzip immer zur Verfügung.
- Die Nutzung der Geothermie benötigt keine großen Flächen.

Der Nachteil ist, dass die Erschließung geothermischer Quellen in der Vergangenheit zu lokalen Erdbeben oder Bodenveränderungen geführt hat mit der Folge, dass diese Technologie von der betroffenen Bevölkerung abgelehnt wird. Das HDR-Verfahren verursachte Erdbeben z. B. in Deutschland (Landau), der Schweiz (Basel) und in Kalifornien (Salton Sea). Aber auch allein die Suche nach Aquiferen führte zu einer Bodenhebung in Deutschland (Staufen).

6.11.1   P-Ebene: Das Gestein als Wärmespeicher

Aber es gibt physikalische Gesetze, welche die Entnahme der Wärme aus dem heißen Gestein behindern, und mit diesen wollen wir uns jetzt beschäftigen.

Die Entnahme der Wärme aus der Erdkruste

Obwohl die im Erdinneren gespeicherte Wärmemenge gigantisch ist, kann sie nur mit Schwierigkeiten nutzbar gemacht werden. Wir wollen uns das anhand eines Beispiels verdeutlichen, bei dem einem Gesteinsvolumen $V = 1\,\text{km}^3 = 10^9\,\text{m}^3$ innerhalb eines Jahrs mittels des HDR-Verfahrens seine gesamte Energie entzogen wird. Wir nehmen an, dass die Gesteinstemperatur $T = 200\,°\text{C} = 473\,\text{K}$ betrage.

Die in dem Gestein gespeicherte und nutzbare Energiemenge[14] beträgt unter diesen Bedingungen

$$\Delta Q = \rho_\text{m} V c_\text{m} \left(T - T_0 \right) = 2,8 \cdot 10^{17}\,\text{J} = 7,8 \cdot 10^{10}\,\text{kWh}. \tag{6.142}$$

Um diese Wärmemenge zu berechnen, haben wir die typischen Werte für festes Gestein benutzt:

Die **Massendichte** des Gesteins	$\rho_\text{m} = 2,8 \cdot 10^3\,\text{kg} \cdot \text{m}^{-3}$
die **spezifische Wärmekapazität** des Gesteins	$c_\text{m} = 0,75 \cdot 10^3\,\text{J} \cdot \text{kg}^{-1} \cdot \text{K}^{-1}$

Entnehmen wir die Energie Q innerhalb eines Jahrs vollständig, so wäre bei einem Wirkungsgrad $\eta_\text{Wd} \approx 0,3$ etwa $3\,\%$ des jährlichen deutschen Bedarfs an elektrischer Energie gedeckt. Danach ist allerdings eine weitere Energieentnahme nur in dem Maße möglich, in dem die Wärmeenergie aus der Umgebung wieder in das Gesteinsvolumen nachströmt. Diese Menge ist gegeben durch das Wärmeleitungsgesetz[15]

$$\frac{\text{d}Q}{\text{d}t} = -\Lambda A \frac{\text{d}T}{\text{d}s}. \tag{6.143}$$

Dabei ist A die Oberfläche des Volumens, in das die Wärme strömt. Für einen Kubus mit der Kantenlänge von $1\,\text{km}$ beträgt diese Fläche $6 \cdot 10^6\,\text{m}^2$. Bei einem als konstant angenommenen Temperaturgradienten von $\text{d}T/\text{d}s = -0,03\,\text{K} \cdot \text{m}^{-1}$ finden wir unter Zuhilfenahme von (6.140)

$$\frac{\text{d}Q}{\text{d}t} = 5,4 \cdot 10^5\,\text{W} = 4,1 \cdot 10^6\,\text{kWh} \cdot \text{a}^{-1}. \tag{6.144}$$

Das ist gerade einmal $0,005\,\%$ der Energiemenge, die in einem Jahr entnommen wurde. Man müsste also mehr als 20.000 Jahre warten, bis diese Energie aus der Umgebung wieder nachgeströmt ist, und das bedeutet, dass jedes Jahr ein neues geothermisches Kraftwerk an einem anderen Ort errichtet werden müsste. Eine kontinuierliche Entnahme über viele Jahre wäre nur dann möglich, wenn der Temperaturgradient $\text{d}T/\text{d}s \approx 600\,\text{K} \cdot \text{m}^{-1}$ betrüge, und diese starken Gradienten findet man nicht in der Erdkruste, auch nicht in geothermischen Anomalien. Daher sind die Möglichkeiten geothermischer Kraftwerke begrenzt. Man geht davon aus, dass derartige Kraftwerke ab einer **Leistung** von $2 \cdot 10^8\,\text{kWh} \cdot \text{a}^{-1}$ rentabel arbeiten, also in Regionen mit einem Temperaturgradienten von $\text{d}T/\text{d}s \approx 1,5\,\text{K} \cdot \text{m}^{-1}$. Diese Regionen müssen gefunden und mit dem HDR-Verfahren erschlossen werden. Unsere Abschätzung über den Beitrag der Geothermie in einer zukünftigen Energieversorgung ist

---

[14] Nach (2.13) handelt es sich bei ΔQ um die thermische Exergie, also $\Delta Q = E_\text{therm}$. Wir werden die Änderungen ΔQ und $\text{d}Q$ jedoch weiterhin mit „Energie" oder „Wärme" benennen, wie es üblich ist.

[15] Das negative Vorzeichen tritt auf, weil die Wärme immer in die Richtung fließt, in der die Temperatur abnimmt.

eher zu optimistisch. Und in der Tat: Geothermische Anlagen in der Welt sind fast ausschließlich dort zu finden, wo heiße Aquifere vorhanden sind, also z. B. in den USA, den Phillipinen oder auf Island.

Dies ist natürlich keine Option, denn ohne Energiewandlung bzw. Entropieproduktion geschieht in der Natur nichts. Eher sollte die Frage lauten:

Eine Zukunft mit weniger Energie?

Wobei „weniger" sich bezieht auf den prognostizierten Primärenergiebedarf $PEB \approx 2,3 \cdot 10^{14}\,\text{kWh} \cdot \text{a}^{-1}$ zur Mitte des 21. Jahrhunderts. Mit dieser Frage befasst sich das Kap. 9, in diesem Kapitel geht es noch einmal um die Gründe, warum **erneuerbare Energien** die Erwartung nicht erfüllen können, die zukünftige Energieversorgung der Welt zu übernehmen und die geforderten $PEA^{(\text{ernb})} \approx 0,5\,PEB$ zu liefern. Und diese Gründe sind nicht nur physikalischen Ursprungs (sie werden noch einmal zusammengefasst), sondern ergeben sich auch aus sozio-ökonomischen Anforderungen, auf die kurz hingewiesen werden soll.

Die Urform der meisten erneuerbaren Energien ist die Solarenergie mit ihrer extrem kleinen Energiedichte von nur

$$w_{\oplus} = 2,02 \cdot 10^{-13}\,\text{kWh} \cdot \text{m}^{-3}. \tag{7.1}$$

Die Solarenergie selbst stellt keine Primärenergie dar, sie muss erst noch in die gewünschten Primärenergieäquivalente (chemische, elektrische, thermische) mit dem **Wirkungsgrad** η_{Wd} gewandelt werden. Um das tatsächliche Potenzial der erneuerbaren Energien abzuschätzen, ist es allerdings realistischer, nicht den Wirkungsgrad, sondern den **Nutzungsgrad** ζ_{Wd} zu verwenden. Die Unterschiede zwischen beiden können gewaltig sein. Zum Beispiel findet man für den Standort **Deutschland**:

Fotovoltaikanlagen:	$\zeta_{\text{Wd}} = 0,015$	$\eta_{\text{Wd}} = 0,15$
Windkraftanlagen:	$\zeta_{\text{Wd}} = 0,07$	$\eta_{\text{Wd}} = 0,42$

Verglichen mit den Nutzungsgraden, die charakteristisch für die Nutzung fossiler Energien sind, sind diese Werte extrem klein. Und sie reduzieren sich weiter, wenn auch die Speichernotwendigkeit für erneuerbare Energien berücksichtigt wird. Und man beachte:

D. Pelte, *Die Zukunft unserer Energieversorgung*, DOI 10.1007/978-3-658-05815-9_7,
© Springer Fachmedien Wiesbaden 2014

Tab. 7.1 Die erneuerbaren Energien mit ihren prozentualen Anteilen an der Energieversorgung in der Mitte des 21. Jahrhunderts und den dafür benötigten Anteilen an der Nutzfläche der Erde. Vorausgesetzt werden deutsche Verhältnisse mit Ausnahme der Solarthermie, deren Nutzung nur in Wüstengebieten sinnvoll erscheint

Energieform	Biomasse	Wasserkraft	Geothermie	Fotovoltaik	Solarthermie	Windkraft
Beitrag zur Energieversorgung	5 %	4 %	1 %	1 %	1 %	3 %
Erforderlicher Anteil der Nutzfläche	5,8 %	0,3 %	–	0,2 %	–	0,2 %

> Je kleiner der Nutzungsgrad, um so höher der **Flächenbedarf**.

In der Tab. 7.1 wird noch einmal eine Zusammenstellung gezeigt, wie hoch die für 2050 zu erwartenden Leistungen aus erneuerbaren Energien relativ zum gesamten Weltenergiebedarf sein werden und welche Flächen zur Wandlung dieser Leistung bereitgestellt werden müssen. Der Flächenbedarf ist bezogen auf die gesamte Nutzfläche der Erde $A = 86{\cdot}10^{12}$ m^2. In dieser Liste sind die **Biomasse, Wasserkraft** und **Geothermie** an erster Stelle aufgeführt, weil diese Formen der Energie im Prinzip keine zeitlichen Fluktuationen aufweisen und auch zu den Zeiten zur Verfügung stehen, zu denen der Energiebedarf relativ hoch ist, also in kalten und sonnenarmen Jahreszeiten – diese erneuerbaren Energien erzeugen keinen Speicherbedarf.

Auf der anderen Seite ist die Nutzung der Biomasse gekennzeichnet durch einen besonders hohen Nutzflächenbedarf. Ist geplant, Biomasse nur durch eine nachhaltige Waldbewirtschaftung zu erzeugen, müsste nach (6.30) das mittlere Lebensalter eines Baums auf 8,3 Jahre verkürzt werden – das ist erfahrungsgemäß unmöglich. Denn z. Z. werden große Waldflächen, besonders in den subtropischen Regionen, nicht bewirtschaftet, sondern durch Abholzung vernichtet. Es erscheint daher zweifelhaft, ob die erforderlichen Waldflächen im Jahr 2050 überhaupt noch zur Verfügung stünden. Sollten aber für die Biomasseproduktion allein Landwirtschaftsflächen genutzt werden, so entstünde ein zusätzlicher Bedarf von 19 % auf diesen Flächen. Das kollidiert natürlich mit der Aufgabe, den **Lebensmittelbedarf** von etwa 10 Mrd. Menschen auch in der Mitte des 21. Jahrhunderts sichern zu müssen.

Der Flächenbedarf der Wasserkraft wurde berechnet mithilfe der Tab. 6.11, er ist ca. 15mal geringer als der der Biomasse und spiegelt die heutige Situation wieder: Die Wasserkraft ist zu Beginn des 21. Jahrhunderts die bedeutendste Form aller erneuerbaren Energien.

In den letzten 3 Spalten der Tab. 7.1 sind die Energieträger **Fotovoltaik, Solarkonzentratoren** und **Windenergie** zu finden, welche alle durch starke zeitliche Fluktuationen gekennzeichnet sind. Ihr Anteil an der zukünftigen Energieversorgung der Welt macht daher nur etwa 1/3 des Gesamtanteils aus, ist aber gleichwohl deutlich höher im Vergleich zum jetzigen Zustand. Um diese Steigerung zu erreichen, sind erhebliche Fortschritte in der Technologie der Energiespeicherung und des Energietransports bis zum Jahr 2050 notwendig. Denn diese Energieträger haben den Vorteil, dass ihr Nutzflächenbedarf relativ gering ist. Nur die Fotovoltaik, von der angenommen wird, dass ihre Standorte sich hauptsächlich in der Nähe von Bevölkerungszentren mit nur geringer direkter Sonneneinstrahlung befinden, verursacht einen merklichen Bedarf an Nutzfläche. Die Solarkonzentratoren werden, wegen des wesentlich höheren Nutzungsgrads, überwiegend in heute noch ungenutzten Wüstenflächen mit einem hohen Anteil an direkter Sonneneinstrahlung aufgestellt werden. Und Windkraftwerke besitzen zwar einen erheblichen Flächenbedarf, aber diese Flächen können weiterhin land- und forstwirtschaftlich genutzt werden, oder sie befinden sich in flachen Küstengewässern. Unter diesem Aspekt besitzen Windkraftanlagen eigentlich nur den Nachteil, dass sie das Landschaftsbild „verschandeln", was sich ebenso von Fotovoltaikanlagen sagen ließe. Und es ist vielleicht nicht uninteressant zu erwähnen, dass die Pläne der deutschen Regierung, den Anteil der erneuerbaren Energien am deutschen Primärenergiebedarf von derzeit etwa 11,6 % innerhalb von nur 38 Jahren bis zum Jahr 2050 auf 50 % zu steigern, nur gelingen wird, wenn sich gleichzeitig der deutsche Primärenergiebedarf um die Hälfte verringert[1]. Damit wäre es Deutschland gelungen, die prognostizierte Energielücke zu füllen. Aber anzunehmen, dass dies auch in einer Welt gelingen könnte, deren Primärenergiebedarf kontinuierlich zunimmt, ist reine Illusion.

Die Tab. 7.1 macht vielmehr deutlich, dass wir nicht erwarten können, dass erneuerbare Energien viel mehr als 15 % des Energiebedarfs der Welt in 38 Jahren werden decken können. Und dies ist viel zu wenig, wenn sich die weniger entwickelten Länder der Welt nach Wunsch entwickeln sollen und wenn aus Gründen des Klimaschutzes der Anteil der Kohle an der Energieversorgung zurückgehen soll. Aber dem aufmerksamen Leser ist wahrscheinlich aufgefallen, dass diese Schlussfolgerungen auf einem immanenten Widerspruch gegründet sind:

Der Primärenergiebedarf kann bis 2050 nicht zunehmen, wenn das Angebot der erneuerbaren Energien dann nur $PEA^{(\text{ernb})}$ = 3,5 · 10^{13} kWh · a^{-1} beträgt. Ist diese Angebot aus prinzipiellen Gründen begrenzt, sind die Voraussetzungen für die in diesem Buch gemachten Prognosen nicht vorhanden und die Ergebnisse dieser Prognosen werden nicht dem tatsächlichen Geschehen entsprechen.

Dieser, mit dem System wesenhaft verbundene Widerspruch, weist auf eine essentielle Systemkrise, also eine **Krise unserer Energieversorgung** hin. Im Rahmen dieses Buchs besteht der einzige Weg aus der Krise in einer Fortentwicklung der Kernenergie. Welche

---

[1] Dies sind die Vorgaben des deutschen Energiekonzepts, bekannter unter dem Namen **„Energiewende"**.

Folgen dies für die weitere Entwicklung der Menschheit haben könnte, ist nicht Thema dieses Buchs. Aber es ist schon erschreckend, wenn Auswege innerhalb einer Frist von nur 38 Jahren gefunden und verwirklicht werden müssen. Die internationale Öffentlichkeit ist sich dieses Problems durchaus bewusst, in englischsprachigen Internetforen wird es mit steigender Dringlichkeit diskutiert.

Die deutsche Öffentlichkeit wird aber wohl menschlichen Gewohnheiten folgen und zunächst die Existenz einer Krise überhaupt leugnen, so lange ihre Auswirkungen nicht unmittelbar zu spüren sind. Das bedeutet, die Gültigkeit der in diesem Buch durchgeführten Analysen wird angezweifelt, zumal sie physikalische Gesetze zur Grundlage haben, deren Aussagekraft nicht überall verstanden und akzeptiert wird. Diese Aussagen bilden jedoch nur die erste und fundamentale Ebene, in welcher sich Planungen für eine globale Versorgung mit Energie bewegen müssen. Es gibt weitere Kriterien, welche von gleicher Bedeutung sind und welche die Aussagen der Tab. 7.1 keineswegs widerlegen. In Abschn. 3.1.1 wurde bereits auf die prinzipielle Bedeutung der Energiepreise und ihrer Beziehung zur Energieeffizienz hingewiesen. Auf andere Kriterien wird im Folgenden nur kurz eingegangen, sie werden nicht mit derselben Ausführlichkeit untersucht, wie das bisher geschah. Stattdessen werden zur Erläuterung die Daten aus veröffentlichten Analysen verwendet.

Mit ihren Stichworten charakterisiert, handelt es sich um folgende Bewertungskriterien:

1. **Herstellungs- und Unterhaltungskosten.**
   Eine Wandlungstechnik wird sich nur dann erfolgreich einsetzen lassen, wenn sie auch finanzierbar ist. Dabei sollte die Finanzierbarkeit nicht einfach mithilfe eines Geldwerts entschieden werden, denn für diesen gibt es, wie in Abschn. 2.1.1 dargelegt, keine eindeutig definierte Maßeinheit. Vielmehr muss die Finanzierbarkeit immer relativ zum *BIP* **der Welt** geprüft werden. Dieses beträgt zur Zeit etwa $70 \cdot 10^{12}$ USD $\cdot$ a^{-1}.

2. **Energiepreis.**
   Der Energiepreis wird bestimmt durch die **Kosten**, welche dem Betreiber einer Energiewandlungsanlage pro Jahr entstehen. Wie die Preise sich in Zukunft verändern werden, ist schwer vorherzusagen. Eines scheint sicher: Die Energiepreise werden steigen. Das liegt nicht nur an der Verknappung der fossilen Energiereserven, sondern auch daran, dass zunächst immer die Energiereserven erschlossen werden, die leicht zugänglich sind und daher auch zu niedrigen Preisen führen sollten[2]. Zum Beispiel verlagert sich die Erdölförderung auf dem Land erst jetzt immer mehr in die Tiefsee, obwohl die Vorkommen dort schon länger bekannt sind und viel früher hätten erschlossen werden können. Durch die Verlagerung der Förderanlagen in problematische Gebiete vergrößern sich die Herstellungs- und Unterhaltungskosten $\mathcal{K}$, welche den Preis bestimmen. Aber dieser hängt auch ab von der Lebensdauer ($\mathcal{L} = L$ a) der Anlage und den jährlich auf dem Kapitalmarkt zu zahlenden **Zinsen** ($\mathcal{Z} = 100Z$ %). Unter der Annahme, dass

---

[2] Durch Manipulation, wie in Abschn. 3.1.1 beschrieben, muss dies nicht immer der Fall sein.

Kreditlaufzeit und Lebensdauer gleich groß sind, berechnet sich der Energiepreis $\mathcal{P}$ zu

$$\mathcal{P} = Z\mathcal{K}\frac{(1+Z)^L}{(1+Z)^L - 1} \tag{7.2}$$

und kann sehr hoch werden, wenn L klein ist. Bei Wind- und Fotovoltaikanlagen, welche die meiste Zeit nicht wandeln (ersichtlich aus ihren Kapazitätsfaktoren $\kappa < 0{,}5$), ist gewöhnlich die Lebensdauer geringer als die Kreditlaufzeit und der Energiepreis deutlich höher als durch Gleichung 7.2 angegeben. Auf der anderen Seite, ist die Kreditlaufzeit kleiner als die Lebensdauer, wie z. B. bei Wasserkraftanlagen, könnte sich der Energiepreis auch wieder verringern.

3. **Materialbedarf.**

Darunter versteht man die Menge an Rohstoffen, insbesondere von Eisen (Fe), Kupfer (Cu), Aluminium (Al) und Zement, die zur Herstellung und zum Betrieb einer Wandlungsanlage benötigt werden. Übersteigen die jährlich benötigten Mengen die jährliche Weltproduktion, dann lässt sich diese Technik aus Mangel an Ressourcen nicht einsetzen. Da die Förderung und Bereitstellung von Rohstoffen auch Energie erfordert, besteht ein Zusammenhang mit der Höhe des Energiebedarfs.

4. **Energierückholzeit.**

Damit ist die Zeit gemeint, während der eine Anlage allein die Energiemenge wandelt, die zu ihrer Herstellung benötigt wurde. Es ist ganz klar: Ist diese Zeit gleich der Lebensdauer der Anlage, lohnt es sich erst gar nicht, diese Anlage zu errichten. Die Energierückholzeit ist eng verbunden mit dem **EROEI-Faktor** (energy-returned-over-energy-invested), welcher in der englischsprachigen Literatur verwendet wird. Der Unterschied besteht darin, dass der EROEI-Faktor keinen Unterschied in der Art der investierten Energie macht (es kann sich also auch um die Energie aus fossilen Quellen handeln), während sich die Energierückholzeit immer auf die von der Anlage gewandelte Energie bezieht.

5. **Schadstoffemissionen.**

Dieser Punkt berücksichtigt zunächst nur Einflüsse, welche die Herstellung, der Betrieb und der Abbau einer Wandlungsanlage auf das Klima und unsere Umwelt haben. Werden dafür fossile Energie benötigt, entstehen dadurch Schadstoffe. Bei den flüchtigen Schadstoffen handelt es sich überwiegend um die Gase Kohlendioxid (CO_2), Schwefeldioxid (SO_2) und Stickoxide (NO_x). Die Emissionen dieser Gase in die Atmosphäre sind, wenigstens teilweise, die Ursache für den Klimawandel und Umweltschäden. Auf der anderen Seite können auch die erneuerbaren Energien dafür verantwortlich sein, wie in Abschn. 4.5 diskutiert. Deren Auswirkungen sind nicht so einfach messbar wie Schadstoffkonzentrationen in der Atmosphäre. Aber sie bewirken z. B. einen Rückgang der **Artenvielfalt** durch die Zunahme der Flächennutzung. Sicher ist, dass die Zunahme des Primärenergiebedarfs in jedem Fall zu einer Vergrößerung der Umweltschäden führt.

Abb. 7.1 Der schematische
Aufbau eines Gas-und-Dampf-
Kombikaftwerks, dessen totaler
Wirkungsgrad noch dadurch
gesteigert wird, dass die Abwärme für die Fernheizung
verwendet wird (siehe Kap. 10)

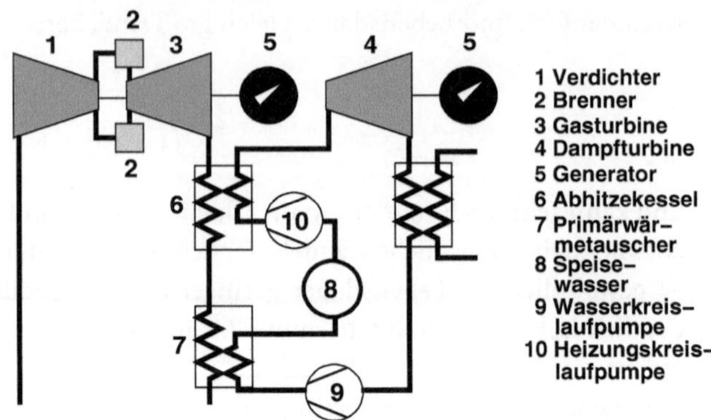

Wie schon gesagt, geht eine detaillierte Analyse dieser 5 Kriterien über das Ziel dieses Buchs
hinaus. Um sie trotzdem mit Substanz zu füllen, greifen wir auf Informationen zurück, die
in dem Buch „Erneuerbare Energie" von M. Kaltschmidt & A. Wiese publiziert wurden,
siehe den Hinweis im Vorwort. Und zwar verwenden wir für diese Beurteilung den Vergleich mit einem konventionellen **Gas-und-Dampf-Kombikraftwerk** (GuD).

In der Abb. 7.1 ist ein Schema dieser Kraftwerksanlage gezeigt. Das GuD-Kraftwerk
arbeitet mit Erdgas als fossilem Brennstoff. Die von einem Verdichter angesaugte und komprimierte Luft wird in einem Brenner mit dem Erdgas verbrannt, die sehr heißen Verbren-
nungsgase treiben die Gasturbine. Die Abgase haben immer noch eine Temperatur von
ca. 600 °C, und diese Temperatur ist ausreichend, um in dem Abhitzekessel das Wasser des
Sekundärkreislaufs in Wasserdampf zu verwandeln, der eine Dampfturbine antreibt. Für
die Deckung von Leistungsspitzen kann die Dampfmenge durch Zusatzfeuerung im Abhitzekessel noch vergrößert werden. Schließlich wird in dem Wärmetauscher dem Wasserdampf die Restwärme entzogen, die für Heizungszwecke verwendet werden kann. Dieses
Anlageprinzip hat den Vorteil, dass es sehr flexibel an den jeweiligen Bedarf angepasst werden kann, und es erreicht einen relativ großen **Gesamtwirkungsgrad** von $\eta \approx 0{,}9$, wenn
alle Möglichkeiten genutzt werden. Das GuD-Kraftwerk, dass wir zum Vergleich mit den
erneuerbaren Energien benutzt haben, besitzt folgende Anlagedaten:

Elektrische Nennleistung:	660 MW
Elektrischer Wirkungsgrad:	0,55
Vollaststunden:	$5000\,\mathrm{h}\cdot\mathrm{a}^{-1}$
Elektrische Leistungsabgabe:	$3{,}3\cdot 10^9\,\mathrm{kWh}\cdot\mathrm{a}^{-1}$
Herstellungskosten:	$358\cdot 10^6$ Euro
Jährliche Gesamtbetriebskosten:	$98\cdot 10^6$ Euro $\cdot\,a^{-1}$

In der Abb. 7.2 werden die Daten des GuD-Kraftwerks verglichen mit den äquivalenten
Daten verschiedener Anlagetypen zur Wandlung erneuerbarer Energien. Dabei verzichten
wir, wegen der großen Unsicherheiten, auf Zahlenangaben, sondern kodieren den Ver-

gleichswert mithilfe von Grautönen: Je heller der Grauton, um so mehr spricht das Verhältnis R zwischen erneuerbarer Energie und GuD-Kraftwerk zu Gunsten der erneuerbaren Energie. Die Grautonabstufungen folgen einer logarithmischen Skala von $0 \leq i \leq 10$ auf der Basis 2. Einige Bemerkungen zu den Anlagetypen, die in der Abb. 7.2 erscheinen.

Fotovoltaik: Unterschieden wird zwischen Kleinanlagen, die im Allgemeinen auf Dächern in Wohngebieten errichtet werden, und Großanlagen, die sich außerhalb von Wohngebieten auf speziell dafür ausgewiesenen Flächen befinden. Im zweiten Fall müssen die Fotodioden geständert und nach der Sonne ausgerichtet werden, was höhere **Kosten** und einen größeren **Materialbedarf** bedeuten. Allgemein zeichnen sich Fotovoltaikanlagen dadurch aus, dass sie von allen erneuerbaren Energien, die hier betrachtet werden, die längsten Energierückholzeiten benötigen. Bezogen auf eine Anlagelebensdauer von 25 Jahren und der während dieser Zeit gewandelten elektrischen Energie, beträgt die Energierückholzeit unter europäischen Rahmenbedingungen etwa 30 %. Das heißt, unter diesen Bedingungen wandelt die Anlage während der ersten 8 Jahre gerade die Energie, die für ihren Aufbau benötigt wurde.

Solarthermische Anlage: Die dezentralen Anlagen dienen der Wärmebereitstellung einzelner Gebäude und sollten in Zukunft durch Modernisierung, d. h. der Wärmedämmung von Gebäuden, ersetzt werden. Die Konzentratoranlagen werden errichtet zur Wandlung von thermischer in elektrische Energie. Sie müssen durch einen thermischen Speicher ergänzt werden, falls die Energie ununterbrochen verfügbar sein muss. Die Energierückholzeiten von solarthermischen Anlagen sind wesentlich günstiger als die von Fotovoltaikanlagen. Sie schwanken zwischen 4–8 % abhängig davon, ob in der Anlage ein Wärmespeicher integriert ist oder nicht.

Windkraftanlage: Die Anlagedaten hängen nur wenig von den mittleren Windgeschwindigkeiten ab. Natürlich steigt bei gleicher Anlage die gewandelte Leistung mit der Windgeschwindigkeit und daher verringern sich die Energierückholzeiten mit wachsender Windgeschwindigkeit. Bei einer mittleren Windgeschwindigkeit von $6,5\,\mathrm{m} \cdot \mathrm{s}^{-1}$ liegen sie bei etwa 5,5 %. Wegen der logarithmischen Skala macht sich die Abhängigkeit von der Windgeschwindigkeit in den Grautönen nur wenig bemerkbar.

Wasserkraftwerk: Wir haben zwischen kleinen Wasserkraftwerken, wie sie überwiegend in Deutschland vorkommen, und großen Kraftwerken, von denen einige in der Tab. 6.10 aufgezählt werden, unterschieden. Auch hier ist die Energierückholzeit für große Anlagen etwas geringer. Wasserkraftwerke besitzen im Mittel mit ca. 2 % die günstigsten Energierückholzeiten, was natürlich auch mit ihrem sehr hohen Wirkungsgrad zusammenhängt. In ihrem Materialbedarf und den anderen Parametern unterscheiden sich kleine und große Anlagen nicht wesentlich voneinander.

Herst. Kosten (Euro/kWh/a)	GUD-Kraftwerk abs.	rel.	Fotovoltaik Dach-anlage	Gross-anlage	solarthermische Anlage dezentral	Konztr.	+Speicher	Windkraftwerk 4,5 m/s	5,5 m/s	6,5 m/s	Wasser-kraftwerk klein	gross	geotherm. Kraftwerk
Herst. Kosten (Euro/kWh/a)	0,036												
En. Preis (Euro/kWh)	0,04												
Material (kg/GWh/a)													
Fe	327												
Cu	10												
Al	10												
Zement	71												
Energierück-holzeit (a)	0,15												
Emissionen (kg/MWh)													
CO_2	423												
SO_2	0,23												
NO_x	0,49												

Abb. 7.2 Ein Vergleich zwischen erneuerbaren Energien und einem konventionellen GuD-Kraftwerk mit Erdgasfeuerung. Je schwärzer die Farbe, um so schlechter schneiden die erneuerbaren Energien bei diesem Vergleich ab

Geothermisches Kraftwerk: Da sich das HDR-Verfahren noch im Versuchsstadium befindet, sind die Angaben zu diesem Anlagetyp sehr unsicher. Während das Kraftwerk selbst einem konventionellen Kraftwerk sehr ähnlich ist, können die Aufwendungen für die Tiefbohrungen und die Erschließung des heißen Gesteins nur grob abgeschätzt werden.

Biomasse ist in der Tab. 7.1 außen vorgelassen, weil es sich dabei im Wesentlichen nur um die Umwidmung einer etablierten Technologie handelt: Nahrungspflanzen werden durch Energiepflanzen ersetzt. Der begrenzende Parameter ist hier der extrem große Nutzflächenbedarf und diese Tatsache wurde schon öfters diskutiert.

Die Aufgabe der Abb. 7.2 ist, uns auf die Punkte hinzuweisen, wo der Einsatz erneuerbarer Energien große Vorteile bietet, unsere Aufmerksamkeit aber auch auf die Punkte zu lenken, wo wir mit großen Nachteilen rechnen müssen. Es ist unbestritten, dass erneuerbare Energien weniger Schadstoffe emittieren als die fossilen Energien. Es gibt aber auch viel fundamentalere Aspekte, die erneuerbare Energien keineswegs so umweltschonend erscheinen lassen, wie allgemein angenommen wird. Auf diese Aspekte ist an verschiedenen Stellen in diesem Buch bereits hingewiesen worden und wir werden darauf noch einmal im Kap. 11 eingehen. Auf der anderen Seite erfordern von den erneuerbaren Energien insbesondere die Solar- und Windenergie einen viel höheren Materialbedarf, als wir das von den fossilen Energien gewohnt sind. Dies hängt natürlich mit der geringen Energiedichte dieser Energieträger zusammen, welcher charakteristisch für sie ist. Damit verkoppelt ist die Erkenntnis, dass die Einführung erneuerbarer Energien sehr große Investitionsmittel er-

Tab. 7.2 Der jährliche Finanzierungs- und Materialbedarf für den weltweiten Aufbau erneuerbarer Energien bis zum Jahr 2050

Energieform	Biomasse	Wasserkraft	Geothermie	Fotovoltaik	Solarthermie	Windkraft	total
Beitrag zur Energieversorgung	4 %	4 %	3 %	6 %	13 %	20 %	50 %
Kapazität (GW)	28	28	21	147	319	393	936
Jährliche Investitionskosten (% BIP)							
	0,13	0,16	0,12	1,68	1,75	1,44	$\approx$ 5,3 (7,9)[a]
Jährlicher Materialbedarf (10^9 kg $\cdot$ a^{-1})							
Fe		22,0	2,8	402,5	8,5	103,3	$\approx$ 540 (927)[b]
Cu		0,3	–	7,0	–	2,3	$\approx$ 10 (16)[b]
Al		–	0,1	0,5	5,5	1,3	$\approx$ 7 (3)[b]
Zement		82,5	8,8	42,5	54,0	51,8	$\approx$ 240 (260)[b]

[a] Bei Berücksichtigung der Kosten des Wirtschaftstrukturwandels;
[b] Augenblickliche Jahresproduktion

fordert. Die Höhe der **Investitionen** wurde kürzlich in einer Untersuchung[3] berechnet, die Ergebnisse werden im Folgenden auf die Prognose 2 (Abschn. 5.6) übertragen. Folgende Anforderungen müssen zusätzlich berücksichtigt werden:

- Wegen der zeitlichen Fluktuation erneuerbarer Energien müssen die in weniger als 40 Jahren zu errichtenden **Kapazitäten** um den Faktor 1,3 größer sein als der prognostizierte Primärenergiebedarf. Dies entspricht einer jährlich zu errichtenden Kapazität von $8,2 \cdot 10^{12}$ kWh $\cdot$ a^{-1} an erneuerbaren Energien.
- Der Investitionsmittelbedarf erhöht sich um einen Faktor 1,5, weil die globalen Wirtschaftsstrukturen von der derzeit dominierenden Form (chemische Energie) auf die zur Mitte des 21. Jahrhunderts vorherrschende Form (elektrische Energie) umgestellt werden müssen. Ein besonders gravierendes Problem stellt der Ersatz der, unsere Lebensgewohnheiten heute noch bestimmenden **Petrochemie** dar.
- Für die Finanzierung wurde ein Zinssatz von 5 % und eine Kreditlaufzeit von 20 Jahren angenommen.

Mit diesen Erweiterungen ergibt sich der jährliche Bedarf an Investitionen und Materialien, wie er in Tab. 7.2 angegeben ist.

Dabei wurden die entsprechenden Anteile der Träger erneuerbarer Energien anhand der derzeitigen vorhandenen und zukünftig möglichen Wirtschaftsstrukturen ermittelt. Nach der **Aeldric-Studie**, erweitert auf Prognose 2, müssten etwa 5,3 % des Welt-BIP jedes Jahr aufgewendet werden, um erneuerbare Energien in erforderlichem Ausmaß in die Weltener-

---

[3] Hier als **Aeldric-Studie** bezeichnet, siehe http://www.theoildrum/com/node/5490.

gieversorgung einzuführen. Dies ist praktisch unmöglich. Betrachten wir die deutschen Verhältnisse:

Deutschland hat im Jahr 2008 einen Anteil von 0,56 % seines *BIP* von $3,4 \cdot 10^{12}$ USD $\cdot$ a^{-1} aufgewendet, um seine **Kapazitäten** an erneuerbaren Energien um $2,79 \cdot 10^{10}$ kWh $\cdot$ a^{-1} zu vergrößern. Dies ergibt einen Steigerungsfaktor von

$$4,98 \cdot 10^{10} \text{ kWh} \cdot \text{a}^{-1} \text{ erneuerbare Energien (installiert) pro } 1\% \; BIP.$$

Rechnet man dies um auf den weltweit erforderlichen Zuwachs, so wären dafür, gemessen an deutschen Verhältnissen und ohne Berücksichtigung der **Kosten** für die Wirtschaftsstrukturumstellung, etwa 8 % des Welt-*BIP* erforderlich. Dies ist mehr als das Ergebnis der Aeldric-Studie, die offensichtlich von noch zu optimistischen Voraussetzungen ausgeht. Aber das Problem wird deutlich: Selbst unter optimistischen Annahmen kann ein reiches und hochindustrialisiertes Land, wie Deutschland, nur etwa 1/10 der erforderlichen Investitionsmittel für den Aufbau einer ausreichenden Energieversorgung bereitstellen.

Bei der Analyse des erforderlichen Materialbedarfs kommt man zu ähnlichen Ergebnissen. Die Jahresproduktionen von Fe, Cu und Zement würden fast vollständig benötigt zur Installation der Wandlungsanlagen für erneuerbare Energien. Dagegen würde der Bedarf an Al die heutige Weltjahresproduktion um ein Vielfaches übersteigen. Es ist sogar so, dass die gesamten Weltreserven an Al in Höhe von $25 \cdot 10^{10}$ kg nicht ausreichen würden, um die wichtigsten Wandlungstechnologien Fotovoltaik, Solarthermie und Windkraft in eine zukünftige Energieversorgung so zu integrieren, dass diese den weltweiten Energiebedarf decken könnte.

> Neben den prinzipiellen Grenzen, welche die Verwendung erneuerbarer Energien einschränken, würde ihre angemessene Einführung in die weltweite Energieversorgung bis zum Jahr 2050 auch an dem dafür erforderlichen Bedarf von Investitionsmitteln und Rohstoffen scheitern.

Eine Zukunft ohne Energie? Nicht vollständig, denn als Teil der Natur kann der Mensch, auch nach dem Ende der fossil biogenen Energieträger, erwarten, dass ihm wenigstens die Energie zur Verfügung steht, welche ihm von der Natur zugewiesen ist. Aber auch nicht viel mehr. Dabei wäre das „viel mehr" die Voraussetzung dafür, dass die Menschheit und ihr Wohlstand sich in dem Umfang weiter entwickeln können, wie er durch die Entdeckung der fossilen Energieträger im 18. Jahrhundert ermöglicht wurde.

Dies ist kein ausschließlich pessimistischer Blick in die Zukunft. Was hier dargelegt wurde ist nur, dass die erneuerbaren Energien *allein* nicht in der Lage sind, unseren gewohnten Lebensstandard bei einer wachsenden Weltbevölkerung zu gewährleisten. Es wäre schon viel gewonnen, wenn die Menschheit diesen realistischen Blick auf ihre Möglichkeiten akzeptieren könnte und nicht im Wunschdenken verharrte. Denn die einzig richtige Schlussflogerung aus dieser Erkenntnis wäre dann, die anderen, noch vorhandenen Energieoptionen zu untersuchen und auf ihren Nutzen zu prüfen. Sicherlich stellt die Kernenergie eine der Optionen dar, die sich anbietet. Sie ohne Prüfung von vornherein auszuschließen, heißt nur, den Weg in eine Zukunft ohne (ausreichend) Energie zu gehen. Noch ist der Zeitpunkt nicht erreicht, zu dem die Menschheit eine Entscheidung treffen muss. Aber dieser Zeitpunkt wird noch vor der Mitte des 21. Jahrhunderts erreicht sein.

Sollte entschieden werden, die Option „Kernenergie" nicht zu verfolgen und allein auf die Option „erneuerbare Energien" zu setzen, dann müssen innerhalbe der nächsten 40 Jahre folgende Probleme gelöst werden, die Themen der folgenden Kapitel sind:

- **Energiespeicherung**
Wegen der zeitlichen Fluktuation im Angebot erneuerbarer Energien muss die Möglichkeit bestehen, Energie in Zeiten zu speichern, in denen das Angebot groß ist, um die Energieversorgung zu garantieren in Zeiten, in denen das Angebot klein ist.
- **Energietransport**
Falls es gelänge, die Energieversorgung global zu organisieren, könnte der Zwang zur Energiespeicherung auch teilweise ersetzt werden durch den Energietransport von Gebieten mit einem großen Angebot in Gebiete mit nur geringem Angebot.
- **Energiesparen**
Das Energieangebot wird in diesem Fall zurückgehen und diesem Weg muss der Energiebedarf folgen – es muss Energie gespart werden. Aber was bedeutet das und wie soll es gesteuert werden, so dass die Auswirkungen nicht unerträglich werden?

Die Energiespeicherung

Wir haben uns daran gewöhnt, dass die für unser tägliches Leben notwendige **Endenergie** immer und ohne Beschränkungen zur Verfügung steht, also zu jedem Zeitpunkt und in der Menge vorhanden ist, die wir benötigen. Dass dem so ist, liegt daran, dass die fossilen Energieträger, auf denen unsere Energieversorgung jetzt noch basiert, einen enorm großen Energiespeicher bilden, einen Speicher für **chemische Energie**. Ist dieser Energiespeicher in wenigen Jahrzehnten geleert, muss er durch andere Formen von speicherbarer Energie ersetzt werden. Für Viele sind die erneuerbaren Energien, die wir in den beiden letzten Kapiteln behandelt haben, die erwünschte Alternative. Aber erneuerbare Energien stehen nicht immer und ohne Beschränkung zur Verfügung, wenigstens die Solarenergie und die Windenergie unterliegen starken **Fluktuationen** im Angebot. Unser Anspruch auf eine kontinuierliche Energieversorgung erfordert darum, dass für alle Formen der erneuerbaren Energien die notwendigen Speicher entwickelt werden, welche die fossilen Energiespeicher ersetzen können. Und weiterhin: Wegen des großen **Flächenbedarfs** von Solar- und Windenergie kann die Wandlung in Endenergie nicht nur in der Nähe von Industrie- und Bevölkerungszentren durchgeführt werden, sondern die gewandelte Energie muss über große Distanzen transportiert werden. Der Energietransport kann übrigens auch das Speicherproblem teilweise lösen, wie wir es z. B. vom Erdöl gewohnt sind, das per Schiff oder Rohrleitung über Distanzen von mehr als 10.000 km transportiert wird. Daraus wird deutlich, dass die Probleme der Energiespeicherung und des Energietransports eng verknüpft, aber für die erneuerbaren Energien bisher nicht gelöst sind. Warum ist das so und welche Lösungen bieten sich an?

8.1 Die Versorgung mit erneuerbarer Energie

Wenn wir in die Zukunft blicken, ist die naheliegende Frage, wie viel Energie überhaupt gespeichert werden muss. Und schon diese Frage ist nicht leicht zu beantworten, da es keine einfache Antwort auf die viel näher liegende Frage gibt, wie denn ein zukünftiger Energie-

D. Pelte, *Die Zukunft unserer Energieversorgung*, DOI 10.1007/978-3-658-05815-9_8,
© Springer Fachmedien Wiesbaden 2014

bedarf von $2{,}3 \cdot 10^{14}\,\mathrm{kWh} \cdot \mathrm{a}^{-1}$ gedeckt werden soll. Ein Ergebnis des letzten Kapitels war, dass dies mit erneuerbaren Energien allein nicht möglich ist. Aber im Prinzip muss dieses Problem natürlich nicht gelöst sein, wichtig ist allein die Tatsache, dass eine Energieversorgung auf der Basis erneuerbarer Energien den Angebotsschwankungen Rechnung tragen muss, wie es auch in der Aeldric-Studie geschah, siehe Kap. 7.

Diese zeitlichen **Fluktuationen** sind kurzfristig (Tag/Nacht Zyklus) und langfristig (Sommer/Winter Zyklus). Die erforderliche Größe eines Energiespeichers wird bestimmt durch die langfristigen Fluktuationen. Ein Beispiel für eine langfristige Fluktuation ist die monatliche Veränderung der Sonnenintensität, die in Abb. 6.4 dargestellt ist. Eine derartige Fluktuation kann beschrieben werden durch die Funktion

$$P = P_0 \left(1 - \sigma \cos \left(2\pi \frac{t}{12} \right) \right) \quad \text{mit} 0 \leq t \leq 12 \text{ und Periode } T = 12\,\text{mon} \tag{8.1}$$

und ist in Abb. 8.1 gezeigt. Die Zeit t in (8.1) wird in der Einheit $[t] = \text{mon}$ (Monat) gemessen, die **Schwankung** σ mit dem Wertebereich $0 \leq \sigma \leq 1$ bestimmt die Stärke der Fluktuation um den zeitlichen Mittelwert P_0. Der zeitliche Verlauf der Energie, wie er durch (8.1) gegeben ist, lässt sich aufspalten in einen zeitunabhängigen Anteil, die **Grundlast**

$$P_G = P_0(1 - \sigma) \tag{8.2}$$

und in einen zeitabhängigen Anteil, die **Schwankungslast**

$$P_S = \sigma P_0 \left(1 - \cos \left(2\pi \frac{t}{12} \right) \right). \tag{8.3}$$

Die Energiespeicherung muss die zeitabhängige Schwankungslast P_S ausgleichen, indem sie den während der Monate $3 < t \leq 9$ auftretenden Energieüberschuss in die Zeiten $0 < t \leq 3$, $9 < t \leq 12$ des Energiedefizits verschiebt. Diese Zusammenhänge deuten auf zwei gravierende Nachteile der **Energiespeicherung** hin:

- Die zu errichtenden Wandlungskapazitäten sind größer als es der Energiebedarf P_0 erfordert. Maximal muss eine Energie $P_0(1 + \sigma)$ gewandelt werden können, daher muss die Wandlungskapazität um den Faktor $1 + \sigma$ vergrößert werden.
- Die zu speichernde Schwankungslast vergrößert sich um den Kehrwert des Gesamtspeicherwirkungsgrads: $\Delta W = \Delta W^* / \eta_{\mathrm{Sp}}$ (siehe (2.55), ΔW^* ist der durch den Speicher zu deckende Energiebedarf, ΔW ist die dem Speicher zuzuführende Energie). Der **Gesamtwirkungsgrad des Speichers** setzt sich aus zwei Faktoren zusammen, die das Füllen (i) und das Entleeren (f) des Speichers kennzeichnen:

$$\eta_{\mathrm{Sp}} = \eta_{\mathrm{Sp}}^{(i)} \eta_{\mathrm{Sp}}^{(f)}. \tag{8.4}$$

Beide Punkte bedeuten, dass wegen der Schwankungslast die Energiekosten und die zur Wandlung benötigten Flächen steigen. Um den Kosten- und Flächenanstieg berechnen zu

Abb. 8.1 Die Funktion (8.1), die den zeitlichen Verlauf der Sonnenintensität während eines Jahrs beschreibt. Damit Energie ununterbrochen zur Verfügung steht, muss mit dem Energieüberschuss (+) das Energiedefizit (−) aufgefüllt werden. Dabei muss, wegen des Wirkungsgrads η_{Sp}, für den Speicher mehr Energie bereitgestellt werden, als ihm später wieder entnommen wird

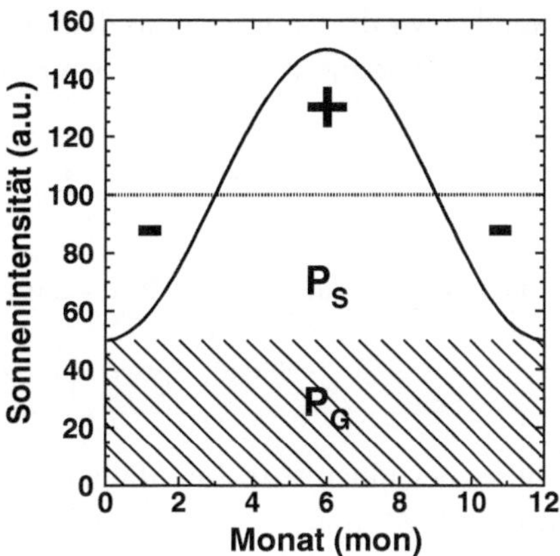

können, muss die Menge der zu speichernden Energie in einem quantitativen Beispiel berechnet werden, was jetzt geschehen soll.

Die zu speichernde Energiemenge beträgt[1]

$$\Delta W_1 = \frac{1}{\eta_{\mathrm{Sp}}} \int\limits_{3}^{9} (P_S - \sigma P_0)\,\mathrm{d}t = \frac{\sigma}{\eta_{\mathrm{Sp}}} P_0 \frac{1}{2\pi} \left(\sin\frac{\pi}{4} - \sin\frac{3\pi}{4} \right) = \frac{\sigma}{\eta_{\mathrm{Sp}}\pi} P_0. \tag{8.5}$$

Die Speichermenge ist also proportional zur Schwankung σ und umgekehrt proportional zum Speicherwirkungsgrad η_{Sp}. Sie muss die während der Wintermonate nicht vorhandene Energie

$$\Delta W_2 = 2 \int\limits_{0}^{3} (\sigma P_0 - P_S)\,\mathrm{d}t = -\frac{\sigma}{\pi} P_0 \tag{8.6}$$

ersetzen. Weiterhin erhöht sich die insgesamt zu wandelnde Energiemenge auf einen Wert

$$P = P_0 + \Delta W_1 + \Delta W_2 = P_0 \left(1 + \frac{\sigma}{\pi} \left(\frac{1}{\eta_{\mathrm{Sp}}} - 1 \right) \right), \tag{8.7}$$

sie ist also größer als der eigentliche Energiebedarf P_0, da ein Teil, nämlich die Schwankungslast, zwischengespeichert werden muss. Vergleichen wir das Ergebnis (8.7) mit dem Ansatz (2.56), so beträgt der **Nutzungsgrad erneuerbarer Energien**

$$\zeta^{(\mathrm{ernb})} = \zeta^{(\mathrm{foss})} \left(1 + \left(\frac{1}{\eta_{\mathrm{Sp}}} - 1 \right) \frac{\sigma}{\pi} \right)^{-1}, \tag{8.8}$$

was sich in der Tat von dem Ansatz (2.56) unterscheidet, da wir jetzt ein definiertes Modell für die Schwankungslast entwickelt haben. Aber dieser Unterschied ist nicht sehr groß:

---

[1] Bei der Berechnung des Integrals muss berücksichtigt werden, dass wir immer den jährlichen Energiebedarf P_0 angeben, die Integration aber über die Monate 3 bis 9 durchgeführt wird.

Verwenden wir die Parameter aus dem obigen Beispiel und die Daten aus Abschn. 2.4.1, so beträgt der Nutzungsgrad erneuerbarer Energie nach (8.8)

$$\zeta^{(\mathrm{ernb})} = \zeta^{(\mathrm{foss})} \left(1 + (2-1)\frac{0{,}5}{\pi}\right)^{-1} = 0{,}86\, \zeta^{(\mathrm{foss})} \tag{8.9}$$

und nach dem Ansatz (2.56) mit $\alpha = 2$ und $\delta = \sigma$ würde sich ergeben

$$\zeta^{(\mathrm{ernb})} = \zeta^{(\mathrm{foss})} \left(1 + (0{,}5-1)0{,}5^2\right) = 0{,}88\, \zeta^{(\mathrm{foss})}. \tag{8.10}$$

Diese Gleichheit ist mehr zufällig, von größerer Bedeutung ist, dass der Vergleich von (8.8) mit (2.56) drauf hinweist, dass die inverse Schwankung $1/\sigma$ äquivalent ist zum **Versorgungsgrad** δ. Folglich sollte der Anteil, den erneuerbare Energien in der Versorgung übernehmen, dann möglichst klein sein, wenn ihre zeitlichen **Fluktuationen** besonders stark sind. Diese Zusammenhänge helfen mit, die Daten der Tab. 7.1 zu verstehen.

Gleichung 8.8 bildet die Basis, anhand derer die physikalischen Eigenschaften der Energiespeicherung untersucht werden müssen. In (8.8) tritt die Periode T der Fluktuation nicht explizit auf, sie gilt daher sowohl für kurzfristige Fluktuationen (Tag/Nacht Zyklus), wie für langfristige Fluktuationen (Sommer/Winter Zyklus). Daraus folgt:

- Die relative Vergrößerung des Primärenergiebedarfs durch zeitlich fluktuierende Energiequellen ist unabhängig von der Periodendauer der Fluktuation.
  Betrachten wir den Tag/Nacht Zyklus mit $\sigma = 1$ und setzen wir einen Energiespeicher mit Wirkungsgrad $\eta_{\mathrm{Sp}} = 0{,}5$ voraus, so erhöht sich der Primärenergiebedarf $PEB^{(\mathrm{ernb})}$ relativ zu dem bei ausschließlicher Verwendung von fossilen Energien $PEB^{(\mathrm{foss})}$ um

$$PEB^{(\mathrm{ernb})} = \gamma PEB^{(\mathrm{foss})} \text{ mit dem } \gamma\text{-Faktor } \gamma = \frac{\zeta^{(\mathrm{foss})}}{\zeta^{(\mathrm{ernb})}} = 1{,}32. \tag{8.11}$$

Dies bedeutet eine Steigerung um fast einen Faktor 1 1/3 und ist daher in exzellenter Übereinstimmung mit der **Aeldric-Studie**. Natürlich ist dieses Ergebnis nicht realistisch, weil unberücksichtigt bleibt, dass zur Mitte des 21. Jahrhunderts noch ca. 50 % des Primärenergiebedarfs von fossilen Energien gedeckt werden können[2]. Dies muss mithilfe des linearen Ansatzes (2.47) berücksichtigt werden, was in Abschn. 10.4 geschehen wird.

Dagegen ist die Periodendauer der Fluktuation bestimmend dafür, wie groß die zu speichernde Energiemenge absolut sein muss. Das bedeutet:

- Die benötigte **Kapazität** des Energiespeichers ist vorgegeben durch die Periodendauer der Fluktuation.

---

[2] Die Aeldric-Studie nimmt in der Tat an, dass um 2050 der Vorrat an fossilen Energien vollständig verschwunden ist.

Für langfristige Fluktuationen (Sommer/Winter Zyklus) muss die Kapazität des Speichers

$$\Delta W_1 = \frac{\sigma}{\eta_{\mathrm{Sp}}\,\pi}\,PEB^{(\mathrm{foss})} = 7 \cdot 10^{13}\,\mathrm{kWh} \cdot \mathrm{a}^{-1}$$

betragen. Für kurzfristige Fluktuationen (Tag/Nacht Zyklus) reduziert sich die notwendige Speicherkapazität um den Faktor 1/365 und beträgt nur noch

$$\Delta W_1 = 2 \cdot 10^{11}\,\mathrm{kWh} \cdot \mathrm{a}^{-1}.$$

Es ist offensichtlich, dass es aussichtslos ist, genügend Speicherkapazität für langfristige Fluktuationen zu errichten. Unter den gewählten Bedingungen ist die Speicheranforderung etwa halb so hoch wie der gesamte Primärenergiebedarf zu Beginn des 21. Jahrhunderts. Aber es ist sicherlich auch nicht ausreichend, nur die Speicherkapazitäten für kurzfristige Fluktuationen zu errichten. Längerfristige Unterbrechungen im Wandlungsprozess müssen in die Kalkulation einbezogen werden. Wir gehen davon aus, dass der Energiespeicher eine **Kapazität** von $2 \cdot 10^{12}\,\mathrm{kWh} \cdot \mathrm{a}^{-1}$ besitzen muss, was einer Periodendauer von etwa 10 Tagen entspricht. Dies schafft Reserven für den Ausfall von Anlagen und für eine weitere Erhöhung des Primärenergiebedarfs.

8.2   Die Speicherung erneuerbarer Energien

In den folgenden Abschnitten werden wir untersuchen, ob Speicher für erneuerbare Energien existieren, die eine Energiemenge von ca. $2 \cdot 10^{12}\,\mathrm{kWh} \cdot \mathrm{a}^{-1}$ speichern können. Für ein realistisches Konzept muss der Speicher 3 Mindestanforderungen erfüllen:

- Das Speichermedium muss in ausreichendem Maß zur Verfügung stehen und die Errichtung des Speichers darf keine Extrakosten (finanziell oder energetisch) verursachen.
- Das Speichervolumen darf eine problemabhängige Größe nicht übersteigen. Wie groß das Volumen V eines Energiespeichers ist, wird bestimmt durch seine **Energiedichte** $w = W/V$ und die Menge W der zu speichernden Energie. Die Werte sind durch das Problem vorgegeben: Zum Beispiel ist für einen mobilen Energiespeicher (im Sektor „Mobilität") ein Speicher mit hoher Energiedichte erforderlich, während für einen stationären Speicher (im Sektor „Prozessenergie") ein kleinerer Wert von w akzeptabel ist, wenn alle anderen Anforderungen optimal erfüllt werden.
- Der **Speicherwirkungsgrad** sollte möglichst groß sein ($\eta_{\mathrm{Sp}} > 0{,}5$), damit sich durch die Energiespeicherung nicht der Energiebedarf wesentlich erhöht. Für die erneuerbaren Energien ist diese Forderung besonders wichtig, weil hier schon von vornherein eine **Lücke** zwischen Energiebedarf und Energieangebot besteht.

Gibt es Speicher, welche diese Anforderung erfüllen, insbesondere bei der Speicherung elektrischer Energie, der dominanten Form erneuerbarer Energien? Wir werden gleich

Tab. 8.1 Die Eigenschaften ausgesuchter Dielektrika und die Energiedichten, die sich mit diesen Dielektrika erreichen lassen

Dielektrikum	ε [a]	E_{max} $(V \cdot m^{-1})$	Energiedichte $(10^{-3}\,kWh \cdot m^{-3})$
Luft	1	$3 \cdot 10^6$	0,01
imprägniertes Papier	2,23	$1,2 \cdot 10^8$	40
Glimmer	3	$1,6 \cdot 10^8$	90
Ba-Sr-Titanat	1800	$1 \cdot 10^7$	222
Polysteren	2,56	$3 \cdot 10^8$	284
Luzit	3	$4 \cdot 10^8$	591

[a] Unter dar Annahme, dass ε unabhängig von E ist.

lernen, dass dieser Speicher nicht existiert, sondern das elektrische Energie zunächst in eine andere, speicherfähige Energieform umgewandelt werden muss, was den Speicherwirkungsgrad aufgrund der Produktregel 2.33 verringert. Aber dies sind schwierige Fragen, deren Behandlung ein gutes Verständnis der zu Grunde liegenden physikalischen Gesetze voraussetzt. Es ist daher kein Wunder, dass diese Behandlung allein auf der P-Ebene durchgeführt werden kann.

8.2.1 P-Ebene: Physikalische Grundlagen von Energiespeichern

Erneuerbare Energien mit langen zeitlichen Fluktuationen werden überwiegend in elektrische oder thermische Energie gewandelt. Wir beginnen daher mit den Speichermöglichkeiten für diese Formen der Endenergie.

Die Speicherung elektrischer Energie

Als direkter Speicher für elektrische Energie kommen nur das elektrische Feld und das magnetische Feld in Betracht. Auf die Möglichkeit, elektrische Energie mithilfe des elektrischen Felds zu speichern, wurde bereits im Abschn. 2.4.1 hingewiesen.

Das elektrische Feld entsteht zwischen den Elektroden eines **Kondensators**, wenn diese aufgeladen werden. Wir betrachten zur Vereinfachung einen Plattenkondensator, dessen Elektroden mit der Oberfläche A sich im Abstand d gegenüber stehen. Zwischen den Platten befindet sich ein Dielektrikum mit der Dielektrizitätskonstanten ε. Werden die Elektroden mit konstanter Spannung $\Delta\phi_0$ aufgeladen, so beträgt die Menge der auf den Elektroden gespeicherten **Ladung**

$$q = C\Delta\phi_0 \quad \text{mit der Kapazität} \quad C = \varepsilon\varepsilon_0 \frac{A}{d}. \tag{8.12}$$

Die elektrische Feldkonstante hat die Größe $\varepsilon_0 = 6{,}654 \cdot 10^{-12}\,C^2 \cdot N^{-1} \cdot m^{-2}$.

Die maximale Ladespannung $\Delta\phi_{\max} > \Delta\phi_0$ an dem Kondensator ist gegeben durch die **Durchbruchfeldstärke** $E_{\max}$, die von der Art des Dielektrikums zwischen den Elektroden abhängt, also von der Dielektrizitätskonstanten ε. Es gilt

$$\Delta\phi_{\max} = E_{\max}d \tag{8.13}$$

und die relevanten Parameter für verschiedene Dielektrika sind in der Tab. 8.1 zusammengefasst. Anhand der Daten in Tab. 8.1 lässt sich die Dichte der in einem Kondensator mit dem Volumen $V = Ad$ gespeicherten Energie berechnen. Sie ergibt sich nach (2.50) zu

$$w = \frac{W_{\mathrm{el}}^{*}}{V} = \frac{q\Delta\phi_{\max}}{2V} = \frac{C}{Ad}\frac{\Delta\phi_{\max}^{2}}{2} = \varepsilon\varepsilon_0\frac{E_{\max}^{2}}{2}. \tag{8.14}$$

Das heißt, die **Energiedichte** in einem Kondensator ist von der Größenordnung $w \approx 0{,}3\,\mathrm{kWh}\cdot\mathrm{m}^{-3}$, wenn als Dielektrikum Polysteren gewählt wird. Das Kondensatorvolumen muss von der Größe $V \approx 7\cdot10^{12}\,\mathrm{m}^3$ sein, um die Speicheranforderungen einer zukünftigen Energieversorgung zu erfüllen. Um sich eine Vorstellung von diesem Volumen zu machen: Falls wir die gesamte Fläche Deutschlands, das sind $A = 3{,}6\cdot10^{11}\,\mathrm{m}^2$, mit Kondensatoren belegen, dann würde dieser Stapel einen Höhe $d \approx 20\,\mathrm{m}$ erreichen. Und bei dieser Abschätzung ist der Raumbedarf der Elektroden, der Zuleitungen und der gesamten Infrastruktur nicht berücksichtigt!

Die Kondensatoraufladung mit konstanter Spannung ergibt einen Speicherwirkungsgrad $\eta_{\mathrm{Sp}} = 0{,}5$ unabhängig von der Spannung. Außerdem dauert die vollständige Aufladung unendlich lang (siehe (2.52)), Was natürlich unerwünscht ist, wenn nur kurzfristige Fluktuation ausgeglichen werden sollen. Für solche Aufgaben muss ein Kondensator schnell aufgeladen sein und dies gelingt mithilfe eines konstanten **Gleichstroms** I_0 über den Ohm'schen Widerstand R.[3] Diese Aufladetechnik erfordert allerdings, dass die Ladespannung jetzt exponentiell ansteigt:

$$\Delta\phi = \Delta\phi_0\mathrm{e}^{t/RC} \quad \text{mit} \quad \Delta\phi_0 = RI_0. \tag{8.15}$$

Der Aufladevorgang muss unterbrochen werden, wenn $\Delta\phi = \Delta\phi_{\max}$, und dies geschieht nach der endlichen Zeit

$$t_{\max} = RC\ln\left(\frac{\Delta\phi_{\max}}{\Delta\phi_0} + 1\right). \tag{8.16}$$

Der Speicherwirkungsgrad des Kondensators mit dieser Aufladetechnik ergibt sich zu

$$\eta_{\mathrm{Sp}} = 1 - \frac{t_{\max}}{RC}\left(\frac{\Delta\phi_0}{\Delta\phi_{\max}}\right)^{2} \tag{8.17}$$

---

[3] Der Vorteil der Gleichstromaufladung ist, dass die **Ohm'schen Verluste** RI_0^2 konstant bleiben und sich nicht während des Ladevorgangs verändern.

und kann daher bei geeigneter Dimensionierung der Speicheranlage die Größe $\eta_{\mathrm{Sp}} \approx 1$ erreichen. Das ändert aber natürlich nichts an der nur geringen Energiedichte, die ein Charakteristikum des elektrischen Kondensators ist.

Günstiger sieht es aus, wenn anstelle des elektrischen Felds E ein magnetisches Feld B als Speichermedium verwendet wird. Äquivalent zu (8.13) beträgt die Energiedichte eines magnetischen Felds

$$w = \frac{1}{\mu_0} \frac{B_{\mathrm{max}}^2}{2},\tag{8.18}$$

wobei die elektrische Feldkonstante ε_0 durch den Kehrwert der magnetischen Feldkonstante $\mu_0 = 1{,}257{\cdot}10^{-6}\,\mathrm{V{\cdot}s{\cdot}A^{-1}{\cdot}m^{-1}}$ ersetzt ist. Das magnetische Feld wird von einem durch eine Spule fließenden elektrischen Strom erzeugt, maximale Feldstärken von $B_{\mathrm{max}} \approx 10\,\mathrm{T}$ sind ohne Probleme erreichbar. Dies bedeutet eine **Energiedichte** von $w \approx 11\,\mathrm{kWh{\cdot}m^{-3}}$ in dem magnetischen Feld und diese Energiedichte ist mehr als 30mal größer als die maximale Energiedichte eines elektrischen Felds.

Allerdings gibt es auch jetzt ein Problem: Der Strom in einer Spule würde aufgrund der **Ohm'schen Verluste** sehr schnell abnehmen, die elektrische Energie verwandelt sich in thermische Energie. Dieser Totalverlust lässt sich nur vermeiden, wenn der Leitungswiderstand verschwindet. In **Supraleitern** ist das der Fall, die Spule müsste aus supraleitenden Material gewickelt sein. Da normale Leiter erst bei Temperaturen $T \approx 1\,\mathrm{K}$ supraleitend werden, ist dieses Speicherverfahren, in großem Maßstab angewendet, extrem teuer. Aber die Entwicklung von Hochtemperatur-Supraleitern hat in den letzten Jahren so große Fortschritte gemacht, dass Hoffnung besteht, diese Technik in den kommenden 40 Jahren bis zur Anwendungsreife zu entwickeln. Da in einem Supraleiter keine Umwandlung der elektrischen in thermische Energie auftritt, besitzt ein derartiger Speicher einen sehr hohen Speicherwirkungsgrad von $\eta_{\mathrm{Sp}} \approx 1$.

> Als Langzeitspeicher für elektrische Energie lassen sich Kondensatoren trotz des möglichen hohen Speicherwirkungsgrads nicht verwenden. Auch Speicher auf der Basis der Supraleitung stehen z. Z. nicht zur Verfügung.

Das bedeutet: Die elektrische Energie muss vor der Speicherung in eine andere Energieform umgewandelt werden, die sich speichern lässt.

Die Speicherung thermischer Energie

Nach dem 1. Hauptsatz der Thermodynamik, siehe (2.14), gilt in einem **offenen System** für die Änderung der thermischen Energie[4]

$$\Delta Q = \Delta U + \Delta W.\tag{8.19}$$

---

[4] Siehe Fußnote 15 in Abschn. 6.11.1.

Diese Gleichung bedeutet: Wird dem System die thermische Energie $\Delta Q > 0$ zugeführt, so muss sich die innere Energie U des Systems um den Betrag $\Delta U > 0$ oder die mechanische Energie W um den Betrag $\Delta W > 0$ vergrößern. Gleichung 8.19 weist auf zwei Speichermöglichkeiten für thermische Energie hin. Man kann Q speichern durch

1. Erhöhung der **inneren Energie** des Speichermediums $\Delta U = \tilde{n} C_V \Delta T$,
2. Umwandlung in **mechanische Energie** $\Delta W = V \Delta P$.

Im ersten Fall wird die Temperatur T des Speichermediums vergrößert, wobei sein Volumen V konstant bleibt. Darauf weist der Index V an der **molaren Wärmekapazität** C_V des Mediums hin. Im zweiten Fall wird bei konstantem Speichervolumen der Druck P in dem Medium erhöht. Diesen Fall, bei dem es sich eigentlich um die Speicherung von mechanischer Energie handelt, werden wir erst im nächsten Abschnitt besprechen.

Thermische Energie kann also in innere Energie des Speichermediums umgewandelt werden nach der Gleichung

$$\Delta Q = \tilde{n} C_V \Delta T, \tag{8.20}$$

wobei $\tilde{n}$ die Anzahl der Mole in dem Speicher angibt und ΔT die Temperaturerhöhung des Speichermediums. Daher erscheint es zunächst so, als könne man zwischen unterschiedlichen Speicherverfahren wählen:

- Die Speicherung von **Hochtemperaturwärme** mit ΔT groß und $\tilde{n}$ klein.
- Die Speicherung von **Niedertemperaturwärme** mit ΔT klein und $\tilde{n}$ groß.

Der ersten Möglichkeit sind aber Grenzen gesetzt, da bei der Speicherung die Exergie des abgeschlossenen Systems nach Abschn. 2.2 nicht zunehmen darf. Also kann die Endtemperatur T_f des Speichermediums nicht größer werden als die Temperatur T der Wärme, die gespeichert wird. Die Hochtemperaturspeicherung eignet sich nur, wenn T selbst sehr hoch ist. Hochtemperaturwärme lässt sich aber mit gutem Wirkungsgrad auch in andere Energieformen umwandeln. Die Hochtemperaturspeicherung ist daher von geringer Bedeutung, wir werden auf sie am Ende diese Abschnitts nur kurz eingehen.

Die Niedertemperaturspeicherung verlangt ein Medium, das eine möglichst große **Wärmekapazität** C_V besitzt und das sein Volumen bei der Temperaturerhöhung möglichst nicht verändert, für das also $C_V = C$ gilt. Es kommen als Speichermedium deswegen nur feste Körper und Flüssigkeiten in Frage. Deren molare Wärmekapazität wird sehr oft auch ersetzt durch die **spezifische Wärmekapazität**

$$c_m = \frac{C}{m_{\text{Mol}}}, \text{ wobei } m_{\text{Mol}} \text{ die Molmasse des Mediums ist.} \tag{8.21}$$

Nach dem **Dulong-Petit'schen Gesetz** besitzt jeder ideale Festkörper die molare Wärmekapazität

$$C = 3R = 25\,\text{J} \cdot \text{K}^{-1} \cdot \text{mol}^{-1} = 6{,}9 \cdot 10^{-6}\,\text{kWh} \cdot \text{K}^{-1} \cdot \text{mol}^{-1}. \tag{8.22}$$

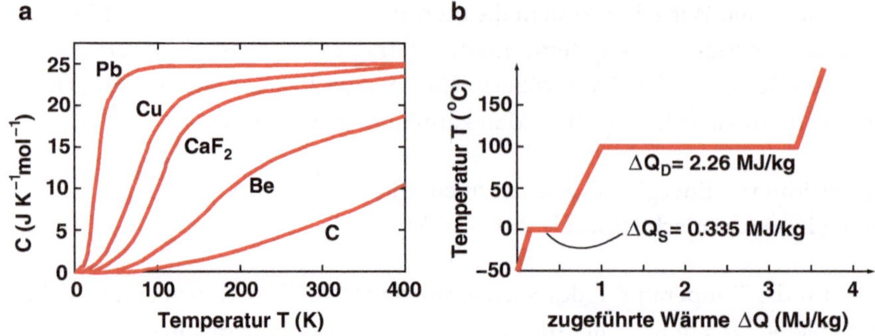

Abb. 8.2 **a** zeigt die Temperaturabhängigkeit der molaren Wärmekapazitäten C_V verschiedener Festkörper. **b** zeigt die Wassertemperatur in Abhängigkeit von der zugeführten Wärme. Erreicht die Wassertemperatur bestimmte Werte, finden die Phasenübergänge fest → flüssig und flüssig → gasförmig statt, bei denen sich die Temperatur nicht ändert, obwohl weiter Wärme zugeführt wird

Von diesem idealen Verhalten treten bei realen Festkörpern erhebliche Abweichungen auf:

- Die molare Wärmekapazität ist temperaturabhängig. Für $T \to 0$ beobachtet man $C \to 0$, wie in der Abb. 8.2 dargestellt.
- Die zugeführte Wärme erhöht nicht nur die Temperatur des Festkörpers, sondern führt bei einer bestimmten Temperatur T_S zur einem Phasenübergang von dem festen in den flüssigen Zustand des Speichermediums, wie es für Wasser in Abb. 8.2 dargestellt ist.

Der Übergang vom festen in den flüssigen Aggregatzustand stellt einen **Phasenübergang** erster Ordnung dar, bei dem sich die **Entropie** S des Systems um ΔS vergrößert. Zur Entropieerhöhung ist die Zufuhr von Wärme notwendig, ohne dass sich die Temperatur T_S des Systems während des Phasenübergangs erhöht. Die für den Übergang notwendige Wärme ΔQ_S wird **latente Wärme** genannt, es besteht zwischen diesen Größen der Zusammenhang

$$\Delta Q_S = \frac{\Delta S}{T_S}. \tag{8.23}$$

Erfolgt der Phasenübergang in umgekehrter Richtung, also vom flüssigen in den festen Aggregatzustand, wird die Wärme ΔQ_S wieder an das System zurückgegeben.

Ein äquivalentes Verhalten beobachtet man auch für den Phasenübergang erster Ordnung von dem flüssigen in den gasförmigen Aggregatzustand, für den entsprechend zu (8.24) gilt

$$\Delta Q_D = \frac{\Delta S}{T_D}, \tag{8.24}$$

wobei ΔS, T_D und ΔQ_D andere Werte besitzen, wie in Abb. 8.2 für Wasser gezeigt. Phasenübergänge können daher zur Wärmespeicherung benutzt werden. Zum Beispiel basierte die heute veraltete **Dampfheizung** auf diesem Prinzip. Sie ist veraltet, weil die Wärme ΔQ_D

Tab. 8.2 Die Wärmekapazitäten pro Masse und pro Volumen für acht verschiedene Festkörper und zwei verschiedene Flüssigkeiten bei einer Temperatur $T_0 = 15\,°C$

Speichermedium	Molmasse $(kg \cdot kmol^{-1})$	Spezifische Wärmekapazität $(10^{-3}\,kWh \cdot kg^{-1} \cdot K^{-1})$	Wärmekapazitätsdichte $(kWh \cdot m^{-3} \cdot K^{-1})$
Na	23	0,34	0,33
Al	27	0,25	0,67
Si	28	0,19	0,44
Fe	56	0,12	0,94
Cu	63,5	0,11	1,0
Ag	108	0,066	0,7
Pb	207	0,04	0,46
SiO_2	59	0,22	0,33
Hg	199	0,038	0,5
H_2O	18	1,16	1,16

bei einer Temperatur $T_D = 100\,°C$ an den Raum zurückgegeben wird und diese Temperatur ist als Zimmertemperatur viel zu hoch. Daher besitzt diese Art der Raumheizung, wie in Abschn. 2.3 gezeigt, eine schlechte **Bewertung**. Auf der anderen Seite eignen sich Phasenübergänge zur Hochtemperaturspeicherung, siehe das Ende dieses Abschnitts.

Betrachten wir die spezifischen Wärmekapazitäten von einigen Festkörpern und Flüssigkeiten bei einer Temperatur $T_0 = 288\,K$, die in Tab. 8.2 zusammengestellt sind.

Um Wärme ΔQ mit einer Temperaturdifferenz $\Delta T = T_D - T_0 = 85\,°C$ im Wasser zu speichern, benötigt man ein Volumen

$$V \approx \frac{\Delta Q}{100}\,m^3 \cdot kWh^{\,-1}.$$

Wasser speichert thermische Energie mit einer maximalen Energiedichte

$$w \approx 100\,kWh \cdot m^{-3} \tag{8.25}$$

und das ist die größte **Energiedichte** aller der in Tab. 8.2 aufgeführten Speichermedien. Wasser ist ein ausgezeichnetes Speichermedium für thermische Energie, sein Einsatz ist allein dadurch beschränkt, dass $T_D = 100\,°C$ ist und es sich daher nur für die Niedertemperaturspeicherung einsetzen lässt. Im Abschn. 10.1.1 werden wir ausführlich ein Beispiel behandeln, wo die Vorteile dieses Einsatzes aufgezeigt werden.

Niedertemperaturspeicher besitzen den weiteren Vorteil, dass ihre Leistungsverluste

$$P_V = k_V A (T - T_0) \tag{8.26}$$

relativ gering sind, weil $\Delta T = T - T_0$ klein ist. Diese Verluste spielten bereits in Abschn. 6.5.1 eine bedeutende Rolle, sie begrenzen den Wirkungsgrad von thermischen Solarzellen. Entscheidend ist, wie klein der Wärmeverlustkoeffizient $k_V = \Lambda / d$ ist, wie gut also der Speicher thermisch isoliert ist. Die Güte der **Isolation** hängt von der Wärmeleitfähigkeit Λ und der Dicke d der Isolationsschicht ab.

Und da liegt es nahe, die Eigenschaften des Erdbodens als Wärmespeicher zu untersuchen, denn seine Wärmeleitfähigkeit ist gering und die Isolationsdicke kann beliebig groß gemacht werden. Insbesondere kann man hoffen, die Wärme der Sommerzeit mithilfe des Erdbodens in die kalte Winterzeit zu retten. Ist dies möglich und wie hoch ist die Temperatur des Erdbodens in der Winterzeit?

Analog zu (8.1) schwankt die **Temperatur der Luft** über dem Erdboden gemäß der Funktion

$$T = T_0 - \Delta T \cos(\omega t), \tag{8.27}$$

wobei der Mittelwert der Temperatur $T_0 = 15\,°\mathrm{C}$ beträgt und der Temperaturhub $\Delta T = 15\,°\mathrm{C}$. Mit ω ist die Frequenz der Temperaturschwankung gegeben, sie beträgt

$$\omega = \frac{2\pi}{365}\,\mathrm{d}^{-1}, \tag{8.28}$$

wenn die Zeit t in der Einheit $[t] = \mathrm{d}$ (Tag) gemessen wird. Mit der Temperatur verändert sich die thermische Energie der Luft, die Energieschwankungen werden in den Erdboden übertragen. Die Übertragung wird beschrieben durch das Wärmeleitungsgesetz (6.143)

$$\frac{1}{A}\frac{\mathrm{d}Q}{\mathrm{d}t} = -\Lambda\frac{\mathrm{d}T}{\mathrm{d}s}, \tag{8.29}$$

wobei $\mathrm{d}T/\mathrm{d}s$ der Temperaturgradient senkrecht zur Erdoberfläche ist. Gleichung 8.29 kann mithilfe der Beziehung

$$-\mathrm{d}Q = \widetilde{n}C\mathrm{d}T \tag{8.30}$$

auch in eine **Differentialgleichung** für die Temperatur des Erdbodens umformuliert werden. Dabei ist zu berücksichtigen, dass wir an der Temperaturverteilung längs des Wegs s im Volumenelement $\mathrm{d}V = A\mathrm{d}s$ interessiert sind. Wir definieren die molare Dichte

$$\widetilde{\rho} = \frac{1}{A}\frac{\mathrm{d}\widetilde{n}}{\mathrm{d}s} = \frac{\mathrm{d}\widetilde{n}}{\mathrm{d}V}$$

und erhalten aus (8.29) die Gleichung

$$\widetilde{\rho}C\frac{\mathrm{d}T}{\mathrm{d}t} = \Lambda\frac{\mathrm{d}^2T}{\mathrm{d}s^2} \quad\longrightarrow\quad \frac{\mathrm{d}^2T}{\mathrm{d}s^2} = \frac{1}{\kappa}\frac{\mathrm{d}T}{\mathrm{d}t} \quad\text{mit}\quad \kappa = \frac{\Lambda}{\widetilde{\rho}C}, \tag{8.31}$$

wobei κ die **Temperaturleitfähigkeit** des Erdbodens ist. Zur Lösung von (8.31) benutzen wir die Randbedingung für die Temperatur an der Erdoberfläche $s = 0$

$$\frac{\mathrm{d}T}{\mathrm{d}t} = -\omega\Delta T\sin(\omega t)$$

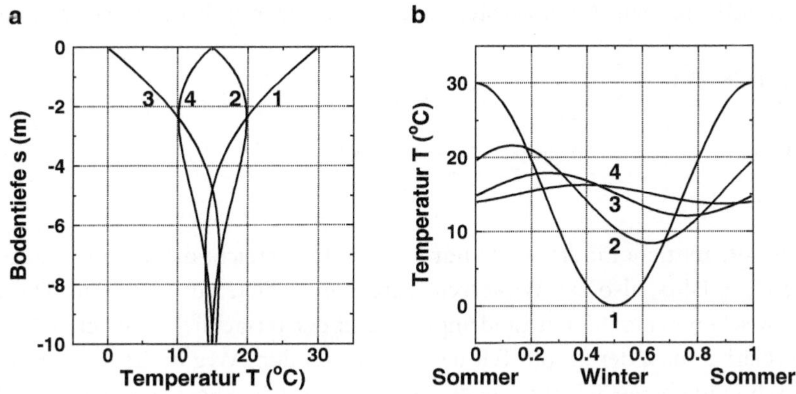

Abb. 8.3 **a** zeigt die Temperaturprofile des Erdbodens im Sommer (*1*), Herbst (*2*), Winter (*3*) und Frühling (*4*). Die **b** zeigt die Temperaturschwankungen des Erdbodens in der Tiefe 0 m (*1*), 2,5 m (*2*), 5 m (*3*) und 7,5 m (*4*)

und mit dieser Randbedingung ergibt sich als Lösung

$$T(s, t) = T_0 - \Delta T e^{-ks} \cos\left(ks - \omega t\right). \tag{8.32}$$

Diese Funktion von s und t beschreibt eine exponentiell gedämpfte Temperaturwelle, die sich senkrecht von der Erdoberfläche aus in den Erdboden hinein ausbreitet, siehe Abb. 8.3.

Dass diese Welle exponentiell gedämpft ist, ist nicht verwunderlich: Aufgrund der Energieerhaltung muss die Energiedichte und damit die Temperatur eines Volumenelements dV um so geringer werden, je größer das Gesamtvolumen des Erdbodens ist, in das sich die Welle ausgebreitet hat. Die Dämpfungskonstante beträgt

$$k = \sqrt{\frac{\omega}{2\kappa}}. \tag{8.33}$$

Daraus lässt sich folgern:

- Die mittlere Eindringtiefe der Wärme in den Erdboden beträgt

$$d = \sqrt{\frac{2\kappa}{\omega}}. \tag{8.34}$$

- Die Ausbreitungsgeschwindigkeit der Wärme in den Erdboden beträgt

$$v = \frac{\omega}{k} = \sqrt{2\kappa\omega}. \tag{8.35}$$

Der Erdboden besitzt eine Wärmeleitfähigkeit $\kappa \approx 0{,}08\,\text{m}^2 \cdot \text{d}^{-1}$, und daraus errechnet sich

$$d \approx 3\,\text{m}, \quad v \approx 0{,}05\,\text{m} \cdot \text{d}^{-1}. \tag{8.36}$$

Tab. 8.3 Schmelztemperatur T_S und latente Schmelzwärme ΔQ_S von einigen elementaren Speichermedien

Speichermedium	Pb	Al	Cu
T_S (K)	600	933	1356
ΔQ_S (kWh $\cdot$ kg^{-1})	0,0064	0,109	0,557

Obwohl also die mittlere Eindringtiefe nur 3 m beträgt, erreicht die Sommerwärme nach der Hälfte eines Jahrs, also zur Winterzeit, bereits eine Tiefe von etwa 9 m. Dieser Unterschied zwischen der mittleren Eindringtiefe und der tatsächlich erreichten Tiefe wird dadurch erklärbar, dass der größte Teil der Wärme auf dem Weg in die tiefen Erdbodenschichten schon in oberen Schichten gespeichert wurde. Diese Speichervolumina dV werden früher erreicht, ihre Temperaturen folgen daher noch stärker den Temperaturschwankungen an der Erdoberfläche.

Die Temperaturprofile des Erdbodens zu verschiedenen Jahreszeiten und die Schwankungen der Erdbodentemperatur in verschiedenen Tiefen sind in der Abb. 8.3 gezeigt. Ab etwa 5 m Tiefe besitzt der Erdboden eine von der Jahreszeit unabhängige, fast konstante Temperatur von 15 °C. Diese Temperatur ist zu gering, um sie für Heizungszwecke zu benutzen. Sie lässt sich aber mittels einer **Wärmepumpe** auf eine für Heizungszwecke genügend hohe Temperatur transformieren und diese Methode der Raumheizung ist wegen des Wirkungsgrads $\eta > 1$ einer Wärmepumpe allemal günstiger als die mithilfe der Verbrennung fossiler Brennstoffe. Mit dem Prinzip einer Wärmepumpe beschäftigen wir uns in Abschn. 10.1.1.

Die Möglichkeit, auch Hochtemperaturwärme speichern zu können, kann in Zukunft sehr wichtig werden, wenn thermische Solarkraftwerke in der Energieversorgung eine immer bedeutendere Rolle spielen sollten, siehe Abschn. 6.4. Dieser Typ von Kraftwerk steht überwiegend im Sonnengürtel der Erde, die Periodendauer der Energieschwankungen beträgt i.A. nur T = 1d und damit wird das Speicherproblem wesentlich vereinfacht. Auf der anderen Seite wird es mit steigender Temperatur T immer schwieriger, eine geeignete thermische Isolation zur Vermeidung von Leistungsverlusten P_V zu entwickeln. Einen gewissen Ausweg bildet die Möglichkeit, die Wärme als latente Wärme bei der Schmelztemperatur des Speichermediums zu speichern. Im Allgemeinen ist es so, dass mit Zunahme der latenten Wärme ΔQ_S auch die Schmelztemperatur T_S ansteigt. In der Tab. 8.3 sind einige Beispiele für dieses Verhalten gezeigt. Aus diese Tabelle wird auch ersichtlich, dass die Schmelztemperaturen von reinen Elementen so hoch liegen, dass die thermische Isolation ein fast unüberwindbares Hindernis für die Wärmespeicherung darstellt.

Etwas anders sieht es aus, wenn man als Speichermedium Elementmischungen verwendet, wie sie in Tab. 8.4 zusammengefasst sind. Durch das Mischungsverhältnis lässt sich die Schmelztemperatur verändern, in der Tab. 8.4 sind die Mischungsverhältnisse angegeben, bei denen T_S minimal ist. Besonders geeignet für die Wärmespeicherung scheinen die **eutektischen Mischungen** zu sein, bei denen es sich um Mischungen von Chlorid- oder Fluorid-Salzen handelt. Ihr Nachteil besteht darin, dass sie ihre Dichte beim Phasenüber-

Tab. 8.4 Schmelztemperatur T_S, latente Schmelzwärme ΔQ_S und die Massendichten im festen und flüssigem Aggregatzustand von gemischten Speichermedien

Speichermedium	T_S (K)	ΔQ_S (kWh $\cdot$ kg^{-1})	ρ_m (kg $\cdot$ m^{-3})	
			Fest	Flüssig
75 NaF + 25 MgF$_2$	1105	0,18	2690	2190
67 LiF + 33 MgF$_2$	1019	0,255	2630	2305
60 LiF + 40 NaF	925	0,225	2500	1930
46 LiF + 44 NaF + 10 MgF$_2$	905	0,245	2610	2105
44 LiF + 12 NaF + 4 MgF$_2$ + 40 KF	722	0,19		
9 Na$_2$SO$_4$ + 91 H$_2$O	305	0,07	1450	1330
20 KF + 80 H$_2$O	291	0,09		

gang fest $\leftrightarrow$ flüssig sehr stark verändern, wie für einige von ihnen ebenfalls in der Tab. 8.4 angegeben ist. Dieses Verhalten stellt besondere Anforderungen an die mechanische Konstruktion des Speichers, die der Volumenänderung folgen muss, ohne seine thermische Isolation zu verlieren. Denn sinkt die Temperatur des Speichers unter den Wert von T_S, dann ist auch die gesamte gespeicherte latente Wärme an die Umgebung verloren gegangen. Diese Gefahr ist relativ gering bei den zwei letzten Speichermedien, die in Tab. 8.4 aufgeführt sind. Es handelt sich um Niedertemperaturspeicher mit einer Energiedichte wie der von Wasser, nämlich von ca. $100\,$kWh$\cdot$m^{-3}. Die latente Wärme kann aber diesen Speichern schon bei einer Temperatur $T_S \approx 30\,°$C wieder entnommen werden.

Für die Niedertemperaturspeicherung im Temperaturbereich $50\,°$C $< T < 100\,°$C ist Wasser mit einer maximalen Energiedichte von $100\,$kWh $\cdot$ m^{-3} und einem Speicherwirkungsgrad von $\eta_{Sp} \approx 0{,}8$ ein besonders geeignetes Speichermedium. Für die Hochtemperaturspeicherung eignen sich besonders die eutektischen Mischungen mit einer Energiedichte von bis zu $500\,$kWh $\cdot$ m^{-3}. Diese Speichertechnologie erfordert jedoch einen besonders hohen technischen Aufwand und eine gute thermische Isolation, damit die Schmelztemperatur der Mischung während der Speicherzeit nie unterschritten wird.

Die Speicherung mechanischer Energie

Als Methoden für die Speicherung von mechanischer Energie kommen eigentlich nur in Frage:

- Die Speicherung von potenzieller Energie, wie sie in einem Speicherkraftwerk verwirklicht ist.
- Die Speicherung von kinetischer Energie, die mithilfe eines Druckluftspeichers realisiert werden kann.

Abb. 8.4 Die prinzipielle Anlage eines Speicherkraftwerks mit einem Wasserspeicher zwischen den Höhen h_1 und h_2 relativ zur Höhe h_0 des Wasserkraftwerks

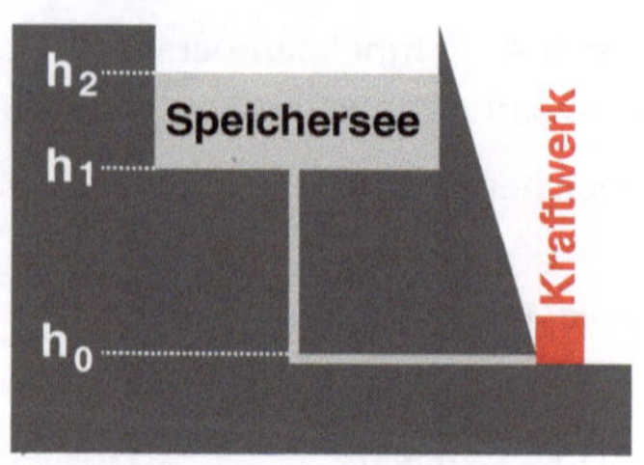

Andere Methoden, wie zum Beispiel die Speicherung von Rotationsenergie in einem schnelllaufenden Drehkörper, erzielen eine so geringe Energiedichte, dass sie sich allein schon deshalb nicht zur Speicherung der Schwankungslast von erneuerbaren Energien verwenden lassen. Auch die Energiespeicherung mithilfe eines Speicherkraftwerks besitzt, wie wir gleich lernen werden, nur eine geringe Energiedichte. Speicherkraftwerke befinden sich aber schon heute im Gebrauch, weshalb wir ihre physikalischen Grundlagen hier behandeln wollen. Dagegen finden reine Druckluftspeicher bisher keine Verwendung, nur in Verbindung mit einem Gasturbinenkraftwerk wurden sie vereinzelt eingesetzt. Sie bilden aber eine Speichermöglichkeit für die Zukunft, da bei der Förderung von fossilen Energieträgern Kavernen entstehen, deren große Volumina sich unter Umständen zur Speicherung von Druckluft verwenden lassen.

Das Speicherkraftwerk

Das Prinzip eines Speicherkraftwerks ist uns bereits im Abschn. 6.8.1 bei der Behandlung der Wasserkraftwerke begegnet. Durch das Anheben der Wassermasse $m = \rho_\mathrm{m} V$ mit der Massendichte $\rho_\mathrm{m} = 1000\,\mathrm{kg} \cdot \mathrm{m}^{-3}$ auf die Höhe $\Delta h = h_1 - h_0$ gewinnt das Wasser die potenzielle Energie

$$\Delta W_\mathrm{pot} = mg\Delta h. \tag{8.37}$$

Dabei ist $g \approx 10\,\mathrm{m} \cdot \mathrm{s}^{-2}$ die **Erdbeschleunigung**. Das Anheben des Wassers auf die Höhe h_1 geschieht durch elektrische Pumpen, es wird also elektrische Energie in potenzielle Energie umgewandelt. Beim Abfließen des Wassers zurück auf die Höhe h_0 kann die potenzielle Energie mithilfe einer Wasserturbine und angeschlossenem Generator wieder in elektrische Energie umgewandelt werden. Im Allgemeinen wird die angehobene Wassermasse in einem Speicherbecken aufgefangen, dessen Sohle sich auf der Höhe h_1 befindet und das bis zum Wasserspiegel h_2 gefüllt wird, wie es in der Abb. 8.4 dargestellt ist. Die effektive Höhe der gespeicherten Wassermasse beträgt

$$\Delta h = \frac{h_1 + h_2}{2} - h_0. \tag{8.38}$$

Die **Energiedichte** eines Speicherkraftwerks ist dann gegeben durch

$$w = \frac{mg\Delta h}{V} = \rho_\mathrm{m} g \Delta h, \tag{8.39}$$

hängt also linear von der effektive Höhe Δh ab. Nehmen wir an, diese betrage $\Delta h = 100\,\text{m}$, so ergibt sich

$$w = 10^6\,\text{J} \cdot \text{m}^{-3} \approx 0{,}3\,\text{kWh} \cdot \text{m}^{-3}. \tag{8.40}$$

Dies ist sehr gering, etwa von der gleichen Größenordnung wie die Energiedichte, die sich in einem Kondensator für die elektrische Energie erzielen lässt. Auf der anderen Seite besitzt ein Speicherkraftwerk einen relativ großen Speicherwirkungsgrad. Er ergibt sich aus dem **Wirkungsgrad** eines Wasserkraftwerks, siehe (6.115), zu

$$\eta_{\text{Sp}} = (\eta)^2 \approx 0{,}56. \tag{8.41}$$

Dieser Wert entspricht den Bedingungen, die wir an einen Energiespeicher gestellt haben. Aber die geringe Energiedichte von Wasserspeichern verlangt die Bereitstellung entsprechend großer Flächen, wie wir das bereits bei der Speicherung elektrischer Energie diskutiert haben. Es ist unrealistische anzunehmen, das solche Flächen, welche die Anforderungen für die Speicherung potenzieller Energie erfüllen, zur Verfügung stehen.

> Speicherkraftwerke sind aufgrund ihres großen Speicherwirkungsgrads sehr gut geeignet, um kurzfristige Schwankungen im Bedarf nach elektrischer Energie auszugleichen. Sie eignen sich aber wegen ihrer geringen Energiedichte nicht, die langfristige Schwankungslast von erneuerbaren Energien zu speichern.

Der Druckluftspeicher

Es mag zunächst verwundern, dass ein Druckluftspeicher die kinetische Energie speichert. Aber nach der kinetischen Gastheorie wird der Druck P hervorgerufen durch die chaotische Bewegung der Gasteilchen, die diesen eine kinetische Energie gibt, die wiederum eine Funktion der Gastemperatur T ist. Nach der kinetischen Gastheorie gilt für ein ideales Gas im Volumen V die **Zustandsgleichung**

$$PV = \widetilde{n}RT, \tag{8.42}$$

wobei $R = 8{,}314\,\text{J} \cdot \text{K}^{-1} \cdot \text{mol}^{-1}$ die Gaskonstante ist. Nach dieser Gleichung lässt sich der Gasdruck von dem Atmosphärendruck P_0 auf den Speicherdruck P_{i} dadurch vergrößern, dass man das Gasvolumen V_0 außerhalb des Speichers auf das Speichervolumen V verkleinert. Die Volumenverkleinerung oder Druckerhöhung geschieht mittels einer Kompressionspumpe. Bei der Kompression muss die Gastemperatur nicht unveränderlich bleiben, sie kann sich auch verändern je nachdem, wie die Kompression durchgeführt wird. Normalerweise geschieht die Gaskompression in einem abgeschlossenen System, das keinen Energieaustausch mit seiner Umgebung zulässt. Eine derartige Zustandsänderung nennt man **adiabatisch**, für sie gelten zusätzlich zu der allgemeinen Zustandsgleichung

(8.42) die Beziehungen

$$PV^\gamma = \text{konst}, \quad \frac{T^\gamma}{P^{\gamma-1}} = \text{konst}. \tag{8.43}$$

Dabei ist $\gamma > 1$ der **Adiabatenkoeffizient**, der für Luft einen Wert $\gamma \approx 1,4$ besitzt. Die Beziehungen (8.43) lehren uns, dass mit der adiabatischen Kompression auch die Gastemperatur T_i in dem Speicher größer wird als die Umgebungstemperatur T_0:

$$T_i = T_0 \left(\frac{P_i}{P_0} \right)^\alpha = T_0 r^\alpha \quad \text{mit} \quad \alpha = 1 - \frac{1}{\gamma}, \tag{8.44}$$

wobei $r = P_i/P_0$ die **Kompression** angibt. Damit ergibt sich nach (2.13) die in dem Luftdruckspeicher gespeicherte **Exergie** zu

$$E = \tilde{n} C_V (T_i - T_0). \tag{8.45}$$

Da jedoch $T_i > T_0$ ist, wird sich das Gas durch Wärmeverlust ΔQ an das Gestein, in dem sich die Kaverne befindet, langsam auf die Temperatur T_f abkühlen. Diese Abkühlung geschieht sehr langsam, weil die Wärmeleitfähigkeit Λ des Gesteins sehr gering ist. Bezogen auf die gespeicherte Exergie beträgt der Exergieverlust[5]

$$\delta = \frac{\Delta Q}{E} = \frac{T_i - T_f}{T_i - T_0}, \tag{8.46}$$

und die Gastemperatur bei der Entleerung ist von dem ursprünglichen Wert T_i auf den Wert

$$T_f = T_i (1 - \delta) + T_0 \delta \tag{8.47}$$

zurückgegangen. Der Exergieverlust geschieht bei konstantem Volumen V, diese Zustandsänderung nennt man **isochor**. Für sie gilt nach der Zustandsgleichung idealer Gase (8.42)

$$P_f = P_i \frac{T_f}{T_i},$$

oder bezogen auf den Atmosphärendruck

$$P_f = P_0 \left(\frac{T_i}{T_0} \right)^{1/\alpha} \frac{T_f}{T_i}. \tag{8.48}$$

Da $0 < \alpha < 1$ gilt, muss der Entleerungsdruck P_f immer größer sein als der Atmosphärendruck P_0, selbst wenn sich das Gas in dem Speicher vollständig auf die Umgebungstemperatur T_0 abkühlen sollte. Der Grund ist, dass für die Erwärmung und für die Abkühlung verschiedene Zustandsänderungen durchgeführt wurden. Daher kann auch durch die Abkühlung niemals die gespeicherte Exergie vollständig an die Umgebung verloren gehen, die

---

[5] Siehe Fußnote 15 in Abschn. 6.11.1.

restliche Exergie kann in eine andere Energieform umgewandelt werden. Diese Gegebenheiten kommen in dem **Speicherwirkungsgrad** zum Ausdruck, für den sich nach einigen Rechnungen, die hier nicht durchgeführt werden sollen, ergibt:

$$\eta_{Sp}^{(i)} = \frac{T_f - T_0\left(1 - \ln\frac{T_i}{T_f}\right)}{T_i - T_0}.$$ (8.49)

Es ist der Korrekturterm $T_0\ln(T_i/T_f)$, der sicherstellt, dass $\eta_{Sp}^{(i)} > 0$ wenn $T_f = T_0$. Dieser minimale Speicherwirkungsgrad ergibt sich für $\delta = 1$, sein Wert beträgt

$$\eta_{Sp,min}^{(i)} = \frac{T_0\ln\frac{T_i}{T_0}}{T_i - T_0},$$ (8.50)

er hängt von der Temperatur T_i, also nach (8.44) von der Kompression r ab. Der maximale Wert des Speicherwirkungsgrads wird erreicht für $\delta = 0$, er beträgt

$$\eta_{Sp,max}^{(i)} = 1$$ (8.51)

und ist unabhängig von der Kompression.

Eigentlich müsste zur Berechnung des totalen Speicherwirkungsgrads auch der der Entleerung $\eta_{Sp}^{(f)}$ berücksichtigt werden. Die Gasdekompression geschieht wiederum adiabatisch. Dabei kühlt sich das Gas, wenn $T_f < T_i$ ist, auf eine Temperatur unterhalb der Umgebungstemperatur T_0 ab. Durch Wärmeübertragung aus der Umgebung erwärmt sich das Gas wieder auf die Temperatur T_0. Die gespeicherte Exergie wird so wieder vergrößert, so dass bei einer vollständig reversiblen Zustandsänderung $\eta_{Sp}^{(f)} = 1$ gelten sollte. Meistens ist aber die Gaserwärmung bei der Dekompression unvollständig, so dass wir $\eta_{Sp}^{(f)} \approx 1$ annehmen können. Der totale Speicherwirkungsgrad beträgt demnach

$$\eta_{Sp} = \eta_{Sp}^{(i)}\eta_{Sp}^{(f)} \approx \eta_{Sp}^{(i)}.$$ (8.52)

In der Abb. 8.5 ist die Veränderung des Speicherwirkungsgrads mit der Kompression r und dem Exergieverlust δ gezeigt. Nur bei sehr hohen Kompressionen und vollständigem Exergieverlust kann der Speicherwirkungsgrad etwas kleiner als 0,5 werden, aber davon abgesehen, erfüllt ein Druckluftspeicher die Anforderung $\eta_{Sp} \approx 0,5$.

Die **Energiedichte** eines Druckluftspeichers ergibt sich aus (8.45), sie beträgt

$$w = \eta_{Sp}\frac{\widetilde{n}}{V}C_V(T_i - T_0) = \eta_{Sp}\frac{\widetilde{n}}{V}C_V T_0(r^\alpha - 1).$$ (8.53)

Um die Mengendichte $\widetilde{\rho} = \widetilde{n}/V$ im komprimierten Zustand auszurechnen, benutzen wir, dass die Kompression adiabatisch durchgeführt wird und beziehen alle Größen auf die entsprechenden Werte unter der **Normalbedingung**

$$T^\bullet = 273\,\text{K}, \quad V^\bullet = 22{,}4\cdot 10^{-3}\,\text{m}^3, \quad P^\bullet = P_0 = 1\,\text{bar}, \quad \widetilde{n}^\bullet = 1\,\text{mol}.$$ (8.54)

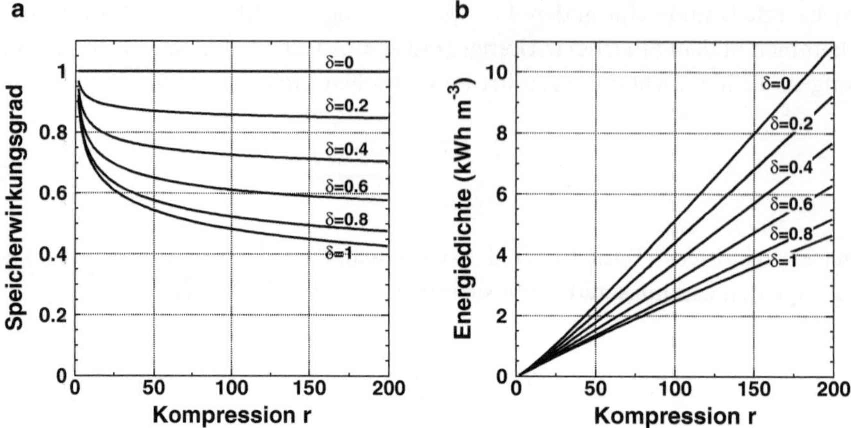

Abb. 8.5 **a** zeigt den Wirkungsgrad eines Druckluftspeichers in Abhängigkeit von der Kompression r und dem Exergieverlust δ. **b** zeigt diese Abhängigkeiten für die Energiedichte eines Druckluftspeichers

Dann ergibt sich mit ein wenig Rechnung die Beziehung

$$\frac{\widetilde{n}}{V} = \frac{\widetilde{n}^{\bullet}}{V^{\bullet}} \frac{T^{\bullet}}{T_0} r^{1-\alpha} \tag{8.55}$$

und die Energiedichte der komprimierten Luft beträgt

$$w = \eta_{\mathrm{Sp}} \frac{\widetilde{n}^{\bullet}}{V^{\bullet}} C_V \frac{T^{\bullet}}{T_0} T_0 r^{1-\alpha} \left(r^{\alpha} - 1 \right) = \eta_{\mathrm{Sp}} \frac{T^{\bullet}}{V^{\bullet}} C_V \left(r - r^{1/\gamma} \right). \tag{8.56}$$

Luft besitzt eine molare Wärmekapazität $C_V = 5{,}8 \cdot 10^{-6}\,\mathrm{kWh} \cdot \mathrm{K}^{-1} \cdot \mathrm{mol}^{-1}$ und für diesen Wert ist die Energiedichte eines Druckluftspeichers in Abhängigkeit von der Kompression r und des Exergieverlusts δ in der Abb. 8.5 gezeigt. Energiedichten von über $3\,\mathrm{kWh} \cdot \mathrm{m}^{-3}$ erscheinen durchaus möglich und dies ist eine 10mal höhere Energiedichte, als sich mit einem Wasserspeicher erreichen lässt.

In geeigneten Gesteinsformationen ist es möglich, mithilfe von Druckluftspeichern die Schwankungslast erneuerbarer Energien über einen längeren Zeitraum zu speichern.

Diese Technik besitzt natürlich auch den Vorteil, dass sie keine großen Landflächen auf der Erde beansprucht.

Die Speicherung chemischer Energie

Die schon jetzt am häufigsten verwendeten Energiespeicher sind solche, welche die Eigenschaften chemischer Reaktionen ausnutzen. In der Tat, unsere heutige Energieversorgung basiert fast ausschließlich auf einem besonderen Typ dieser Energiespeicher, den fossil biogenen Energieträgern. Aber auch elektrische Batterien und Akkumulatoren zählen zu den chemischen Energiespeichern, obwohl sie ihre gespeicherte Energie in der Form von elektrischer Energie zurückgeben. Die zugrunde liegenden Prozesse gehören daher in das Gebiet der **Elektrochemie** und man bezeichnet die ablaufenden Reaktionen als **kalte Verbrennung**.

In allen Fällen beruht das Speicherprinzip auf einer **chemischen Reaktion,** die abläuft zwischen den Atomen/Molekülen A,B,C,D, die wir als chemische Bestandteile bezeichnen wollen:

$$A + B + E_{\text{chem}}^{(i)} \leftrightarrow C + D + E_{\text{chem}}^{(f)}. \tag{8.57}$$

Dabei wandeln sich die chemischen Bestandteile A und B mit der chemischen Exergie $E_{\text{chem}}^{(i)}$ in die chemischen Bestandteile C und D mit der chemischen Exergie $E_{\text{chem}}^{(f)}$ um. Läuft diese Reaktion so beim Füllen des Speichers ab, dann kann man den Speicher durch die rückwärts ablaufende Reaktion wieder entleeren.

Die Differenz der chemischen Exergien ist $\Delta E = E_{\text{chem}}^{(f)} - E_{\text{chem}}^{(i)}$, und für sie gilt nach (2.17) bei der Temperatur T

$$\Delta E = \Delta H - T\Delta S, \tag{8.58}$$

wobei ΔH den **Heizwert** der Reaktion angibt. Die Exergiedifferenz ΔE lässt sich vollständig in eine andere Energieform ΔW umwandeln. Das heißt, man kann (8.58) auch so schreiben:

$$\Delta H = \Delta W + T\Delta S = \Delta W + \Delta Q, \tag{8.59}$$

wobei $\Delta Q = \tilde{n}C(T - T_0)$ den exergetischen Teil der Wärme Q darstellt. Bei den anderen Formen der Energie mit Exergiegehalt $\varepsilon = 1$ handelt es sich zum Beispiel um elektrische Energie $\Delta W = \Delta(qU)$ oder um mechanische Energie $\Delta W = \Delta(PV)$. Diese Formen der Energie lassen sich mithilfe chemischer Reaktionen in chemische Energie umwandeln und speichern, indem man die chemischen Bestandteile speichert.

Zwei Beispiele für diese Art der Energiespeicherung sind die chemischen Reaktionen (die Indizes f/g machen deutlich, dass dieser chemische Bestandteil im flüssigen/gasförmigen **Aggregatzustand** vorliegt)

$$(H_2O)_g + \Delta H \rightarrow H_2 + 0{,}5\,O_2 \quad \text{mit } \Delta H = 68\,\text{kWh} \cdot \text{kmol}^{-1}$$

$$CH_4 + (H_2O)_g + \Delta H \rightarrow 3\,H_2 + CO \quad \text{mit } \Delta H = 60\,\text{kWh} \cdot \text{kmol}^{-1}.$$

In der angezeigten Reaktionsrichtung wird die Energie ΔH gespeichert, in umgekehrter Richtung wird sie wieder frei gegeben. Die obere der beiden Reaktionen hat besondere Bedeutung, sie stellt die Spaltung des Wassers in seine chemischen Bestandteile Wasserstoff und Sauerstoff dar und bildet die Grundlage der **Wasserstoffwirtschaft**, die unter

Tab. 8.5 Die Heizwerte verschiedener Speicherreaktionen, die als einen der Ausgangsbestandteile freien Sauerstoff (O_2) ergeben, der in der 2. Zeile nicht angegeben ist

Eingangs-bestandteil	$(H_2O)_f$	$(H_2O)_g$ H_2O	CO_2 H_2O	CO_2 H_2O	CO_2 H_2O	CO	CO_2	CO_2	SO_2
Ausgangs-bestandteil	$(H_2)_g$ $(H_2)_f$	$(H_2)_g$ $(H_2)_f$	CH_4	C_2H_5OH	Benzin	C	CO	C	S
ΔH_m (kWh $\cdot$ kg^{-1})	40	34	20	8,3	12,8	2,6	2,8	9,2	2,6
ΔH_V (kWh $\cdot$ m^{-3})	3,9 2700	3,3 2300	14	6600	9200	9100	3,5	32.200	5400

Umständen die Grundlage für eine zukünftige Energieversorgung werden kann. Das Besondere an dieser Reaktion ist, dass einer der chemischen Bestandteile freier Sauerstoff ist, der mit einem Anteil von 21 % in der Erdatmosphäre vorhanden ist und daher nicht gespeichert werden muss. Von ähnlichen Reaktionen gibt es noch andere, die Tab. 8.5 gibt eine Zusammenstellung von einigen dieser Reaktionen, die sich im Prinzip auch technisch verwenden ließen. Die angegebenen Heizwerte ΔH_m und ΔH_V sind bezogen auf den chemischen Bestandteil, der gespeichert werden muss, lassen also den Sauerstoff unberücksichtigt. Die höchsten Energiedichten von allen in Tab. 8.5 aufgeführten Reaktionen besitzen solche, deren Ausgangsbestandteil entweder flüssig oder fest ist. Und von denen ist die Spaltung des **Kohlenstoffdioxids** (CO_2) in Sauerstoff und reinen Kohlenstoff (C) die günstigste. Allerdings lässt sich diese Speicherreaktion technisch nur schwer realisieren, weil der Eingangsbestandteil CO_2 unter Normalbedingung nur in geringen Mengen in der Luft vorhanden ist und dieser erst durch aufwändige Prozesse entnommen werden müsste[6]. Diese Prozesse besitzen selbst einen Energieeigenbedarf und reduzieren damit den Speicherwirkugsgrad. Dieser Einwand gilt auch für alle anderen der in Tab. 8.5 gezeigten Reaktionen mit Ausnahme der Wasserspaltung. Die Energiedichte dieser Speicherreaktionen ist aber nur dann sehr groß, wenn der entstandene Wasserstoff anschließend verflüssigt wird. Und die dafür benötigte Energie ist nicht im angegebenen Wert von ΔH_V berücksichtigt.

Wasser kann sowohl **thermisch** wie auch **elektrisch** gespalten werden. Die Anteile an thermischer und elektrischer Exergie, die zur Spaltung benötigt werden, hängen von der Spaltungstemperatur ab, sie sind in der Abb. 8.6 dargestellt. Die rein thermische Spaltung wäre als technisches Verfahren sehr attraktiv, weil sie sich direkt mithilfe der Solarenergie verwirklichen ließe. Unglücklicherweise sind dafür Temperaturen von über 4000 K nötig, die sich, wenn überhaupt, nur in einem Heliostaten erreichen lassen, siehe Abschn. 6.4. Unterhalb von 4000 K nimmt die Konzentration des reinen Wasserstoffs in dem Gemisch der chemischen Bestandteile schnell ab. Die Konzentration lässt sich durch den Wasserdampfdruck beeinflussen, wie aus Tab. 8.6 ersichtlich ist. Trotz der unvollständigen Spaltung

---

[6] Auch fossile Kraftwerke sind CO_2-Quellen, aber hier geht es um die Zukunft erneuerbarer Energien, also um Zeiten, zu denen fossile Kraftwerke keine Rolle mehr spielen sollten.

Tab. 8.6 Die Anteile (%) der verschiedenen chemischen Bestandteile bei der thermischen Spaltung von Wasser in Abhängigkeit von Temperatur und Druck

Temperatur T (K)	2600			2800			3000		
Druck P (bar)	1	0,1	0,01	1	0,1	0,01	1	0,1	0,01
H	0,9	4,0	10,5	2,5	10,2	24,2	5,8	21,2	41,5
H_2	5,8	10,9	15,2	9,4	15,7	17,6	13,5	18,1	14,0
H_2O	87,7	73,3	55,4	78,0	54,3	29,8	64,4	32,2	10,2
O	0,3	1,5	4,0	1,0	4,1	10,0	2,4	9,1	18,7
OH	3,2	6,2	8,8	5,8	9,9	11,5	9,1	12,6	10,1
O_2	2,1	4,2	6,0	3,4	5,8	7,0	4,7	6,9	5,5

Abb. 8.6 Die elektrische und thermische Exergie, die zur Wasserspaltung bei verschiedenen Temperaturen benötigt wird

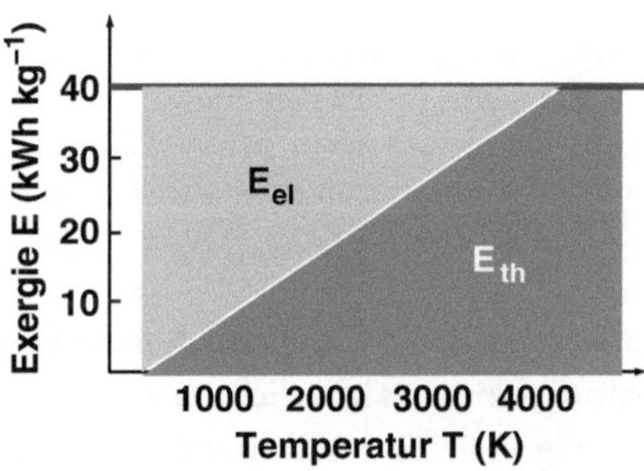

könnte man diesem Gemisch den Wasserstoffanteil entziehen, wenn es gelänge, für diese Temperaturen eine **semipermeable Membran** zu entwickeln, die allein für H und H_2 durchlässig ist.

Eine andere Möglichkeit besteht darin, chemische Zwischenreaktionen in den Spaltungsprozess einzuschalten, die bereits bei geringeren Temperaturen zur Spaltung von Wasser führen. Ein Beispiel für eine derartige **Katalysereaktion** verläuft über Schwefeldioxid, ist also nicht unbedenklich in Hinblick auf die **Umwelt**. Die Prozessschritte verlaufen folgendermaßen:

Zunächst wird das erforderliche SO_2 durch thermische Spaltung der Schwefelsäure bei einer Temperatur von ca. 1300 K erzeugt.

$$H_2SO_4 \rightarrow H_2O + SO_2 + 0{,}5\,O_2.$$

Durch Zugabe von Jod (J_2) und Schwefelwasserstoff (H_2S) entsteht als Zwischensubstanz Jodwasserstoff (HJ) und die Schwefelsäure wird zurückgewonnen.

$$2\,H_2S + SO_2 + J_2 \rightarrow 2\,HJ + H_2SO_4.$$

Daraufhin wird der Jodwasserstoff bei geringer Temperatur thermisch gespalten, es wird das eingesetzte Jod zurückgewonnen und freier Wasserstoff bleibt zurück.

$$2\,HJ \rightarrow J_2 + H_2.$$

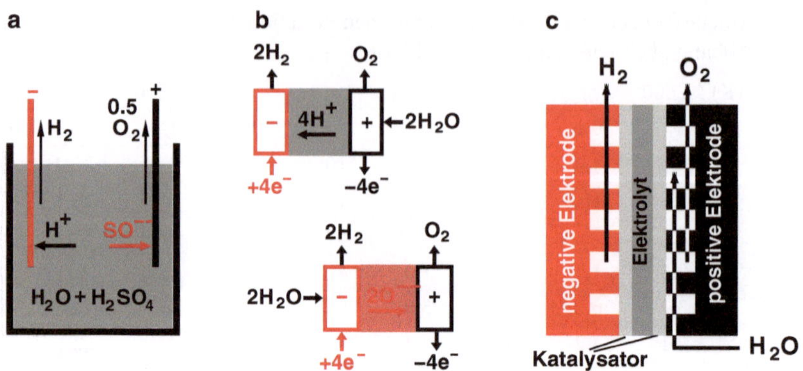

Abb. 8.7 **a** zeigt den prinzipiellen Aufbau einer Elektrolysezelle mit flüssigem Elektrolyten und H_2O als **Katalysator**. In **c** ist eine äquivalente Zelle mit Feststoffelektrolyten (Polymermembran) und Metallkatalysatoren zu sehen. In **b** sind die Reaktionsabläufe in einem sauren Feststoffelektrolyten (*oben*) und in einem basischen Feststoffelektrolyten (*unten*) zu sehen

Dass derartige Verfahren noch nicht in der Energieversorgung eingesetzt werden, hat viele Gründe, einer ist sicherlich, dass die chemischen Bestandteile bei den hohen Temperaturen sehr aggressiv sind und spezielle Materialien für den Reaktor entwickelt werden müssen.

Falls es nicht gelingt, Wasser allein thermisch zu spalten, muss die Spaltung nach Abb. 8.6 elektrisch unterstützt werden. Grundlage dafür bildet die **Wasserelektrolyse**, man spricht, je nach Verfahrenstemperatur, von einer Hochtemperatur- bzw. Niedertemperatur-Elektrolyse. Bevor wir uns den modernen Verfahren zuwenden, soll das Prinzip an einem einfachen und seit langem bekannten Beispiel erläutert werden, der Elektrolyse in wässriger Schwefelsäure.

Bei diesem Elektrolyseverfahren fließt ein elektrischer Strom durch einen wässrigen Elektrolyten, wobei sich an den Elektroden Wasserstoff und Sauerstoff abscheiden. In dem gewählten Beispiel ist der Elektrolyt mit Schwefelsäure (H_2SO_4) angesäuertes Wasser, in das zwei Platinelektroden ragen. Der prinzipielle Aufbau und die ablaufenden Reaktionen sind in Abb. 8.7 gezeigt. Schwefelsäure dissoziiert in wässeriger Lösung in die Anionen SO_4^{--} und die Kationen H^+. Das Wasser fungiert als Katalysator, der aus einem ungeladenen chemischen Bestandteil zwei geladene Ionen erzeugt. Der Strom durch den Elektrolyten wird von den wandernden An- und Kationen erzeugt. Die Kationen neutralisieren an der Kathode zu H_2, die Anionen bilden an der Anode mit dem Wasser wiederum H_2SO_4, wobei neutraler Sauerstoff O_2 entsteht. Im Wesentlich handelt es sich bei der Wasserelektrolyse um die Reaktion

$$H_2O \rightarrow 2\,H^+ + O^{--} \rightarrow H_2 + 0{,}5\,O_2. \tag{8.60}$$

Bei modernen Verfahren werden meist keine flüssigen **Elektrolyte** mehr verwendet, sondern Feststoffelektrolyte, die je nach dem Ionentyp, für den sie leitend sind, entwe-

Abb. 8.8 Die Strom-
Spannungs-Kennlinien ver-
schiedener Elektrolyte bei der
Wasserelektrolyse. Die Höhe
der Stromdichte legt fest, wie
viel Wasserstoff pro Sekunde
an einer gegeben Katalysato-
roberfläche erzeugt werden
kann

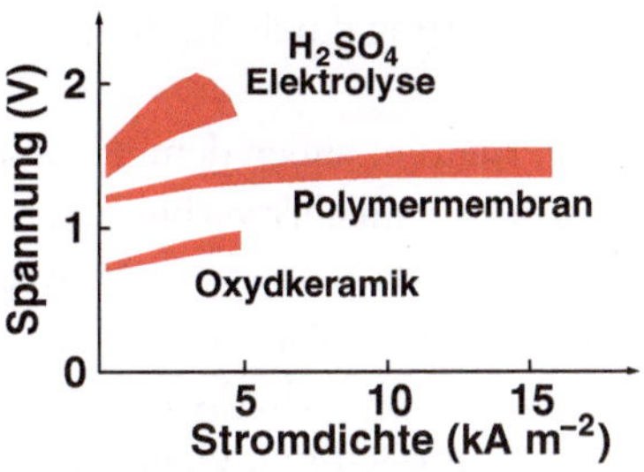

der als „sauer" oder als „basisch" bezeichnet werden. Um die Ionen zu erzeugen, müssen geeignete Katalysatoren gefunden werden. Die Edelmetalle Platin und Iridium sind geeignet, ihre Verwendung macht Feststoffelektrolyte aber sehr teuer. Die **Wasserstoffwirtschaft** wird erst dann wirklich konkurrenzfähig in der Energieversorgung, wenn es der Industrie gelingt, billigere Materialien für den **Katalysator** zu entwickeln. Daran wird zur Zeit mit großem Einsatz geforscht.

Ein **basischer Feststoffelektrolyt** ist zum Beispiel die Oxidkeramik ZrO_2, die bei Temperaturen von 850 °C bis 1000 °C für O^{--}-Ionen leitend wird. Bei wesentlich niedrigeren Temperaturen bilden Polymermembranen, zum Beispiel sulfoniertes Polysterol, einen **sauren Feststoffelektrolyten**, der für H^+-Ionen leitend ist. Der prinzipielle Aufbau für die Wasserelektrolyse mit basischen und sauren Feststoffelektrolyten ist in Abb. 8.7 gezeigt. Die Hochtemperaturelektrolyte benötigen eine Spannung zwischen den Elektroden von ca. 0,8 V, bei den Niedertemperaturelektrolyten ist sie etwas größer und beträgt ca. 1,2 V. Der Spannungsunterschied ergibt sich dadurch, dass nach Abb. 8.6 auch ein Teil der zugeführten Wärme zur Wasserspaltung verwendet wird.

Bevorzugt wird heute die Elektrolyse mit Polymermembranen, der schematische Aufbau ist ebenfalls in der Abb. 8.7 gezeigt. Durch die Polymermembran können höhere Ionenströme geleitet werden, was erforderlich ist, wenn große Mengen von Wasser in Wasserstoff und Sauerstoff gespalten werden sollen. Das elektrische Verhalten der möglichen Elektrolyte ist in Abb. 8.8 gezeigt. Für den **Wirkungsgrad** der elektrolytischen Spaltung wird in der Literatur ein Wert

$$\eta_{Sp}^{(i)} \approx 0{,}8 \tag{8.61}$$

angegeben. Wasserstoff als Speichermedium ist ein leicht flüchtiges Gas, das in der Erdatmosphäre wegen seiner geringen Masse fast nicht vorkommt, siehe Abschn. 6.2.1. Ein weiteres Problem einer zukünftigen **Wasserstoffwirtschaft** ist daher das Konzept für einen geeigneten Speicher. Für mögliche Konzepte bieten sich, je nach der geforderten Energiedichte w, 5 verschiedene Verfahren an:

1. Speicherung bei Normalbedingungen,
2. Speicherung nach Wasserstoffkompression,
3. Speicherung nach Wasserstoffverflüssigung,
4. Speicherung durch Anlagerung an Metallhydride,

5. Speicherung durch Bindung zu Molekülen,

Alle Verfahren, außer dem 1., bewirken eine Vergrößerung der **Energiedichte** ΔH_V in Tab. 8.5, sie sind aber verbunden mit einer Reduktion des **Speicherwirkungsgrads** $\eta_{Sp}^{(i)}$.

Das 1. Verfahren eignet sich, wegen der geringen Energiedichte, nur für stationäre Energiespeicher, falls Wasserstoff unterirdisch in großen Kavernen gespeichert werden kann und falls sich die Sicherheitsprobleme befriedigend lösen lassen[7]. Für die Speicherung werden keine großen Energiemengen benötigt, da der Speicherdruck nur $P^\bullet = 1\,$bar beträgt. Wasserstoff „schwimmt", wegen seiner geringen Massendichte, auf Stickstoff. In einer technischen Anlage müsste der Stickstoff am unteren Ende des Speichers ab- und zugeführt werden, während am oberen Ende Wasserstoff zu- und abgeführt wird.

Mobile Speicher, wie sie im Sektor **„Mobilität"** gefordert sind, werden immer auf einem der Verfahren 2–5 basieren. Dieser Sektor hat heute einen Anteil von über 30 % am Primärenergiebedarf. Zur Deckung dieses Bedarfs ist die Energiedichte $\Delta H_V \approx 4\,\mathrm{kWh \cdot m^{-3}}$ in Tab. 8.5 viel zu gering, **Dieselkraftstoff** besitzt zum Beispiel eine Energiedichte $w = 11.000\,\mathrm{kWh \cdot m^{-3}}$.

Im 2. Verfahren wird Wasserstoff mithilfe eines Kompressors **verdichtet**. Die Kompression eines Gases von $P^\bullet = 1\,$bar auf $P = 200\,$bar haben wir bereits in Abschn. 8.2.1 bei dem Druckluftspeicher besprochen. Der Wirkungsgrad der Kompression ist, wenn der komprimierte Wasserstoff seine thermische Exergie vollständig an die Umgebung verliert ($\delta = 1$), gegeben zu

$$\eta_{\mathrm{Komp}} \approx 0{,}5 \tag{8.62}$$

und um diesen Faktor reduziert sich auch der Speicherwirkungsgrad. Auf der anderen Seite erhöht sich die Energiedichte auf das 200fache. Die typischen Parameter der Speicherung mithilfe komprimierten Wasserstoffs lauten

$$w \approx 800\,\mathrm{kWh \cdot m^{-3}} \quad \eta_{Sp}^{(i)} \approx 0{,}4. \tag{8.63}$$

Eine noch größere Energiedichte lässt sich im 3. Verfahren erreichen, wenn der Wasserstoff zusätzlich **verflüssigt** wird. Dazu wird das komprimierte Gas wieder adiabatisch entspannt, nachdem es vorher auf eine Temperatur $T_{\mathrm{inv}} = 223\,$K vorgekühlt wurde. Dieser Prozess, der mit dem Gegenstromverfahren arbeitet, verflüssigt nur einen Teil des Wasserstoffs, während der andere Teil erneut komprimiert werden muss. Nehmen wir das Verhältnis von verflüssigtem zu nicht-verflüssigtem Wasserstoff mit 0,5 an, so verringert sich der Speicherwirkungsgrad um einen weiteren Faktor 0,5. Die typischen Parameter der Speicherung mithilfe flüssigen Wasserstoffs lauten

$$w \approx 2700\,\mathrm{kWh \cdot m^{-3}} \quad \eta_{Sp}^{(i)} \approx 0{,}2. \tag{8.64}$$

---

[7] Jeder weiß, dass Wasserstoff und Sauerstoff ein hochexplosives Gemisch mit einer Selbstzündtemperatur von 585 °C bilden.

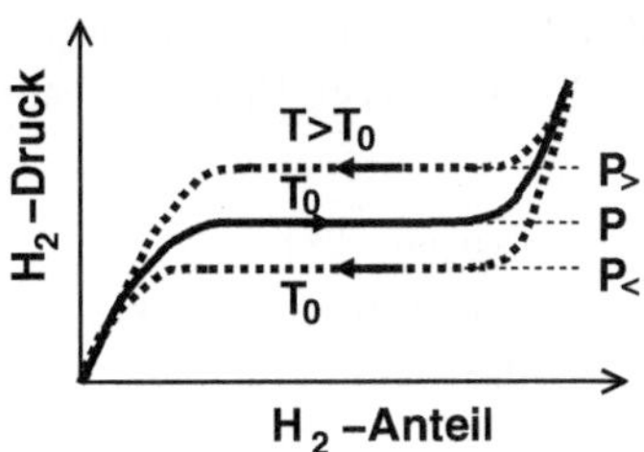

Abb. 8.9 Das Füllen (*durchgezogene Kurve*) eines Hydridspeichers beim Druck P und Temperatur T_0 und das Entleeren (*gestrichelte Kurven*) bei $P_< < P$, T_0 und $P_> > P$, $T > T_0$

Damit keine weiteren Verluste auftreten, muss der Behälter für den flüssigen Wasserstoff thermisch sehr gut gegen seine Umgebung isoliert sein. Denn zwischen beiden besteht eine Temperaturdifferenz von $T - T_0 = -258\,\mathrm{K}$ (°C).

Das 4. Verfahren der Wasserstoffspeicherung mithilfe der **Metallhydride** benutzt die Tatsache, dass sich molekularer Wasserstoff an sehr reinen Metalloberflächen in 2 Wasserstoffatome zerlegt und die H-Atome in das Metall diffundieren. Dort werden sie im Wirtsgitter des Metalls eingelagert, je nach den Metalleigenschaften geschieht die Einlagerung unter Wärmeabgabe oder Wärmeaufnahme. Metalllegierungen können daher so eingestellt werden, dass die Wasserstoffeinlagerung in ihnen mit einer nur sehr geringe Wärmeabgabe verbunden ist. Mit diesem Verfahren lassen sich heute Energiedichten realisieren, die sogar etwas größer sind als die von flüssigem Wasserstoff. Und dabei ist das Verfahren zur Füllung eines Hydridspeichers einfacher als das zur Erzeugung flüssigen Wasserstoffs.

Die Einlagerung in die Metalllegierung findet statt, wenn der Wasserstoffdruck einen gewissen Wert P erreicht hat. Dies geschieht bei einer Temperatur, die praktisch gleich der Umgebungstemperatur T_0 ist. Soll der Wasserstoff bei dieser Temperatur dem Speicher wieder entnommen werden, muss der Wasserstoffdruck etwas auf den Wert $P_<$ erniedrigt werden, wie es in der Abb. 8.9 gezeigt ist. Man kann den Wasserstoff auch mit einem höheren Druck $P_> > P_0$ entnehmen, dann muss allerdings die Temperatur des Speicher auf einen Wert $T > T_0$ vergrößert werden. In der Tab. 8.7 sind die wichtigsten Daten einiger Hydridspeicher zusammengestellt. Die erste Zeile weist darauf hin, wo der eigentliche Nachteil derartiger Speicher liegt: Hydridspeicher sind sehr schwer, im mobilen Einsatz muss sehr viel „tote Masse" mitbewegt werden, zumal die Energiedichte der Speicher noch immer gering ist, verglichen mit der von Dieselkraftstoff. Davon abgesehen bieten Hybridspeicher viele Vorteile, wie sich aus ihren typischen Parametern ersehen lässt:

$$w \approx 3500\,\mathrm{kWh}\cdot\mathrm{m}^{-3} \qquad \eta_{\mathrm{Sp}}^{(i)} \approx 0{,}9. \tag{8.65}$$

Als 5. und letztes Verfahren bietet sich an, Wasserstoff an einen anderen chemischen Bestandteil so zu **binden**, dass das Reaktionsprodukt speicherfähig ist. Die Auswahl an chemischen Bestandteilen ist nicht sehr groß, zumal sie häufig in der Natur vorhanden sein müssen und die Reaktion umweltschonend sein sollte. Vorgeschlagen wurden die Verbindung mit Stickstoff zu Ammoniak (Haber-Bosch-Prozess) und die Verbindung mit Koh-

Tab. 8.7 Die wichtigsten Parameter einiger Hydridspeicher. Die Metalle sind Magnesium (Mg), Nickel (Ni), Eisen (Fe), Titan (Ti), Vanadium (V), Lanthan (La)

	Mg_2NiH_4	MgH_2	FeTiH	VH_2	$LaNi_5H_6$
H_2-Massenanteil (%)	3,3	7,6	0,9	2,1	1,3
Anlag.-Energie (kWh $\cdot$ (H_2-kg)$^{-1}$)	8,9	10,7	3,9	5,6	4,2
Energiedichte (kWh $\cdot$ m^{-3})	3000	3850	1900	3700	3000

lendioxid zu Methan/Methanol und Wasser (Sabatier-Prozess), wobei letztere nur möglich ist, wenn eine Quelle für Kohlendioxid existiert, siehe Fußnote 6.

Der Haber-Bosch-Prozess
Dieses Verfahren benutzt die Reaktion

$$3\,H_2 + N_2 \rightarrow 2\,NH_3,$$

das Speichermedium ist **Ammoniak** (NH_3). Die Reaktion benötigt Eisen als Katalysator und vollzieht sich bei einer Temperatur von ≈ 700 K. Ammoniak hat eine Siedetemperatur von $-33\,°$C und eine Energiedichte von $w = 4270$ kWh $\cdot$ m^{-3} bei dieser Temperatur. Der Wirkungsgrad des Haber-Bosch-Prozesses wird mit $\eta = 0{,}55$ angegeben, so dass sich ein Speicherwirkungsgrad von $\eta_{Sp}^{(i)} = 0{,}44$ ergibt. Die Energie, die zur Kühlung auf $-33\,°$C nötig ist, ist nicht berücksichtigt. Aber die Kühlanforderung ist gering, dieser Anteil deswegen wahrscheinlich klein.

Ammoniak als Treibstoff der heißen Verbrennung wurde im Sektor „Verkehr" bereits verwendet. Mir ist allerdings nicht bekannt, dass es z. Z. in diesem Sektor oder anderen Sektoren Versuche gibt, den Haber-Bosch-Prozess in die Energieversorgung zu integrieren, obwohl er in der Agrarchemie das gängige Verfahren ist.

Der Sabatier-Prozess
Dieses Verfahren benutzt die Reaktion

$$4\,H_2 + CO_2 \rightarrow CH_4 + 2\,H_2O,$$

das Speichermedium ist **Methan** (CH_4). Die Reaktion ist exotherm (erzeugt Wärme) und benötigt Nickel als Katalysator. Methan hat eine Siedetemperatur von $-162\,°$C und eine Energiedichte von $w = 5860$ kWh $\cdot$ m^{-3} bei dieser Temperatur. Der Wirkungsgrad des Sabatier-Prozesses wird mit $\eta = 0{,}5$ angegeben, so dass sich ein Speicherwirkungsgrad von $\eta_{Sp}^{(i)} = 0{,}40$ ergibt. Die Energie, die zur Kühlung auf $-162\,°$C nötig ist, ist nicht berücksichtigt, obwohl sie wahrscheinlich wegen der tiefen Speichertemperatur nicht vernachlässigbar ist.

Der Sabatier-Prozess als Speichertechnik wurde vorgeschlagen, weil Methan in das existierende Versorgungsnetz für Erdgas eingespeist werden kann und damit die Notwendigkeit entfiele, eine neue Infrastruktur für die Speicherung aufzubauen. Auch der Sektor „Verkehr" würde profitieren, wenn vom Erdöl auf Erdgas als Treibstoff umgestiegen wird.

Bei einem anderen Massenverhältnis der Reaktanden führt der Sabatier-Prozess zur Synthese von Methanol:

$$3\,H_2 + CO_2 \rightarrow CH_3OH + H_2O,$$

das Speichermedium ist **Methanol** (CH_3OH). Die Reaktion ist ebenfalls exotherm und benötigt einen CuO/CuO_2-Katalysator. Methanol ist bei Normalbedingungen flüssig und hat eine Energiedichte von $w = 5370\,kWh \cdot m^{-3}$. Der Wirkungsgrad der Synthese nach obiger Reaktionsgleichung beträgt wahrscheinlich $\eta = 0{,}4$, so dass sich ein Speicherwirkungsgrad von $\eta_{Sp}^{(i)} \approx 0{,}3$ ergäbe. Für den Sektor „Verkehr" ist dies wohl das bevorzugte Speicherverfahren, denn es erfordert die geringsten Änderungen der Infrastruktur (Speicherung, Verteilung und Fahrzeuge).

Nach der Speicherung ist die nächste Aufgabe, die gespeicherte chemische Energie wieder in die gewünschte Endenergie zu wandeln. Dabei handelt es sich in den meisten Fällen um die Rückwandlung in elektrische Energie. Das geeignete Verfahren ist die kalte Verbrennung mithilfe einer **Brennstoffzelle** und nur dieses Verfahren soll näher untersucht werden. In der Brennstoffzelle werden im einfachsten Fall Wasserstoff und Sauerstoff wieder zu Wasser vereint und dabei wird chemische in elektrische Energie gewandelt. Die Brennstoffzelle ist daher in ihrem Aufbau ähnlich zu den modernen Elektrolysezellen in Abb. 8.7. Jedoch sind die Aufgaben verschieden: Anstelle von Wasser müssen jetzt Wasserstoff und Sauerstoff ionisiert werden, was zu einer Reduktion des Wirkungsgrads führt:

$$\eta_{Sp}^{(f)} < 0{,}6 \quad \text{woraus für stationäre Speicher folgt} \quad \eta_{Sp} = \eta_{Sp}^{(i)}\eta_{Sp}^{(f)} < 0{,}48. \tag{8.66}$$

Die Reaktionsgleichung der Brennstoffzelle lautet, analog zu (8.60) in umgekehrter Richtung:

$$H_2 + 0{,}5\,O_2 \rightarrow 2\,H^+ + O^{--} \rightarrow H_2O. \tag{8.67}$$

Die zwischen den Elektroden erzeugte elektrische Spannung ($U = \Delta\phi$) beträgt nach (8.58)

$$U = \frac{\Delta H - T\Delta S}{zF}. \tag{8.68}$$

Die von 1 mol der Ionen transportierte Ladungsmenge ist

$$\Delta q = zF, \tag{8.69}$$

wobei z die Ladungszahl des Ions ist und $F = 96.485\,C \cdot mol^{-1}$ als **Faraday-Konstante** bezeichnet wird. In Tab. 8.8 sind die Werte von ΔH und ΔS für 3 wichtige Brennstoffreaktionen angegeben. Außerdem findet sich dort der Spannungswert U bei einer Umgebungstemperatur $T_0 = 288\,K$.

Praktischen Einsatz im Sektor „Verkehr" findet nur die erste dieser 3 Reaktionen, die **kalte Verbrennung** des Wasserstoffs. Auch die kalte Verbrennung von Methanol oder Ammoniak läuft über die 1. Reaktion, indem der Wasserstoff zunächst durch „reforming" oder

Tab. 8.8 Die Spannung U, die 3 wichtige Brennstoffreaktion bei Umgebungstemperatur zwischen den Elektroden einer Brennstoffzelle erzeugen

Reaktion	ΔH (J $\cdot$ mol^{-1})	ΔS (J $\cdot$ K^{-1} $\cdot$ mol^{-1})	z	U (V)
$H_2 + 0{,}5\,O_2 \rightarrow H_2O$	242.000	165	2	1,0
$C + O_2 \rightarrow CO_2$	394.000	-85	4	1,1
$CH_4 + 2\,O_2 \rightarrow CO_2 + 2\,H_2O$	802.000	7	8	1,0

„cracking" aus beiden Speichermedien erzeugt wird. Zwar existieren Konzepte für Brennstoffzellen, die ohne diese Zusatzreaktionen auskommen, aber diese Entwicklungen sind nicht einsatzreif. Die zweite Reaktion entspricht der kalten Verbrennung des Kohlenstoffs, sie besitzt einen positiven Entropiebeitrag. Das liegt daran, dass Kohlenstoff bei Umgebungstemperatur nur im festen Zustand existiert, die Verbrennung also eine adiabtische Volumenvergrößerung, gekoppelt mit einer Temperaturerniedrigung, verursacht. Es wird daher Wärme der Umgebung entzogen, die zu einer geringfügigen Spannungserhöhung führt. Mit allen der aufgeführten Reaktionen lassen sich elektrische Spannungen erzielen, wie sie auch Fotodioden erreichen. Diese Koinzidenz ist nicht überraschend: Die relevanten äußeren Elektronen in der Atomhülle besitzen Bindungsenergien von ca. 1 eV.

Der Einsatz der **Polymer-Brennstoffzellen** im Sektor „Verkehr" benutzt immer Wasserstoff, selbst wenn als Brennstoff Methanol mitgeführt wird. Um die erforderliche Energiedichte zu erreichen, ist Methanol als Speichermedium viel günstiger als Wasserstoff. Die Umwandlung von Methanol in Wasserstoff geschieht katalytisch in einem **Wasserdampfreformer**, dieser Zusatzprozess reduziert den Wirkungsgrad der Brennstoffzelle auf $\eta_{Sp}^{(f)} \approx 0{,}4$. Die neben H_2 dabei freigesetzten Gase CO und CO_2 wirken als Gift für die Polymermembran, sie müssen durch einen Reinigungsprozess vor der Brennstoffzelle dem Brenngas entzogen werden, so dass reiner Wasserstoff zurückbleibt. Das Prinzipschaltbild für die Wandlung in elektrische Energie aus der im Methanol gespeicherten chemischen Energie ist in Abb. 8.10 gezeigt. Der Gesamtwirkungsgrad einer derartigen Anlage beträgt aber nur $\eta_{Sp} = \eta_{Sp}^{(i)} \eta_{Sp}^{(f)} \approx 0{,}12$ und ist damit wesentlich kleiner als die eines Otto-Motors, siehe Abschn. 2.3.1. Daher wird z. Z. dem Mitführen von gespeichertem Wasserstoff im Fahrzeug von der Industrie wieder der Vorzug gegeben.

Zum Antrieb von Fahrzeugen eignen sich aber auch **Batterien** und **Akkumulatoren**[8], zur langzeitigen Speicherung der Schwankungslast aus erneuerbaren Energien kommen diese Speicher allerdings nicht in Frage. Wir wollen uns einen kurzen Überblick über ihre physikalischen Grundlagen verschaffen.

Auch ein Akkumulator speichert elektrische Energie in der Form von chemischer Energie, verwendet daher das gleiche Speicherprinzip wie die Wasserstofftechnik. Ein wichtiger Unterschied besteht darin, dass im ersten Fall alle chemischen Komponenten gespeichert werden müssen und dass diese Komponenten in wesentlich geringeren Menge in der Natur vorkommen als das Wasser. Ein Akkumulator, so kann man sagen, vereint damit die

---

[8] Der ideale Akkumulator lässt sich beliebig oft auf- und entladen, die Batterie lässt sich nur entladen.

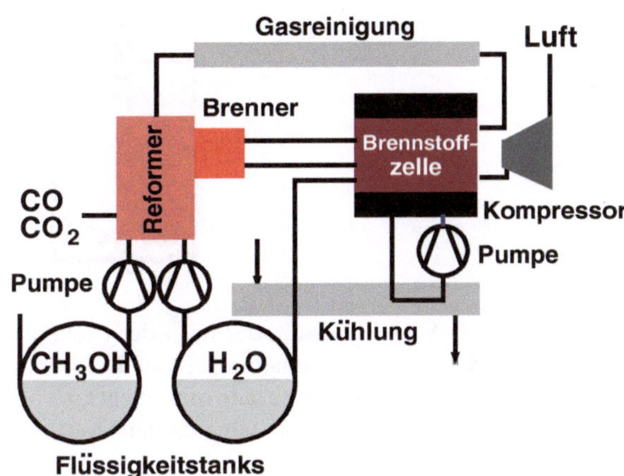

Abb. 8.10 Prinzipschaltbild für die Brennstoffzellentechnik auf der Basis von Methanol. Methanol muss im Dampfreformer erst in H_2, CO und CO_2 zerlegt werden, bevor H_2 in die Brennstoffzelle gelangt. Das Restgas H_2 und O_2 aus der Brennstoffzelle liefert mittels Verbrennung die Wärme für den Dampfreformer

Tab. 8.9 Die Standardpotentiale einiger Redoxpaare in der elektrochemischen Spannungsreihe

Redoxpaar	Li	Cs	Na	H$_2$O	S	Pb	H	Cu	C	Ag	Au	O	F
Standard-poten. (V)	−3,0	−2,9	−2,7	−0,8	−0,5	−0,1	0	+0,2	+0,5	+0,8	+1,7	+1,8	+2,9

Funktionen von Elektrolysezelle und Brennstoffzelle in einem Gerät, aber Materialprobleme können jetzt von entscheidender Bedeutung werden.

Das Prinzip jeden Akkumulators basiert auf der Potentialdifferenz zwischen 2 Redoxpaaren, d. h. auf ihrer Stellung in der **elektrochemischen Spannungsreihe** in Tab. 8.9.

Je weiter links vom Wasserstoff (H) ein Redoxpaar steht, um so leichter verliert es Elektronen (wird reduziert zu einem positiven Ion), je weiter rechts es steht, um so leichter nimmt es Elektronen auf (wird oxidiert zu einem negativen Ion). Da die Akkumulatorspannung durch die Wanderung der Ionen durch den Elektrolyten entsteht, befindet sich auf der Reduktionsseite die Kathode (negativer Pol) und auf der Oxidationsseite die Anode (positiver Pol).

Die Schwierigkeit, einen Akkumulator nach diesem Prinzip aufzubauen, besteht einmal in der Suche nach einer geeigneten **Redox-Reaktion** und dann in der Auswahl eines geeigneten **Elektrolyten**, welcher in modernen Akkumulatortypen nur für eine Ionenart elektrisch leitend ist. Darüber hinaus sind wichtige Kriterien für die Qualität eines Akkumulators natürlich seine Energiedichte und die erlaubte Anzahl von Lade- und Entladezyklen. Diese Anzahl ist nicht beliebig hoch, wie jeder weiß, dessen Autoakkumulator sich nach einigen Jahren der Benutzung nicht mehr laden ließ.

Ein Beispiel für einen Akkumulator, welcher nur die in Tab. 8.9 gelisteten Elemente benutzt, ist der Natrium/Schwefel-Akkumulator, dessen Einsatzfähigkeit zum Antrieb von Fahrzeugen für einige Zeit untersucht wurde. Dieser Akkumulator arbeitet nach folgender Reaktionsgleichung:

$$2\,\mathrm{Na} + 3\,\mathrm{S} \leftrightarrow \mathrm{Na_2S_3}. \tag{8.70}$$

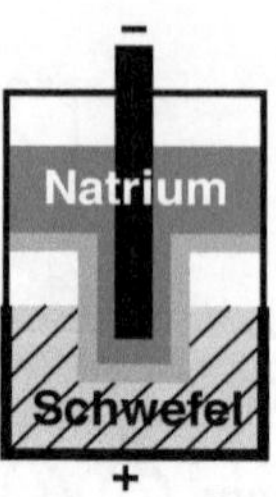

Abb. 8.11 Der Na/S-Akkumulator, der nach der Reaktionsgleichung (8.70) bei einer Temperatur von ca. 300 °C arbeitet. Bei der Entladung nimmt das Natrium auf der Kathodenseite immer mehr ab und die Stoffmenge auf der Anodenseite nimmt entsprechend zu. Daher muss in dem Behälter des Akkumulators genügend freier Platz sein, um den Stoffaustausch nicht zu behindern

Als Elektrolyt wird der Feststoffelektrolyt β-Aluminiumoxid ($Na_2O{\cdot}12Al_2O_3$) verwendet, der bei einer Temperatur von ca. 300 °C für Na^+-Ionen leitend wird. Bei dem Entladevorgang nimmt der Natriumvorrat auf der Kathodenseite dauernd ab, während die Stoffmenge auf der Anodenweite wegen der Bildung von Na_2S_3 dauernd zunimmt. In Abb. 8.11 ist der prinzipielle Aufbau dieses Akkumulators gezeigt. Da Schwefel ein schlechter elektrischer Leiter ist, besteht die Anode aus einem mit Schwefel getränkten Grafitgewebe. Flüssiges Natrium ist dagegen ein guter elektrischer Leiter, in den eine leitende, gegen Natrium resistente Elektrode, die Kathode, taucht. Die Akkumulatorspannung beträgt etwa $U = 2{,}2\,V$, die spezifische Energie $W/m = 0{,}2\,\mathrm{kWh{\cdot}kg^{-1}}$. An diesem Konzept für den Fahrzeugantrieb wird nicht länger gearbeitet, wahrscheinlich, weil geschmolzenes Na sich bei Berührung mit Luft sofort entzündet und S ein **Umweltproblem** verursachen kann. Stationäre Speicher nach diesem Konzept werden aber seit 2008 in Japan eingesetzt.

Komplizierter sind das Prinzip und die Reaktionsgleichung für den bekannten Blei-Akkumulator, der heute noch fast ausschließlich als Kurzzeitspeicher in Kraftwagen verwendet wird:

$$Pb + PbO_2 + 2\,H_2SO_4 \leftrightarrow PbSO_4 + PbSO_4 + 2\,H_2O. \tag{8.71}$$

In diesem Fall besteht der Elektrolyt daher aus einer Flüssigkeit (H_2O und H_2SO_4), die sowohl positive H^+-Ionen wie auch negative SO_4^{--}-Ionen leitet. Im entladenen Zustand sind beide Elektroden mit Bleisulfat ($PbSO_4$) bedeckt. Beim Aufladen verwandeln sie sich zurück in Blei auf der Kathode und Bleioxid auf der Anode. Die Akkumulatorspannung beträgt $U \approx 2\,V$, die spezifische Energie aber nur $W/m = 0{,}03\,\mathrm{kWh{\cdot}kg^{-1}}$ und ist wesentlich kleiner als die des Na/S-Akkumulators.

Deswegen wird schon seit einigen Jahren in Fahrzeugen mit elektrischem Antrieb der Li-Ionen-Akkumulator eingesetzt. Dieser basiert auf folgender Reaktionsgleichung:

$$Li_xC_n + Li_{1-x}Mn_2O_4 \leftrightarrow LiMn_2O_4 + n\,C. \tag{8.72}$$

Anstelle von Mn_2O_4 können auch andere Metalloxide (z. B. CoO_2) verwendet werden. Bei der Entladung wandern Li^+-Ionen aus der Graphitmatrix (C_n) durch den Feststoff-

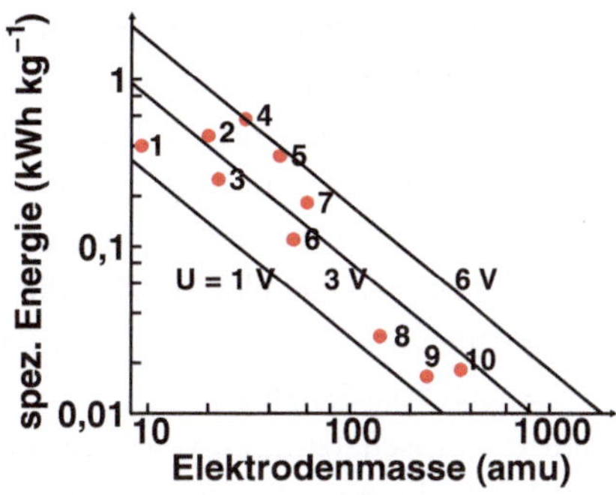

Abb. 8.12 Die Energiedichten einiger Akkumulatoren und als *gerade Linien* der Wert der Leerlaufspannung zwischen ihren Elektroden. Es sind: *1* = H_2/O_2; *2* = Li/C; *3* = Li/S; *4* = Li/F_2; *5* = Na/F_2; *6* = Na/S; *7* = Na/Cl_2; *8* = Cd/Ni_2O_3; *9* = Zn/HgO; *10* = Pb/PbO_2

elektrolyten und bilden an der Anode $LiMn_2O_4$. Auch als Elektrolyt werden verschiedene Materialien verwendet, z. B. ein Polymer oder $LiPF_6$. Bei diesem Akkumulatortyp wird die Potentialdifferenz zwischen Li und C in der elektrochemischen Spannungsreihe Tab. 8.9 ausgenutzt. Die Akkumulatorspannung beträgt $U \approx 3{,}6$ V, die maximale spezifische Energie liegt bei $W/m = 0{,}24\,\mathrm{kWh kg^{-1}}$.

Alle diese Beispiel zeigen: Einer der entscheidenden Parameter eines Akkumulators ist seine **spezifische Energie** W/m. Bisher haben wir als Kriterium die Energiedichte $w = W/V$ benutzt. Im Fall von Akkumulatoren ist es besser, man bezieht die gespeicherte Energie auf die Masse der Elektroden, ohne dabei die Masse des Elektrolyten und seines Behälters zu berücksichtigen. Der Grund ist, dass aus dieser Darstellung ersichtlich wird, welche Massen in der Natur vorhanden sein müssen. In der Abb. 8.12 sind die spezifischen Energien einiger Akkumulatoren gezeigt, wobei die Masse in Einheiten der atomaren Masse ($[m]$ = amu) angegeben ist. Auch das H_2/O_2-System ist gezeigt, allerdings allein bezogen auf die Masse des H_2, da O_2 nicht gespeichert werden muss. Akkumulatoren erreichen generell eine Energiedichte von ca. $0{,}1\,\mathrm{kWh \cdot kg^{-1}}$. Daraus ergibt sich bei einer Speicheranforderung von $2 \cdot 10^{12}$ kWh ein Materialbedarf von ca. $2 \cdot 10^{13}$ kg für die Elektroden, ein enormer Wert, wenn man ihn mit der Jahresproduktion von Materialien auf der Erde vergleicht, für die wir in Kap. 7 einige Beispiele angeführt haben. Das H_2/O_2-System ist eben auch deswegen so gut für Speicherzwecke geeignet, weil Wasser in fast unbegrenzter Menge auf der Welt vorhanden und leicht zugänglich ist.

8.3 Die Möglichkeiten der Energiespeicherung

Es gibt, so haben wir gerade gelernt, für jede Energieform ein Speicherungsverfahren. Ob sich dieses letztendlich zu einem realistischen Speicher entwickeln lässt, hängt von den Speicheranforderungen ab, die der Tatsache Rechnung tragen müssen, dass das Angebot an erneuerbaren Energien zeitlich fluktuiert. Diese **Fluktuationen** in der Energieversorgung müssen durch Energiespeicher geglättet werden und wir gehen davon aus, dass die für Schwankungsperioden von 10 d erforderliche Speicherkapazität eine Größe von $2 \cdot 10^{12}$ kWh haben muss. Daneben existieren schwächere Anforderungen, verursacht z. B. durch den Tag/Nacht-Zyklus oder die Bedürfnisse im Sektor „Verkehr". Entscheidend aber für Festlegung des Speicherkonzepts in der Energieversorgung sind immer die langfristigen Fluktuation. Es nützt zum Beispiel nichts, hervorragende Energiespeicher für den Ausgleich von Bedarfsspitzen zu besitzen, wenn diese für ein langfristiges Konzept nichts taugen. Dann fehlt einfach nach kurzer Zeit die Energie, um kurzfristige Speicher wieder zu füllen. Die folgende Diskussion bezieht sich daher im Wesentlichen auf die Möglichkeiten einer langfristigen Speicherung.

Für die Einschätzung, ob ein Speicherkonzept realistisch ist, sind 2 Parameter von wesentlicher Bedeutung: Die **Energiedichte** w des Speichers und der **Speicherwirkungsgrad** η_{Sp}. Die beiden Parameter beschreiben unterschiedliche Eigenschaften des Speichers. Die Energiedichte w gibt an, wie groß der Raum und damit auch die Fläche sein müssen, auf welcher der Speicher für $2 \cdot 10^{12}\,\text{kWh}$ zu errichten ist. Die Speicherwirkungsgrad η_{Sp} bestimmt die Energie, die benötigt wird, um den Speicher zu füllen. Beide Parameter sind unabhängig voneinander. Ist z. B. $\eta_{Sp} \approx 1$, so kann w trotzdem so klein sein, dass für eine langfristige Speicherung derartig viel Raum und Fläche benötigt wird, dass sich dieses Speicherkonzept nicht verwirklichen lässt. Das beste Beispiel für einen derartigen Energiespeicher ist das Speicherkraftwerk (siehe Abschn. 8.2.1), das eine Energiedichte von nur $w \approx 0{,}3\,\text{kWh} \cdot \text{m}^{-3}$ besitzt. Derartige Speicherkraftwerke spielen für die langfristige Energiespeicherung keine Rolle, obwohl sie einen hohen Speicherwirkungsgrad besitzen. Aufgrund unserer Abschätzungen sollte der Speicherwirkungsgrad mindestens $\eta_{Sp} \approx 0{,}5$ betragen. Liegt der Wert darunter, dann steigt umgekehrt proportional die Energiemenge, die den Speicher füllen muss, und damit der Energiebedarf, den erneuerbare Energien zu decken hätten.

Betrachten wir unter diesen Aspekten in der Tab. 8.10 die Speichermöglichkeiten, wobei zum Vergleich auch die **fossilen Energieträger** aufgeführt sind, die ja eigentlich auch nur gespeicherte Energie darstellen. Die angegebenen **Speicherwirkungsgrade** gelten für den Fall, dass die gespeicherte Energie in Form von elektrischer Energie dem Abnehmer zur Verfügung steht. Sie sollten verglichen werden mit dem Wirkungsgrad $\eta \approx 0{,}6$, welcher heute von einem modernen **Kraftwerk** erreicht wird. Die Speicherwirkungsgrade verändern sich natürlich, wenn als Endenergie eine andere Form der Energie gewählt wird, zum Beispiel thermische Energie, die für die Raumheizung benötigt wird. Im übrigen sollten die angegebenen Zahlenwerte nur als Richtgrößen angesehen werden, sie verdeutlichen nur ungefähr die Relationen zwischen alternativen Speichertechnologien. Aus der Tab. 8.10 wird deutlich, dass die fossilen Energieträger eine Energiedichte besitzen, die um eine Größenordnung die vieler zukünftiger Speicher übersteigt. Die einzige Ausnahme bildet **Erdgas**, das trotz seiner geringen Energiedichte eine ganz wichtige Rolle in unserer jetzigen Energieversorgung spielt, weil es unterirdisch gespeichert ist und daher keine Fläche *auf* der Erde beansprucht. Insofern kann man davon ausgehen, dass auch zukünftige Speicherkonzepte die, von der Erdöl- Kohleförderung leer zurückgelassenen, unterirdischen Räume ausnutzen und auf der Speicherung von Druckluft oder Wasserstoffgas basieren werden. Beide Speichermöglichkeiten besitzen ähnliche Kennzahlen wie das Erdgas, allerdings lässt

Tab. 8.10 Die kritischen Parameter der Speichermöglichkeiten auf der Basis von Erdöl und mithilfe zukünftiger Konzepte. Zum Vergleich werden fossile Energieträger ebenfalls gezeigt

Speicherkonzept	Energiedichte $(kWh \cdot m^{-3})$	Speicher-wirkungsgrad	Bemerkung
Fossile Energieträger			
Kohle	25.000	–	Unterirdische Lager
Erdöl	10.000	–	Unterirdische Lager
Erdgas	10	–	Unterirdische Lager
Kernspaltung	$4 \cdot 10^{11}$	–	
Kernfusion	$1 \cdot 10^{7}$	–	
Heutige Speicher			
Dieselkraftstoff	11.000	0,4	Motor/Generator
Benzin	9200	0,4	Motor/Generator
Zukünftige Speicher			
Eutekt. Mischung	500	0,8	Thermischer Speicher
Druckluft (200 bar)	5	0,5	Unterirdischer Speicher
Wasserstoff (1 bar)	4	0,5	Unterirdischer Speicher
Wasserstoff (200 bar)	800	0,2	
Wasserstoff (flüssig)	2700	0,1	
Metallhydride	3500	0,6	Materialbedarf
Akkumulatoren	200 … 500	0,8	Materialbedarf
Ammoniak	4300	0,3	Kühlung, in Entwicklung
Methan	10	0,3	Vorh. Infrastruktur, CO_2-Quelle?, in Entwicklung

sich nur der Wasserstoff auch in ähnlicher Weise transportieren wie das Erdgas. Daher ist es natürlich verlockend, gleich die **Methanwirtschaft** anzustreben, d. h. Methan als Speichermedium zu verwenden. Es gibt aber z. Z. noch keine **Methan-Brennstoffzelle** ohne Reformer. Noch gravierender ist das Problem, eine CO_2-Quelle ohne fossile Energieträger zu finden.

Aufgrund dieser Überlegungen erscheint es ziemlich klar, dass eine zukünftige Energieversorgung mit größter Wahrscheinlichkeit auf der Basis der **Wasserstofftechnik** realisiert werden wird. Das betrifft allerdings nur das Problem der Energiespeicherung und lässt völlig unberücksichtigt das Problem, ob überhaupt genügend erneuerbare Energie in Zukunft vorhanden sein wird, um die Energiespeicher zu füllen. Hier spielen ganz andere Gesetze die entscheidende Rolle, wie wir es in Kap. 7 zusammenfassend diskutiert haben.

Der Energietransport 9

Die Energieversorgung ist heute davon abhängig, dass Energie über weite Strecken transportiert werden kann. Es mag uns nicht immer bewusst sein, aber der Transport von Energie begann bereits mit dem Aufbau der fossil biogenen Energieträgern vor Millionen von Jahren. Diese sind durch Fotosynthese aus der Solarenergie entstanden, die mithilfe der **Strahlung** von der Sonne zur Erde transportiert wurde. Und heute transportieren wir die in den fossilen Energieträgern gespeicherte Energie um den ganzen Erdball, überwiegend mit **Schiffen** und **Rohrleitungen**. Dieser Transport wird dadurch erzwungen, dass fossile Energien in konzentrierter Form nur an ausgesuchten Standorten in der Erdkruste zu finden sind. Wie sehr wir vom Energietransport abhängen, kann man sich ausmalen, wenn wir uns zum Beispiel vorstellen, es gäbe keine Tankschiffe oder Ölleitungen, um uns mit Rohöl zu beliefern.

Auch am Anfang der erneuerbaren Energien steht ein Transportprozess, derselbe, der am Anfang der fossil biogenen Energieträger stand, nämlich die Strahlung von der Sonne. Im Gegensatz zu den fossilen Energieträgern sind aber die Quellen der erneuerbaren Energien viel gleichmäßiger über die Erdoberfläche verteilt. Auf der anderen Seite wird sich an der Verteilung der Bevölkerungs- und Industriezentren in Zukunft wohl nichts ändern, diese werden auch weiterhin in ausgesuchten Standorten konzentriert sein. Das bedeutet, die Notwendigkeit eines Energietransports wird sich nicht verringern, die Struktur dieses Transports wird eher schwieriger. Denn in Zukunft muss Energie von praktisch der gesamten Landfläche der Erde zu den Zentren des Bedarfs transportiert werden, während sich der Transport heute von den ausgezeichneten Quellen zu den ausgezeichneten Zentren vollzieht, also auf relativ wenige Wege beschränkt ist. Können mit den heutigen Techniken auch neue und dichtere Transportwege aufgebaut werden?

Der **Energietransport** muss, wie bereits erwähnt, über Strecken $l > 10^7$ m möglich sein. Über derartig lange Strecken lassen sich eigentlich nur 2 Energieformen transportieren,

- die elektrische Energie,
- die chemische Energie.

D. Pelte, *Die Zukunft unserer Energieversorgung*, DOI 10.1007/978-3-658-05815-9_9, © Springer Fachmedien Wiesbaden 2014

Wir werden uns trotzdem auch mit dem Transport

- der thermischen Energie

beschäftigen, weil er für die Energieversorgung von Bedeutung ist, obwohl die Transportstrecken nur klein sind.

Im Allgemeinen erfordert der Transport der Energie W selbst eine Energie ΔW, oder es wird längs der Transportstrecke l die Energie ΔW in eine andere Energieform umgewandelt, geht also verloren. Um die Güte einer Transporttechnik charakterisieren zu können, definieren wir als Parameter den **Transportaufwand**

$$\chi = \frac{1}{l}\frac{\Delta W}{W}, \tag{9.1}$$

der angibt, wie hoch der Energieverlust ΔW auf der Wegstrecke l ist, wenn die Energie W über diese Wegstrecke transportiert werden soll. Ist der Transportaufwand durch eine konstante Zahl charakterisiert, das heißt unabhängig von l, so bedeutet dies, dass umso mehr Energie benötigt oder verloren geht, je länger der Transportweg ist. Dann existiert eine maximale Transportstrecke l_{max}, über die Energie transportiert werden kann, ohne dass die für den Transport einzusetzende Energie mehr als 10 % der transportierten Energie ausmacht. Der maximal mögliche Transportweg ist dann gegeben durch

$$l_{\mathrm{max}} = \frac{0{,}1}{\chi}. \tag{9.2}$$

9.1 Die physikalischen Grundlagen des Energietransports

Um die Probleme des Energietransports unter physikalischen Aspekten behandeln zu können, ist wiederum ein physikalisches Grundwissen erforderlich. Wir behandeln daher den Energietransport in den nächsten Abschnitten auf der **P-Ebene**, und erst im im Anschluss daran werden wir die Ergebnisse im Abschn. 9.2 zusammenfassen.

9.1.1 Der Transport von elektrischer Energie

Es liegt nahe, als ersten den Transportprozess zu untersuchen, der die Energie der Sonne auf die Erde transportiert, und das ist der **Strahlungstransport**. Licht ist eine elektromagnetische Welle und mit der elektromagnetischen Strahlung wird Energie transportiert. Die Energiedichte dieser Strahlung beträgt

$$w_0 = \frac{1}{2}\varepsilon_0 E_0^2 \quad \mathrm{mit} \quad \varepsilon_0 = 6{,}654 \cdot 10^{-12}\mathrm{C}^2 \cdot \mathrm{N}^{-1} \cdot \mathrm{m}^{-2}, \tag{9.3}$$

wobei E_0 die Amplitude des elektrischen Felds ist, das sich als eine ebene Welle mit Lichtgeschwindigkeit c durch den Raum ausbreitet. Die Energiedichte $w_\oplus$ der elektromagnetischen Strahlung, die uns von der Sonne erreicht, ist sehr klein. Ihr Wert ist in (6.2) angegeben, der Grund für diese geringe Energiedichte ist, dass die Amplitude der elektrischen Feldstärke sehr klein ist. Man kann daher die Energiedichte wesentlich erhöhen, wenn die elektrische Feldstärke bis zum maximal möglichen Wert vergrößert wird. Mit **Hochleistungslasern** lassen sich heute Feldstärken bis zur Durchbruchfeldstärke in Luft erzielen, siehe Tab. 8.1. Allerdings arbeiten diese Laser nicht im Dauerbetrieb, sondern sind gepulst mit einem Tastverhältnis von nicht besser als 10^{-9}. Die maximale Energiedichte eines Lasers liegt daher bei

$$w_0 = 40\,\mathrm{J} \cdot \mathrm{m}^{-3} \approx 1 \cdot 10^{-5}\,\mathrm{kWh} \cdot \mathrm{m}^{-3}. \tag{9.4}$$

Die zeitlich gemittelte Energiedichte ist aber wegen des geringen Tastverhältnisses viel kleiner, sie beträgt nur

$$w = 1 \cdot 10^{-14}\,\mathrm{kWh} \cdot \mathrm{m}^{-3} \approx 0{,}05\,w_\oplus. \tag{9.5}$$

Sie ist daher viel kleiner als die Energiedichte der Sonnenstrahlung auf der Erde. Hochleistungslaser sind damit nicht geeignet, den Transport der erforderlichen großen Energiemengen auf ausgesuchten Wegen um den Erdball herum durchzuführen, ganz abgesehen von den anderen technischen Problemen, die einer Verwirklichung dieses Transportkonzepts im Wege stehen würden.

Als bewährte Methode des Transports von elektrischer Energie verbleiben **Überlandleitungen** oder **Seekabel**, durch die ein elektrischer Strom fließt. Damit ein Strom I durch einen elektrischen Leiter von A nach B fließt, muss zwischen den Punkten A und B eine Potenzialdifferenz $\Delta\phi = U$ bestehen, U bezeichnet man als die **elektrische Spannung**. Eine Leitung zum Transport von elektrischer Energie muss daher immer aus einer Zuführung vom Punkt A und einer Rückführung zum Punkt B bestehen, wird also mindestens 2 Leiter von der Quelle zum Empfänger aufweisen, zwischen denen eine Spannung U anliegt.

Die meisten Überlandleitungen benutzen nicht eine Gleichspannung, durch sie fließt kein Gleichstrom, sondern sie arbeiten mit einer Wechselspannung $U(t)$ und einem Wechselstrom $I(t)$, die sich zeitlich verändern gemäß einer Sinus-Funktion

$$I(t) = I_0 \sin\left(2\pi\nu t\right), \quad U(t) = U_0 \sin\left(2\pi\nu t + \varphi\right), \tag{9.6}$$

wobei φ die Phasenverschiebung zwischen der Wechselspannung und dem Wechselstrom ist. Die Amplituden I_0 und U_0 bestimmen die **Wirkleistung** P_W, die der Wechselstrom transportiert, sie ergibt sich zu

$$P_\mathrm{W} = U_\mathrm{eff} I_\mathrm{eff} \cos\varphi, \tag{9.7}$$

mit $U_\mathrm{eff} = U_0/\sqrt{2}$ und $I_\mathrm{eff} = I_0/\sqrt{2}$. Allein die Wirkleistung des elektrischen Stroms lässt sich in einem an die Leitung angeschlossenen Wandler, siehe Abb. 9.1, in andere Energieformen umwandeln, sei es mechanische Energie (Elektromotor), thermische Energie

Tab. 9.1 Gebräuchliche metallische Leiter und ihre spezifischen Widerstände r_Ω bei Umgebungstemperatur T_0

Leiter	Al	Fe	Cu	Hg	Ag
r_Ω $(10^{-8}\,\Omega\cdot\mathrm{m})$	2,7	9,8	1,7	96	1,6

(Elektroherd) oder Strahlungsenergie (Elektrolampe). Neben den Amplituden von Strom und Spannung ist auch die Phasenverschiebung φ wichtig, ihre Größe wird bestimmt durch den komplexen **Wechselstromwiderstand** $Z = \Re Z + i\Im Z$ des Wandlers. $\Re Z$ und $\Im Z$ sind der Realteil und der Imaginärteil des Wechselstromwiderstands, $i = \sqrt{-1}$ ist die imaginäre Einheit. Die Phasenverschiebung ergibt sich aus dem Real- und Imaginärteil zu:

$$\cos\varphi = \frac{\Re Z}{\sqrt{(\Re Z)^2 + (\Im Z)^2}}. \tag{9.8}$$

Mithilfe der Phasenverschiebung lässt sich der über die Leitung fließenden **Wirkstrom**

$$I_{\mathrm{W}} = I_{\mathrm{eff}}\cos\varphi \tag{9.9}$$

definieren, so dass für die Wirkleistung

$$P_{\mathrm{W}} = U_{\mathrm{eff}}I_{\mathrm{W}} \tag{9.10}$$

gilt. Ist $\cos\varphi < 1$, fließt neben dem Wirkstrom auf der Leitung auch ein **Blindstrom** $I_{\mathrm{B}} = I_{\mathrm{eff}}\sin\varphi$, zu dem die **Blindleistung**

$$P_{\mathrm{B}} = U_{\mathrm{eff}}I_{\mathrm{B}} \tag{9.11}$$

gehört. Die Blindleistung kann nicht in eine andere Energieform umgewandelt werden, sie belastet aber die Transportleitung und führt auf dieser zu vermeidbaren Verlusten. Blindströme sollten vermieden werden und dazu muss $\cos\varphi \approx 1$ gelten. Die Elektrizitätsversorger verlangen von ihren Leistungsabnehmern, dass die angeschlossenen Wandler diese Bedingung erfüllen, unter Umständen durch eine Phasenanpassung zwischen Wechselstrom und Wechselspannung im Wandler. Daher beträgt die Wirkleistung beim Energietransport über unser Wechselstromnetz

$$P_{\mathrm{W}} = U_{\mathrm{eff}}I_{\mathrm{eff}}. \tag{9.12}$$

Elektrische Ladungen können entweder als Wechsel- oder als Gleichstrom über große Entfernungen durch metallische Leiter transportiert werden. Ein metallischer Leiter wird charakterisiert durch seinen **spezifischen Widerstand** r_Ω, in der Tab. 9.1 sind für einige der gebräuchlichen metallischen Leiter die spezifischen Widerstände zusammengefasst.

Silber (Ag) und Kupfer (Cu) besitzen von den festen Leitern den geringsten spezifischen Widerstand, trotzdem wird in Überlandleitungen immer Aluminium (Al) verwendet, das in größeren Mengen auf der Erde vorhanden und daher kostengünstiger ist. Ein Überlandkabel aus Aluminium hat im Allgemeinen einen Durchmesser von 2 cm und einen Stahldrahtkern mit 8 mm Durchmesser, der dem Kabel die mechanische Stabilität verleiht, die ein Kabel aus reinem Aluminium nicht besitzen würde.

Eine derartige Leitung besitzt auf einer Länge von $l = 100$ km einen **Wirkwiderstand** oder **Ohm'schen Widerstand**

$$\Re Z = R_{\mathrm{K}} = r_\Omega \frac{l}{A} = 10\,\Omega, \tag{9.13}$$

wobei A die Querschnittsfläche des Kabels ist. Soll über diese Leitung mithilfe der Spannung $U_{\mathrm{eff}} = 10.000$ V eine Wirkleistung von 5 MW transportiert werden, muss über die Leitung ein Strom $I_{\mathrm{eff}} = 500$ A fließen. Ein Teil dieser elektrischen Leistung wird wegen des Ohm'schen Widerstands R_{K} im Kabel in thermische Leistung umgewandelt, dieser Teil beträgt

$$\Delta P = R_{\mathrm{K}} I_{\mathrm{eff}}^2 = 2{,}5\,\mathrm{MW}. \tag{9.14}$$

Das bedeutet, 50 % der transportierten Wirkleistung gehen verloren, diese Leitung wäre für den Transport elektrischer Energie äußerst ungeeignet. Der Transportaufwand längs dieser Leitung beträgt

$$\chi = 5 \cdot 10^{-6}\,\mathrm{m}^{-1}, \tag{9.15}$$

woraus sich eine maximale Transportlänge von

$$l_{\mathrm{max}} = 2 \cdot 10^4\,\mathrm{m} = 20\,\mathrm{km} \tag{9.16}$$

errechnet. Für einen Energietransport über große Strecken ist die Länge von 20 km natürlich viel zu gering.

Der Ausweg aus diesem Dilemma besteht darin, die Spannung U_{eff} auf Kosten des Stroms I_{eff} zu erhöhen, so dass die transportierte Wirkleistung (9.12) konstant bleibt, sich aber die Verlustleistung (9.14) verringert, weil sie quadratisch mit dem Strom abnimmt. Die Spannungserhöhung ist möglich mithilfe eines **Transformators**. Ein Transformator besteht im Prinzip aus zwei Leiterspulen, der Primärspule mit der Windungsanzahl n_1 und der Sekundärspule mit der Windungsanzahl n_2, die nicht leitend, aber magnetisch mithilfe eines geschlossenen Eisenkerns gekoppelt sind. Primär- und Sekundärspannung stehen im Verhältnis

$$\frac{U_{\mathrm{eff},1}}{U_{\mathrm{eff},2}} = \frac{n_1}{n_2}, \tag{9.17}$$

die Sekundärspannung lässt sich also auf sehr hohe Werte $U_{\mathrm{eff},2} \approx 750$ kV transformieren, indem $n_2 \gg n_1$ gewählt wird. Für die zugehörigen Ströme gilt das zu (9.17) reziproke Gesetz

$$\frac{I_{\mathrm{eff},1}}{I_{\mathrm{eff},2}} = \frac{n_2}{n_1}. \tag{9.18}$$

Abb. 9.1 Ersatzschaltbild für die Übertragung elektrischer Energie mithilfe eines Wechselstroms

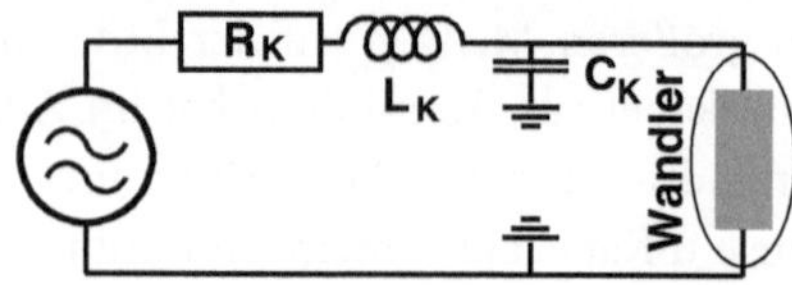

Wir wollen nicht auf die Schwierigkeiten in der physikalischen Behandlung eingehen, die dadurch entstehen, dass für den Energietransport ein Dreiphasen-Drehstrom verwendet wird, sondern wollen weiterhin von einer Leitung mit zwei Leitern, eine Zu- und einer Rückführung ausgehen, von denen der eine der Nullleiter mit konstantem Potential $\phi = 0\,\mathrm{V}$ ist und auf dem anderen Leiter der technische Wechselstrom I_{eff} fließt. Die **Frequenz** des technischen Wechselstroms beträgt

$$\nu = 50\,\mathrm{s}^{-1}, \tag{9.19}$$

weil sich bei dieser Frequenz die elektrische Energie am wirtschaftlichsten übertragen lässt. Mitbestimmend für die Wirtschaftlichkeit sind neben dem Wirkwiderstand (9.13) der Leitung auch ihre Blindwiderstände

$$\Im Z_{\mathrm{C}} = -\frac{1}{2\pi\nu C_{\mathrm{K}}} \quad \text{und} \quad \Im Z_{\mathrm{L}} = 2\pi\nu L_{\mathrm{K}}, \tag{9.20}$$

wie sie im Ersatzschaltbild 9.1 der Energieübertragung dargestellt sind. Dabei ist L_{K} die Induktivität der Leitung und C_{K} die Kapazität der Leitung gegenüber ihrer Umgebung. Letztere hängt von dem Leitungsaufbau ab, die stromführenden Leiter sollten sich in möglichst großem Abstand voneinander und anderen Leitern befinden, wie es zum Beispiel in der Abb. 9.2 gezeigt ist. Die Leiterinduktivität ist bei einem Einzelleiter mit dem Durchmesser d gegeben zu

$$L_{\mathrm{K}} \approx \frac{\mu_0}{2\pi}\,l\ln\frac{2l}{d} \quad \text{mit} \quad \mu_0 = 1{,}257 \cdot 10^{-6}\,\mathrm{V} \cdot \mathrm{s}^{-1} \cdot \mathrm{m}^{-1}. \tag{9.21}$$

Der Blindwiderstand $\Im Z_{\mathrm{L}}$ nimmt also mit der Länge l des Leiterkabels zu, wie auch der Wirkwiderstand R_{K} nach (9.13) linear mit l zunimmt.

Wegen des Blindwiderstands fließt ein zusätzlicher Blindstrom I_{B} über die Transportleitung, der zu zusätzlichen Leistungsverlusten führt und möglichst vermieden werden sollte. Am effektivsten[1] ist es natürlich, wenn man $\nu = 0$ wählt, also die elektrische Leistung mithilfe eines Gleichstroms überträgt.

Die **Hochspannungs-Gleichstrom-Übertragung** (HGÜ) ist durch die Entwicklung von leistungsfähigen Gleich- und Wechselrichtern, die auch bei höchsten Spannungen eingesetzt werden können, möglich geworden. Die Frage, ob man eine Hochspannungs-

---

[1] Man beachte, dass gemäß der Abb. 9.1 der kapazitive Blindwiderstand $\Im Z_{\mathrm{C}}$ möglichst groß und der induktive Blindwiderstand $\Im Z_{\mathrm{L}}$ möglichst klein sein sollte.

Tab. 9.2 Daten einiger der weltweit installierten und im Gebrauch befindlichen Anlagen zur Hochspannungs-Gleichstrom-Übertragung von elektrischer Energie

Strecke	Länge (km)	Spannung (kV)	Leistung (MW)	Inbetriebnahme
Norwegen-Dänemark	130	350	500	1993
Deutschland-Schweden	250	450	600	1996
Deutschland-Dänemark	170	400	600	1996
Indien-Indien	1450	±500	2000	2002
Brasilien-Brasilien	2500	±600	3150	2012
China-China	2071	±800	6400	2010

Abb. 9.2 Die Tragemasten der Überlandleitungen mit ihren geometrischen Abmessungen bei einer HWÜ-Anlage (AC Drehstrom) und einer HGÜ-Anlage (DC Gleichstrom). Im Falle AC sind die Effektivspannungswerte U_eff angegeben, im Falle DC die Gleichspannungswerte U_0

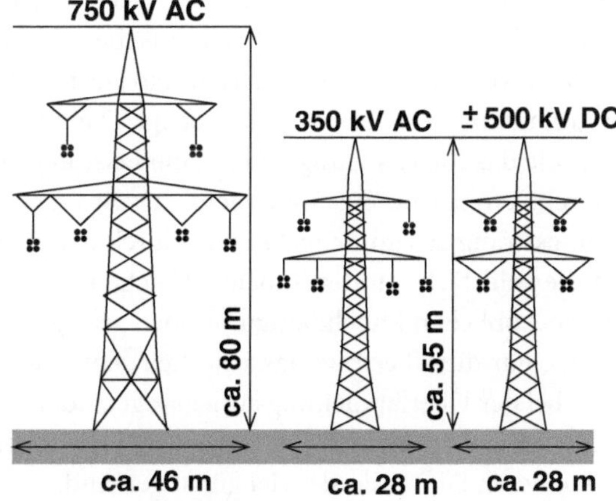

Wechselstrom-Übertragung (HWÜ) mit den zusätzlichen Verlusten aufgrund der Blindwiderstände oder eine HGÜ mit den zusätzlichen **Kosten** für Gleich- und Wechselrichter wählt, ist eine Wirtschaftlichkeitsfrage. Mit wachsender Kabellänge wird die HGÜ immer wirtschaftlicher im Vergleich zu einer HWÜ. Man geht davon aus, dass bei einer **Überlandleitung** letztere ab einer Länge von 1000 km unwirtschaftlich wird, bei **Seekabeln** beträgt diese kritische Länge nur 30 km, da Seekabel wegen ihrer kompakteren Bauweise wesentlich höhere Blindwiderstände besitzen. Zur Zeit befinden sich weltweit mehr als 200 HGÜ-Anlagen in Betrieb.

In Europa werden meistens HGÜ-Seekabel genutzt, um Staaten über das Wasser energetisch zu verbinden. Ein Seekabel besitzt nur eine Polarität, die Rückführung geschieht über das (salzhaltige) Wasser. Das reduziert die transportierte Leistung, wie aus den 3 Beispielen in Tab. 9.2 zu ersehen ist. Überlandkabel mit 2 Kabeln transportieren größere Leistungen über größere Distanzen, für die ebenfalls 3 Beispiele in Tab. 9.2 gezeigt sind. Im letzten Beispiel beträgt die Spannungsdifferenz zwischen den Kabeln 1,6 MV, und das kann zu Problemen führen, mit denen wir uns kurz beschäftigen wollen.

Im stationären Fall ist ein stromführendes Kabel ungeladen, die fließenden Elektronenladungen werden kompensiert durch die positiven Ladungen der Metallgitterionen. Daher

Tab. 9.3 Die Leitungskonfiguration von HWÜ-Anlagen mit Dreiphasen-Drehstrom. Diese AC-Übertragungstechnik benötigt 3 Leitungen, siehe Abb. 9.2, die übertragene Leistung beträgt $P_W = \sqrt{3}\,U_{\text{eff}}\,I_{\text{eff}}$

Spannung (kV)	Strom (A)	Leistung (MW)	Konfiguration	
110	500	100	Einzelkabel	•
220	2 × 700	500	Parallelkabel	• •
350	4 × 400	1000	Doppel-Parallelkabel	• • / • •

existiert um das Kabel herum kein elektrisches Feld[2], das elektrische Feld existiert nur im Inneren des Kabels und verursacht den elektrischen Strom. Wird allerdings der Stromfluss unterbrochen, lädt sich die Kabeloberfläche schlagartig auf und es entsteht bei Spannungen von 1 MV an der Kabeloberfläche ein elektrisches Feld, das die **Durchbruchfeldstärke** der Luft um mehrere Faktoren übersteigt. Dann brennt längs des Kabels eine Plasmaentladung, die das Kabel ständig entlädt, die Leistung geht dabei vollständig an die Umgebung verloren. Um solche Zustände möglichst zu vermeiden, werden mehrere Kabel zu einem Leitungsstrang zusammengefasst, wodurch der effektive Durchmesser der Leitung erhöht und die Feldstärke an der Kabeloberfläche herabgesetzt wird. In der Tab. 9.3 sind einige der heute üblichen Kabelkonfigurationen gezeigt und welche Leistungen damit übertragen werden. Für die Übertragungssicherheit sehr wichtig sind auch die Masten, an denen die Kabel bei der Überlandleitung aufgehängt sind. Die Abb. 9.2 zeigt einige Konfigurationen, aus denen ersichtlich wird, dass die reinen Leitungskosten bei einer HGÜ-Anlage wegen der kleineren Dimensionen viel günstiger sind.

Über welche Strecken lässt sich elektrische Energie mit einer HGÜ-Anlage transportieren? Der Tranportaufwand[3] beträgt etwa

$$\chi \approx 5 \cdot 10^{-8}\,\text{m}^{-1} \tag{9.22}$$

bei angenommenen 10 % Verlust und es ließen sich Strecken von $l_{\text{max}} \approx 2000\,\text{km}$ überbrücken. Mithilfe einer Kombination aus Seekabel und Überlandleitung ließe sich zum Beispiel die elektrische Energie von Nordafrika aus nach Europa transportieren. Für noch längere Übertragungsstrecken müsste, bei gleichem Material, entweder eine kleinere Leistung übertragen werden (d. h. der Strom muss reduziert werden) oder die Spannung müsste erhöht werden. Ein Vorschlag, den spezifischen Widerstand des Leiters herabzusetzen, indem zum Beispiel **Supraleiter** zum Transport verwendet werden, hat nur wenig Erfolgsaussichten.

---

[2] Daher ist die Angst vor elektrischen Feldern in der Nähe von HGÜ-Leitungen unbegründet!
[3] Die Transportlänge ist nur halb so groß wie die Kabellänge, weil Kabel sowohl für den Hin-, wie auch den Rücktransport benötigt werden.

Tab. 9.4 Der Aufwand bei dem Energietransport mithilfe von Fahrzeugen

Fahrzeug	Aufwand beim Energietransport
Schiff (200.000 BRT)	$\chi = 1 \cdot 10^{-8}\ \mathrm{m}^{-1}$
Eisenbahn (1000 t)	$\chi = 2 \cdot 10^{-7}\ \mathrm{m}^{-1}$
Flugzeug (Großraumjet)	$\chi = 5 \cdot 10^{-7}\ \mathrm{m}^{-1}$
LKW (20 t)	$\chi = 1 \cdot 10^{-6}\ \mathrm{m}^{-1}$

9.1.2 Der Transport von chemischer Energie

Wenn wir heute vom Transport chemischer Energie sprechen, dann meinen wir eigentlich immer den Transport von fossil biogenen Energieträgern. Denn diese sind zur Zeit für unsere Energieversorgung die wesentlichen Träger der chemischen Energie, sie müssen von ihren Quellen, zum Beispiel Erdöl- oder Erdgasfelder, zu ihren Abnehmern, den Bevölkerungs- und Industriezentren, transportiert werden. Für den Transport gibt es mehrere Möglichkeiten, deren Eignung von dem Typ des Energieträgers abhängt. Feste Energieträger, wie die Kohle, lassen sich mithilfe von Fahrzeugen, also auf dem Schiff, der Eisenbahn oder dem Auto (LKW) transportieren. Soll Erdöl oder Erdgas transportiert werden, kommt als Transportmittel auch eine Rohrleitung in Frage. Alle diese Möglichkeiten unterscheiden sich voneinander durch ihren **Transportaufwand**, den wir uns jetzt überlegen wollen.

Der Transportaufwand ist gegeben durch die Energie ΔW, die zum Transport der Energie W über die Distanz l aufzubringen ist, siehe (9.1):

$$\chi = \frac{1}{l}\frac{\Delta W}{W} = \frac{1}{l}\frac{\Delta W/\Delta m}{H_{\mathrm{m}}}.$$

Im Fall der fossil biogenen Energieträger ist die Energie W gegeben durch ihren **spezifischen Heizwert** H_{m}, siehe Abschn. 2.2.1. Denn der Energietransport ist gekoppelt an einen Massentransport. Dagegen ist die aufzubringende Energie in vielen Fällen wesentlich weniger abhängig von der transportierten Masse und der Transportaufwand wird umso geringer, je mehr Masse auf einmal transportiert wird. Dieses Verhalten ist besonders offensichtlich beim Transport mithilfe von Fahrzeugen. Die entsprechenden Transportmöglichkeiten sind durch die χ-Werte in Tab. 9.4 gekennzeichnet. Die für den Aufwand angegebenen Zahlenwerte dienen nur für eine grobe Abschätzung. Denn natürlich hängt der Transportaufwand davon ab, was transportiert wird, also vom Heizwert des transportierten Guts. Vergleicht man aber die verschiedenen Möglichkeiten, dann wird offensichtlich, dass der Transport von großen Massen über Wasser die wirtschaftlichste Methode ist und über Strecken von bis zu $l_{\max} \approx 10.000\ \mathrm{km}$ durchgeführt werden kann. Will man aber Erdgas auf diese Weise transportieren, verringert sich die Wirtschaftlichkeit erheblich. Denn Erdgas besitzt unter der **Normalbedingung** bei gleichem Volumen eine etwa 1000mal geringere Masse als Kohle, es müsste für den Transport zunächst bei einer Temperatur von $-161\,^{\circ}\mathrm{C}$ verflüssigt werden. Wie bei der Wasserstoffverflüssigung, siehe Abschn. 8.2.1, ist dafür Energie erforderlich, die zwar nicht den Transportaufwand unmittelbar erhöht, aber die Wirtschaftlichkeit des Transports verringert. Wenn möglich, kann der Transport von Erdöl und Erdgas durch **Rohrleitungen** mit weniger Aufwand vollzogen werden, als das mit Fahrzeugen möglich ist.

Wir betrachten zunächst den Fall, dass eine Flüssigkeit durch die **Rohrleitung** strömt, wie es beim Transport von Erdöl oder Wasser geschieht. Flüssigkeiten sind, im Gegensatz zu Gasen, inkompressibel, das heißt, sie verändern längs der Transportstrecke ihre Massendichte ρ_m nicht, es gilt also

$$\rho_\mathrm{m} = \frac{m}{V} = \text{konst} \quad \Longrightarrow \quad V = \text{konst.} \tag{9.23}$$

Damit die Flüssigkeit durch das Rohr strömt, muss der Druck P auf die Flüssigkeit am Anfang des Rohrs größer sein als am Ende des Rohrs, es besteht längs des Rohrs ein Druckgradient $\Delta P/\Delta l$. Die Größe des zu errichtenden Druckgradienten bestimmt auch den Transportaufwand χ. Denn für die mechanische Energie einer inkompressiblen Flüssigkeitsströmung gilt

$$\Delta W = \Delta(PV) = V\Delta P \tag{9.24}$$

und für die transportierte Masse

$$\Delta m = \rho_\mathrm{m} V. \tag{9.25}$$

Daraus folgt für den Transportaufwand über die Rohrlänge Δl

$$\chi = \frac{1}{\Delta l}\frac{\Delta W/\Delta m}{H_\mathrm{m}} = \frac{1}{\rho_\mathrm{m} H_\mathrm{m}}\frac{\Delta P}{\Delta l} = \frac{1}{H_\mathrm{V}}\frac{\Delta P}{\Delta l}. \tag{9.26}$$

Die **Heizwertdichte** $H_\mathrm{V} = \rho_\mathrm{m} H_\mathrm{m}$ ist eine feste, die transportierte Flüssigkeit charakterisierende Größe. Dagegen hängt der Druckgradient $\Delta P/\Delta l$ ganz wesentlich von der Art der Strömung ab. Die Flüssigkeitsströmung kann entweder **laminar** oder **turbulent** sein. Das Kriterium für die Existenz einer laminaren Strömung ist der Wert der **Reynoldzahl**. Strömt die Flüssigkeit mit einer mittleren Geschwindigkeit v durch ein Rohr mit dem Durchmesser d, dann ist die Reynoldzahl

$$Re = \frac{\rho_\mathrm{m} v d}{\xi}, \tag{9.27}$$

wobei ξ die **Zähigkeit** oder **Viskosität** der Flüssigkeit kennzeichnet. Eine Strömung ist so lange laminar, so lange

$$Re < Re_\mathrm{krit} \tag{9.28}$$

gilt. Für Strömungen durch ein Rohr ist die kritische Reynoldzahl

$$Re_\mathrm{krit} = 2000. \tag{9.29}$$

Die Größe des Druckgradienten, der aufgebaut werden muss, damit eine bestimmte Flüssigkeitsmenge $\Delta m/\Delta t$ pro Zeit durch das Rohr transportiert werden kann, hängt von der

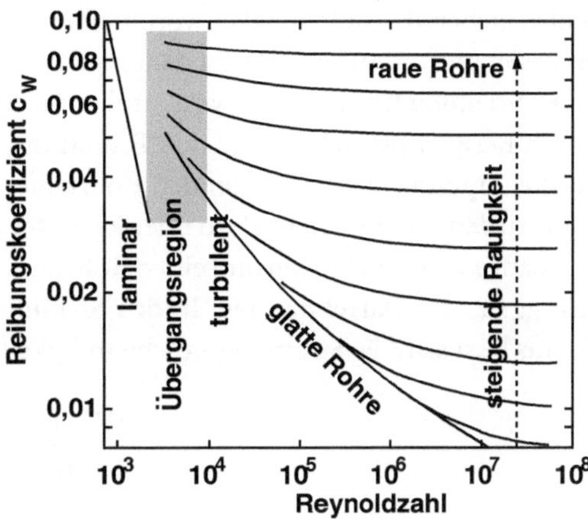

Abb. 9.3 Die Abhängigkeit des Reibungskoeffizienten c_W von der Reynoldzahl im Fall laminarer und turbulenter Strömungen. Im letzten Fall ist c_W stark abhängig von der Rauigkeit der Rohrinnenoberfläche

Größe der Reynoldzahl ab. Wir können diesen Druckgradienten mithilfe von (6.103) bestimmen, die angibt, welche Widerstandskraft eine Strömung auf einen Körper ausübt. Jetzt muss umgekehrt die Druckkraft bestimmt werden, welche die Flüssigkeit zum Strömen bringt. Physikalisch gesehen sind beide Probleme ähnlich, ein wesentlicher Unterschied besteht darin, dass in (6.103) die Strömung um den Körper mit angeströmter Fläche *A herumfließt*, jetzt aber die Strömung durch ein Rohr mit angeströmter Fläche *A hindurchfließt*. Dieser Unterschied in der Geometrie der Strömung wird berücksichtigt durch einen Geometriefaktor $\Delta l/d$. Die Druckkraft, die auf die Flüssigkeit ausgeübt werden muss, beträgt

$$F_P = c_W \frac{\rho_m}{2} v^2 A \frac{\Delta l}{d}. \tag{9.30}$$

Der Druck auf die Fläche A ist gegeben zu $\Delta P = F_P/A$, also folgt für den Druckgradienten längs des Rohrs mit der Länge Δl

$$\frac{\Delta P}{\Delta l} = c_W \frac{\rho_m}{2} v^2 \frac{1}{d}. \tag{9.31}$$

Der **Widerstandsbeiwert** oder **Reibungskoeffizient** c_W ist sehr stark davon abhängig, ob die Strömung laminar oder turbulent ist. Für eine laminare Strömung durch ein Rohr lässt er sich berechnen, er ergibt sich zu

$$c_W = \frac{64}{Re}. \tag{9.32}$$

Bei einer turbulenten Strömung ist die Situation viel komplizierter, der Reibungskoeffizient hängt zum Beispiel stark davon ab, welche Rauigkeit die Innenoberfläche des Rohrs besitzt. Diese Abhängigkeit ist in der Abb. 9.3 gezeigt.

Mithilfe von (9.31) kann man zum Beispiel den Transportaufwand für eine Erdölleitung bestimmen. Er beträgt

$$\chi = c_W \frac{v^2}{2H_m d}, \tag{9.33}$$

ist also, neben der Abhängigkeit vom Reibungskoeffizienten, noch abhängig von dem Verhältnis v^2/d. Der Aufwand steigt daher quadratisch mit der Erdölmenge, die pro Zeit durch die Rohrleitung transportiert wird, und er nimmt mit dem Leitungsdurchmesser ab.

Als Beispiel betrachten wir den Erdöltransport durch die Rohrleitung in Alaska, die **Alaska-Pipeline**, die Erdöl von den Bohrfeldern zum Hafen transportiert, von wo es per Schiff zu den Raffinerien in Nordamerika weiter transportiert wird. Die Alaska-Pipeline hat eine Länge von $l = 1300$ km und einen Rohrdurchmesser von $d = 1$ m, die Durchflussmenge beträgt $1{,}2 \cdot 10^6$ Barrel pro Tag. In den SI-Einheiten entspricht das $\Delta V/\Delta t = 1{,}6\,\mathrm{m}^3 \cdot \mathrm{s}^{-1}$. Daraus lässt sich die Strömungsgeschwindigkeit berechnen:

$$v = \frac{\Delta V}{\Delta t}\,\frac{4}{\pi d^2} = 2\,\mathrm{m} \cdot \mathrm{s}^{-1}. \tag{9.34}$$

Dann ist zu entscheiden, ob die Strömung laminar oder turbulent ist. Erdöl hat eine Massendichte und eine Viskosität von

$$\rho_{\mathrm{m}} = 900\,\mathrm{kg} \cdot \mathrm{m}^{-3}, \quad \xi = 1{,}7 \cdot 10^{-2}\,\mathrm{N} \cdot \mathrm{s} \cdot \mathrm{m}^{-2}. \tag{9.35}$$

Also beträgt die Reynoldzahl

$$Re = \frac{\rho_{\mathrm{m}} v d}{\xi} = 1 \cdot 10^5, \tag{9.36}$$

die Strömung ist turbulent. Aus der Abb. 9.3 entnehmen wir, dass der Reibungskoeffizient für ideal glatte Rohre einen Wert

$$c_{\mathrm{W}} \approx 0{,}02 \tag{9.37}$$

besitzt. Und aus der Tab. 8.9 entnehmen wir den spezifischen Heizwert $H_{\mathrm{m}} = H_{\mathrm{V}}/\rho_{\mathrm{m}}$ von Erdöl, woraus sich der Transportaufwand der Alaska-Pipeline ergibt:

$$\chi = 0{,}02\,\frac{4}{2(4 \cdot 10^7)\,l} = 1 \cdot 10^{-9}\,\mathrm{m}^{-1}. \tag{9.38}$$

Man kann diesen χ-Wert als typisch ansehen für den Transportaufwand von Erdölleitungen. Dieser Aufwand ist um eine Faktor 0,1 geringer als der des Schifftransports, also diesem immer vorzuziehen, wenn der Bau einer Erdölleitung möglich ist. Bei der Machbarkeitsprüfung sind natürlich auch die Investitions-/Unterhaltungskosten und Umweltaspekte zu berücksichtigen, auf die hier nicht eingegangen wird.

Nach dem Transport von Flüssigkeiten durch **Rohrleitungen** wollen wir uns überlegen, was sich ändert, wenn ein Gas auf diese Weise transportiert wird. Gase sind kompressibel, das bedeutet, Gleichung 9.23 ist nicht mehr gültig, sondern die Massendichte des Gases kann sich längs der Transportstrecke verändern. Falls aber das Gas sich wie ein ideales Gas verhält, dann gilt längs der gesamten Transportstrecke die Zustandsgleichung (8.42) des idealen Gases. Daraus ergeben sich für den Transport die wichtigen Folgerungen:

- Das Verhältnis von Druck zur Massendichte ist konstant, falls das Gas seine Temperatur nicht ändert. Also gilt am Rohreingang (i), am Rohrausgang (f) und ganz allgemein

$$\frac{P_i}{\rho_{m,i}} = \frac{P_f}{\rho_{m,f}} = \frac{P^\bullet}{\rho_m^\bullet},$$
(9.39)

wobei das letzte Verhältnis sich auf die **Normalbedingung** bezieht und nur korrekt ist, wenn $T = T^\bullet$ ist.

- Da zum Transport des Gases ein Druckgradient $\Delta P/\Delta l$ längs der Transportstrecke existieren muss, ist

$$P_i > P_f \quad \Longrightarrow \quad \rho_{m,i} > \rho_{m,f}.$$
(9.40)

Die Massendichte des Gases nimmt längs der Transportstrecke ab.

- Aber die **Masse**, die pro Zeiteinheit in das Rohr mit Querschnittsfläche A eintritt, muss das Rohr mit Querschnittsfläche A auch wieder verlassen, weil in dem Rohr weder Masse erzeugt noch vernichtet werden kann. Es muss gelten

$$\frac{\Delta m_i}{\Delta t} = \frac{\Delta m_f}{\Delta t}.$$
(9.41)

Da $\Delta m/\Delta t = \rho_m A v$ ist, folgt aus (9.41)

$$\rho_{m,i} v_i = \rho_{m,f} v_f \quad \Longrightarrow \quad v_i < v_f.$$
(9.42)

Die Austrittsgeschwindigkeit des Gases ist daher größer als die Geschwindigkeit, mit der das Gas in das Rohr eingetreten ist.

Gleichung 9.33 für den Transportaufwand kann auf Gasströmungen nicht übertragen werden, weil die Transportgeschwindigkeit v nicht konstant ist.

Für kompressible Gasströmungen ist es wesentlich schwieriger, den Druckgradienten längs des Rohres zu berechnen, als uns das vorher mithilfe von (9.30) gelungen ist. Formal gilt natürlich

$$\frac{\Delta P}{\Delta l} = \frac{P_i - P_f}{l} = \frac{P_i}{l}\left(1 - \frac{P_f}{P_i}\right),$$

das heißt, die Berechnung des Transportaufwands erfordert, das Verhältnis zwischen End- und Anfangsdruck des Gases in dem Rohr zu bestimmen. Die dazu notwendigen Rechnungen werden wir nicht im Detail durchführen, sie ergeben

$$\frac{P_f}{P_i} = \sqrt{1 - c_W v_i^2 \frac{\rho_m^\bullet}{P^\bullet} \frac{l}{d}}.$$
(9.43)

Weil der Druck am Rohrende $P_f \geq 0$ sein muss, stellt (9.43) eine Bedingung dafür, wie groß die Gasgeschwindigkeit am Rohreintritt maximal sein kann, nämlich

$$v_i \leq v_{max} = \sqrt{\frac{1}{c_W} \frac{P^\bullet}{\rho_m^\bullet} \frac{d}{l}}.$$
(9.44)

Das Verhältnis $P^\bullet/\rho_\mathrm{m}^\bullet$ ist eine feste Größe, die Geschwindigkeitsobergrenze hängt allein vom Reibungskoeffizienten c_W und vom Geometriefaktor l/d ab: Um hohe Gasgeschwindigkeiten zu erreichen, müssen beide Größen so klein als möglich sein.

Betrachten wir auch hier wiederum ein Beispiel, und zwar die Gasrohrleitung „**Erdgastrasse Ural-Ukraine**" die eine Länge von 4400 km hat. Auf dieser Trasse sind 40 Verdichterstationen in gleichmäßigen Abständen installiert, so dass $l = 1{,}1 \cdot 10^5$ m die tatsächliche Länge eines Leitungsabschnitts ist. Weitere Informationen lagen für diese Erdgasrohrleitung nicht vor. Wir wollen annehmen, dass das Rohr einen Durchmesser von $d = 2$ m besitzt, und dass die Gasströmung turbulent ist mit einem Reibungskoeffizienten $c_\mathrm{W} = 0.008$. Erdgas besitzt unter der Normalbedingung eine Dichte $\rho_\mathrm{m}^\bullet = 0{,}72\,\mathrm{kg} \cdot \mathrm{m}^{-3}$ und daraus folgt für das feste Druck-zu-Dichte-Verhältnis

$$\frac{P^\bullet}{\rho_\mathrm{m}^\bullet} = 1{,}4 \cdot 10^5\,\mathrm{m}^2 \cdot \mathrm{s}^{-2} \tag{9.45}$$

und für die maximale Gasgeschwindigkeit

$$v_\mathrm{max} = 18\,\mathrm{m} \cdot \mathrm{s}^{-1}. \tag{9.46}$$

Die tatsächliche Eintrittsgeschwindigkeit v_i wird kleiner als dieser maximal mögliche Wert sein und wir wollen davon ausgehen, sie betrage $v_\mathrm{i} = 15\,\mathrm{m} \cdot \mathrm{s}^{-1}$. Dann ergibt (9.43) für das Verhältnis von Austritts- zu Eintrittsdruck

$$\frac{P_\mathrm{f}}{P_\mathrm{i}} = \frac{\rho_\mathrm{m,f}}{\rho_\mathrm{m,i}} = 0{,}553, \tag{9.47}$$

die Verdichterstationen müssen also die Gasdichte verdoppeln. Unter diesen Bedingungen wird das Erdgas mit einem Transportaufwand

$$\chi = \frac{1}{H_\mathrm{m}}\frac{P^\bullet}{\rho_\mathrm{m}^\bullet l}\left(1 - \frac{P_\mathrm{f}}{P_\mathrm{i}}\right) = \frac{1}{H_\mathrm{V}}\frac{P^\bullet}{l}\left(1 - \frac{P_\mathrm{f}}{P_\mathrm{i}}\right) = 1{,}1 \cdot 10^{-8}\,\mathrm{m}^{-1} \tag{9.48}$$

durch die Rohrleitung transportiert. Dieser Wert ist etwa 10mal größer als der, welcher für den Erdöltransport durch eine Pipeline charakteristisch ist. Der Unterschied hat seine Ursachen im Wesentlich in den Unterschieden zwischen Flüssigkeits- und Gasströmungen.

9.1.3 Der Transport von thermischer Energie

Der Transport von thermischer Energie, zum Beispiel bei einer **Fernwärmeversorgung**, wird fast immer mit Heißwasser oder, in seltenen Fällen, mit Heißdampf durch eine Rohrleitung durchgeführt. Dieser Transport ist möglich nur über relativ kurze Strecken,

$$l_\mathrm{max} < 100\,\mathrm{km}, \tag{9.49}$$

und wir wollen verstehen, warum dem so ist.

Wir haben die Flüssigkeits- und Gasströmung durch eine Rohrleitung im vorigen Abschn. 9.1.2 besprochen und die physikalischen Grundlagen bleiben weiterhin gültig, wenn anstelle von chemischer Energie jetzt thermische Energie transportiert werden soll. Was sich ändert, ist der „Heizwert" der transportierten Energie, er beträgt jetzt nicht mehr H_m, sondern in (9.1) ist zu ersetzen

$$W = Q = m c_m T, \tag{9.50}$$

wobei c_m die **spezifische Wärmekapazität** des Transportmediums ist. Für Heißwasser kann die Temperatur nicht größer als

$$T < 373\,\text{K}$$

sein, wird Heißdampf als Transportmedium verwendet, kann

$$T > 373\,\text{K}$$

sein. Für $T = 373\,\text{K}$ beträgt die spezifische Wärmekapazität von Wasser $c_m = 1{,}16 \cdot 10^{-3}\,\text{kWh} \cdot \text{kg}^{-1} \cdot \text{K}^{-1}$ und daher wird in der Rohrleitung näherungsweise eine thermische Energie von

$$Q = 0{,}43\,\text{kWh} \cdot \text{kg}^{-1} \tag{9.51}$$

transportiert. Verglichen mit dem Heizwert von Erdöl und Erdgas

$$H_m \approx 12\,\text{kWh} \cdot \text{kg}^{-1} \tag{9.52}$$

verlangt also der Transport von thermischer Energie durch eine Rohrleitung einen 25mal höheren **Transportaufwand**, wenn man die Verlust aufgrund der Wärmeleitung durch die Rohrwand in die Umgebung vernachlässigt. Diese sind aber beim Transport von Heißwasser bestimmend für den Transportaufwand.

Der Wärmeverlust durch die thermisch isolierte Rohrwand ergibt sich aus dem Wärmeleitungsgesetz (6.143), welches sich, auf das Volumenelement dV bezogen, auch schreiben lässt:

$$\frac{d}{dt}\left(\frac{dQ}{dV}\right) = -\Lambda \frac{d^2 T}{ds^2}. \tag{9.53}$$

Im stationären Fall einer zeitunabhängigen Energiedichte dQ/dV folgt daraus die Differentialgleichung (es werden Zylinderkoordinaten verwendet, weil es sich um den Wärmefluss durch die Rohrwand handelt):

$$\frac{d^2 T}{dr^2} + \frac{1}{r}\frac{dT}{dr} = 0 \quad \text{mit der Lösung} \quad T(r) = T_a + (T_i - T_a)\frac{\ln(r/r_a)}{\ln(r_i/r_a)}. \tag{9.54}$$

Dabei sind T die Temperatur und r der Radius innerhalb (i) und außerhalb (a) des Rohrs. Die Funktion $T(r)$ beschreibt den Temperaturverlauf durch die Isolationsschicht des

Rohrs, sie erfüllt die vorgegebenen Randbedingungen $T(r_i) = T_i$ und $T(r_a) = T_a$. Der Wärmeverlust ergibt sich nach Gleichung 6.143 zu

$$\frac{dQ}{dt} = -A\,\Lambda\,\frac{dT}{dr} = 2\pi l\Lambda(T_i - T_a)\left(\ln\frac{r_i}{r_a}\right)^{-1}.\tag{9.55}$$

Nehmen wir als Beispiel Heißwasser, dass mit einer Temperaturdifferenz $T_i - T_a = 85\,\text{K}$ und mit einer Geschwindigkeit $v = 2\,\text{m}\cdot\text{s}^{-1}$ durch eine Rohrleitung mit Radius $r_i = 0,5\,\text{m}$ strömt, welche mit einem 15 cm dicken Isoliermantel aus Thermofilz ($\Lambda = 0,053\,\text{W}\cdot\text{m}^{-1}\cdot\text{K}^{-1}$) umhüllt ist. Unter diesen Bedingungen transportiert die Rohrleitung eine thermische Energie von $Q = 4{,}56\cdot10^9\,\text{kWh}\cdot\text{a}^{-1}$, erleidet aber einen Energieverlust pro Meter Rohrlänge von $\Delta Q/l = 9{,}46\cdot10^2\,\text{kWh}\cdot\text{a}^{-1}\cdot\text{m}^{-1}$. Das bedeutet, der Transportaufwand für thermische Energie durch eine Rohrleitung ist von der Größenordnung

$$\chi \approx 2\cdot10^{-7}\,\text{m}^{-1}\tag{9.56}$$

und damit etwa 200mal größer als der für den Transport von Erdöl durch eine Rohrleitung nach (9.38).

Dies sind die Gründe dafür, dass sich thermische Energie nicht über weite Strecken durch eine Rohrleitung transportieren lässt: Die transportierte Energie ist zu klein und der Energieverlust ist zu groß.

9.2   Transport und Speicherung erneuerbarer Energien

Sind erneuerbare Energien ein Teil der Grundlast, müssen sie nicht gespeichert werden, sondern allein über lange Strecken transportabel sein. Da weiterhin erneuerbare Energien überwiegend in elektrische Energie bereitgestellt werden, ist der HGÜ-Transport die sich anbietende und wahrscheinlich auch einzig mögliche Technologie. Das entsprechende Netz muss in den kommenden 40 Jahren aufgebaut werden, was sicherlich hohe Investitionsmittel erfordert und einen Teil des in der Aeldric-Studie (siehe Kap. 7) angesprochenen Wirtschaftsstrukturwandels verursacht. Weiterhin sollte bedacht werden, dass der Transportaufwand derartiger Leitungen $\chi \approx 5\cdot10^{-8}\,\text{m}^{-1}$ beträgt, was Übertragungslängen von bis zu 2000 km zulässt. Längere Leitungen verursachen entsprechend größere Energieverluste, die wahrscheinlich hingenommen werden müssen, da eine effizientere Technologie nicht existiert.

Bilden erneuerbare Energien dagegen einen Teil der Schwankungslast, so müssen sie sowohl gespeichert, wie auch transportiert werden. Man sollte für beide Aufgaben dieselbe Technologie verwenden, um die Summe aus Speicher- und Transportverlusten möglichst klein zu halten. Die Anforderungen an diese Technologie sind folgende: Die benötigte Speicherkapazität für 10 Tage beläuft sich auf ca. $2\cdot10^{12}\,\text{kWh}$, der Transportaufwand muss kleiner sein als ca. $10^{-7}\,\text{m}^{-1}$. Unserer Überlegungen im vorigen und diesem Kapitel beweisen, dass sich im Prinzip beide Bedingungen gleichzeitig erfüllen lassen, und zwar im

Rahmen einer Energieversorgung, deren Fundament die **Wasserstofftechnik** ist. Der Umstieg auf die Wasserstofftechnik erfordert keine grundsätzlich neuen Entwicklungen, da bereits unsere augenblickliche Energieversorgung zu einem erheblichen Teil das ebenfalls gasförmige Erdgas benutzt. Erdgas besteht überwiegend aus Methan, dessen Eigenschaften sich allerdings von denen des Wasserstoffs unterscheiden:

- Wasserstoff besitzt eine andere Massendichte,
- Wasserstoff besitzt eine andere Viskosität.

Daher sind die **Strömungsverhältnisse** von Erdgas und von Wasserstoff durch Rohrleitungen verschieden. Die für den Erdgastransport aufgebaute Infrastruktur kann nicht ohne Modifikationen für den Wasserstofftransport übernommen werden, insbesondere nicht die sehr langen Erdgasleitungen.[4] Auf der anderen Seite existiert zum Beispiel im Ruhrgebiet ein **Leitungssystem für Wasserstoff**, das seit langer Zeit ohne größere Probleme im Betrieb ist. An diesem System konnten genügend Erfahrungen gesammelt werden, um die Möglichkeiten für einen Übergang Erdgasleitung → Wasserstoffleitung realisieren zu können.

> Die Speicherung und der Transport erneuerbarer Energien mithilfe der Wasserstofftechnik ist im Prinzip möglich und sollte auch technisch durchführbar sein.

Das bedeutet allerdings, dass eine Speichertechnologie mit dem relativ geringen Wirkungsgrad $\eta_{\mathrm{Sp}}^{(1)} \approx 0{,}5$ akzeptiert wird, was einen γ-Faktor (siehe Gleichung 8.11) von $\gamma^{(1)} = 1{,}3$ zur Folge hat. Die Entwicklung einer besseren Technologie der Wasserstofferzeugung sollte höchste Priorität besitzen, wie bereits in Abschn. 8.2.1 ausgeführt. Auf der anderen Seite beträgt der Transportaufwand mit dieser Technologie nur $\chi^{(1)} \approx 1 \cdot 10^{-8}\ \mathrm{m}^{-1}$.

Wird dagegen elektrische Energie gewandelt aus Solarenergie mit dem Zwischenprozess einer Wandlung in thermische Energie, so bietet sich als alternative Lösung für die kurzfristigen Fluktuationen auch die Speicherung der thermischen Energie in einem Salzspeicher auf der Basis eutektischer Mischungen an. Diese Technologie besitzt einen Wirkungsgrad $\eta_{\mathrm{Sp}}^{(2)} \approx 0{,}8$ mit einem γ-Faktor von nur $\gamma^{(2)} = 1{,}1$. Der Transport der elektrischen Energie müsste dann über HGÜ-Leitungen erfolgen, die einen Transportaufwand von $\chi^{(2)} \approx 5 \cdot 10^{-8}\ \mathrm{m}^{-1}$ verursachen.

Welche dieser alternativen Technologien die größeren Vorteile bietet, hängt von der Periodendauer der Fluktuation und der Länge l_{max} der Transportstrecke ab. Für l_{max} ergibt

---

[4] Zumal diese oft nicht die Orte verbinden, zwischen denen der Wasserstoff transportiert werden muss.

die Vergleichsanalyse die Beziehung

$$l_{\max} = \frac{\gamma^{(2)} - \gamma^{(1)}}{\chi^{(1)} - \chi^{(2)}} = 5000\,\text{km}.$$

Für $l < l_{\max}$ ist der Transport auf einer HGÜ-Leitung vorteilhafter als der Wasserstofftransport.

Die Möglichkeiten des Energiesparens 10

In diesem Buch werden die Probleme der Energieversorgung global, also nicht länderbezogen, behandelt. Diese Behandlung ist angemessen und naheliegend: Einmal, weil die Energie eine physikalische Größe ist und physikalische Gesetze globale Gültigkeit besitzen. Dann aber auch, weil die **Globalisierung der Volkswirtschaften** eine Tatsache und dafür verantwortlich ist, dass der Welthandel seit der Mitte des 20. Jahrhunderts stetig zunimmt und damit auch der weltweite Lebensstandard. Trotzdem existieren weiterhin, wie in Abb. 3.2 gezeigt, enorme Schwankungen im **normierten Primärenergiebedarf** ($\widetilde{PEB}$) verschiedener Länder, welche sicherlich keine physikalischen Ursachen haben. Aus globaler Sicht ergibt sich die einfachste Möglichkeit des Energiesparens aus einer Nivellierung dieser Schwankungen auf niedrigem Niveau. Das würde bedeuten, dass ve-Länder auf einen Teil ihres Lebensstandards verzichten. Dies ist aber nicht der Ausgangspunkt für die Analysen in diesem Buch, obwohl es sich als Folge dieser Analysen durchaus ergeben könnte.

Die Begriffe „Energieeffizienz" und „Energiesparen" sind wohl diejenigen, welche am häufigsten in der Öffentlichkeit vorgeschlagen werden, wenn es um Lösungsmöglichkeiten für unsere zukünftigen Energieversorgungsprobleme geht. Der Zwang zum Energiesparen ergibt sich aus der Tatsache, dass das Energieangebot $\widetilde{PEA}$ nicht mehr dem Bedarf $\widetilde{PEB}$ folgen kann – das ökonomische System wird instabil[1]. Dabei hat man in den meisten Fällen nicht den Eindruck, dass der Vorschlagende selbst, geschweige denn der Angesprochene, verstehen, was mit diesen Begriffen gemeint ist und wie sie wirken. Nach Abb. 5.20 betragen die Einsparforderungen für das Jahr 2050 schon ohne Berücksichtigung der Speicherverluste etwa $7{,}5 \cdot 10^{13}$ kWh$\cdot$a^{-1} = $0{,}33\ PEB$, und diese müssen in weniger als 40 Jahren realisiert werden. Es ist daher wohl angebracht, dass zunächst einmal untersucht wird, was mit den obigen Begriffen gemeint ist, und zwar im Rahmen der in diesem Buch benutzten Konventionen und Definitionen.

---

[1] Erinnert sei an die ökonomischen Regel, welche für ein stabiles Systems die Gleichheit von **Angebot und Nachfrage** voraussetzt.

D. Pelte, *Die Zukunft unserer Energieversorgung*, DOI 10.1007/978-3-658-05815-9_10, © Springer Fachmedien Wiesbaden 2014

Die **Energieeffizienz** e_e ist definiert durch die Beziehung

$$\widehat{PEB} = \frac{1}{e\_e}\,\widehat{BIP} \tag{10.1}$$

und stellt damit den Zusammenhang her zwischen der physikalischen Welt ($\widehat{PEB}$) und der ökonomischen Welt ($\widehat{BIP}$). Der Zusammenhang zwischen PEB und BIP kann aber nur empirisch untersucht werden, weil er im Wesentlichen auf Veränderungen in den Wirtschaftsstrukturen basiert und für diese kein eindeutig definiertes Maßsystem existiert[2]. Und folglich lässt sich die zukünftige Entwicklung der Energieeffizienz e_e nur mit großen Unsicherheiten vorhersagen, es ist z. B. unklar, ob für sie eine obere Grenze existiert oder nicht. Dies ist ein Ausdruck auch dafür, dass der Zusammenhang zwischen PEB und BIP unidirektional, also **irreversibel** ist:

- Eine Vergrößerung der verfügbaren Primärenergie PEB hat immer eine Vergrößerung des Lebensstandards BIP zur Folge.
- Eine Vergrößerung des Lebensstandards BIP mithilfe der Geldmengenvergrößerung hat niemals eine Vergrößerung der verfügbaren Primärenergie PEB zur Folge.

Auf Grundlage dieser Vorgaben ist in den Prognosen des Kap. 4 die zukünftige Steigerung der Energieeffizienz berücksichtigt. Denn die Öffentlichkeit blickt auf den Lebensstandard und daher sind für sie die Veränderungen in der ökonomischen Welt viel wichtiger als solche in der physikalischen Welt, obwohl erstere primär durch letztere bewirkt werden. Und daher ist die Energieeffizienz ein ganz entscheidender Parameter für das Verständnis ökonomischer Veränderungen. Dies ist aber wohl nicht der Sachverhalt, auf den sich z. B. Politiker beziehen, wenn sie von einer „Steigerung der Energieeffizienz bei unveränderlichem Lebensstandard" sprechen. Mit dieser Aussage meinen sie wohl eher eine Steigerung des physikalisch definierten Wirkungsgrads.

Die Bedeutung des **Energiewirkungsgrads** ergibt sich aus Abschn. 2.4. In einem idealen Wandlungssystem ist der Wirkungsgrad definiert durch die Beziehung:

$$W_1 = W^{(\text{foss})} + W^{(\text{ernb})} = \frac{1}{\eta_{1,4}}\,W_4 = W_4 + \Delta W, \tag{10.2}$$

wobei mit W_1 bzw. W_4 für die Primär- bzw. Nutzenergie stehen und letztere das physikalische Analogon des Lebensstandards ist. Der Energieverlust $\Delta W > 0$ in Gleichung 10.2 ist erforderlich, weil aufgrund des 2. Hauptsatzes der Thermodynamik (siehe Kap. 1) alle irreversiblen Prozesse, auch ökonomische, mit der Erhöhung der Entropie einhergehen:

$$\Delta S = \frac{\Delta W}{T_0} = \frac{W_4}{T_0}\left(\frac{1}{\eta_{1,4}} - 1\right) > 0 \quad \Longrightarrow \quad \eta_{1,4} < 1. \tag{10.3}$$

---

[2] Um ganz klar zu machen, was damit gemeint ist: Ein PEB von $1\,\text{kWh}\cdot\text{a}^{-1}$ war im Jahr 0 oder -10.000 genauso hoch wie heute. Aber erfüllt diese Bedingung an ein eindeutiges Maßsystem auch ein BIP von $1\,\text{USD}\cdot\text{a}^{-1}$?

Diese Bedingung ist zwingend! Trotzdem ist der Sinngehalt der Gleichung 10.2 nicht eindeutig, sondern abhängig davon, was unter $W^{(\text{ernb})}$ verstanden wird. Denn in dem meisten Fällen handelt es sich bei $W^{(\text{ernb})}$ nicht um eine Form der Primärenergie $W_1^{(\text{ernb})}$, sondern um eine Form der Endenergie $W_3^{(\text{ernb})}$. Das **Primäräquivalent** $W^{(\text{ernb})}$ wird von den meisten Autoren definiert mithilfe der

$$\textbf{Wirkungsgradmethode: } W^{(\text{ernb})} = W_1^{(\text{ernb})} + W_3^{(\text{ernb})}$$

Angemessener wäre die Definition mithilfe der

$$\textbf{Substitutionsmethode: } W^{(\text{ernb})} = W_1^{(\text{ernb})} + W_3^{(\text{ernb})}/\eta_{1,3}$$

die das Begleitmanuskript „Energie3" verwendet. Der Wirkungsgrad $\eta_{1,3}$ beschreibt die Wandlung von der Primär- in die Endenergie, für ihn gilt:

$$\eta_{1,4} = \eta_{1,3}\eta_{3,4}. \tag{10.4}$$

Welche der beiden Methoden gewählt wird, ist allerdings unerheblich für die Diskussion über die Möglichkeiten des Energiesparens. Denn die Gleichung 10.2 besagt:

> Energiesparen bei unverändertem *BIP* verlangt, dass der Wirkungsgrad $\eta_{1,4}$ erhöht wird, was äquivalent ist zu einer Verringerung der Entropieproduktion ΔS.

Nach den Gleichungen 10.2 und 10.4 gibt es hierfür drei Ansätze:

1. **Vergrößerung von $\eta_{3,4}$** Dieser Wirkungsgrad charakterisiert die Wandlung der End- in die Nutzenergie und ist unabhängig davon, ob die Endenergie durch Wandlung aus fossilen oder erneuerbaren Quellen entstanden ist. Die maßgeblichen Wandlungsverfahren basieren auf heutigen Technologien, aber niemals werden diese oder auch zukünftige Technologien einen Wirkungsgrad erreichen, der größer ist als der **maximale Wirkungsgrad** $\eta_{\max}$. Ein markantes Beispiel sind die **Wärmekraftmaschinen** in Abschn. 2.3, welche z. Z. noch die Hauptantriebsquelle im Sektor „Mobilität" sind und für die $\eta_{\max} = \eta_{\text{Carnot}}$ gilt. Die Technologien der Energiewandlung sind in der Vergangenheit bis zu einem derartigen Grad entwickelt worden, dass eine weitere und merkliche Steigerung ihres Wirkungsgrads nicht erkennbar ist. Die Hoffnungen, dass technische Entwicklungen zur überraschenden Reduktion des Energiebedarfs im erforderlichen Ausmaß führen, sind nicht realistisch. Erreichte Bedarfsreduktionen lassen sich oft auch nicht von anderen Einspareffekten trennen, die Abschn. 10.2 und 10.3 zeigen einige Beispiele.

2. Vergrößerung von $\eta_{1,3}$ Dieser Wirkungsgrad charakterisiert die Wandlung der Primär- in die Endenergie und sein Wert variiert je nach dem, ob $W_1 \approx W^{(\text{foss})}$ oder $W_1 \approx W^{(\text{ernb})}$:

- Ist $W^{(\text{foss})} \gg W^{(\text{ernb})}$, so ist nach Abschn. 2.4 $\eta_{1,3} \approx \zeta_{1,3} = 0{,}72$, denn der Wirkungsgrad kann nicht kleiner sein als der Nutzungsgrad.
- Ist $W^{(\text{ernb})} \gg W^{(\text{foss})}$, so wird der Wirkungsgrad dominiert von dem Wirkungsgrad der Wandlung η_{Wd}, dessen Wert von der Form der erneuerbaren Energie abhängt. Nach Kap. 6 gilt z. B. für die:

$$
\begin{array}{ll}
\text{Fotovoltaik} & \eta_{\text{Wd}} \approx 0{,}15, \\
\text{Windkraft} & \eta_{\text{Wd}} \approx 0{,}42, \\
\text{Wasserkraft} & \eta_{\text{Wd}} \approx 0{,}75.
\end{array}
$$

Diese Werte werden noch kleiner, wenn man die Energiespeicherung berücksichtigt. Die Schlussfolgerung kann daher nur lauten:

> Beim Übergang von fossilen auf erneuerbare Energien wird der Primärenergiebedarf nicht sinken, sondern weiter steigen.

Damit verbunden ist eine Steigerung der human bedingten Entropieproduktion mit noch nicht vorhersehbaren Folgen für den Energiehaushalt der Erde, welcher in Abschn. 4.5 beschrieben ist.

3. Abwärmenutzung Der bei der Wandlung immer auftretende Energieverlust ΔW besteht aus thermischer Energie (Abwärme), welche u. U. als Nutzenergie weiter verwendet werden könnte, falls der entsprechende Bedarf dafür vorhanden ist. Die Gleichung 10.2 wird dadurch modifiziert zu

$$
W_4 + \Delta W = W_4' + \Delta W' \quad \text{mit} \quad \Delta W' < \Delta W, \tag{10.5}
$$

womit effektiv auch der Wirkungsgrad einer Wandlungsanlage vergrößert wird. In Deutschland läuft diese Möglichkeit unter dem Stichwort **„Kraft-Wärme-Kopplung"** (KWK) und sie sollte als realistische Möglichkeit des Energiesparens diskutiert werden. Man sollte aber auch bedenken, dass der maximale Wirkungsgrad η_{Carnot} von konventionellen Wärmekraftanlagen umso größer ist, je geringer die Temperatur der Abwärme ist. Die Abgabe von Hochtemperaturwärme bedeutet daher, dass hochwertige[3] ($\varepsilon = 1$) elektrische Energie durch minderwertige ($\varepsilon < 1$) thermische Energie ersetzt wird. Unter diesen Umständen stellt sich die Frage, ob nicht die Reduktion des Bedarfs nach thermischer Energie insgesamt eine bessere Möglichkeit des Energiesparens eröffnet.

---

[3] ε kennzeichnet den Exergiegehalt, siehe Abschn. 2.2

Obwohl 2011 nur etwa 5,4 % der Gebäude in Deutschland an eine **Fernheizung** angeschlossen waren, war die deutsche Regierung trotzdem der Meinung, dass die KWK eine realistische Möglichkeit des Energiesparens ist. Sie hat im März 2002 (mit Novellierungen in den Jahren 2008 und 2012) das KWK-Gesetz verabschiedet, mit dessen Hilfe die Abnahme von elektrischer Energie[4] aus verifizierten KWK-Anlagen **subventioniert** wird. Davon sind die Kraftwerksanlagen mit der höchsten Abwärmemenge, nämlich Kernkraftwerke, ausgenommen, sie haben diese Zertifizierung nicht erhalten. Und in der Tat: Ein Schwachpunkt der Kraft-Wärme-Kopplung besteht darin, dass der Bedarf nach thermischer Energie mit der Jahreszeit stark schwankt, der Bedarf nach elektrischer Energie sich aber innerhalb eines Jahrs nur wenig verändert. Insofern sollten KWK-Anlagen immer so ausgelegt sein, dass ihre Hauptaufgabe die Versorgung mit elektrischer Energie ist und die Versorgung mit thermischer Energie flexibel zugeschaltet werden kann, wie es bei einem **GuD-Kraftwerk** realisiert ist. Man kann bezweifeln, dass die **Subventionierung** der KWK bisher wirklich einen substantiellen Einfluss auf die Entwicklung des deutschen Primärenergiebedarfs gehabt hat. Mit steigendem Anteil erneuerbarer Energien wird er weiter sinken, denn deren Wandlung erzeugt fast keine nutzbare Abwärme.

Diese drei Ansätze fußen auf der Prämisse, dass der **Lebensstandard** nicht sinken darf. Aber die wahrscheinlich effektivste Möglichkeit des Energiesparens ergibt sich aus einer Reduktion des Nutzenergiebedarfs W_4 und damit gegebenfalls auch des Lebensstandards.

Im Prinzip kann Nutzenergie in jedem, der in Abschn. 3.3 angegebenen **Sektoren** eingespart werden. Die Sektoren „Verkehr" und „Private Haushalte" stellen mit je etwa 30 % den größten Energiebedarf, sie besitzen auch das größte Einsparpotenzial. Die restlichen 40 % sind den Sektoren „Industrie" und „Kleinabnehmer" zuzurechnen, ihr Einsparpotenzial ist als eher gering einzuschätzen, denn:

- Beide Sektoren sind maßgeblich beteiligt am Einkommenszuwachs einer Bevölkerung und damit an deren Lebensstandard.
- Die Energie stellt für beide Sektoren einen **Kostenfaktor** dar, den es gilt zu minimieren, um in Konkurrenz zu Anderen in diesen Sektoren bestehen zu können.

Das bedeutet, der Gesetzgeber kann von außen nicht zusätzlich in die energetische Struktur dieser Sektoren eingreifen, ohne dass damit die Basis für den Lebensstandard beschädigt wird.

Anders sieht es aus bei den reinen Verbrauchssektoren „Verkehr" und „Private Haushalte", in die eingegriffen werden kann und gegebenenfalls auch sollte. Schaut man auf den Sektor „Private Haushalte", so entsteht sein Energiebedarf (30 % des *PEB*) zu 23 % im **Sektor** „Raumwärme" (Heizung), zu 7 % im Sektor „Prozessenergie" (elektrische Haushaltsgeräte) und zu weniger als 1 % im Sektor „Elektrizität" (Beleuchtung und Kommunikation).

---

[4] Das bedeutet, wichtig ist allein die Zertifizierung und nicht die Menge an gelieferter thermischer Energie, welche eigentlich das Sparpotenzial bildet.

Durch die Vorgabe von energetischen Gebäudestandards lässt sich ein Teil dieses Bedarfs einsparen. Analog ließen sich diese Einsparungen auch auf die Sektoren „Kleinabnehmer" und „Industrie" übertragen, wenn dadurch ihre Wettbewerbsfähigkeit nicht eingeschränkt wird.

10.1 Das Einsparpotenzial bei der Raumwärme

Bei der **Raumwärme** handelt es sich um eine Form der Niedertemperaturwärme, die wir im Wesentlichen zur Heizung von Gebäuden und, bei Kombianlagen, zur Bereitstellung von Warmwasser benötigen. Im Prinzip können diese Energien direkt aus der Solarenergie und der Umgebungswärme gewandelt werden. Die folgenden Überlegungen beziehen sich daher auf solche Länder, in denen ein großer Bedarf an **Niedertemperaturwärme** besteht, weil sie in gemäßigten Klimazonen liegen. Das gilt zum Beispiel für **Deutschland**, aber auch für viele weitere *ve*-Länder. Es sollte aber nicht vergessen werden, dass in anderen Ländern statt dessen ein Bedarf nach Raumkühlung existiert, da sie in besonders warmen Klimazone liegen. Der Energiebedarf für eine Raumkühlung mittels **Klimaanlage** ist ähnlich dem für eine Raumheizung und er ist, wenn wir von Nordamerika absehen, zur Zeit noch relativ gering. Er lässt sich durch geeignete Baumaßnahmen auch auf einem geringen Niveau halten. Wir werden auf diesen Punkt bei der Bilanzierung des zukünftigen Energiebedarfs nicht im Detail eingehen.

Im Prinzip können Wohngebäude so errichtet werden, dass sie ohne oder mit einem nur geringen Energiebedarf eine Innentemperatur von ca. 20 °C nie über- oder unterschreiten. Dazu muss die zusätzliche Wärme entweder ab- oder zugeführt werden. Im zweiten Fall basiert die Technologie darauf, dass sämtliche Energiewandlungsanlagen innerhalb eines Gebäudes, also zum Beispiel elektrische Geräte oder die Bewohner selbst, aufgrund ihrer Entropieproduktion bei der Wandlung auch immer Wärme erzeugen. Diese und die von der Sonne eingestrahlte Solarenergie reichen vollkommen aus, um ein Gebäude zu heizen und mit Warmwasser zu versorgen, wenn das Gebäude und seine Anlagen gegen die Umgebung genügend gut thermisch isoliert sind. Der **Heizenergiebedarf** hängt also von der Wärmeisolation der vorhandenen und noch zu errichtenden Gebäude ab. Eine wichtige Rolle spielen dabei die Fenster, durch die bei unvollständig isolierten Gebäuden ein großer Teil der Raumwärme an die Umgebung abgegeben wird, die aber bei modernen Häusern einen wesentlichen Teil der Raumwärme bereitstellen, indem sie für die Sonnenstrahlung durchlässig, für die Raumwärme aber undurchlässig sind. Diese Technik benutzt auch die Erde zur Regulierung ihrer Temperatur, wir haben das unter dem Begriff **Treibhauseffekt** in Abschn. 4.5.1 besprochen.

Zur Zeit macht der Heizungsbedarf eines Wohngebäudes noch den größten Teil seines Energiebedarfs aus. Dieser Bedarf wird unter dem Begriff „**Energiekennwert**" zusammengefasst, das ist die Energie, die ein Gebäude pro m^2 Wohnfläche und pro Jahr benötigt. Der Energiekennwert definiert die energetische Qualität eines Wohngebäudes. Durch Regierungsverordnungen wurden in den Jahren 1984 und 1995 bestimmte Qualitätsstandards

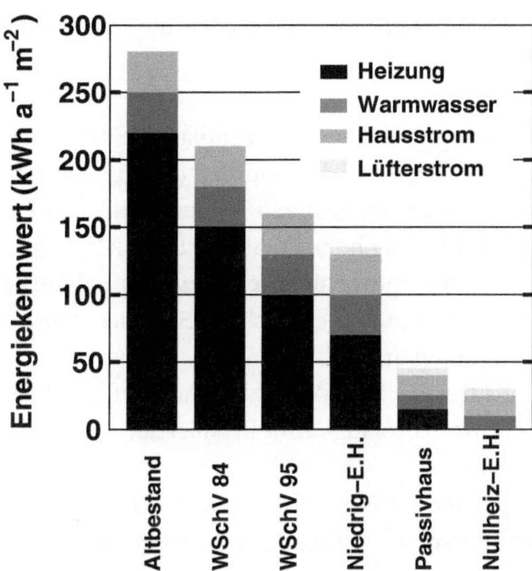

Abb. 10.1 Die Energiekennwerte der verschiedenen Qualitätsstandards von Wohngebäuden in Deutschland. Die Abkürzungen sind: WSchV84 = Wärmeschutzverordnung von 1984; WSchV95 = Wärmeschutzverordnung von 1995; EnEG07 = Energieeinsparungsgesetz von 2007

vorgegeben, die von Neubauten seit diesen Jahren einzuhalten sind, siehe Abb. 10.1. Im Jahr 2002 hat die deutsche Regierung die bis dahin gültigen Wärmeschutzverordnungen (WSchV) durch das Energieeinsparungsgesetz (EnEG) ersetzt, welches in den Jahren 2004 und 2007 novelliert wurde. Die letzte Änderung des EnEG wird im Oktober 2009 inkrafttreten. Danach müssen alle neu errichteten Wohngebäude die bautechnischen Standardanforderungen bezüglich ihres Heizungs- und Warmwasserbedarfs genügen. Diese sehen für ersteren einen Bedarf von unter $70\,\text{kWh} \cdot \text{a}^{-1} \cdot \text{m}^{-2}$ und einen normalen Bedarf an Haushaltsstrom und Warmwasser vor, der insgesamt einen Wert von $60\,\text{kWh} \cdot \text{a}^{-1} \cdot \text{m}^{-2}$ nicht übersteigt. Der Energiekennwert eines derartigen Hauses besitzt daher eine obere Grenze von $130\,\text{kWh} \cdot \text{a}^{-1} \cdot \text{m}^{-2}$. Über diese Vorgaben hinaus lassen sich Häuser nach noch anspruchsvolleren Qualitätsstandards klassifizieren:

- Das **Passivhaus** hat einen Heizungsbedarf von unter $15\,\text{kWh} \cdot \text{a}^{-1} \cdot \text{m}^{-2}$, der sich ohne eigenständige Heizungsanlage im Wesentlichen aus der Abwärme und der Solarenergie und mithilfe von **Wärmepumpe** und Notversorgung decken lässt. Dadurch steigt etwas der Energiebedarf, aber der Energiekennwert eines Passivhauses beträgt nicht mehr als $45\,\text{kWh} \cdot \text{a}^{-1} \cdot \text{m}^{-2}$. Die Mehrkosten für die Errichtung eines Passivhauses werden mit 8 % der Baukosten eines Hauses gemäß des EnEG angesetzt.
- Das **Nullheizenergiehaus** deckt seinen Heizungsbedarf vollständig aus der Abwärme und der Solarenergie, wofür eine **Anlage zur thermischen Energiespeicherung** notwendig ist. Der restliche Bedarf an elektrischer Energie überschreitet nicht einen Wert von $30\,\text{kWh} \cdot \text{a}^{-1} \cdot \text{m}^{-2}$.
- Das **Energie-autarke-Haus** besitzt keinen Energiebedarf mehr nach Außen, das heißt, es deckt seinen Restbedarf an elektrischer Energie aus der Solarenergie mithilfe von Wandlungsanlagen, also zum Beispiel mithilfe der Fotovoltaik und angeschlossenem

chemischen Energiespeicher, die sich auf dem zum Haus gehörenden Grundstück befinden.

Mit den physikalischen Grundlagen einer Wärmepumpe und wie eine Anlage zur thermischen Energiespeicherung beschaffen sein muss, damit werden wir uns auf der P-Ebene in den nächsten Kapiteln beschäftigen. Um ein Passivhaus zu errichten, müssen bei der Bauausführung hohe Qualitätsstandards eingehalten werden:

Der **Wärmeverlustkoeffizient** des Baukörpers überschreitet einen Wert $k_V \approx 0{,}15\,\mathrm{W} \cdot \mathrm{K}^{-1} \cdot \mathrm{m}^{-2}$ nicht, siehe Abschn. 6.5.1. Dies erfordert eine ausreichende Schichtdicke der Wärmeisolation am Gebäude.

Es treten keine Wärmebrücken auf, das heißt, die thermische Isolation wird an keiner Stelle unterbrochen, zum Beispiel durch Leitungen, Rohre oder Platten an Außentüren und Fenstern.

Besondere Sorgfalt ist bei den Fenstern notwendig. Diese besitzen ein **Transmissionsvermögen** von mindestens $T = 0{,}5$ für die direkte Sonneneinstrahlung und einen Wärmeverlustkoeffizienten von nicht mehr als $k_V = 0{,}8\,\mathrm{W} \cdot \mathrm{K}^{-1} \cdot \mathrm{m}^{-2}$. Solche „**Superfenster**" bestehen in der Regel aus einer 3-Schichtverglasung mit einem schweren Edelgas in den Zwischenräumen. Das Rahmenmaterial besitzt eine geringe Wärmeleitfähigkeit. Ein Superfenster muss mithilfe des **Treibhauseffekts** in der Lage sein, Wohnräume in sehr kalten Jahreszeiten bei Sonneneinstrahlung zu beheizen.

Das Passivhaus besitzt eine **Lüftungsanlage** mit hocheffizienter, zweistufiger Wärmerückgewinnung aus der Abluft und Abwärme: Zunächst mithilfe eines Wärmetauschers und danach mithilfe einer Wärmepumpe. Die Zuluft in das Passivhaus geschieht zum Zwecke der Vorwärmung durch das Erdreich, siehe Abschn. 8.2.1. Außerdem ist eine thermische Solaranlage mit Warmwasserspeicher installiert, welche die Warmwasserversorgung übernimmt und als thermische Reserve dient.

Der Unterschied zwischen einem Passivhaus und einem Nullheizenergiehaus besteht also im Wesentlichen in der Notversorgung mit Heizenergie, die bei letzterem vollständig ausgeschlossen ist. Das lässt sich bei sonst gleich bleibendem Energiebedarf nur durch eine bessere Wärmeisolation erreichen. Die konstruktiven Merkmale eines Passivhauses und eines Nullheizenergiehauses sind in der Abb. 10.2 schematisch dargestellt. Nach Meinung von Fachleuten wird im Jahr 2020 etwa die Hälfte aller Neubauten in der Passivbauweise errichtet werden. Das ist natürlich viel zu wenig, um einen merklichen Einfluss auf den Bedarf an Heizenergie zu haben. Grund ist, dass dieser Bedarf überwiegend von dem Altbestand an Wohngebäuden verursacht wird, auf den wir gleich eingehen werden.

Lohnt es sich, anstelle des Passivhauses das Nullheizenergiehaus als zukünftigen **Baustandard** anzustreben? Wohl nicht, denn die Notversorgung eines Passivhauses mit Heizenergie durch einen zentralen Energieversorger ist effizienter und ökonomischer, da sich Schwankungen im Energiebedarf wegen der großen Anzahl angeschlossener Abnehmer zeitlich ausgleichen werden. Dagegen sind die hohen Investitionskosten in ein Nullheizenergiehaus allein dadurch bedingt, um die Heizbarkeit des Hauses auch zu einigen wenigen Zeiten eines Jahrs sicher zu stellen. Und das ist ineffizient und unökono-

Abb. 10.2 Der konstruktive Aufbau eines Nullheizenergiehauses. Die warme Abluft erwärmt in einem Wärmetauscher (WT) die Zuluft. Die Zuluft wird, falls nötig, weiter erwärmt mithilfe einer Wärmepumpe (WP), die unter Einsatz von elektrischer Energie die thermische Restenergie des Hauses auf die Zuluft überträgt

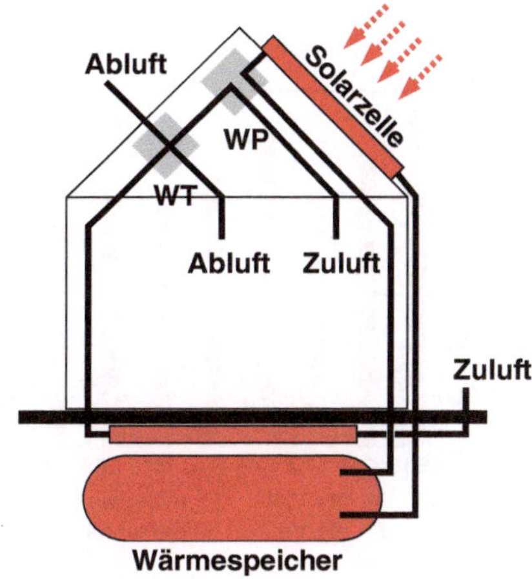

misch. Man kann also davon ausgehen, dass das Passivhaus der erstrebenswerte Standard für Wohngebäude in der Zukunft wird. Aber um diesen Standard zu erreichen, sind große Investitionen notwendig.

Das Problem liegt bei dem hohen **Altbestand von Wohngebäuden**, die je nach ihrem Baujahr einen Heizenergiebedarf von 150–350 kWh $\cdot$ a^{-1} $\cdot$ m^{-2} und mehr haben, siehe Abb. 10.3. Dieser Bestand wird sich auch mithilfe von Neubauten in nächster Zukunft nicht merklich reduzieren lassen, weil die Anzahl der Einpersonenhaushalte und die Nachfrage nach mehr Wohnraum in allen *ve*-Ländern steigt (siehe Abschn. 10.3). Also bleibt nur die **Modernisierung** des Altbestands übrig, um das Ziel einer Energieeinsparung zu erreichen. Bei Modernisierungsmaßnahmen kann zunächst nur daran gedacht werden, die thermische Isolation alter Wohngebäude zu verbessern und so dem Standard eines EnEG-Hauses mit einem Heizenergiebedarf von 50–100 kWh$\cdot$a^{-1}$\cdot$m^{-2} möglichst nahe zu kommen. Nach Untersuchungen offizieller Stellen sollte es im Prinzip möglich sein, den Heizenergiebedarf von Altbauten bis auf die in der Abb. 10.3 gezeigten Werte zu reduzieren, wobei allerdings sehr große Investitionen erforderlich sind. Man kann davon ausgehen, dass zur Reduktion des Heizenergiebedarfs um 50 % Investitionen von mindestens 200 Euro $\cdot$ m^{-2} notwendig sind[5]. Die dazu auszuführenden Baumaßnahmen betreffen eine Wärmeschutzverglasung der Fenster und die Anbringung einer thermischen Dämmung an den Fassaden und dem Dach- sowie Kellergeschoss. Werden neben diesen passiven Maßnahmen auch aktive Maßnahmen, wie die Installation eines Wärmetauschers oder einer Solarzellenanlage, durchgeführt, steigen die Investitionskosten überproportional, wie in Abb. 10.3 gezeigt.

In Deutschland wurden seit 2000 jährlich etwa 0,83 % des Altbestands an Gebäuden energetisch saniert. Deutschland ist ein reiches Land, es ist daher eher optimistisch anzunehmen, dass diese Vorgabe auch global realisiert wird. In diesem Fall wären im Jahr 2050

---

[5] Die energetischen Sanierungskosten von Altbauten hängen sehr stark von der Bausubstanz ab. Die hier angegebenen **Kosten** sollten nur als Richtwerte betrachtet werden.

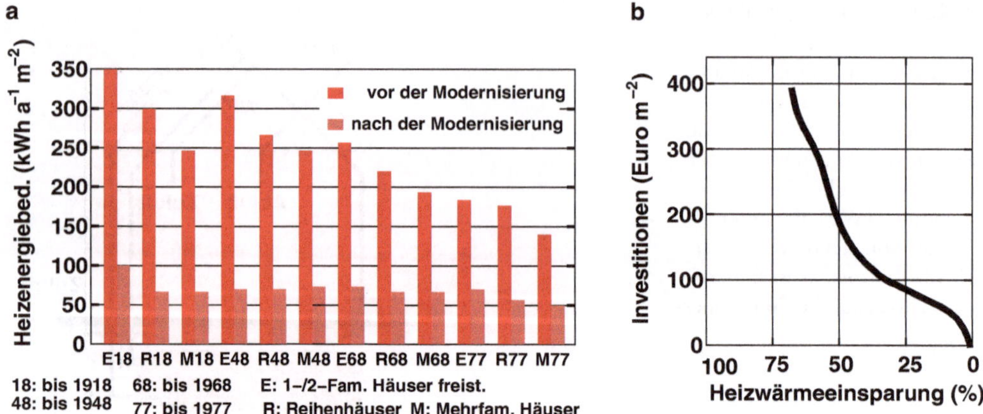

Abb. 10.3 **a** zeigt den Heizenergiebedarf von Altbauten vor und nach den Modernisierungsmaßnahmen. **b** zeigt, welche Investitionen notwendig sind, um einen bestimmte Heizenergieeinsparung zu erreichen

etwa 30 % der Gebäude energetisch saniert. Realistisch ist es dagegen anzunehmen, dass durch die Sanierung nur der Standard eines Niedrig-Energie-Hauses erreicht wird, was eine Einsparung von Raumwärme um 50 % impliziert. Bezogen auf den Primärenergiebedarf des Jahrs 2050 ergibt das ein Sparvolumen von

$$\Delta PEB_1 = (0{,}34)(0{,}3)(0{,}5)2{,}3 \cdot 10^{14} = 1{,}2 \cdot 10^{13}\, \mathrm{kWh} \cdot \mathrm{a}^{-1}. \tag{10.6}$$

Während sich der Sinn passiver Maßnahmen relativ leicht verstehen lässt, verlangt die Notwendigkeit und der Sinn auch aktiver Maßnahmen ein tieferes Verständnis ihrer physikalischen Grundlagen.

10.1.1 P-Ebene: Aktive Anlagen zur Einsparung von Heizenergie

Wir wollen uns beschäftigen mit den Eigenschaften einer Wärmepumpe und mit der Frage, wie eine thermische Solarzellenanlage beschaffen sein muss, damit für Wohngebäude auch in den kalten Jahreszeiten mit nur wenig Sonneneinstrahlung genügend Heizenergie bereitsteht.

Die Heizung mit Wärmepumpe

Der **Exergiegehalt** der thermischen Energie Q, die man zur Raumheizung benötigt, ist sehr gering. Bei einer Umgebungstemperatur von $T_0 = 273\,\mathrm{K}$ ($0\,°\mathrm{C}$) und einer Raumtemperatur von $T = 293\,\mathrm{K}$ ($20\,°\mathrm{C}$) ergibt sich

$$\epsilon_\mathrm{f} = 1 - \frac{T_0}{T} = \frac{\Delta T}{T} = 0{,}068. \tag{10.7}$$

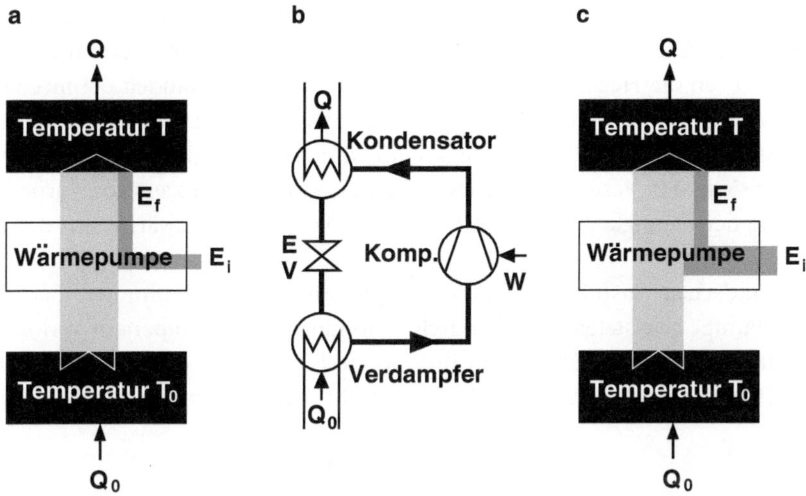

Abb. 10.4 Das Arbeitsschema einer idealen Wärmepumpe (**a**) und einer realen Wärmepumpe (**c**). **b** zeigt die technische Realisierung. Es ist EV = Entspannungsventil für die Flüssigkeit, Komp. = Kompressor für das Gas

Es ist daher äußerst ineffizient, diese thermische Energie aus einer Energieform umzuwandeln, die einen Exergiegehalt $\epsilon_i \approx 1$ besitzt, wie zum Beispiel die elektrische Energie. Viel effizienter ist es, die notwendige Anergie $A = Q - E_f = Q\,(1 - \epsilon_f)$ der Umgebung zu entnehmen und die Exergie $W = E_f = E_i$ mittels einer **Wärmepumpe**[6] hinzuzufügen, wie es in Abb. 10.4 dargestellt ist. Der Energiewirkungsgrad, den eine verlustfreie Wärmepumpe auf diese Weise erreicht, ist immer größer als eins. Zum Beispiel ergeben die Werte des obigen Beispiels einen Wirkungsgrad

$$\eta_{\max} = \frac{Q}{W} = \frac{T}{\Delta T} \approx 15. \tag{10.8}$$

Im Prinzip ist die Wärmepumpe eine links herumlaufende **Dampfmaschine**, wie wir sie in Abschn. 2.3.1 behandelt haben. Allerdings ist das Arbeitsmedium einer Wärmepumpe nicht Wasser, sondern eine leicht siedende Flüssigkeit, wie zum Beispiel Freon (CCl_2F_2): Die Energie wird beim Verdampfen der Flüssigkeit aufgenommen und beim Kondensieren an die Raumheizung wieder abgegeben.[7]

Wie sich dieser **Kreisprozess** technisch realisieren lässt, ist in der Abb. 10.4b gezeigt. Zunächst geschieht die Verdampfung der Flüssigkeit bei der Temperatur T_0 durch Aufnahme der Verdampfungswärme Q_0 aus der Umgebung in dem Verdampfer. Anschließend wird das Gas in dem Kompressor adiabatisch verdichtet, dabei erhöht sich die Gastemperatur

---

[6] Die Exergie wird der mechanischen Energie W der Wärmepumpe entnommen.

[7] Freon ist ein FCKW und verantwortlich für den Abbau des Ozons in der oberen Atmosphäre. Daher verwendet man heute als Wärmemedium Propan (C_3H_8) und Butan (C_4H_{10}).

zunächst auf den Wert T und anschließend wird das Gas in dem Kondensator wieder in eine Flüssigkeit zurückverwandelt. Dabei wird die thermische Energie und die Verdampfungswärme Q_0 an die Heizung übergeben. Diese Prozessstufe wandelt die mechanische Energie des Kompressors in thermische Energie der Heizung. Die sich anschließende isochore Entspannug durch ein Entspannungsventil kühlt die Flüssigkeit auf eine Temperatur $< T_0$, mit der sie in den Verdampfer gelangt. Dann beginnt der Prozess von vorne mit der Verdampfung der Flüssigkeit durch Aufnahme der Verdampfungswärme aus der Umgebung.

In der praktischen Ausführung dieses Kreisprozess geschieht es immer, dass ein Teil der von der Pumpe geleisteten Exergie durch Erhöhung der Gastemperatur verloren geht, das heißt, die Exergie wird zum Teil in thermische Energie mit einem Anergieanteil A_f gewandelt. Die tatsächlich vorhandene Exergie ergibt sich aus dem Verhältnis

$$\frac{E_f}{E_i} = \frac{E_i - A_f}{E_i} = 1 - \frac{A_f}{E_i} < 1 \tag{10.9}$$

und vermindert den tatsächlichen Wirkungsgrad einer Wärmepumpe. Dieser unerwünschte Prozess des Exergieverlusts ist in Abb. 10.4c dargestellt. Bei den üblichen Wärmepumpen liegt die dadurch verursachte Reduktion des Wirkungsgrads bei ca. 0,5, der Wirkungsgrad der Wärmepumpe ist entsprechend

$$\eta \approx 0{,}5\eta_{max} \approx 7, \tag{10.10}$$

wobei noch nicht mitgerechnet ist, welchen Wirkungsgrad der Kompressor besitzt und wie groß der Energieverlust durch die Flüssigkeitsentspannung ist. Bei der Bilanzierung einer Wärmepumpe müssen auch diese Verlustprozess berücksichtigt werden. Arbeitet der Kompressor mit elektrischer Energie, so wird im Allgemeinen eine weitere Reduktion um einen Faktor 0,5 auftreten, die Wärmepumpe besitzt dann nur noch einen **Wirkungsgrad** von etwa 3–4. Dies ist aber immer noch wesentlich günstiger, als elektrische Energie direkt in thermische Energie zu verwandeln. Wurde die elektrische Energie durch Verbrennung von Erdgas gewonnen, so ist es unter Umständen wirtschaftlicher, man erzeugt die von einer Wärmepumpe benötigte Exergie mithilfe einer Hochtemperaturwärmequelle, etwa einer Gasflamme. Dies ist das Prinzip der Absorptions-Wärmepumpe, auf deren Arbeitsweise wir hier nicht weiter eingehen.

Die Heizung mit Wärmespeicher

Um ein Gebäude allein mithilfe von Solarenergie zu beheizen, muss die in der Sommerzeit gewandelte Wärme bis in die kalten Jahreszeiten hinein gespeichert werden. Wie sich die Solarenergie mithilfe **thermischer Solarzellen** in Wärme wandeln lässt, das haben wir in Abschn. 6.5 besprochen. Wie sich die Niedertemperaturwärme speichern lässt, das haben wir in Abschn. 8.2.1 besprochen. In diesem Kapitel geht es jetzt darum zu untersuchen, wie die Heizungsanlage ausgelegt sein muss, um die **Beheizung** eines Gebäudes über das ganze

Jahr hinweg zu garantieren. Der prinzipielle Aufbau einer derartigen Heizungsanlage ist in der Abb. 10.2 zu sehen.

Wegen seiner großen spezifischen Wärmekapazität c_m, siehe Tabelle (8.2), ist Wasser besonders geeignet, thermische Energie im Temperaturbereich von 20–80 °C zu speichern. In diesem Temperaturbereich erfüllt ein derartiger Wasserspeicher im Prinzip die zwei wichtigen Forderungen:

- Die gespeicherte Wärme ist direkt nutzbar für die Gebäudeheizung. Zur Erinnerung: Etwa 30 % des heutigen Primärenergiebedarfs in den ve-Ländern entsteht durch die Forderung nach Raumwärme.
- Der Speicher kann mithilfe von thermischen Solarzellen im Sommer gefüllt und im Winter entleert werden.

Damit sich diese Bedingungen auch in Praxis erfüllen lassen, müssen die Parameter der Gesamtanlage (Gebäude, thermische Solarzellen, Wärmespeicher) entsprechend ausgelegt sein. Wir wollen uns mit diesen Parametern und ihrer richtigen, also für die zur Erfüllung der Rahmenbedingungen erforderlichen Auslegung beschäftigen.

Die Leistung der thermischen Solarzellen

$$P_Z = \frac{dQ_Z}{dt} \tag{10.11}$$

wird zur Erwärmung des Speicherwassers benutzt, dessen thermische Energie dadurch um den Wert

$$P_S = c_m m \frac{dT_S}{dt} \tag{10.12}$$

mit der Zeit t ansteigt. Die Leistung der thermischen Solarzellen ist zeitlich nicht konstant, sondern sie verändert sich im Laufe eines Jahrs gemäß

$$P_Z = \langle P_Z \rangle + \Delta P_Z \sin \omega t, \tag{10.13}$$

wobei ω durch (8.26) definiert ist und $\langle P_Z \rangle$ die über das Jahr gemittelte Leistung der thermischen Solarzellen ist. Dem Wärmespeicher wird aber nicht nur die Leistung P_Z zugeführt, sondern es wird ihm diese Leistung auch wieder entzogen, und zwar

- zur Heizung des Hauses: $P_H = (kA)_H (T_H - T_0)$,
- durch Verluste an die Umgebung, und das ist der Erdboden, falls der Wärmespeicher, wie in Abb. 10.2, in diesem versenkt ist: $P_S = (kA)_S (T_S - T_B)$.

Diese Leistungsverluste ergeben sich nach (6.74), sie betreffen sowohl das Haus (Index H) wie auch den Wärmespeicher (Index S). Mit T_0 ist die Lufttemperatur bezeichnet, mit T_B

die Temperatur des Erdbodens. Diese beiden Temperaturen sind zeitlich nicht konstant, sondern sie verändern sich zeitlich wie die Leistung der thermischen Solarzellen:

$$T_0 = \langle T_0 \rangle + \Delta T_0 \sin \omega t$$
$$T_B = \langle T_B \rangle + \Delta T_B \sin (\omega t + \Phi(s)). \tag{10.14}$$

Die zeitliche Änderung von T_B ist, wie in Abb. 8.3 gezeigt, gegenüber T_0 um einen von der Bodentiefe s abhängigen Wert $\Phi(s)$ phasenverschoben.

Der **Wärmeverlustfaktor** (kA) setzt sich zusammen aus dem Wärmeverlustkoeffizienten k und der Oberfläche A, die das Haus und der Wärmespeicher besitzen. Daraus ergeben sich unmittelbar die folgenden Schlussfolgerungen:

> Um die Leistungsverluste möglichst klein zu halten, müssen sowohl k wie auch A möglichst klein sein und die Speichertemperatur T_S wie auch die erwünschte Haustemperatur T_H sollten nicht zu unterschiedlich zu den gemittelten Temperaturen $\langle T_0 \rangle = \langle T_B \rangle$ sein.

Die Gebäudeheizung unter Verwendung eines Wärmespeichers ist daher besonders geeignet für größere Wohngebäude in Zonen mit gemäßigtem Klima, die eine relativ zum Gebäudevolumen geringe Oberfläche besitzen. Vom Heizungsstandpunkt aus betrachtet sind einzelstehende Einfamilienhäuser unvorteilhaft, sie verlangen wegen ihrer relativ großen Oberfläche A eine entsprechend bessere Wärmeisolation mit einem geringen Wärmeverlustkoeffizienten k. Wir betrachten deshalb später zwei Fälle:

- Ein gut isoliertes Gebäude mit einem Wärmeverlustfaktor $(kA)_H = 100\,\text{W} \cdot \text{K}^{-1}$.
- Ein weniger gut isoliertes Gebäude mit einem Wärmeverlustfaktor $(kA)_H = 200\,\text{W} \cdot \text{K}^{-1}$.

Die typischen Temperaturwerte für diese Gebäude und ihre Umgebungen betragen

$$T_H = 20\,^\circ\text{C} \quad \langle T_0 \rangle = 15\,^\circ\text{C} \quad \Delta T_0 = 15\,^\circ\text{C} \quad \Delta T_B = 5\,^\circ\text{C}. \tag{10.15}$$

Die Veränderung der Speichertemperatur T_S ergibt sich aus dem Vergleich zwischen dem Leistungsgewinnterm P_Z und den Leistungsverlusttermen P_H und P_S:

$$c_m m \frac{dT_S}{dt} = P_Z - P_H - P_S. \tag{10.16}$$

Ersetzt man die Speichertemperatur T_S durch ihren Unterschied T zur mittleren Umgebungstemperatur $\langle T_0 \rangle$,

$$T = T_S - \langle T_0 \rangle, \tag{10.17}$$

so lässt sich aus (10.16) nach einiger Rechnung, die hier nicht im Detail durchgeführt werden soll, eine **Differentialgleichung** für die Temperatur T herleiten:

$$\frac{\mathrm{d}T}{\mathrm{d}t} + F_1 T + F_2(t) + F_3 = 0 \tag{10.18}$$

mit den Beiträgen

$$F_1 = \frac{(kA)_\mathrm{S}}{c_m m}$$
$$F_2(t) = -\frac{(kA)_\mathrm{S}\Delta T_\mathrm{B}\sin\left(\omega t + \Phi(s)\right) + \left((kA)_\mathrm{H}\Delta T_0 + \Delta P_\mathrm{Z}\right)\sin\omega t}{c_m m} \tag{10.19}$$
$$F_3 = \frac{(kA)_\mathrm{H}\left(T_\mathrm{H} - \langle T_0\rangle\right) - \langle P_\mathrm{Z}\rangle}{c_m m}.$$

Die Differentialgleichung (10.18) kann numerisch gelöst werden, die Lösung hängt natürlich ganz entscheidend davon ab, wie die thermischen Solarzellen und wie der Wärmespeicher ausgelegt sind. Als Anlageparameter wählen wir folgende Werte, die den deutschen Verhältnissen angepasst sind:

- Eine mittlere Leistung der **thermischen Solarzellen** von

$$\langle P_\mathrm{Z}\rangle = 18.400\,\mathrm{kWh}\cdot\mathrm{a}^{-1}.$$

  Dazu muss bei einer Zellenoberfläche von 30 m^2 der Wirkungsgrad der Solarzellen $\eta = 0{,}3$ betragen.
- Eine Wassermasse des **Wärmespeichers** von

$$m = 100.000\,\mathrm{kg}.$$

- Ein Leistungsverlustfaktor des Wärmespeichers von

$$(kA)_\mathrm{S} = 438\,\mathrm{kWh}\cdot\mathrm{a}^{-1}\cdot\mathrm{K}^{-1}.$$

Wird der Wärmespeicher als Kugel[8] ausgelegt, so muss der Kugeldurchmesser $d = 5{,}76$ m betragen. Bei dieser Größe ist auch die thermische Isolation des Wärmespeichers recht kostspielig. Diese ist daher auch nur um ein 2faches besser als die eines gut isolierten Hauses, obwohl dessen Oberfläche weitaus größer ist.

Mit diesen Anlageparametern ergibt sich, dass die Solarenergie eine Heizungsleistung von

$$\langle P_\mathrm{H}\rangle = 7920\,\mathrm{kWh}\cdot\mathrm{a}^{-1}$$

---

[8] Die Kugel hat bei gegebenem Volumen die kleinste Oberfläche aller Körper.

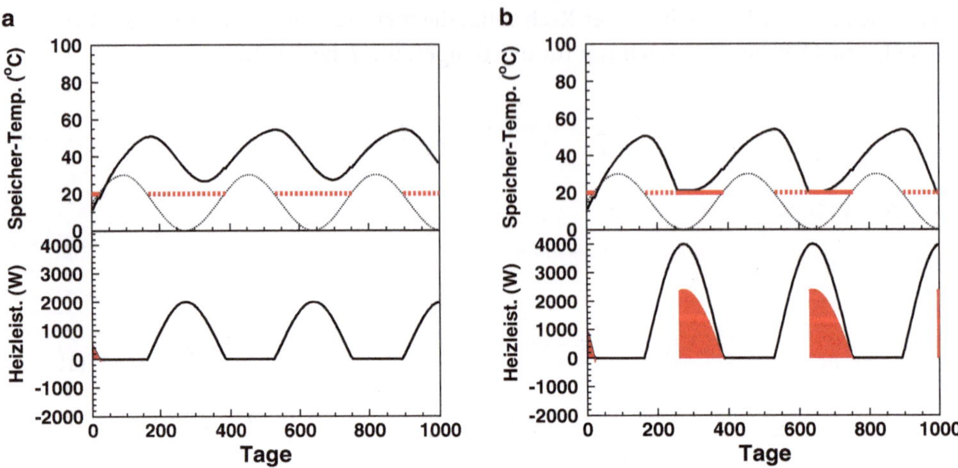

Abb. 10.5 Die tägliche Veränderung der Speichertemperatur (*oben*) und der Heizleistung (*unten*) in einem Wohngebäude mit Wärmespeicher. Die *roten Geraden* im oberen Bild zeigen die Dauer der Heizperioden an, um die Gebäudetemperatur auf 20 °C zu halten, die *gestrichelte Kurve* zeigt den Verlauf der Lufttemperatur. **a** bezieht sich auf ein Gebäude mit einem Wärmeverlustfaktor $(kA)_{\mathrm{H}} = 100\,\mathrm{W \cdot K^{-1}}$, bei **b** beträgt der Wärmeverlustfaktor $(kA)_{\mathrm{H}} = 200\,\mathrm{W \cdot K^{-1}}$. In diesem Fall muss ca. 40 % der benötigten Heizleistung durch eine Zusatzheizung geliefert werden (*rote Flächen*)

zur Verfügung stellt, also 43 % der tatsächlich von den thermischen Solarzellen gewandelten Leistung. Die fehlende Leistung geht an den Erdboden verloren durch die Speicherverluste. Um mit dieser Heizungsleistung ein Gebäude vollständig zu beheizen, muss dieses Gebäude einen Wärmeverlustfaktor von

$$(kA)_{\mathrm{H}} < 140\,\mathrm{W \cdot K^{-1}}$$

besitzen. EnEG-Häuser mit einer Wohnfläche von wenig mehr als $110\,\mathrm{m^2}$ erreichen diesen Wert. Ist der Wärmeverlustfaktor größer, muss der zusätzliche Heizungsbedarf durch eine Zusatzheizung aufgebracht werden. Die Solarenergie würde bei den angenommenen Anlageparametern in diesem Fall nicht zur Beheizung des Gebäudes ausreichen. Wie sich die Speichertemperatur T_{S} und die Heizleistung P_{H} bei vorgegebener Umgebungstemperatur T_0 mit der Zeit verändern, das ist für die Fälle des gut und des weniger gut isolierten Hauses in der Abb. 10.5 gezeigt. Im Fall des weniger gut isolierten Hauses zeigen die roten Flächen, wann und in welchem Umfang eine Zusatzheizung einspringen muss, um die Haustemperatur nicht auf kleinere Werte als $T_{\mathrm{H}} = 20\,°\mathrm{C}$ sinken zu lassen.

10.2 Das Einsparpotenzial bei der Mobilität

Wir werden jetzt die Möglichkeiten des Energiesparens im Bereich **Verkehr** mit 30 % *PEB* diskutieren. Vorhersagen über die Höhe des Einsparpotenzials stehen hier auf unsicherem Boden, denn das Einsparpotenzial hängt davon ab, ob Menschen die Sparmaßnahmen akzeptieren. Denn die Mobilität wird als ein individuelles Freiheitsrecht angesehen, dieses Recht zu beschränken wird sicherlich Widerstände hervorrufen. Heute noch wird die individuelle Mobilität zum größten Teil gewährleistet durch chemische Energie. In Zukunft – die Umstellung hat gerade begonnen – wird sie elektrische Energie benötigen, denn Verbrennungsmotoren werden durch Elektromotoren ersetzt. Damit ist jedoch kein Energiespareffekt verknüpft, denn Kraftwerke arbeiten mit ähnlichen Wirkungsgraden wie Verbrennungsmotoren. Und wird elektrische Energie aus erneuerbaren Energien gewandelt, werden sich die Wirkungsgrade eher verringern.

> Der Ersatz von chemischer Energie durch elektrische Energie im Sektor „Verkehr" verändert den zukünftigen Primärenergiebedarf nicht wesentlich.

Es ist also unwichtig, ob das Einsparpotenzial im Sektor „Verkehr" der chemischen oder der elektrischen Energie zugerechnet wird.

Der Sektor **„Verkehr"** ist in seiner Zusammensetzung sehr heterogen und um mehr Ordnung in die Diskussion zu bringen, wollen wir 3 Verkehrskategorien definieren, die sich auch überschneiden können:

1. **Kategorie:** Personenverkehr, Güterverkehr
   Der Personenverkehr lässt sich weiter einteilen in den Individualverkehr und den Kollektivverkehr. Beide unterscheiden sich durch die Anzahl der Personen, die in einem Fahrzeug transportiert werden. Unter dem Begriff **Kollektivverkehr** verstehen wir unter anderem auch den öffentlichen Verkehr, wobei man meistens annimmt, dass es sich hierbei um eine staatliche Dienstleistung handelt. Der Güterverkehr ist eigentlich immer Kollektivverkehr in dem Sinne, dass eine große Menge von Gütern gleichzeitig transportiert wird. Dabei kann es sich um eine private wie auch staatliche Dienstleistung handeln.
2. **Kategorie:** Fernverkehr, Nahverkehr
   Der Individualverkehr ist sehr häufig auch Nahverkehr, wobei dieser zu einem wesentlichen Teil aus dem Pendelverkehr zwischen dem Wohnort und der Arbeitsstätte besteht. Der Fernverkehr über sehr große Distanzen ist dagegen überwiegend Kollektivverkehr.
3. **Kategorie:** Landverkehr, Wasserverkehr, Luftverkehr
   Der Landverkehr lässt sich weiter unterteilen in den Autoverkehr und den Schienenverkehr. Alle diese Kategorien unterscheiden sich durch ihren **Transportaufwand**, wie wir ihn in Kap. 9 definiert und in Tab. 9.1 angegeben haben. Sicherlich besitzt der Transport über Wasser den geringsten Aufwand, dagegen der Transport mit dem Auto oder dem

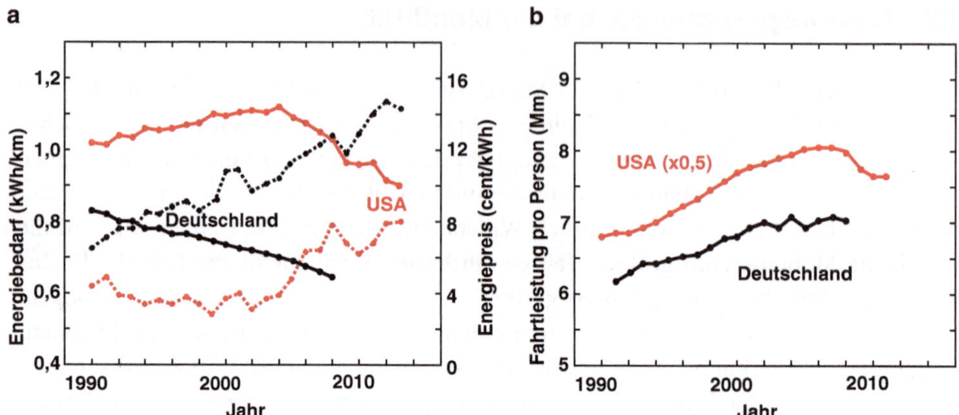

Abb. 10.6 **a** Die Entwicklung des Energiebedarfs neu zugelassener PKW (*ausgezogene Kurven und linke Skala*) und des Benzinpreises (*gestrichelte Kurven und rechte Skala*) in Deutschland (*schwarz*) und den USA (*rot*). **b** Die Entwicklung der individuellen Fahrtleistung in Deutschland (*schwarz*) und den USA (*rot*)

Flugzeug den höchsten Aufwand. Dieser Aspekt ist zu berücksichtigen, wenn über die Einsparmöglichkeiten im Bereich Verkehr diskutiert wird.

Bei der Prüfung, wo sich Möglichkeiten zur **Reduktion des Energiebedarfs** ergeben, fällt der Blick zunächst auf den Personenverkehr, insbesondere auf den Landverkehr. Eine spürbare Energieverknappung wird Auswirkungen haben, einmal auf die Nutzung und Zusammensetzung der **PKW-Flotte**, zum anderen auf den Kollektivverkehr, der auf auf Kosten des Individualverkehrs zunehmen wird. Diese Auswirkungen sind schon heute zu erkennen: Die Abb. 10.6 zeigen, wie sich der Energiebedarf neu zugelassener PKW und ihre Fahrtleistung pro Person seit 1990 verändert haben. Zum Vergleich ist auch gezeigt, wie sich die Benzinpreise[9] während dieser Zeit entwickelt haben.

Ganz offensichtlich: Mit steigenden Preisen haben deutsche Autofahrer sparsamere PKW gekauft. Diese Korrelation wird noch deutlicher durch das Verhalten USamerikanischen Autofahrer, die sparsamere PKW erst dann kauften, als der Benzinpreis 2004 stark anstieg. Merkwürdig ist allerdings, dass sich diese Korrelation nicht beobachten lässt bei den individuellen Fahrtleistungen deutsche Autofahrer. Letztere ist sei 1991 angestiegen und liegt im Mittel zum Jahr 2010 bei etwa 7000 km jährlich. In den USA ist die Fahrtleistung mehr als doppelt so groß, mit dem Anstieg des Benzinpreises scheint sie hier aber zurückgegangen zu sein.

Der Trend zu sparsameren Fahrzeugen (3l-Auto) und ihrer geringeren Nutzung hat noch keine gravierenden Auswirkungen auf den Lebensstandard. Zumal sich Alternativen anbieten, wie zum Beispiel:

---

[9] Im Fall der USA handelt es sich um reale Preise, für Deutschland sind die nominellen Preise gezeigt.

- Der **Kommunikationsaustausch** wird in Zukunft noch stärker durch die elektronischen Medien erfolgen, als das heute schon der Fall ist. Es ist nicht notwendig, dass sich alle Beteiligten am gleichen Ort befinden müssen, um Informationen auszutauschen und Entscheidungen zu treffen.
- Bei dem zu erwartenden Wandel von einer Industrie- in eine Dienstleistungsgesellschaft werden große Industrieanlagen mit vielen Mitarbeitern an Bedeutung verlieren. Es wird sicherlich einen restlichen Individualverkehr im Rahmen von beruflichen Tätigkeiten geben, aber sein Ausmaß wird, verglichen mit den heutigen Verhältnissen, wesentlich geringer sein.
- Der **Individualverkehr** wird durch Angebote im Kollektivverkehr ersetzt. Insbesondere der Schienenverkehr wird an Bedeutung gewinnen, weil dort elektrische Energie verwendet werden kann. Neue Konzepte für den individuellen Kurzstreckenverkehr auf der Straße sehen z. B. kleine Fahrzeuge vor, welche, elektronisch gesteuert, bestimmte Routen bedienen und wegen ihres geringen Gewichts und ihrer geringen Geschwindigkeit Energie sparen.
- Ein großer Teil des heutigen Verkehrsaufkommens entsteht durch „Fernweh", das heißt den Wunsch, den arbeitsfreien Teil des Lebens möglichst weit weg vom Arbeitsplatz und Wohnsitz zu verbringen. Es ist sicher, dass sich hier wesentliche Änderungen in Zukunft ergeben werden. Denn mit einem Flugzeug zu den heute noch angebotenen Preisen verreisen zu können, das wird zukünftig unmöglich sein. Und in der Tat, Erholung findet man auch in der Nähe seines Wohnsitzes. Daher wird sich der **Luftverkehr** in Zukunft auf das absolut Notwendige beschränken, also auf Flüge in Notfällen, bei denen weite Entfernungen schnell überbrückt werden müssen. Ein Erholungsurlaub ist in diesem Sinne kein Notfall.

Diese Beispiele zeigen auf, welche Konsequenzen sich aus der Energieverknappung ergeben, ohne dass diese sich auf den Lebensstandard auswirken müssen: Es werden entscheidende Veränderungen in der **Automobil-** und **Flugzeugindustrie** stattfinden. Die Nachfrage nach Personenkraftwagen und nach Flugzeugen wird zurückgehen und die heute noch vorhandene Anzahl von Produzenten und Fahrzeugtypen wird zusammenschrumpfen[10]. Der Verknappung des Erdöls versucht die Automobilindustrie schon jetzt durch die Entwicklung von sparsameren Fahrzeugen und Elektrofahrzeugen zu begegnen, letzter wohl in der Hoffnung, dass in Zukunft erneuerbare Energie die Energieversorgung garantieren. Dass die Flugzeugindustrie ähnliche Versuche nicht unternimmt, ist überraschend, aber wohl im Einklang mit dem Ausblick auf ihre unsichere Zukunft: Sie setzt weiterhin auf Kohlenwasserstoffe (wahrscheinlich aus Biomasse) als Treibstoff.

Gehen wir über vom Personenverkehr zum Güterverkehr. Beim Güterverkehr sind keine ähnlichen Einsparpotenziale vorhanden, wie beim Personenverkehr. Zwar wird sich der Güterverkehr in Zukunft stärker von der Straße auf die Schiene verlagern, aber dadurch wird sich das Verkehrsvolumen nicht verringern. Das Verkehrvolumen wird eher

---

[10] Dieser Trend kann auch von einer wachsenden Weltbevölkerung nicht aufgefangen werden.

Tab. 10.1 Die Einsparmengen an Primärenergie, angegeben in Prozentzahlen, die sich im Sektor „Verkehr" erzielen lassen

Kategorie	Bedarf (2000)	Einsparung	Rel. Anteil	Bedarf (2050)
Straße – Personenverkehr	52 %	−60 %	21 %	36 %
Straße – Güterverkehr	30 %	−10 %	27 %	46 %
Luft	14 %	−80 %	3 %	5 %
Schiene	2 %	+300 %	6 %	10 %
Schiff	2 %	0 %	2 %	3 %
	100 %		59 %	100 %

steigen, wenn die in Abschn. 4.2 prognostizierten Zuwächse der Bruttoinlandprodukte realisiert werden sollen. Auch der geringere Transportaufwand im Schienenverkehr wird abgeschwächt durch die Tatsache, dass zwischen Erzeuger und Abnehmer nicht immer ein direkter Gleisanschluss besteht, er also durch den Straßenverkehr ergänzt werden muss. Der Güterverkehr ist weit weniger mit dem Etikett „Luxus" versehen, als der Personenverkehr, und daher bietet er nicht die Einsparpotenziale wie letzterer.

Aus dieser Diskussion erkennen wir die möglichen Einsparpotenziale im Sektor „Verkehr". Sie liegen im Wesentlichen im Bereich des Personenverkehrs und sind in Tab. 10.1 zusammengefasst. Da 30 % des *PEB* diesem Sektor zuzurechnen sind, beträgt das Sparvolumen

$$\Delta PEB_2 = (0{,}30)(0{,}41)2{,}3 \cdot 10^{14} = 2{,}8 \cdot 10^{13} \,\text{kWh} \cdot \text{a}^{-1}. \tag{10.20}$$

Dies ist mehr, als sich im Sektor „Raumwärme" erreichen ließ und setzt voraus, dass die Einschränkungen im individuellen Straßenverkehr hingenommen werden. Denn selbst wenn sie keine wirklichen Auswirkungen auf den Lebensstandard verursachen, bedeuten sie doch einschneidende Veränderungen in der Lebensweise der Menschen.

10.3   Das Einsparpotenzial bei privaten Haushalten

Der größte Energiebedarf im Sektor „Private Haushalte" entsteht durch „Raumwärme" und „Prozessenergie" mit 23 % bzw. 7 %. Beide sind im Abschn. 10.1 bereits untersucht und berücksichtigt worden, unberücksichtigt blieb nur der Sektor „Elektrizität" mit einem Anteil von 5 % gemäß Abschn. 3.3. Darin enthalten sind im Wesentlichen die elektrischen Haushaltsgeräte mit einem weiten Anlagespektrum, angefangen von der Waschmaschine bis zum Fernseher.

Die Entwicklung von Haushaltsgeräten seit 1990 hat zu energetisch immer sparsameren Produkten geführt, die Abb. 10.7 zeigt einige Beispiele für diese Entwicklung. Es ist wenig überraschend, dass diese Entwicklung nicht linear erfolgte: Seit dem Referenzjahr 2000 sind die Sparerfolge nicht mehr so groß, wie in der Zeit davor. Denn der Energiebedarf von Haushaltsgeräten kann eine untere Grenze nicht unterschreiten und offenbar ist der

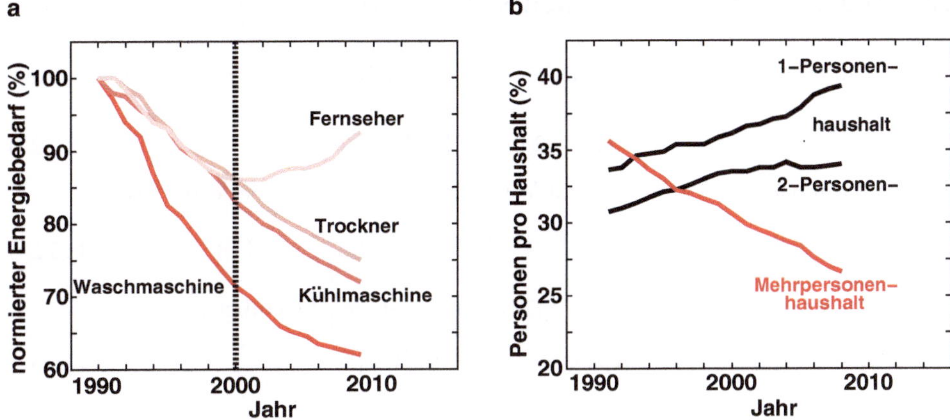

Abb. 10.7 **a** Die Entwicklung des Energiebedarfs von Haushaltsgeräten seit 1990. Das Referenzjahr 2000 ist durch eine gestrichelte Gerade markiert. **b** Die Entwicklung des Anteils von Ein-, Zwei- und Mehrpersonenhaushalten in Deutschland seit 1991

augenblickliche Entwicklungsstand dieser Grenze sehr nahe. Aber weitere, bisher weitgehend ungenutzte Sparmöglichkeiten existieren: Zum Beispiel muss das Warmwasser einer Waschmaschine nicht von der Maschine selbst erzeugt werden, sondern es kann auch der Prozessenergie des Haushalts entnommen werden, sofern diese an thermische Solarzellen angeschlossen ist, siehe Abschn. 6.5.

Alle Maßnahmen zum Energiesparen werden aber dadurch konterkariert, dass die Anzahl der Haushalte steigt, wobei insbesondere die Ein- und Zwei-Personenhaushalte auf Kosten der Mehrpersonenhaushalte zunehmen. Die Abb. 10.7 zeigt diese Entwicklung in Deutschland. Sie ist verknüpft mit der Entwicklung der Bevölkerung, die nach der Prognose in Abschn. 4.1 in der 2. Hälfte des 21. Jahrhunderts weltweit negative Wachstumsraten aufweisen wird. Die Folge dieser Entwicklung ist, dass Ein- und Zwei-Personenhaushalte mehr Haushaltsgeräte pro Person besitzen und also einen höheren Energiebedarf erzeugen.

Insofern ist das zusätzliche Einsparpotenzial im Sektor „Private Hauhalte" nicht sehr groß, es ist allerdings auch nur von geringer Bedeutung. Selbst wenn wir davon ausgehen, dass 50 % der elektrischen Energie in diesem Sektor eingespart werden könnte, so ergäbe das nur ein Sparvolumen von

$$\Delta PEB_3 = (0{,}05)(0{,}5)2{,}3 \cdot 10^{14} = 0{,}6 \cdot 10^{13} \, \text{kWh} \cdot \text{a}^{-1}. \tag{10.21}$$

10.4   Die Energielücke zwischen Bedarf und Angebot

Die um 2050 zu erwartende **Energielücke** ΔPEB resultiert aus dem prognostiziertem Energiebedarf

$$PEB = 22{,}6 \cdot 10^{13} \text{ kWh} \cdot \text{a}^{-1} \tag{10.22}$$

und dem dann nach Gleichung 10.2 zur Verfügung stehendem Energieangebot

$$PEA = W_1 = W^{(\text{foss})} + W^{(\text{ernb})} = PEB + \Delta PEB. \tag{10.23}$$

Da PEA kleiner ist als PEB, ist ΔPEB negativ und hat einen Absolutbetrag von

$$|\,\Delta PEB\,| = 7{,}5 \cdot 10^{13} \text{ kWh} \cdot \text{a}^{-1}. \tag{10.24}$$

Es gibt zwei Mechanismen, welche die Energielücke auf der einen Seite vergrößern und auf der anderen Seite verkleinern.

- Vergrößerung von ΔPEB durch Speicherung erneuerbarer Energien, siehe Abschn. 8.1. Geht man von dem linearen Ansatz 2.47 aus, so entsteht durch die Speicherung ein zusätzlicher Energiebedarf[11]

$$\Delta PEB^{(+)} = \delta(1 - \gamma)PEB, \tag{10.25}$$

  wobei δ der **Versorgungsgrad** mit erneuerbaren Energien ist und der γ-Faktor in (8.11) definiert wurde und den Wert $\gamma = 1{,}32$ hat. Um die Bedingung $PEA \approx PEB$ zu erfüllen, muss der Versorgungsgrad $\delta = 0{,}46$ betragen und die Energielücke vergrößert sich um

$$\Delta PEB^{(+)} = -3{,}3 \cdot 10^{13} \text{ kWh} \cdot \text{a}^{-1}. \tag{10.26}$$

- Verkleinerung von ΔPEB durch Energiesparmaßnahmen.
  Wieviel Primärenergie sich durch geeignete Maßnahmen einsparen lässt, ist in den Abschn. 10.1, 10.2 und 10.3 untersucht und berechnet worden. Die Berechnung basiert auf der Annahme, dass die relativen Einsparungen an Nutzenergie W_4 sich übertragen lassen auf die Primärenergie:

$$\Delta PEB = \frac{\Delta W_4}{W_4} PEB. \tag{10.27}$$

Nach Gleichung 10.2 bedeutet diese Annahme, dass in jedem der untersuchten Sektoren der Wirkunggrad $\eta_{1,4}$ unabhängig ist von W_4. Die daraus resultierende Verkleinerung der Energielücke beträgt:

$$\Delta PEB^{(-)} = \sum_{1}^{3} \Delta PEB_i = 4{,}6 \cdot 10^{13} \text{ kWh} \cdot \text{a}^{-1}. \tag{10.28}$$

---

[11] Diese Rechnung ist nur genähert korrekt, denn durch die Speicherung wird PEB selbst vergrößert, wie er durch Sparmaßnahmen verkleinert wird. Eigentlich sollte der PEB-Wert nach diesen Korrekturen benutzt werden.

Folglich werden beide Mechanismen zusammen die Größe der Energielücke verringern, und zwar um weniger als 20 %. Die ist aber nicht hinreichend, um der Erfüllung der Bedingung $PEA \approx PEB$ auch nur nahe zu kommen, selbst wenn man zugibt, dass alle der hier vorgenommenen Abschätzungen mit Unsicherheiten behaftet sind. Insofern ist die Schlussfolgerung aus diesem Resultat auch relativ allgemein gehalten und Viele werden ihr auch zustimmen ohne Rechnungen durchgeführt zu haben:

Selbst unter Berücksichtigung aller möglichen Sparmaßnahmen wird es der Weltgemeinschaft nicht gelingen, den von den *ve*-Ländern erreichten Lebensstandard zu halten und darüber hinaus auf die *we*-Länder zu übertragen, wenn die zukünftige Energieversorgung übernommen wird von erneuerbaren Energien und einem Rest an fossilen Energien.

Dies würde die am Anfang dieses Kapitels zitierte Konsequenz haben, dass die *ve*-Ländern auf einen Teil ihres Lebensstandards verzichten und sich dem Lebensstandard der *we*-Länder anpassen müssten. Es wird auch nicht möglich sein, wenn einzelne *ve*-Länder, wie z. B. Deutschland, versuchen, sich dieser Konsequenz zu entziehen. Die **Globalisierung des Handels** lässt einen energetischen Isolationismus einzelner Staaten nicht zu, besonders dann nicht, wenn ihr Lebensstandard so stark vom **Exporthandel** abhängt. So oder so, die Konsequenz wird immer eine Absenkung des heute erreichten Lebensstandards sein.

11

Mit dem Buchtitel „Die Zukunft unserer Energieversorgung" verbinden die meisten Leser wahrscheinlich die Erwartung, dass am Schluss des Buchs ein Vorschlag steht, mit welchen Energieträgern der Primärenergiebedarf des 21. Jahrhunderts gedeckt werden kann, so dass eine Fortentwicklung des globalen Lebensstandards garantiert ist. Dieser Erwartung wird das Buch nicht gerecht, und das aus verständlichen Gründen: Eine Vorhersage über zukünftige Entwicklungen benutzt naturwissenschaftliche Methoden und berechnet Entwicklungen auf der Basis von unveränderlichen Gesetzen und den veränderlichen Ausgangslagen der Gegenwart. Bei letzteren spielen menschliche Gewohnheiten, die sich in der Vergangenheit herausgebildet haben, eine bedeutende Rolle. Und die in diesem Buch errechneten Vorhersagen ergeben, dass eine dieser Erwartungen, nämlich die eines uneingeschränkten und ausreichenden Zugangs zu den Primärenergieträger der Erde, in Zukunft nicht mehr erfüllt werden kann. Dafür sind im Wesentlichen drei Phänomene verantwortlich:

1. Der Bevölkerungszuwachs in der Welt Die Weltbevölkerung nimmt zu, und zwar im Wesentlichen in jenen Ländern, welche am Beginn des 21. Jahrhunderts nur einen geringen Grad ihrer Industrialisierung erreicht hatten (und hier als *we*-Länder bezeichnet werden, im Gegensatz zu den *ve*-Ländern). Während am Anfang des 21. Jahrhunderts das Einwohnerverhältnis zwischen *we*- und *ve*-Ländern noch 3:1 betrug, wird es sich bis zur Mitte des 21. Jahrhunderts fast verdoppelt haben.

2. Die unterschiedlichen Lebensbedingungen in den ve- und we-Ländern Am Anfang des 21. Jahrhunderts betrug das Verhältnis der normierten Bruttoinlandprodukte von *ve*- und *we*-Ländern noch 20:1. Dieser Unterschied kann auf Dauer nicht Bestand haben. Der Zwang zum Ausgleich ergibt sich aus der zunehmenden Globalisierung der Volkswirtschaften und der Vermeidung von Konflikten zwischen *ve*- und *we*-Ländern.

D. Pelte, *Die Zukunft unserer Energieversorgung*, DOI 10.1007/978-3-658-05815-9_11,
© Springer Fachmedien Wiesbaden 2014

3. Die riesigen Unterschiede in den Energiedichten Das Verhältnis der Energiedichten von der Kernenergie zu der Solarenergie beträgt etwa $10^{21} : 1$. Die Konsequenzen aus diesem Missverhältnis lassen sich mit keiner Technologie kompensieren. Sie führen dazu, dass erneuerbare Energieträger kein gleichwertiger Ersatz für die fossilen Energieträger sein können, wenn letztere im Laufe des 21. Jahrhunderts entweder fast vollständig abgebaut sein werden, oder ihre Nutzung untersagt wird.

An dieser Stelle ist es angebracht, noch einmal auf die Bedeutung der **Solarenergie** einzugehen. Fast alle erneuerbaren Energieträger haben ihren Ursprung in der Solarenergie. Es entspricht der bisherigen Gewohnheit des Menschen anzunehmen, dass die Solarenergie eine einzig für ihn bestimmte Form der Energie sei, so wie er das von den fossilen Energieträgern gewohnt ist. Aber diese Annahme ist falsch. Die Dichte der Solarenergie und die Größe und Beschaffenheit von Erdoberfläche und Erdatmosphäre sind so aufeinander abgestimmt, dass sie das Leben auf der Erde ermöglichen. Und zwar nicht derart, dass Solarenergie „verbraucht" wird, sondern dass sie die Entropieproduktion aller auf der Erde ablaufenden Prozesse antreibt. Eine Umwidmung der Solarenergie zur bevorzugten Befriedigung menschlicher Bedürfnisse bedeutet, in dieses natürliche Gleichgewicht einzugreifen, mit nicht voraussehbaren Konsequenzen für die Natur. Und insofern kann der Autor dieses Buchs auch nicht der landläufigen Meinung zustimmen, dass die Nutzung erneuerbarer Energien „**nachhaltig**" sei: Die Verwendung erneuerbarer Energien über das Maß hinaus, das von der Natur für den Menschen als Teil der Natur vorgesehen ist, muss diese Natur verändern.

Diese Bedenken sind so grundsätzlich, dass sie nicht an die Zeit gebunden sind. Sie besitzen heute noch dieselbe Gültigkeit wie im Referenzjahr 2000. Und daher sind Prognosen, welche im Referenzjahr auf dieser Grundlage erstellt wurden, auch heute noch gültig. Das entbindet niemanden von der Verpflichtung, ihre Gültigkeit ständig zu überprüfen. Für die, in diesem Buch vorgestellten Prognosen geschieht dies im Begleitmanuskript „Energie3", welches im Internet[1] zugänglich ist. Die Entwicklungen, die sich innerhalb der Zeit von der 1. zur 2. Auflage dieses Buchs vollzogen haben, zeigen aber recht deutlich, dass die Menschen von der bevorstehenden Krise ihrer Energieversorgung bisher keine Notiz genommen haben:

- Der Primärenergiebedarf hat ständig zugenommen. Wenn die Prognosen richtig sind, wird er sich innerhalb von nur 50 Jahren fast verdoppelt haben.
- Der relative Anteil erneuerbarer Energien an der Deckung des Primärenergiebedarfs hat sich nur unwesentlich verändert. Er liegt immer noch unter dem Anteil, welcher in den Prognosen als machbar angenommen wurde.
- Der menschliche CO_2-Eintrag in die Erdatmosphäre wächst stärker als linear. Und das, obwohl sich viele *ve*-Länder verpflichtet haben, ihre Einträge zu reduzieren (was allerdings nur in den wenigsten Fällen gelungen ist).

---

[1] http://www.physi.uni-heidelberg.de/~pelte/energie/start.htm.

Daher folgt die Menschheit bezüglich ihrer Energieversorgung weiter den Gewohnheiten, an die sie sich seit Anfang der Industrialisierung gewöhnt hat. Spätestens um das Jahr 2020 wird das nach den Prognosen dieses Buchs nicht mehr möglich sein. Der Leser muss sich selbst darüber klar werden, welche Konsequenzen das für ihn zur Folge hat. Denn die naturwissenschaftliche Vorgehensweise, welche die Grundlage dieses Buchs bildet, kann vielleicht das öffentliche Bewusstsein wachrütteln, nicht aber die Regierungen zum Handeln zwingen.

Andere Autoren sind in diesem Punkt weniger zurückhaltend. Von großer Bedeutung bei den Diskussionen ist, dass der **Zugang zu erneuerbaren Energien** keineswegs Länder unabhängig, sondern in einigen wenigen Ländern relativ ungehindert möglich ist. Formal wird dies beschrieben durch den Unterschied zwischen dem global gültigen Wirkungsgrad η und dem wichtigeren, weil Standort abhängigen Nutzungsgrad ζ. Die Länder mit bevorzugtem Zugang sollten folgende Bedingungen erfüllen:

- Einen hohen Stand in der Technologieentwicklung,
- eine gute Infrastruktur,
- einen großen Anteil ungenutzter Flächen mit direkter Sonneneinstrahlung,
- eine relativ geringe Bevölkerungsdichte.

Schaut man sich die ve-Länder auf diese Kriterien hin an, so werden diese am ehesten von den **USA** und **Australien** erfüllt. In der bereits erwähnten **Aeldric-Studie**[2], welche als Memorandum an die australische Regierung erstellt wurde, werden auch Richtlinien für eine zukünftige **Energiepolitik** vorgestellt. Neben vielen anderen sind drei Vorschläge von besonderer Bedeutung, denn sie wirken mittelbar auch auf andere Länder. Es wird vorgeschlagen:

1. Das Ende jeglicher Einwanderung nach Australien, welche nicht zur Entwicklung der australischen Gesellschaft unbedingt erforderlich ist. Das bedeutet, dass künftig nur noch Menschen mit solchen Fähigkeiten einwandern dürfen, für die in Australien ein dringender Bedarf besteht.
2. Die Nationalisierung aller Industrien, welche mit der Ausbeutung der natürlichen Ressourcen in Australien beschäftigt sind. Das Ziel ist, den Export dieser Ressourcen in andere Länder zu unterbinden. Damit sollen gleichzeitig Konflikte zum Verfügungsrecht über diese Ressourcen vermieden werden, falls an diesen auch ausländische Unternehmen beteiligt sind.
3. Die Konzentration von zukünftigen Investitionen allein in solche Energie relevante Industrien, die sich in australischem Besitz befinden. Der Zweck dieser Maßnahme ist offensichtlich: Das erwirtschaftete Bruttoinlandprodukt soll im Lande verbleiben und damit Australien von der Entwicklung (also den Problemen) außerhalb abkoppeln.

---

[2] In der Aeldric-Studie wird davon ausgegangen, dass Australien seinen Primärenergiebedarf mithilfe erneuerbarer Energien decken könnte, dass aber 40 Jahre eine zu kurze Frist sind, um diese Pläne verwirklichen zu können.

Falls diese Vorschläge offizielle Regierungspolitik werden, bedeuten sie den direkten Weg in den **Isolationismus**, zurück an den Anfang des 20. Jahrhunderts. Im Prinzip wird vorgeschlagen, eine Krise der Energieversorgung mittels einer Krise der Gesellschaften zu kurieren. Eine Gesellschaftskrise ist ein **gesellschaftliches Problem**, es lässt sich mit naturwissenschaftlichen Methoden nicht behandeln. Das Gefühl bezweifelt aber, dass dies eine Lösung für Australien sein könnte, und es ist sicherlich unannehmbar für Länder wie Deutschland, ein Land ohne nennenswerte eigene Ressourcen und abhängig vom freien Zugang zu den Märkten.

Auf der anderen Seite beschreitet Deutschland jetzt einen Weg, der dem australischen Weg, wenn er denn beschlossen würde, nicht unähnlich ist, obwohl Deutschland nicht über ähnliche Ressourcen wie Australien verfügt:

> Bis spätestens 2020 sollen alle deutschen Kernkraftwerke stillgelegt sein und die dann fehlende Energie wird durch erneuerbare Energien ersetzt (**Energiekonzept von 2010**).

Zur Zeit ist fraglich, ob dieses Energiekonzept realisiert werden kann. Dies ist auch deswegen fraglich, weil das Energiekonzept isoliert entworfen und verabschiedet wurde, ohne die Partnerländer in der EU an dem Prozess teilhaben zu lassen. Für diese ist es ein Zeichen energetischen **Isolationismus**. Es lässt die Partner außen vor, denn deren Energiepolitik ist eine andere, insbesondere würden sie nicht zugestimmt haben, dass alle Kernkraftwerke in der EU innerhalb von nur 8 Jahren stillgelegt werden müssen.

Die naturwissenschaftliche Methode lässt nämlich erkennen, dass die Kernenergie wegen ihrer enorm hohen Energiedichte tatsächlich eine Zukunftsoption darstellt, die es lohnt zu entwickeln. Ob diese Option von den Gesellschaften auch wahrgenommen wird, ist wiederum ein gesellschaftliches Problem, dessen Lösung sich jeglicher Vorhersage entzieht. Es darf aber nicht geschehen, dass die Gesellschaft sich entscheidet, ohne das dafür nötige Wissen zu besitzen. Und das ist die eigentliche Aufgabe dieses Buchs: Nicht eine fertige Lösung anzubieten, sondern das nötige Wissen zu vermitteln, um die best mögliche Lösung zu finden.

Die Formulierung „best möglich" ist mit Bedacht gewählt, denn oft sind beste Lösungen nicht gleichzeitig auch mögliche Lösungen für ein Problem. Darüber hinaus haben gesellschaftliche Probleme ihre Ursache häufig in Energieproblemen, werden als solche aber nicht erkannt. Das bekannteste Beispiel ist wahrscheinlich das Wachstumsproblem, das eben nicht ein Wirtschaftsproblem ist und sich auch nicht mit wirtschaftlichen Methoden lösen, sondern höchstens in die Zukunft verlagern lässt. Dass trotzdem demokratisch verfasste Staaten häufig zu dieser Lösung (Wachstum mithilfe von staatlichen Schulden) greifen, ist verständlich: Sie werden von Experten der Ökonomie darin unterstützt, einer Wissenschaft, welche eben nicht exakt ist und deren Rezepte und Vorhersagen daher auch nicht exakt sein können.

Sachverzeichnis

A

Abbau
  fossile Energieträger, 1, 153
Abbremsvermögen
  Neutron, 115
Abfälle, 171
  anorganische, 178
  organische, 177
Absorber
  Licht, 192, 195, 200
Absorption
  Licht, 84, 94, 160, 162
Absorptionsgesetz, 165
Absorptionsquerschnitt
  Neutron, 114–116
Absorptionsvermögen, 164
Absorptionswahrscheinlichkeit
  Neutron, 113
Adiabatenkoeffizient, 28, 274
Aeldric-Studie, 253, 260, 337
Aggregatzustand, 17, 20, 84, 220, 277
Akkumulator, 286
  Energiedichte, 289
Aktivität, 128
Alaska-Pipeline, 304
Ammoniak, 284
Anergie, 13, 21
Aquifer, 239
Äquivalenzdosis, 129
Arbeit, 8
Artenvielfalt, 249
Atom, 17
Atomausstiegsgesetz, 122
Atombombe, 124
Atomgitter, 170
Auftriebskraft, 217, 218

Auge
  menschliches, 31, 161
Ausrichtung
  Empfänger, 168, 169, 189, 193
Australien, 337
Automobil, 12, 15, 34
  PKW, 328
Automobilindustrie, 329

B

Bandlücke, 170
Basismaßeinheit, 9, 11
Batterie, 286
Baustandard, 318
Bedarfssektoren, 55
  Abnehmer, 55, 315
  Aufgaben, 55, 315
Beleuchtung, 31
Bernouille'sches Gesetz, 216
Bevölkerung
  Abnahme, 65
  Ballungszentren, 86
  Entwicklung, 61, 63, 73, 76
  Pyramide, 72, 73
  Zunahme, 65
Bevölkerungszahl, 42, 45, 57, 61
  optimale, 64, 69
  Unsicherheit, 69
Bindungsenergie
  Elektronen, 109
  Moleküle, 17, 173
  Nukleonen, 109, 112
Biogas, 178
Biomasse, 171, 246
Biosphäre, 180, 181
  Kohlenstoffinventar, 182

D. Pelte, *Die Zukunft unserer Energieversorgung*, DOI 10.1007/978-3-658-05815-9,
© Springer Fachmedien Wiesbaden 2014